计算机“十三五”规划教材

中文版 Animate CC 动画制作实例教程

主　编　姬　喆　高晓格　康志辉
副主编　钟　洪　林振文　王　昕　崔争艳

北京希望电子出版社
Beijing Hope Electronic Press
www.bhp.com.cn

内容简介

本书注重理论知识与实际应用相结合，以实例操作为主线，深入浅出地讲解了使用 Animate CC 进行动画制作的各种知识与技巧。本书主要内容包括 Animate CC 基础入门，Animate CC 绘图基础，使用绘图工具绘制矢量图形，创建与编辑文本，应用元件、实例和库，制作 Animate 基本动画，制作 Animate 高级动画，为动画添加声音和视频，使用 ActionScript 语言制作动画，应用 Animate 组件，以及导出与发布 Animate 动画等。

本书既可作为应用型本科院校、职业院校的教材，也可作为计算机培训班及计算机学校的 Animate 教学用书，并适合于网页设计、多媒体开发等相关行业的从业人员自学使用。

图书在版编目（CIP）数据

中文版 Animate CC 动画制作实例教程 / 姬喆，高晓格，康志辉主编. -- 北京 ： 北京希望电子出版社，2019.7（2023.8 重印）

ISBN 978-7-83002-698-1

Ⅰ. ①中… Ⅱ. ①姬… ②高… ③康… Ⅲ. ①超文本标记语言－程序设计－教材 Ⅳ. ①TP312.8

中国版本图书馆 CIP 数据核字（2019）第 140495 号

出版：北京希望电子出版社
地址：北京市海淀区中关村大街 22 号
中科大厦 A 座 10 层
邮编：100190
网址：www. bhp. com. cn
电话：010-82626270
传真：010-62543892
经销：各地新华书店

封面：赵俊红
编辑：李小楠
校对：薛海霞
开本：787mm×1092mm 1/16
印张：16.5
字数：422 千字
印刷：廊坊市广阳区九洲印刷厂
版次：2023 年 8 月 1 版 2 次印刷

定价：48.00 元

前 言

Animate CC 是 Adobe 公司推出的专业化动画制作软件，它能够将矢量图、位图、音频、动画和深层的交互动作有机、灵活地结合在一起，制作出美观、新奇、交互性强的动画作品。它拥有强大的工具集，在支持 SWF 文件格式的基础上，加入了对 HTML5 的支持，具有排版精确、版面保真和动画编辑功能丰富等特点，能够帮助用户清晰地传达创作构思，轻松地制作出动画、广告与应用程序游戏等。

本书语言简洁、通俗，实例丰富、典型，针对 Animate 动画制作初学者的学习需求，系统地讲解了 Animate CC 的软件功能及其应用方法，以帮助读者全面掌握 Animate 动画制作技能。

本书共分为 11 章，主要内容包括：

☑ Animate CC 基础入门
☑ Animate CC 绘图基础
☑ 使用绘图工具绘制矢量图形
☑ 创建与编辑文本
☑ 应用元件、实例和库
☑ 制作 Animate 基本动画
☑ 制作 Animate 高级动画
☑ 为动画添加声音和视频
☑ 使用 ActionScript 语言制作动画
☑ 应用 Animate 组件
☑ 导出与发布 Animate 动画

本书主要具有以下特点。

- **内容全面，注重实用**

本书结合初学者的学习特点，立足实用，全面讲解了 Animate 的动画制作知识，力求使读者全面掌握实操技能，在学习上不做无用功，让学习效率事半功倍。

- **精选实例，即学即用**

为了便于读者即学即用，本书摒弃了传统、枯燥的知识讲解方式，将大量的实操示例贯穿于全书，使读者在学会 Animate 动画制作方法的同时，熟练掌握软件的操作技能。

- **图解教学，直观易懂**

本书采用图解教学的体例形式，一步一图，以图析文，便于读者在学习过程中直观、清晰地了解操作过程，更易于理解和掌握，从而提升学习效果。

- **资源丰富，下载方便**

本书配套资源非常丰富，其中包括所有示例的素材文件，以及由专业人员精心录制的所有示例视频等。本书的相关资料和售后服务可扫封底微信二维码或登录www.bjzzwh.com获得。

本书由厦门理工学院的姬喆、安阳职业技术学院的高晓格和厦门技师学院的康志辉担任主编，由广州华夏职业学院的钟洪、厦门软件职业技术学院的林振文、江西泰豪动漫职业学院的王昕和许昌陶瓷职业学院的崔争艳担任副主编。本书得到了“厦门理工学院教材建设基金资助项目”的资助。

本书既可作为应用型本科院校、职业院校的教材，也可作为计算机培训班及计算机学校的Animate教学用书，并适合于网页设计、多媒体开发等相关行业的从业人员自学使用。

本书难免有疏漏和不当之处，敬请各位专家及读者不吝赐教。

编　者

目 录

第 4 章 创建与编辑文本

第 5 章 应用元件、实例和库

第 8 章 为动画添加声音和视频

第 9 章 使用 ActionScript 语言制作动画

第 10 章 应用 Animate 组件

第 11 章 导出与发布 Animate 动画

第 1 章 Animate CC 基础入门

【学习目标】

- 熟悉 Animate CC 工作界面。
- 学会自定义工作区。
- 掌握 Animate CC 文档的基本操作。
- 掌握标尺、辅助线、网格线的使用方法。
- 学会缩放、平移和旋转舞台。

Animate CC 是矢量图编辑和动画创作的专业软件，能够将矢量图、位图、音频、动画和深层的交互动作有机、灵活地结合在一起，制作出美观、新奇、交互性强的动画作品。它拥有强大的工具集，在支持 SWF 文件格式的基础上，加入了对 HTML5 的支持，具有排版精确、版面保真和动画编辑功能丰富等特点，能够帮助用户清晰地传达创作构思，轻松地制作出动画、广告与应用程序游戏等。本章将学习 Animate CC 的基础知识。

1.1 Animate CC 基础知识

本书以 Animate CC 2018 版本为平台，学习 Animate CC 的动画制作知识。下面介绍的 Animate CC 的基础知识，包括 Animate CC 2018 的新增功能，Animate CC 的工作界面、菜单栏和常用面板，以及如何自定义 Animate CC 工作区。

1.1.1 Animate CC 2018 的新增功能

由于现在众多的浏览器和网络平台都不支持 Flash Player 插件，使用 HTML5 格式成为网页设计者的共同选择。Adobe 公司推出的 Adobe Animate CC 可视化 HTML5 动画制作软件，可以更好地兼容移动互联网。Animate CC 2018 对 HTMLS Canvas 和 WEBGL 等多种输出提供原生支持，并可以扩展，以支持 SnapSVG 等自定义格式。

相对于以前的版本，Animate CC 2018 新增了以下功能。

➢ **支持移动设备**：通过 Animate CC 2018 创建的网页动画可以被应用于任何浏览器，还可以在使用 iOS 和 Android 平台的移动设备上完美呈现。

➢ **支持滑动手势**：在 Animate CC 2018 中可以创建运用于智能手机和平板的项目，在项目中可以轻松地添加左右滑动和上下滑动的手势支持。

➢ **Flash Player 和 Adobe AIR 集成**：Animate CC 2018 集成了新版本的 Flash Player 和 AIR SDK25。

➢ **导出图像和动画 GIF**：Animate CC 2018 引入了新的图像和动画 GIF 导出工作流，用户可以使用“导出图像”对话框中的优化功能，预览具有不同文件格式和不同文件属性的优化图像。

➢ **矢量画笔改进**：创建与共享自定义画笔，将图案画笔转换为标准艺术画笔，并借助更高的压力和倾斜感应提高表现力。

➢ **时间轴新增功能**：在帧数旁边显示时间，以及延长或缩短某一选定帧跨度的时间。用户还可以利用帧频调整帧跨度、在舞台上平移动画，并将空白跨度转换为 1s、2s 和 3s。

➢ **帧选择器增强功能**：增强的帧选择器面板提供了一个“创建关键帧”复选框，用于在帧选择器面板中选择帧时自动创建关键帧。此外，Animate CC 2018 为面板中列出的帧提供了筛选选项。

➢ **虚拟摄像头支持**：在 Animate 中需要通过移动、缩放甚至遮罩内容来模仿摄像头的移动，在 Animate CC 2018 中可以使用虚拟摄像头功能添加动画效果，如图 1-1 所示。

➢ **增强缓动预设**：通过为所有补间创建属性级增强缓动预设来管理动画的速度，如图 1-2 所示。

图 1-1 虚拟摄像头

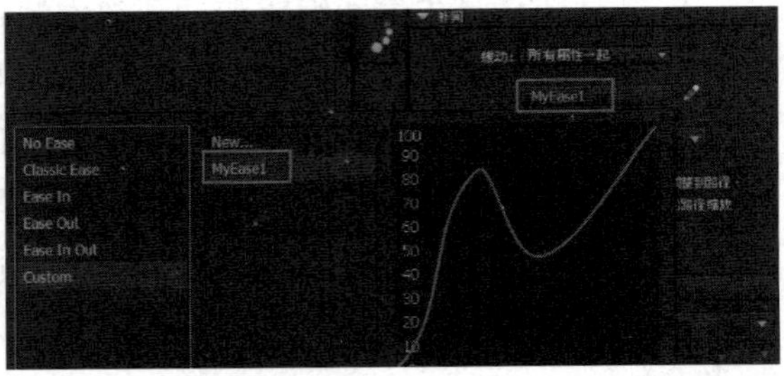

图 1-2 自定义缓动预设

➢ **通过 CC 库共享**：用户可以通过 CC 库共享元件或整个动画，这样可以使多名动画制作人员实现无缝协作，从而简化游戏或应用程序开发期间设计人员和开发人员的工作流程。

1.1.2 Animate CC 的工作界面

Animate CC 的工作界面主要由应用程序栏、菜单栏、窗口选项卡、编辑栏、舞台工作区、“时间轴”面板、面板组和工具栏组成，如图 1-3 所示。

图 1-3 Animate CC 工作界面

其中，各组成部分的功能如下。

➢ **应用程序栏**：单击应用程序栏右侧的“基本功能”下拉按钮，在弹出的下拉列表中提供了多种默认的工作区预设，选择不同的选项，即可应用不同的工作区布局。其中，“重置‘基本功能’”用于恢复工作区的默认状态，“新建工作区”用于根据个人喜好对工作区进行自定义设置。

➢ **菜单栏**：提供了 Animate CC 的命令集合，几乎所有的命令都可以在菜单栏中直接或间接找到相应的操作选项。

➢ **窗口选项卡**：显示文档名称，提示有无保存文档。如果用户修改了文档但没有保存，则显示“*”。如果不需要保存，则可以关闭文档。

➢ **编辑栏**：在编辑栏左侧显示当前场景或元件。单击右侧的按钮，可以选择需要编辑的场景；单击按钮，可以选择需要切换编辑的元件；单击按钮，可以将舞台快速恢复到居中位置；单击按钮，使其呈按下状态，可以裁切掉舞台范围以外的内容；单击100%下拉按钮，可以选择舞台大小。

➢ **舞台工作区**：放置与显示动画内容的区域，用于修改和编辑动画。

➢ **“时间轴”面板**：用于组织和控制文档内容在一定时间内播放的图层数和帧数。

➢ **面板组**：用于配合场景、元件的编辑和 Animate CC 的功能设置。

➢ **工具栏**：在工具栏中选择各种工具，即可进行相应的操作。

1.1.3 Animate CC 的菜单栏

与其他软件一样，Animate CC 的菜单栏中集合了软件的绝大多数命令。Animate CC 的菜单栏中包括“文件”“编辑”“视图”“插入”“修改”“文本”“命令”“控制”“调试”“窗口”“帮助”菜单项，如图 1-4 所示。

图 1-4 Animate CC 的菜单栏

➢ **文件**：包含最常用的命令，如“新建”“打开”“关闭”“保存文档”“导入”“导出选项”“发布相关”“退出”等。

➢ **编辑**：用于对帧进行复制、粘贴与编辑时的参数设置，以及自定义工具面板、字体映射等。

➢ **视图**：用于快速设置屏幕上显示的内容，如浮动面板、时间轴和网格标尺等。

➢ **插入**：该菜单中的命令利用率非常高，如转换元件和新建元件等。

➢ **修改**：用于修改文档的属性和对象的形状等。

➢ **文本**：用于设置文本属性。

➢ **命令**：Animate CC 允许用户使用 JSFL 文件创建自己的命令，在该菜单中可以运行、管理这些命令，或使用 Animate CC 默认提供的命令。

➢ **控制**：用于测试影片。

➢ **调试**：用于导出 SWF 格式播放动画影片。

➢ **窗口**：用于控制各个面板的打开与关闭。

➢ **帮助**：包含 Animate CC 的官方帮助文档，在遇到困难时可以按【F1】键来获得帮助。

1.1.4 Animate CC 的常用面板

在 Animate CC 中提供了各类面板，用于观察、组织和修改 Animate CC 动画中的各种对象元素，如形状、颜色、文字、实例和帧等。默认情况下，面板组停靠在工作界面的右侧。下面将详细介绍几个常用的面板。

1. “颜色/样本”面板组

默认情况下，“颜色”面板和“样本”面板组合为一个面板组。“颜色”面板用于设置笔触颜色、填充颜色及透明度等，如图 1-5 所示。“样本”面板中存放了 Animate CC 中所有的颜色，单击“样本”面板右侧的按钮，在弹出的面板菜单中可以对其进行管理，如图 1-6 所示。

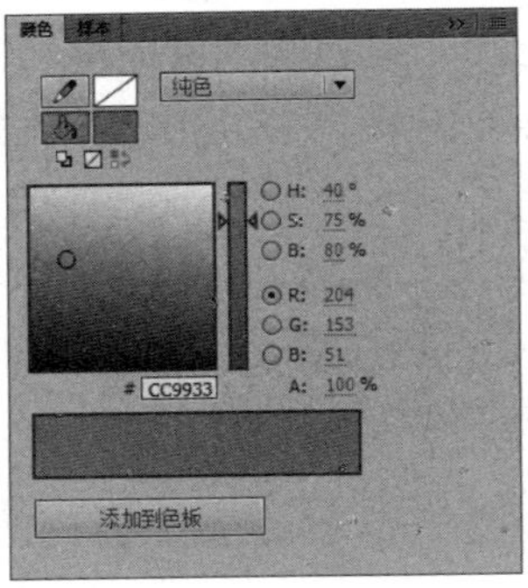

图 1-5 “颜色”面板

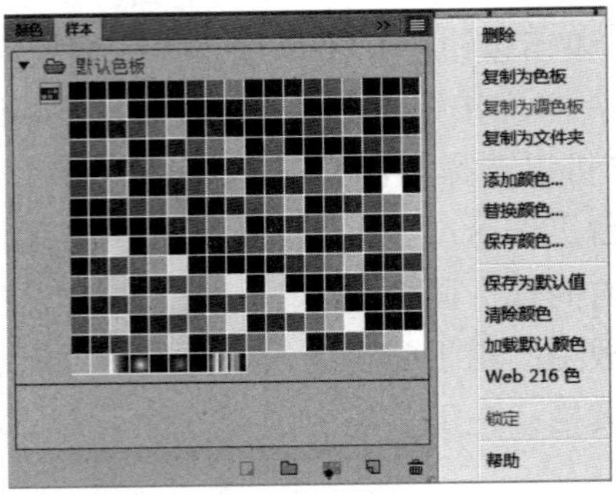

图 1-6 “样本”面板

2. “库/属性”面板组

默认情况下，“库”面板和“属性”面板组合为一个面板组。“属性”面板用于显示和修改所选对象的参数，所选对象不同，其“属性”面板也随之不同，如图 1-7 所示。当不选择任何对象时，“属性”面板中显示的是文档的属性。“库”面板用于存储和组织在 Animate CC 中创建的各种元件，还用于存储和组织导入的文件，包括位图、声音文件和视频剪辑等，如图 1-8 所示。

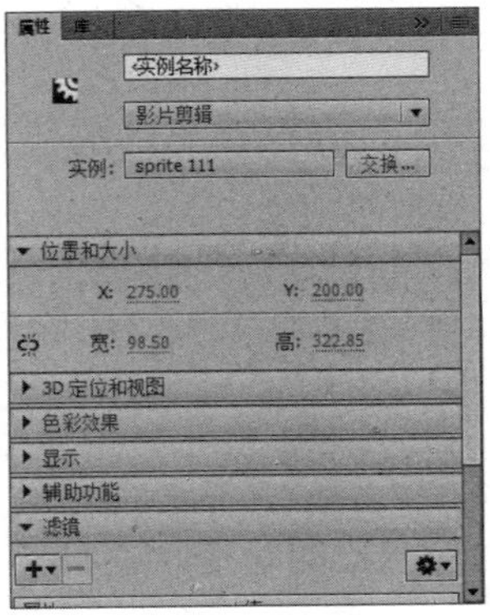

图 1-7 “属性”面板

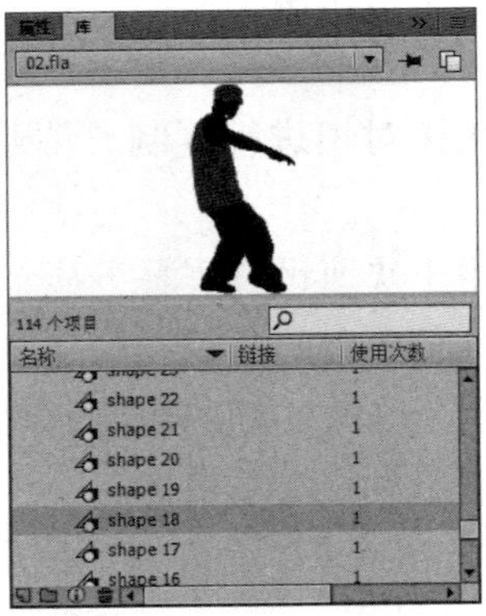

图 1-8 “库”面板

3. “动作”面板

“动作”面板用于编辑 Actions 脚本，由脚本导航器和脚本窗格构成，如图 1-9 所示。

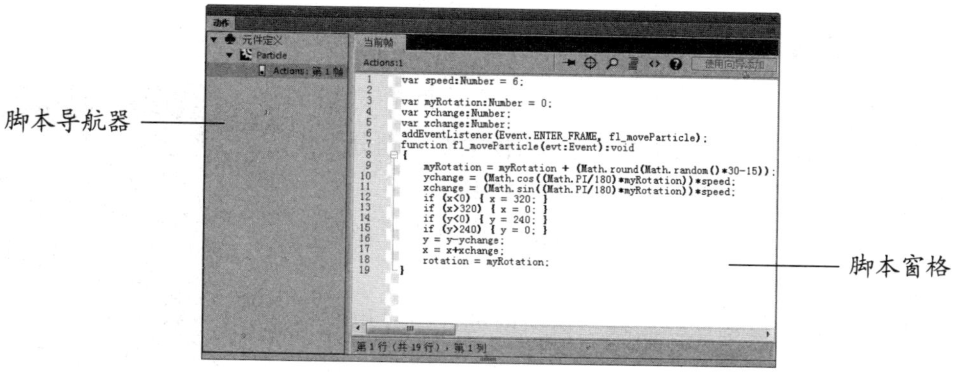

图 1-9 “动作”面板

4. “对齐/信息/变形”面板组

默认情况下，“对齐”面板、“信息”面板和“变形”面板组合为一个面板组。其中，“对齐”面板主要用于对齐同一个场景中选择的多个对象，如图 1-10 所示；“信息”面板主要用于查看所选对象的坐标、颜色、宽度和高度，还可对其参数进行调整，如图 1-11 所示；“变形”面板主要用于对所选对象进行缩放、旋转和倾斜等变形处理，如图 1-12 所示。

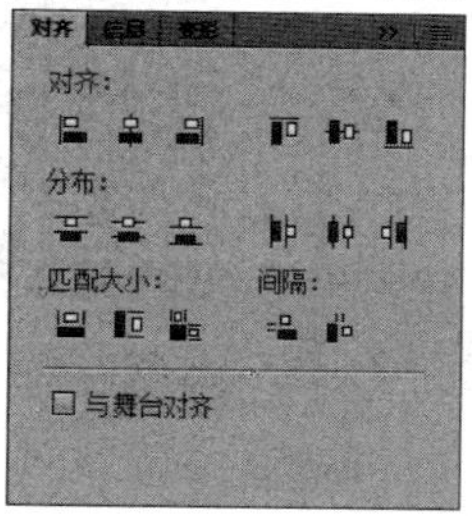

图 1-10 “对齐”面板

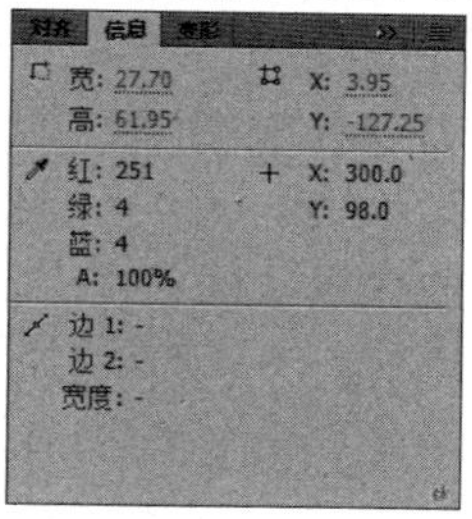

图 1-11 “信息”面板

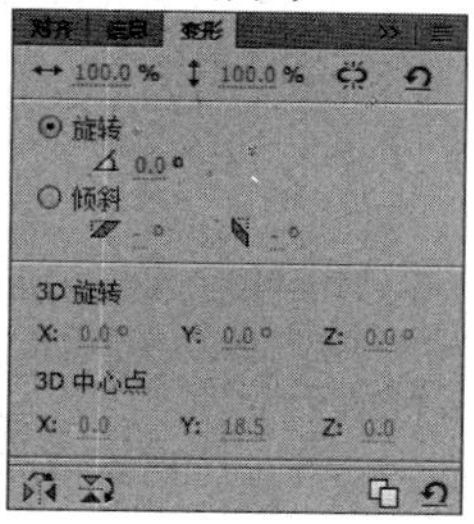

图 1-12 “变形”面板

5. “代码片断”面板

在“代码片断”面板中含有 Animate CC 为用户提供的多组常用事件，如图 1-13 所示。选择一个元件后，可在“代码片断”面板中双击所需的代码片断，Animate CC 会将该代码片断插入到动画中。这个过程可能需要用户手动进行少量代码的修改，在弹出的“动作”面板中会有详细的修改说明，如图 1-14 所示。

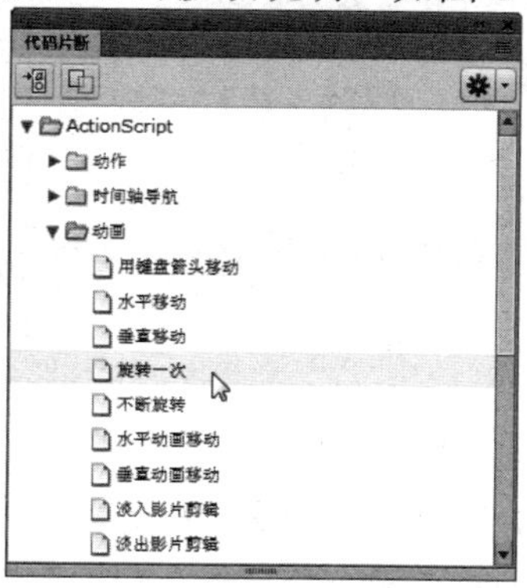

图 1-13 “代码片断”面板

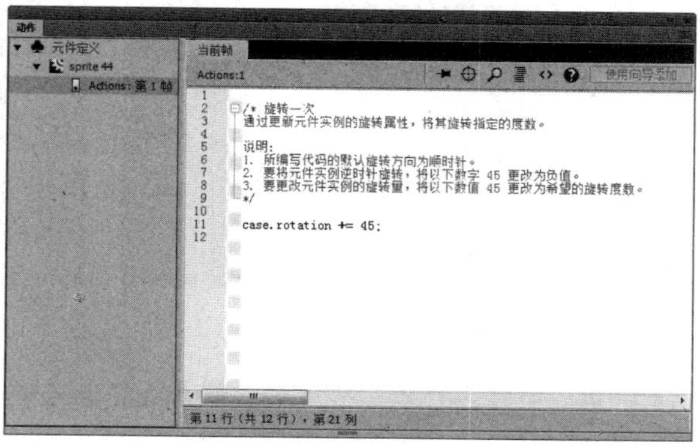

图 1-14 代码修改说明

6. “工具”面板

Animate CC 的“工具”面板中包含很多工具，每个工具都具有不同的功能。Animate CC 的“工具”面板主要被划分为 4 个区域，分别放置不同类型的工具，如图 1-15 所示。

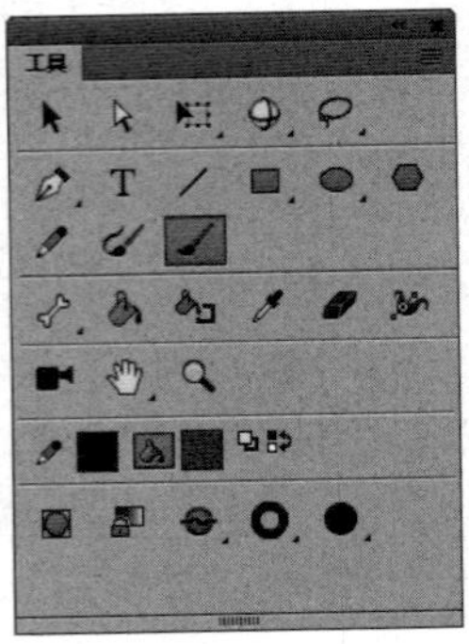

图 1-15 “工具”面板

- **“工具”区域**：前三组为工具区域，包含绘图、上色和选择等工具。
- **“查看”区域**：包含在应用程序窗口内进行缩放和平移的工具。
- **“颜色”区域**：包含用于设置笔触颜色和填充颜色的功能按钮。
- **“选项”区域**：包含用于当前所选工具的功能按钮。不同的工具其功能按钮也不尽相同，功能按钮会影响工具的上色或编辑操作。

除了上述面板外，Animate CC 的工作界面中还有其他面板，如“滤镜”面板、“参数”面板、“调试控制台”面板和“辅助功能”面板等，其功能和特点在此不再逐一介绍。这些面板在“窗口”菜单中都可以找到，选择相应的命令即可将其打开。

1.1.5 自定义 Animate CC 的工作区

在 Animate CC 中预设了“基本功能”“开发人员”“设计人员”“调试”“传统”“动画”“小屏幕”7 种工作区样式。若这些样式不能满足需要，还可以自定义工作区，方法如下。

Step 01 将 Animate CC 的工作区布置为所需的样式，例如，将“工具”面板移至左侧，将“动作”“历史记录”“组件”等面板添加到工作区中，如图 1-16 所示。

Step 02 单击应用程序栏右侧的“基本功能”下拉按钮，在弹出的下拉列表中选择“新建工作区”选项，如图 1-17 所示。

图 1-16 布置工作区

图 1-17 选择“新建工作区”命令

Step 03 弹出“新建工作区”对话框，输入工作区名称，如图 1-18 所示，单击“确定”按钮。

Step 04 若要切换到自定义的工作区，只需在“基本功能”下拉列表中选择该工作区即可，如图 1-19 所示。

图 1-18　设置工作区名称

图 1-19　切换工作区

1.2　Animate CC 文档的基本操作

下面介绍 Animate CC 文档的基本操作，其中包括启动与退出 Animate CC、新建文件、保存文件、设置文档属性、创建与播放 SWF 文件等。

1.2.1　启动与退出 Animate CC

下面简要介绍启动与退出 Animate CC 的方法。

1．启动 Animate CC

在成功安装 Animate CC 以后，即可启动 Animate CC。在计算机桌面的“开始”菜单中选择“所有程序”|“Adobe”|“Adobe Animate CC 2018”命令，如图 1-20 所示，此时即可打开 Animate CC 的初始界面，如图 1-21 所示。

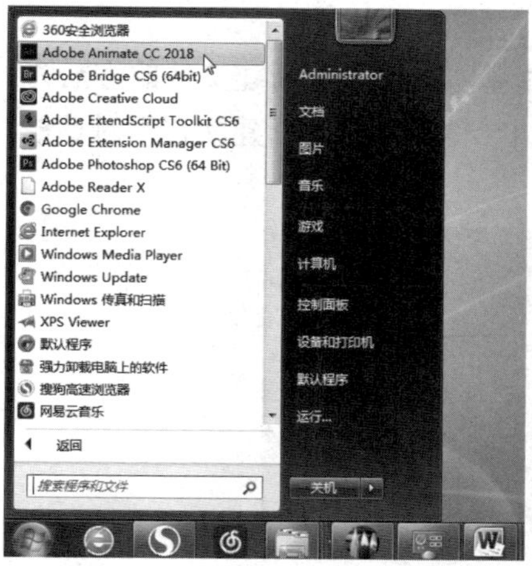

图 1-20　选择 Animate CC 程序

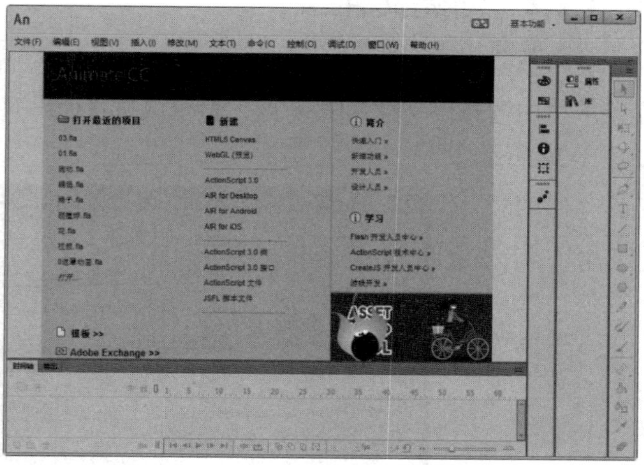

图 1-21　Animate CC 的初始界面

在初始界面中，用户可以在“模板”“新建”“打开最近的项目”3 个区域中进行所需的操作。例如，选择“新建”区域中的“ActionScript 3.0”选项（如图 1-22 所示），即可进入其编辑界面，如图 1-23 所示。

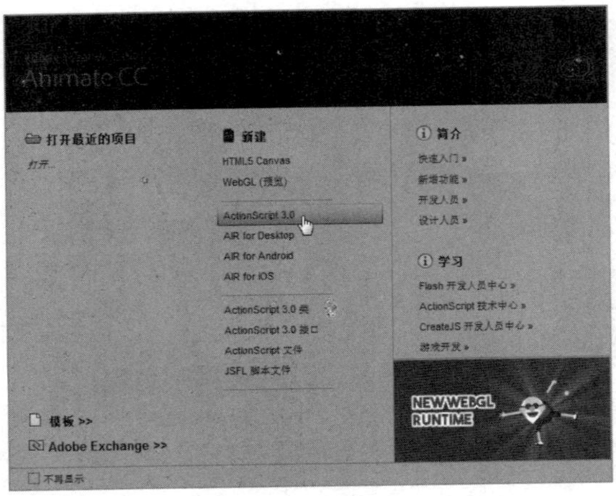

图 1-22 选择“ActionScript 3.0”选项

图 1-23 新建文件

2．退出 Animate CC

如果需要退出 Animate CC 程序，可以通过以下几种方法进行操作。

方法 1：使用菜单命令退出

选择“文件”|“退出”命令或按【Ctrl+Q】组合键，即可退出 Animate CC 程序。

方法 2：单击“关闭”按钮退出

直接单击工作界面右上方的“关闭”按钮，即可退出 Animate CC 程序。

方法 3：通过 Animate 图标退出

单击工作界面左上方的 Animate 图标 An，在弹出的下拉菜单中选择“关闭”命令，还可直接双击 Animate 图标退出程序。

1.2.2 新建文件

使用 Animate CC 进行动画制作，新建文件是一个最基本的操作。新建文件的方法为：在菜单栏中选择“文件”|“新建”命令或按【Ctrl+N】组合键，弹出“新建文档”对话框，如图 1-24 所示。

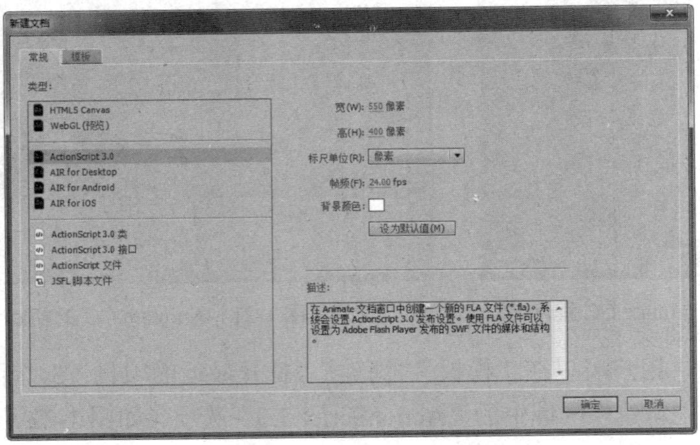

图 1-24 “新建文档”对话框

在“常规”选项卡中可以创建各种常规文件，可以对选择的文件进行宽度、高度、背景颜色等的设置。在“描述”列表框中显示了对该文件类型的简单介绍，单击“确定”按钮，即可创建相应类型的文件。

也可使用模板来创建新文件，方法如下：在“新建文档”对话框中选择“模板”选项卡，然后在“类别”列表框中选择一种类别，在其右侧就会显示出与其对应的模板、预览效果及描述信息，如图 1-25 所示。单击“确定”按钮，即可创建一个模板文件，如图 1-26 所示。

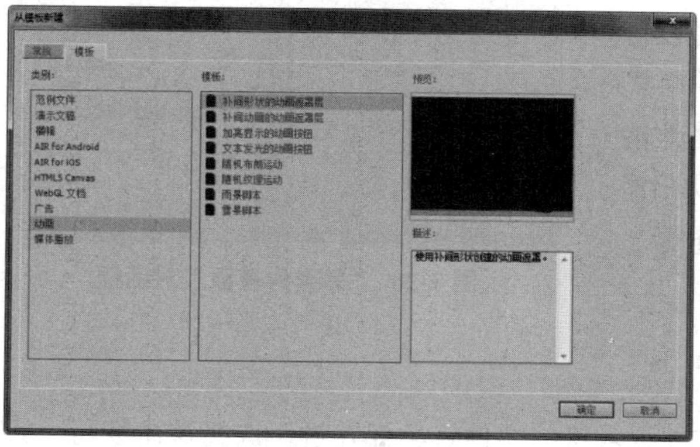

图 1-25 选择模板类别

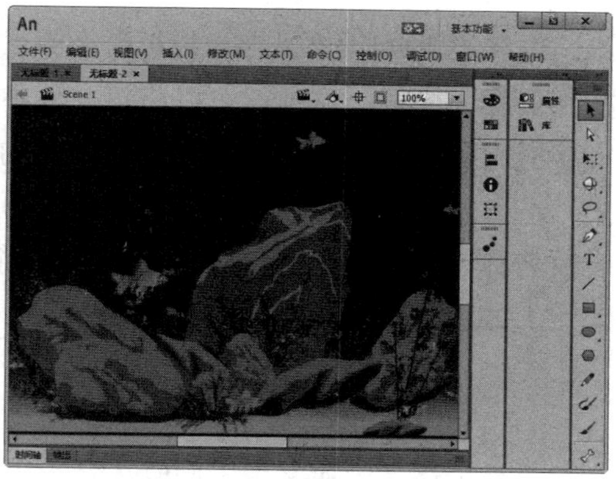

图 1-26 创建模板文件

1.2.3 保存文件

当完成动画制作以后，需要对文件进行保存。通常有 4 种保存文件的方法，分别为保存文件、另存文件、另存为模板文件和全部保存文件。

1. 保存文件

选择“文件”|“保存”命令或按【Ctrl+S】组合键，即可保存当前文件。如果是第一次保存文件，会弹出“另存为”对话框，选择保存类型，如图 1-27 所示，然后单击“保存”按钮。

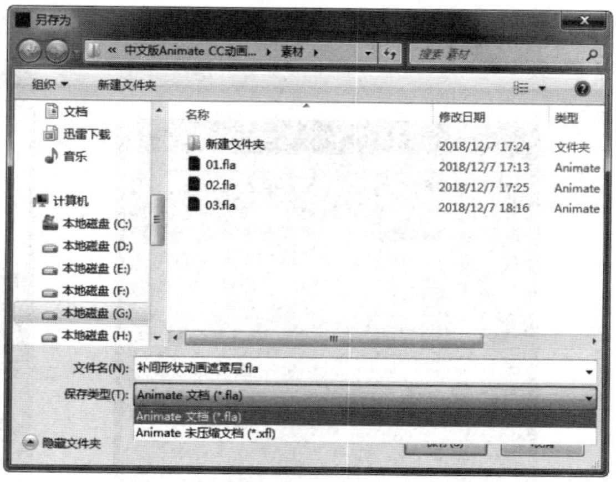

图 1-27 “另存为”对话框

“Animate 未压缩文档（*.xfl）”格式允许查看构成 Animate 文件的每个单独的部分（即子文件），它会生成一个文件夹，包括全面描述 Animate 文件的 XML 文件，描述每个库元件的各个 XML 文件，发布设置、移动设置及其他设置的其他 XML 文件，以及 Animate 文件使用的外部资源（如位图文件）。使用未压缩的 XFL 格式，可以让不同人员各自使用 Animate 文件的各个组成部分，还可以使用源控制系统管理对 XFL 文件中的每个子文件进行所需要的更改。将这些功能协作，可以使多个设计人员和开发人员在大型项目上更加轻松地合作。

2．另存文件

选择“文件”|“另存为”命令或按【Ctrl+Shift+S】组合键，可以将已经保存的文件以另一个名称或在另一个位置进行保存，在弹出的“另存为”对话框中可以对文件进行重命名，也可以修改文件的保存类型。

3．另存为模板

选择“文件”|“另存为模板”命令，可以将文件保存为模板，这样就可以将该文件中的格式直接应用到其他文件中，从而形成统一的文件格式。在弹出的“另存为模板”对话框中可以设置模板名称、选择类别，以及对模板进行描述等，如图 1-28 所示。

图 1-28 “另存为模板”对话框

4．全部保存文件

“全部保存”命令用于同时保存多个文件。若这些文件曾经保存过，选择该命令后，系统会对所有打开的文件再次进行保存；若文件没有保存过，则会弹出“另存为”对话框，然后逐个对其进行保存即可。

1.2.4 设置文档属性

选择“修改”|“文档”命令或按【Ctrl+J】组合键，弹出“文档设置”对话框，从中设置 Animate 文档的属性，如图 1-29 所示。单击工作区的空白部分，按【Ctrl+F3】组合键，打开“属性”面板，从中也可设置文档属性，如图 1-30 所示。

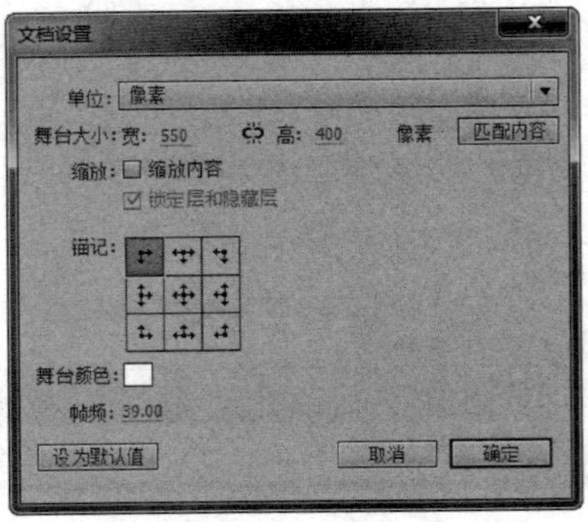

图 1-29 “文档设置”对话框

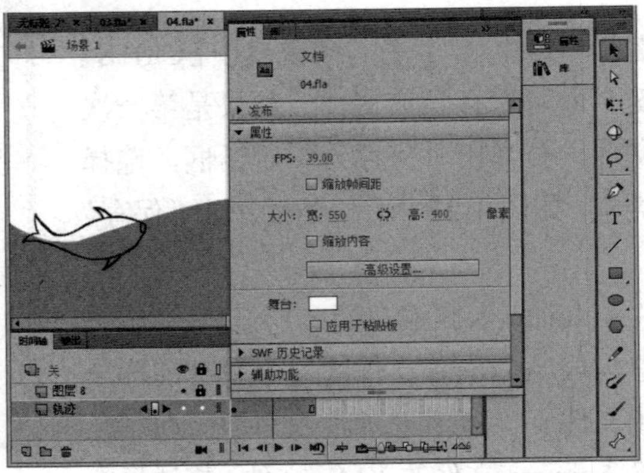

图 1-30 “属性”面板

在“文档设置”对话框中，各选项的含义如下。

- **单位**：用于选择标尺的单位，默认为“像素”。
- **舞台大小**：用于指定舞台的大小。
- **匹配内容**：单击该按钮，然后单击“确定”按钮，可将舞台大小设置为与舞台内容的四周空间相等。

➢ **缩放内容**：选中此复选框，允许用户根据舞台大小缩放舞台上的内容。当调整舞台大小时，舞台上的对象会进行等比例缩放。

➢ **锚记**：选择一个锚点，指定高度和宽度，将舞台缩放为该尺寸，舞台会根据所选锚点沿相应方向扩展。

➢ **舞台颜色**：单击该色块，然后从调色板中选择所需的颜色。

➢ **帧频**：用于指定每秒显示的动画帧的数量，默认为 24。

1.2.5　创建与播放 SWF 文件

Flash Player 是用于播放 SWF 文件的播放器，大多数计算机和移动设备上都装有 Flash Player。Flash SWF 文件格式是其他应用程序也支持的一种开放标准，SWF 文件可以直接在网页上进行显示。当发布 FLA 文件时，Flash 将创建一个 SWF 文件。

创建与播放 SWF 文件的具体操作方法如下。

Step 01 打开“素材文件\第 1 章\蝶儿飞.fla”，如图 1-31 所示，按【Ctrl+Enter】组合键测试动画。

图 1-31　打开素材文件

Step 02 在该文件位置生成一个同名的 SWF 文件。右击 SWF 文件，在弹出的快捷菜单中选择“打开方式”|“选择默认程序”命令，如图 1-32 所示。

Step 03 弹出“打开方式”对话框，选择网页浏览器，如图 1-33 所示，然后单击“确定”按钮。

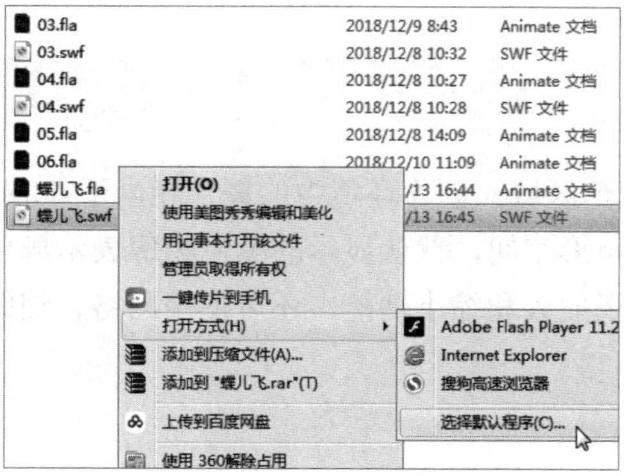

图 1-32　选择“选择默认程序”命令

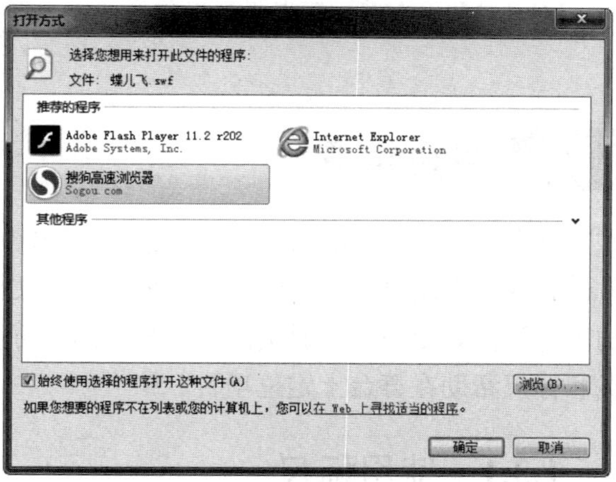

图 1-33　选择打开方式

Step 04 此时即可使用网页浏览器打开 SWF 文件，查看动画效果，如图 1-34 所示。

Step 05 在“打开方式”对话框中单击“浏览”按钮，找到 Animate CC 的安装位置，打开其中的“Players”文件夹，选择 FlashPlayer.exe 文件，如图 1-35 所示，然后单击“打开”按钮。

图 1-34 使用网页浏览器打开 SWF 文件

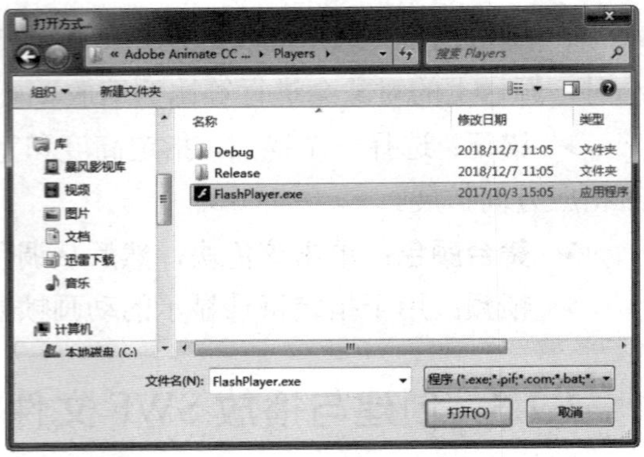

图 1-35 选择 FlashPlayer.exe 文件

Step 06 此时即可使用 Flash Player 在本地计算机中播放 SWF 文件，如图 1-36 所示。

图 1-36 播放 SWF 文件

课堂解疑

在 Animate CC 工作区中，按【Ctrl+1】组合键可以以 100%的尺寸显示动画；按【Ctrl+2】或【Ctrl+3】组合键，可以根据工作区的大小调整动画的显示比例。

1.3 舞台设置

舞台是创建 Animate 文档时放置图形内容的矩形区域。创作环境中的舞台相当于 Flash Player 或网页浏览器窗口中在播放期间显示文档的矩形空间，默认显示的黑色轮廓表示舞台的轮廓视图。要在工作时更改舞台的视图，可以使用放大和缩小功能，还可使用网格、辅助线和标尺帮助在舞台上定位项目。

1.3.1 使用标尺

选择“视图”|“标尺”命令或按【Ctrl+Alt+Shift+R】组合键，即可在舞台的上方和左侧显示标尺，如图 1-37 所示。此外，还可在舞台以外的空白处右击，在弹出的快捷菜单中选择“标尺”命令，将标尺显示出来。

默认情况下，标尺的度量单位为“像素”。若要更改标尺的单位，可以按【Ctrl+J】组合键，打开“文档设置”对话框，在“单位”下拉列表中选择所需的单位，如图 1-38 所示。

图 1-37 显示标尺

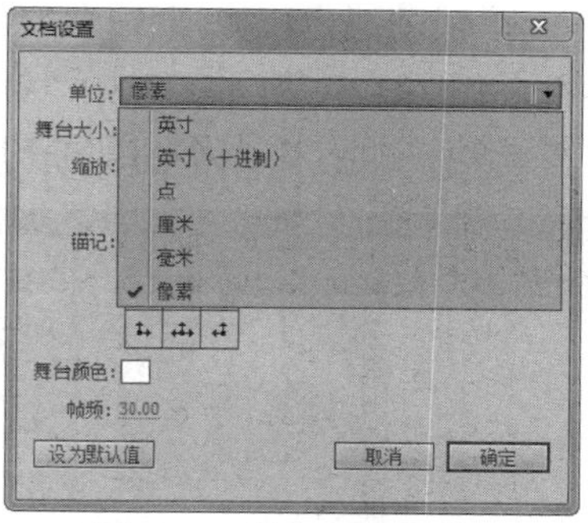

图 1-38 选择标尺的单位

1.3.2 使用辅助线

在显示标尺的情况下，将鼠标指针移至水平标尺或垂直标尺上，然后单击鼠标左键，当鼠标指针下方出现一个小三角时，按住鼠标左键向下或向右拖动鼠标指针，将其移至合适的位置后松开鼠标，即可绘制出一条辅助线，如图 1-39 所示。

默认情况下，辅助线是呈显示状态的。若辅助线没有显示出来，可通过选择“视图”|“辅助线”|“显示辅助线”命令或按【Ctrl+;】组合键使其显示出来。

用户还可以移动、锁定和清除辅助线，方法如下。

1. 移动辅助线

将鼠标指针移至辅助线上，当鼠标指针的下方出现小三角时按住鼠标左键并拖动鼠标指针，即可对辅助线进行移动操作。也可以双击辅助线，弹出“移动辅助线”对话框，输入“位置”数值，如图 1-40 所示，然后单击“确定”按钮。若将辅助线拖到场景以外，则可以删除辅助线。

图 1-39 绘制辅助线

图 1-40 移动辅助线

2. 锁定辅助线

选择“视图”|“辅助线”|“锁定辅助线”命令，或在舞台空白区域右击，在弹出的快捷菜单中选择“辅助线”|“锁定辅助线”命令，如图 1-41 所示，可以锁定当前文档中的所有辅助线。

3. 清除与编辑辅助线

选择“视图”|“辅助线”|“清除辅助线”命令，可以将当前文档中的辅助线全部清除。

选择“视图”|“辅助线”|“编辑辅助线”命令或按【Ctrl+Alt+Shift+G】组合键，弹出“辅助线”对话框，如图 1-42 所示。选中“锁定辅助线”复选框，可以锁定辅助线的位置；单击“全部清除”按钮，可以清除全部辅助线；单击“颜色”色块，可以更改辅助线的颜色。

图 1-41 选择“锁定辅助线”命令

图 1-42 “辅助线”对话框

1.3.3 使用网格线

选择“视图”|“网格”|“显示网格”命令或按【Ctrl+'】组合键，舞台中就会显示出网格，如图 1-43 所示。

选择“视图”|“网格”|“编辑网格”命令，弹出“网格”对话框，可以对网格的颜色、大小进行更改，还可设置“在对象上方显示”“贴紧至网格”等选项，如图 1-44 所示。

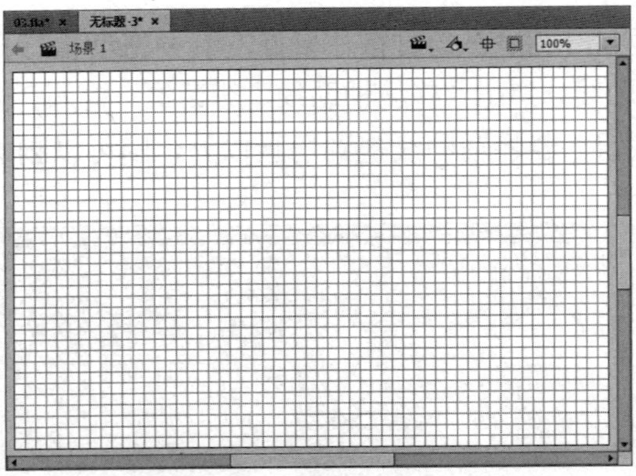

图 1-43 显示网格

图 1-44 设置网格选项

1.3.4 缩放舞台

当舞台中的对象过大或过小时，就很难对这些对象进行精确的编辑操作，这时可以对舞台进行缩放，以便于编辑这些对象。

通过设置舞台的显示比例，可以缩放舞台的大小，在舞台上方的“显示比例”下拉列表框中输入数值或选择相应的选项，如图 1-45 所示。

图 1-45 选择显示比例

使用缩放工具🔍也可快速对舞台进行放大或缩小。单击工具箱中的“缩放工具”按钮🔍或按【Z】键，即可调用该工具。

调用缩放工具🔍后，在其选项区中有“放大”按钮🔍和“缩小”按钮🔍两个功能按钮，用于放大和缩小舞台。缩放工具🔍有三种模式，分别为“放大”“缩小”“局部放大”。

下面通过示例介绍如何使用缩放工具🔍对舞台进行放大或缩小，具体操作方法如下。

Step 01 打开“素材文件\第 1 章\05.fla”，按【Z】键调用缩放工具🔍，在其选项区中单击“放大”按钮🔍，如图 1-46 所示。

Step 02 在舞台上单击，即可将舞台放大 2 倍，如图 1-47 所示。同样，单击“缩小”按钮🔍，然后在舞台上单击，可以将舞台缩小为原来的 1/2。

图 1-46　调用缩放工具

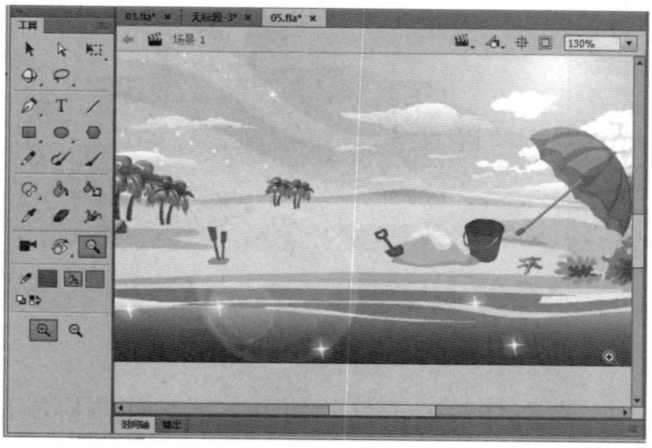

图 1-47　放大舞台

Step 03 调用缩放工具🔍后，无论是在放大模式下还是在缩小模式下，将鼠标指针移至舞台上，按住鼠标左键拖出一个方框，均可选择局部显示范围，如图 1-48 所示。

Step 04 松开鼠标后，即可让拖出的方框充满整个舞台，将方框中的对象局部放大显示，效果如图 1-49 所示。

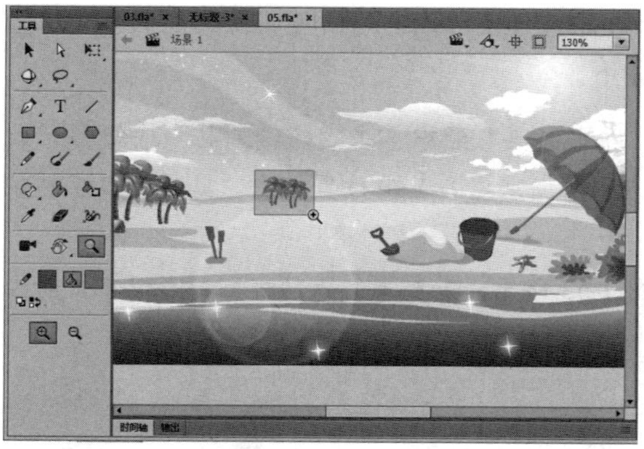

图 1-48　选择局部显示范围

图 1-49　局部放大显示

对舞台进行缩放操作时，掌握以下技巧可以提高工作效率。

- 双击工具箱中的“缩放工具”按钮🔍，可以将舞台以 100%的比例显示。
- 在对舞台进行缩放操作时，按【Alt】键可以在放大模式和缩小模式之间临时进行切换。
- 按【Ctrl+=】组合键，可以将舞台放大为原来的 2 倍。

- 按【Ctrl+−】组合键，可以将舞台缩小为原来的 1/2。
- 按住【Ctrl】键的同时滚动鼠标滚轮，可以快速放大或缩小舞台。

1.3.5 平移舞台

当舞台的空间不够大或所要编辑的图形对象过大时，可以使用手形工具移动舞台，将需要编辑的区域显示在舞台中。

单击工具箱中的“手形工具”按钮或按【H】键，即可调用该工具，如图 1-50 所示。当鼠标指针变为样式时，按住鼠标左键并拖动鼠标指针即可移动舞台，如图 1-51 所示。

图 1-50 调用手形工具

图 1-51 移动舞台

在选择其他工具的情况下，按住空格键可以临时切换到手形工具，当松开空格键后会还原为原来的状态。还可通过双击“手形工具”按钮，将舞台以合适的窗口大小显示。

1.3.6 旋转舞台

Animate CC 新增了旋转工具，允许用户临时旋转舞台视图，以特定的角度进行绘制，而不用像自由变换工具那样，需要旋转舞台上的实际对象。无论当前在使用哪种工具，都可以按住空格键，然后按住【Shift】键临时切换为旋转工具。

下面通过实例介绍其用法，具体操作方法如下。

Step 01 打开“素材文件\第 1 章\名车.fla”，在“手形工具”组中单击“旋转工具”按钮，此时舞台上会出现一个十字形的旋转轴心点，根据需要在其他位置单击，更改轴心点的位置，如图 1-52 所示。

Step 02 拖动鼠标指针，即可旋转舞台视图，如图 1-53 所示。若要恢复默认视图，可以单击舞台上方的“舞台居中”按钮。

图 1-52 调用旋转工具

图 1-53 旋转舞台视图

本章小结

通过对本章的学习，读者应该掌握以下知识。

（1）Animate CC 的工作界面主要由应用程序栏、菜单栏、窗口选项卡、编辑栏、舞台工作区、“时间轴”面板、面板组和工具栏组成。

（2）Animate CC 的常用面板包括“颜色/样本”面板组、“库/属性”面板组、“动作”面板、“对齐/信息/变形”面板组、“代码片断”面板和“工具”面板。

（3）通过操作面板有效地布置工作区，并将其保存为自定义工作区。

（4）对 Animate CC 文档进行基本操作，如启动与退出 Animate CC 程序、新建文件、保存文件、设置文档属性、创建与播放 SWF 文件。

（5）使用标尺、辅助线及网格线等辅助工具，可以帮助用户对动画对象进行定位。

（6）为了便于操作，可以对舞台进行缩放、平移、旋转等操作。

课后习题

一、选择题

1．使用哪个快捷键可以设置文档的属性？（ ）

A．【Ctrl+N】 B．【Ctrl+W】 C．【Ctrl+J】 D．【Ctrl+F3】

2．通过下面哪项操作可以清除辅助线？（ ）

A．按【Delete】键 B．将辅助线移至场景外

C．按【Ctrl+;】组合键 D．双击辅助线

3．按哪个快捷键可以调用平移工具？（ ）

A．【H】 B．【Shift+H】 C．【Z】 D．【C】

二、填空题

1．____________________格式允许查看构成 Animate 文件的每个单独的部分。

2．在 Animate CC 中，使用__________播放器来播放 SWF 动画文件。

3．在设置文档属性时单击__________按钮，可以设置舞台大小与舞台内容的空间相等。

三、实操题

1．新建一个 Animate CC 文档，并设置文档的大小为 760×60 像素。

2．浏览 Animate CC 预设的各种工作区，然后创建一个适合自己的自定义工作区。

第 2 章 Animate CC 绘图基础

【学习目标】

- 掌握位图和矢量图的转换方法。
- 掌握图层的操作方法。
- 掌握选择工具的使用方法。
- 掌握套索工具的使用方法。
- 掌握部分选取工具的使用方法。
- 掌握变形与排列对象的方法。

在 Animate CC 中，使用“工具”面板中的绘图工具可以绘制出精美的矢量图。在学习绘图工具的使用方法前，需要先了解使用 Animate CC 绘图的基础知识。本章将学习 Animate CC 图形的基础知识，选择工具、套索工具、部分选取工具、变形工具等工具的使用方法，以及排列对象的方法。

2.1 Animate CC 图形的基础知识

下面学习 Animate 图形的基础知识，包括位图和矢量图、Animate CC 中的图形对象，导入外部图像，以及认识与编辑图层。

2.1.1 位图和矢量图

位图和矢量图是计算机图形中的两大概念。这两种图形被广泛应用于出版、印刷、互联网等各个领域，在不同的场合有着各自的优缺点。下面分别对其进行简单介绍。

1．位图

位图是由像素阵列来表现的，每个像素都有着自己的颜色信息。位图可以很好地表现图像的细节，多用于照片和艺术绘画等，这是矢量图所无法表现的。但它的缩放性不好，当放大位图的尺寸时会影响图像的显示效果，导致图像模糊，甚至出现马赛克现象，如图 2-1 所示。

图 2-1　位图

2. 矢量图

矢量图是通过数学函数来实现的，它不像位图那样记录画面中每一个像素的颜色信息，而是记录图像形状及颜色的算法。当把一个矢量图形放大数倍后，其显示效果仍然和原来相同，不会出现失真的情况，如图 2-2 所示。因为无论显示画面是大还是小，画面中的对象对应的算法是不变的。

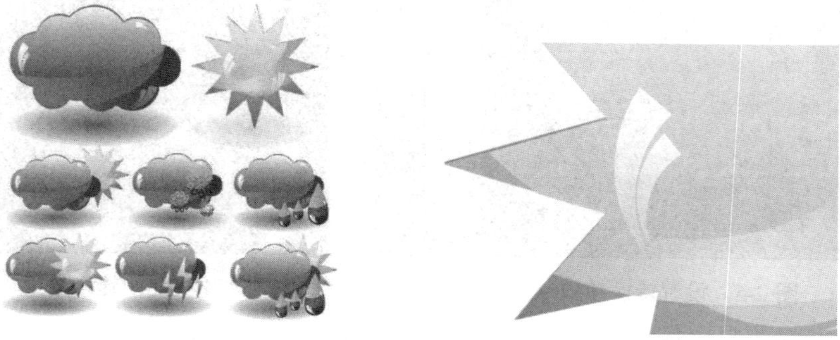

图 2-2 矢量图

使用 Animate CC 绘图工具绘制的图形都是矢量图形，其优点是画面质量不受缩放比例的影响，且文件的尺寸一般较小；缺点是不适合创建连续的色调、照片或艺术绘画等，而且高度复杂的矢量图也会使文件尺寸变得很大。

3. 位图和矢量图之间的转换

在 Animate CC 中可以很轻松地实现位图与矢量图之间的相互转换，具体操作方法如下。

Step 01 打开“素材文件\第 2 章\火团.fla”，在“属性”面板中可以看出其为位图图像，如图 2-3 所示。

Step 02 使用选择工具选择位图，选择“修改”|“位图”|“转换位图为矢量图”命令，如图 2-4 所示。

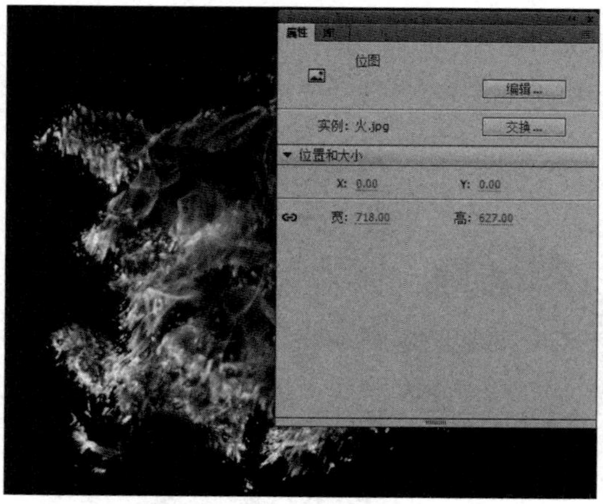

图 2-3 打开素材图像

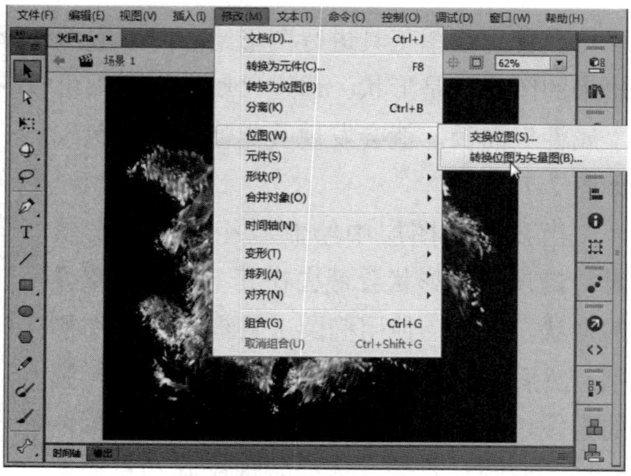

图 2-4 选择“转换位图为矢量图”命令

Step 03 弹出“转换位图为矢量图”对话框，根据需要设置各项参数，如图 2-5 所示，然后单击“确定”按钮。

Step 04 使用缩放工具将舞台放大，发现图像是由一块一块的颜色区域构成的，如图 2-6 所示。同样，在“修改”菜单下选择“转换为位图”命令，可以将矢量图转换为位图图像。

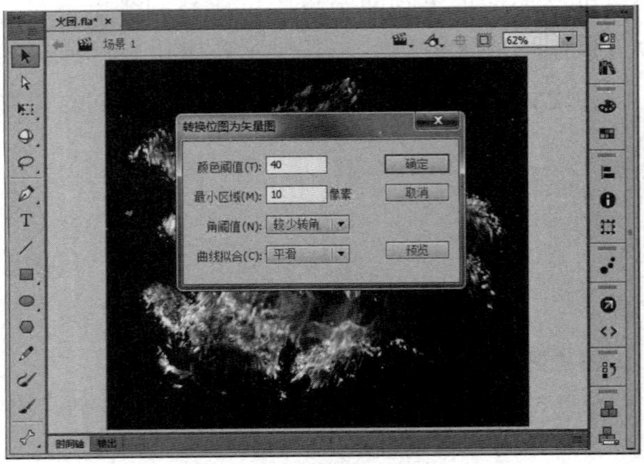

图 2-5　设置转换参数

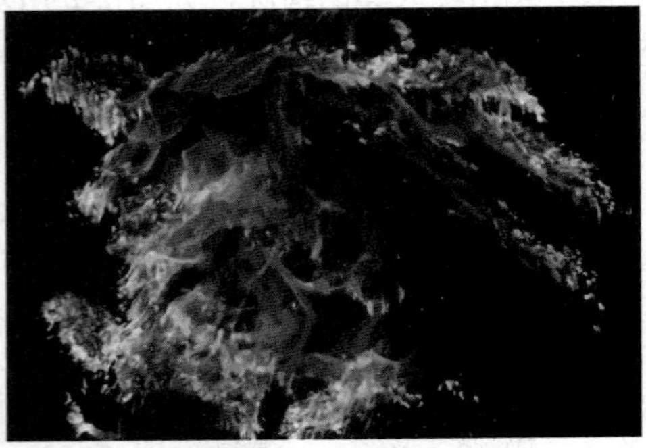

图 2-6　转换效果

在“转换位图为矢量图”对话框中，各个选项的含义如下。

➢ **颜色阈值**：该数值越低，转换后的矢量图形中使用的颜色越多；该数值越高，转换后的矢量图形中使用的颜色越少。

➢ **最小区域**：这是一个半径值，可以用“像素”来度量。“颜色阈值”通过该数值来决定将哪种颜色给中心像素，并决定临近像素是否使用相同的颜色。

➢ **角阈值**：表示转角临界值，转角越多，图像越平滑，文件也越大。

➢ **曲线拟合**：用于控制图形轮廓的光滑程度。

2.1.2　Animate CC 中的图形对象

在 Animate CC 中有三种图形对象：形状、绘制对象和图元对象。下面逐一进行介绍。

1．形状

在使用绘图工具进行图形绘制时，取消选择其选项区中的“对象绘制”按钮，则绘制出来的图形就是形状。通过“属性”面板可以获知所选对象的类型，选择绘制的图形，打开“属性”面板，就会发现其类型为“形状”，如图 2-7 所示。

当在同一图层中绘制互相叠加的形状时，最顶层的形状会截去在其下面与其重叠的形状。例如，使用椭圆工具绘制一个椭圆，然后使用线条工具绘制一条穿过椭圆的直线，如图 2-8 所示。使用选择工具依次拖动椭圆和直线，就会发现椭圆和直线被分割成了几部分，如图 2-9 所示。因此，形状是一种破坏性的绘制模式，该模式又被称作“合并绘制模式”。

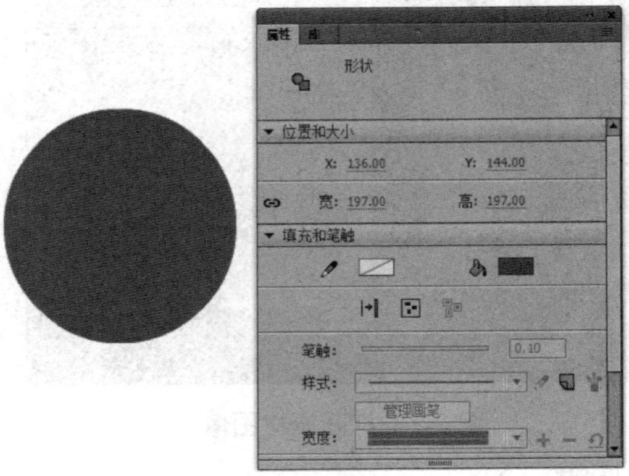

图 2-7　形状

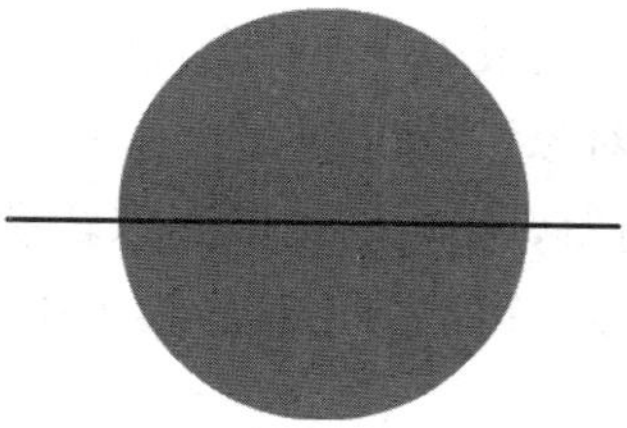

图 2-8　绘制直线

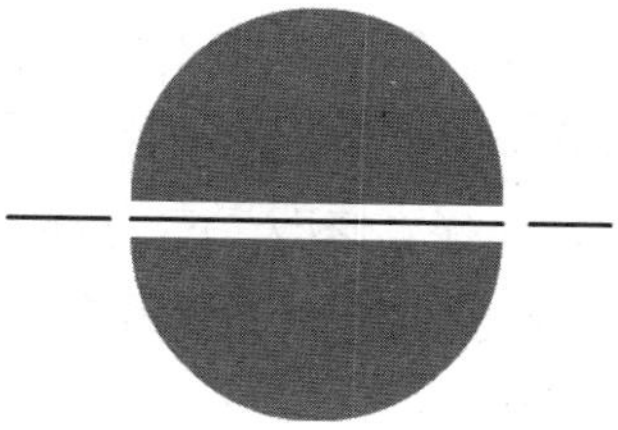

图 2-9　分割图形

当形状之间进行叠加时，不同颜色的部分会被覆盖。例如，使用画笔工具在草莓图像上绘制一个图形，如图 2-10 所示。使用选择工具将绘制的图形移开，草莓图像中被覆盖的部分将会丢失，如图 2-11 所示。

图 2-10　绘制图形

图 2-11　移除图形

当形状之间进行叠加时，不同颜色的部分会被覆盖，而相同颜色的部分会融合在一起，组成一个新的图形。利用图形之间的覆盖关系可以得到丰富的图形效果，在绘制矢量图形时这一功能十分有用。例如，打开“素材文件\第 2 章\04.fla”，将两个不同颜色的圆进行叠加（如图 2-12 所示），然后将其中的一个圆移走，即可得到月牙的形状，效果如图 2-13 所示。

图 2-12　叠加图形

图 2-13　分割图形

2．绘制对象

在使用绘图工具进行图形绘制时，单击其选项区中的“对象绘制”按钮或按【J】键，使该按钮呈按下状态，绘制出来的图形就是绘制对象，如图 2-14 所示。

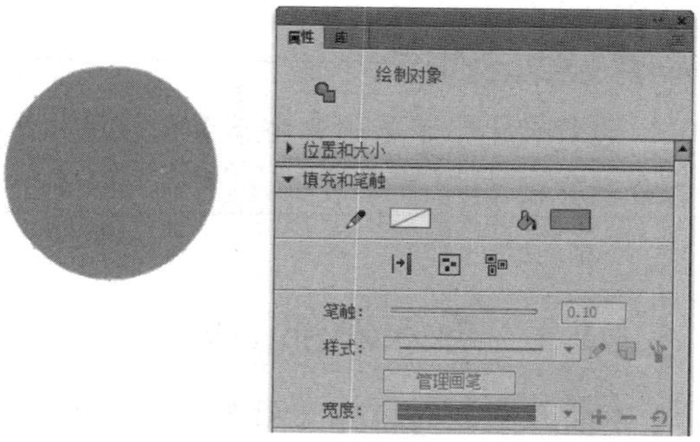

图 2-14　绘制对象

每个绘制对象都是一个独立的对象，当在同一图层中相互叠加时，绘制对象之间不会产生分割的现象。要将绘制对象转换为形状，可以在“属性”面板中单击“分离”按钮；要将形状转换为绘制对象，则在“属性”面板中单击“创建对象”按钮。

此外，选择“修改”|“分离”命令或按【Ctrl+B】组合键，可以将绘制对象转换为形状，如图 2-15 所示。选择“修改”|“合并对象”|“联合”命令，可以将形状转换为绘制对象，如图 2-16 所示。

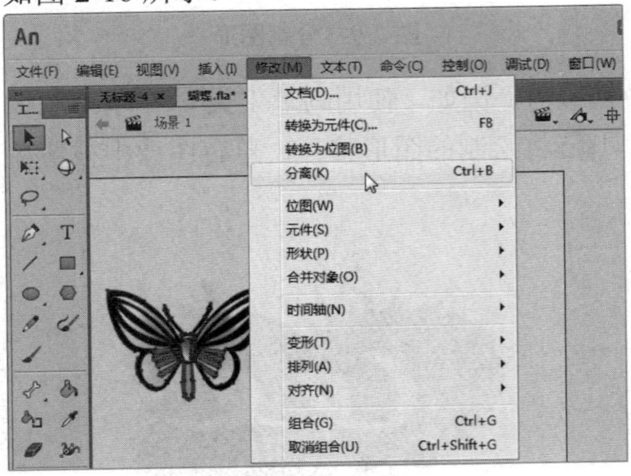

图 2-15　分离图形

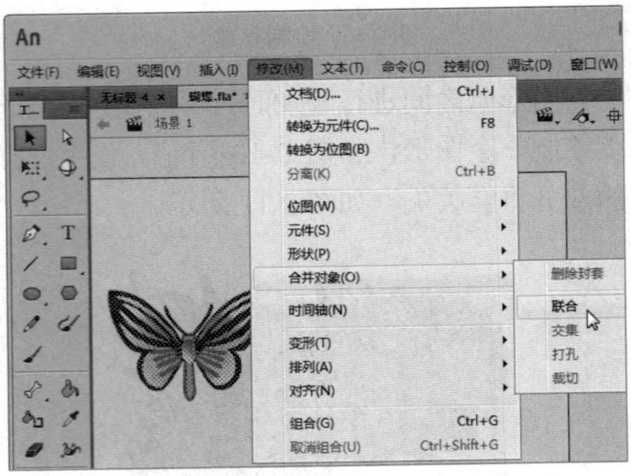

图 2-16　联合图形

3．图元对象

在 Animate CC 中，有两种图元对象：矩形图元和椭圆图元。使用基本矩形工具和基本椭圆工具可以绘制这两种图元对象。“图元对象”是指可以通过“属性”面板调整其特征的图形形状，使用户在创建形状之后还可以精确地控制形状的大小、边角半径及其他属性，而无需重新绘制，如图 2-17 所示为矩形图元，如图 2-18 所示为椭圆图元。

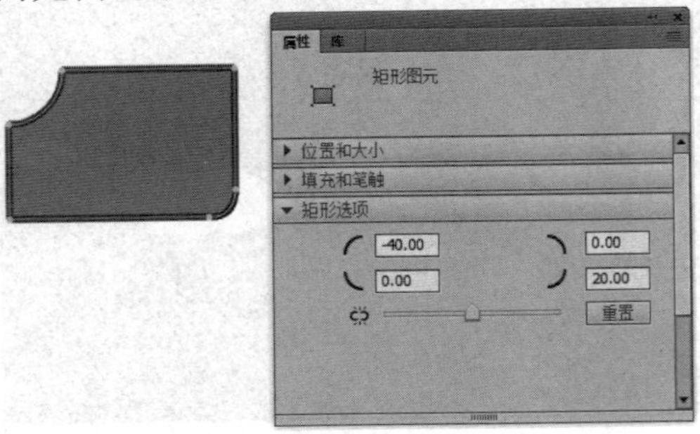

图 2-17　矩形图元

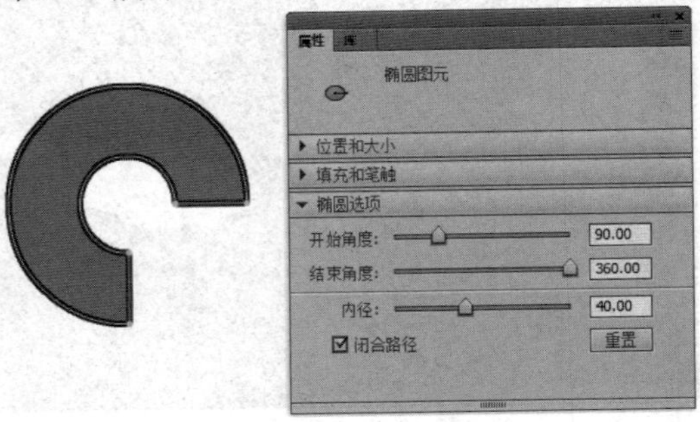

图 2-18　椭圆图元

课堂解疑

在舞台上，若要避免由于重叠形状和线条而意外改变形状，可以通过组合形状或使用图层来分割它们。

2.1.3　导入外部图像

下面介绍如何将外部图像导入到舞台，将图像导入到舞台后“库”面板中会自动存放该图像，以便重复使用。

1. 导入位图

将位图导入到舞台的具体操作方法如下。

Step 01 选择“文件”|“导入”|“导入到舞台”命令或按【Ctrl+R】组合键，弹出“导入”对话框，选择要导入的图像，如图 2-19 所示，然后单击“打开”按钮。

Step 02 此时即可将所选图像导入到舞台中，如图 2-20 所示。

图 2-19　选择位图

图 2-20　导入位图

2. 导入 GIF 动态图像

GIF 动态图像是由多张图像通过一帧帧串联组成的，从而形成了动画。将 GIF 动态图像导入到舞台的具体操作方法如下。

Step 01 选择“文件”|“导入”|“导入到舞台”命令，如图 2-21 所示。

Step 02 弹出“导入”对话框，选择要导入的 GIF 动态图像，如图 2-22 所示，然后单击“打开”按钮。

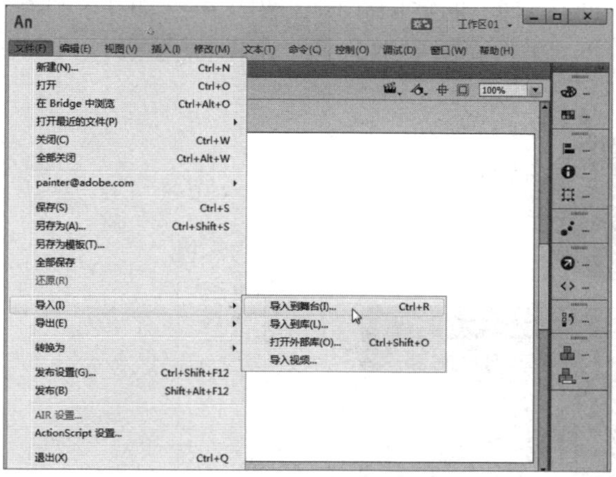

图 2-21　选择“导入到舞台”命令

图 2-22　选择 GIF 图像

Step 03 此时即可将 GIF 动态图像导入到舞台中，默认是以舞台的左上角为基点进行导入的，如图 2-23 所示。

Step 04 打开“时间轴”面板，可以看到其中由多帧组成，选择一个关键帧，即可查看 GIF 动态图像中的其他图像，如图 2-24 所示。

图 2-23　导入 GIF 动态图像

图 2-24　查看帧图像

2.1.4　认识与编辑图层

在创建和编辑 Animate 文件时，使用图层可以方便地对舞台中的各个对象进行管理。通常将不同类型的对象放在不同的图层中，还可对图层进行设置，以便制作出具有特殊效果的动画。

1．认识图层

与其他图像处理软件或绘图软件类似，在 Animate CC 中也有图层。不同图层中的对象互不干扰，使用图层可以很方便地管理舞台中的内容。

在 Animate CC 中新建一个文档时，工作界面中只有一个图层。动画内容越复杂，就越需要更多的图层来组织和管理动画。图层位于“时间轴”面板的左侧，如图 2-25 所示。在绘制图形时，必须明确要绘制的图形在哪个图层中，在当前图层中会有一个图标。

图 2-25　图层

单击“时间轴”面板中的“新建图层”按钮，或选择“插入”|“时间轴”|“图层”命令，即可插入一个新的图层，默认名称为“图层_2”。新建的图层自动处于当前编辑状态，

且图层显示为蓝色，如图 2-26 所示。

单击“图层_1”将其选中，然后单击“新建图层”按钮，在“图层_1”和“图层_2”之间插入一个名为“图层_3”的新图层，如图 2-27 所示。新插入的图层会在当前选择的图层的上方插入。单击按钮可以创建图层文件夹。图层文件夹用于组织图层，用户可以将图层拖至其中。

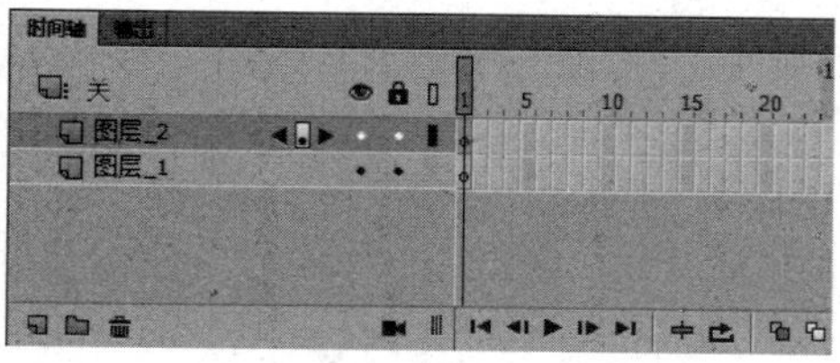

图 2-26 当前图层

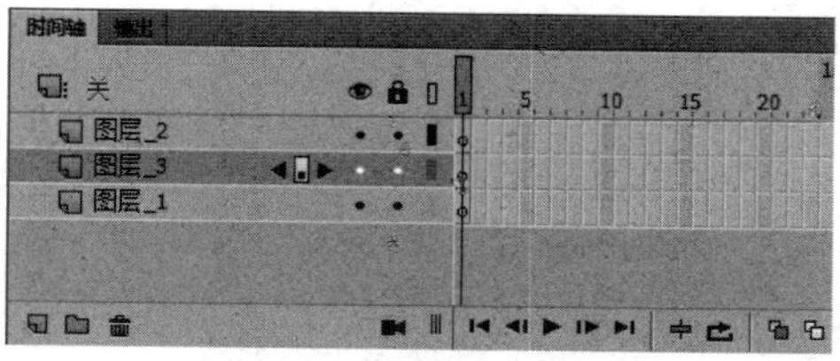

图 2-27 创建新图层

2．选择图层

在对图层进行各种操作之前，首先要选择图层。用户可以选择一个图层，也可以同时选择多个图层。

若要选择一个图层，可以直接单击该图层，如图 2-28 所示；也可以通过选择该图层中的某一帧或该图层在舞台中所对应的任何对象来选择该图层。

若要选择多个不连续的图层，可以在按住【Ctrl】键的同时逐个单击要选择的图层，如图 2-29 所示；若要选择多个连续的图层，可以先单击一个图层，然后在按住【Shift】键的同时单击另一个图层，在这两个图层之间的所有图层都将被选中。

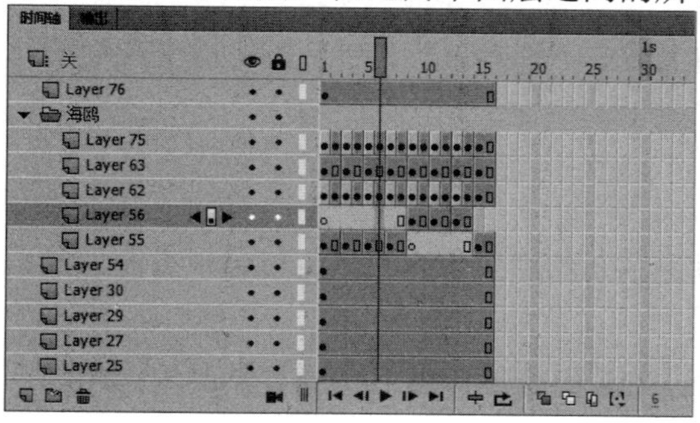

图 2-28 选择图层

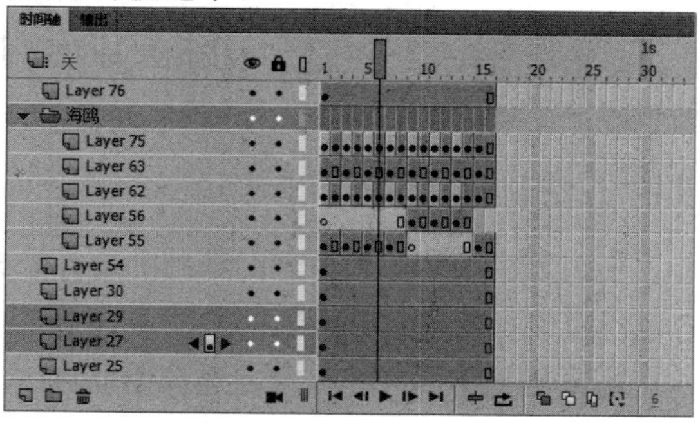

图 2-29 选择多个图层

3．重命名图层

默认情况下，新插入的图层会按照插入顺序自动命名为“图层_1”“图层_2”“图层_3”等。用户可以为图层重新命名以便于识别，并提高动画制作的效率。通过“图层属性”对话框可以重命名图层（双击图层左侧的图标即可打开）；也可以在图层名称上双击，进入图层名称的编辑状态，然后重新输入新名称（如图 2-30 所示），并按【Enter】键确认。

4．锁定图层

为了防止对图层中的内容进行误操作，可以将暂时不需要编辑的图层进行锁定。单击图层中的锁定开关图标即可锁定该图层，再次单击则解除图层锁定。

也可在单击锁定开关图标后，按住鼠标左键并向下或上拖动鼠标指针来锁定多个图层。按住【Alt】键的同时单击图层中的锁定开关图标，可将当前图层解锁而锁定其他图层，如图 2-31 所示。

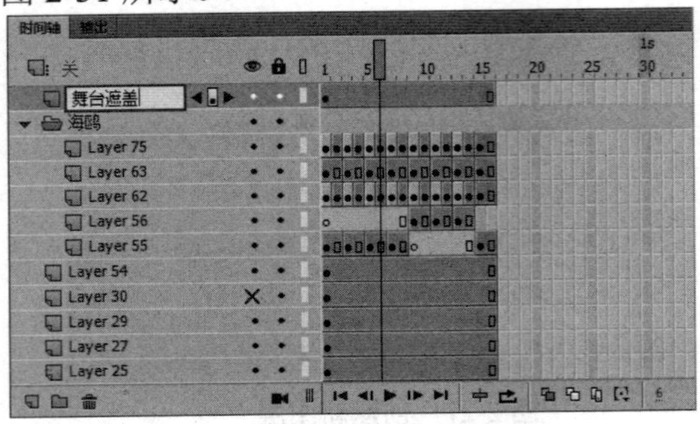

图 2-30　重命名图层

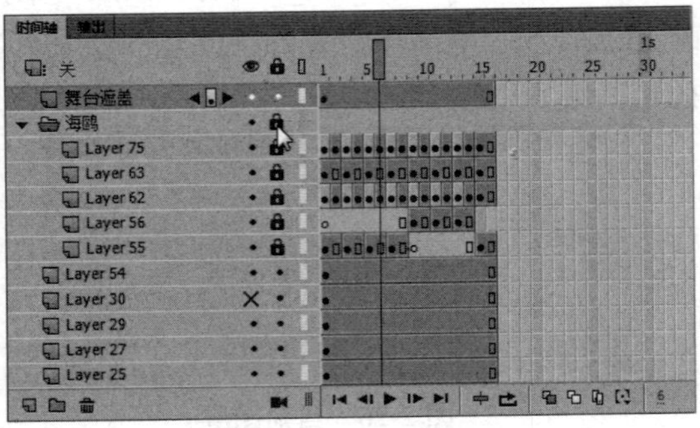

图 2-31　锁定图层

5．显示/隐藏图层

单击图层中的“显示/隐藏”开关，即可显示或隐藏图层。也可在“显示/隐藏”开关上单击鼠标左键并向上或下拖动鼠标指针，以显示或隐藏多个图层。

单击图层上方的“显示/隐藏所有图层”按钮，可以隐藏所有图层，且所有图层对应的隐藏开关全部显示为图标，表示不可见。按住【Alt】键的同时单击某个图层的隐藏开关，可以将该图层显示出来，而其他图层中的内容仍为隐藏状态。

6．改变图层排列顺序

将鼠标指针置于图层上，按住鼠标左键并向上或向下拖动鼠标指针，即可改变图层的排列顺序。

7．复制图层内容

当需要在现有图层内容的基础上进行修改以得到新的图层内容时，可以将现有图层的内容进行复制，然后粘贴到新的图层中。

若要复制图层内容，只需选择图层后按【Ctrl+C】组合键，然后选择要粘贴内容的帧，按【Ctrl+V】组合键进行粘贴即可。

若要将复制的内容粘贴到其原来的位置，可右击舞台空白处，在弹出的快捷菜单中选择“粘贴到当前位置”命令或按【Ctrl+Shift+V】组合键。

8．设置图层属性

右击图层，在弹出的快捷菜单中选择“属性”命令，弹出“图层属性”对话框，在其中可以设置图层的可见性、类型、轮廓颜色及图层高度等。

2.2 选择工具的使用

在对对象进行操作前，必须要选择该对象。在 Animate CC 中提供了多种选择对象的工具，其中包括选择工具、部分选取工具和套索工具。

选择工具是 Animate CC 中使用频率最高的工具之一，用于选择舞台中的一个或多个对象，也可以用来移动对象或修改未选择的线条（或填充图形）。

单击“工具”面板中的“选择工具”按钮或按【V】键，即可调用选择工具。下面详细介绍选择工具的使用方法。

2.2.1 使用选择工具选取对象

在 Animate CC 中，若要选择的对象为文本、元件、群组或位图等，使用选择工具单击这些对象即可将其选中。下面介绍如何使用选择工具选择单个和多个对象。

1. 选择单个对象

若要选择单个图形对象，可以单独选择其线条、填充或整个对象。具体操作方法如下。

Step 01 打开“素材文件\第 2 章\fish.fla”，使用选择工具在图形边缘的线条上单击，可以选择部分线条，如图 2-32 所示。

Step 02 在图形线条上双击，可以选择与其相邻及颜色相同的所有线条，如图 2-33 所示。

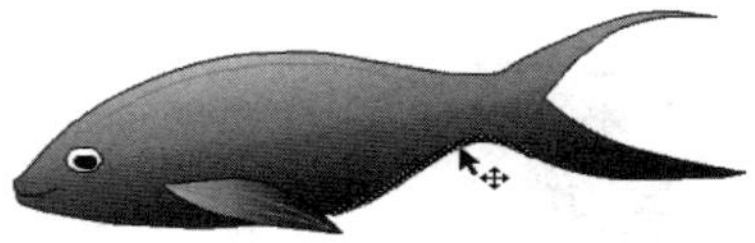

图 2-32　选择部分线条

图 2-33　选择所有线条

Step 03 单击图形填充处，可以选择图像的填充部分，如图 2-34 所示。

Step 04 双击图形填充处，可以同时选择图形内的填充及外部的线条，如图 2-35 所示。

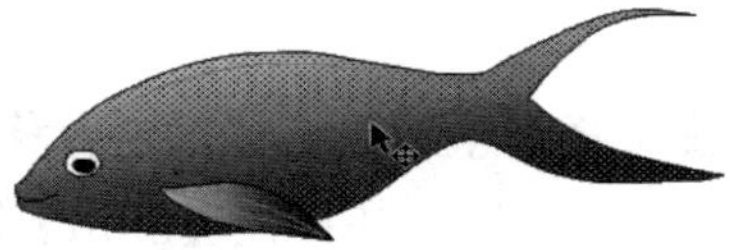

图 2-34　选择填充

图 2-35　选择填充和线条

2. 选择多个对象

若要选择舞台中的全部对象，可以选择“编辑”|“全选”命令或按【Ctrl+A】组合键。若要选择舞台中的部分对象，可以通过点选和框选的方法来进行操作。具体操作方法如下。

Step 01 打开“素材文件\第 2 章\选择对象.fla”，按【V】键调用选择工具，按住【Shift】键的同时逐个单击对象，即可选择多个对象，如图 2-36 所示。

Step 02 继续调用选择工具，按住鼠标左键并拖出选框，选框中的对象即被全部选中，如图 2-37 所示。

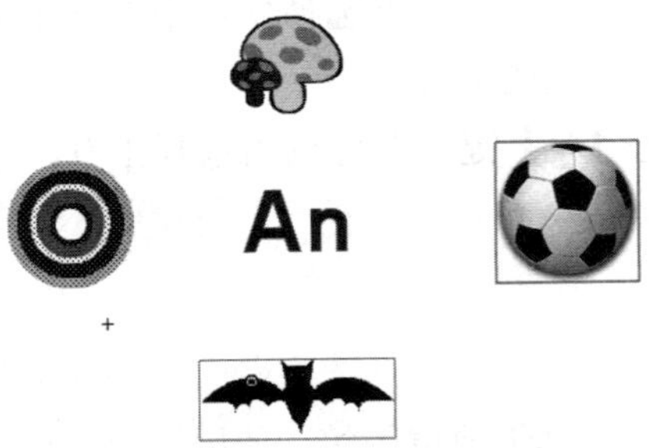

图 2-36　选择多个对象

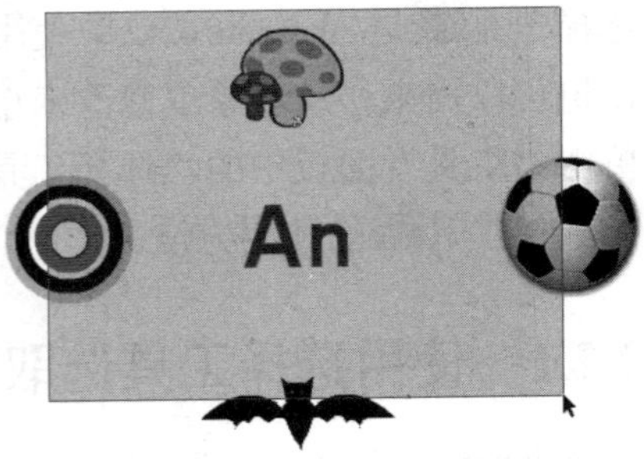

图 2-37　框选对象

2.2.2　使用选择工具调整对象

使用选择工具可以轻松地移动、复制及修改对象，下面分别进行介绍。

1．移动对象

调用选择工具，将鼠标指针移至对象上，当鼠标指针变为样式时按住鼠标左键并拖动鼠标指针，拖至目标位置后松开鼠标，即可移动该对象，如图 2-38 所示。

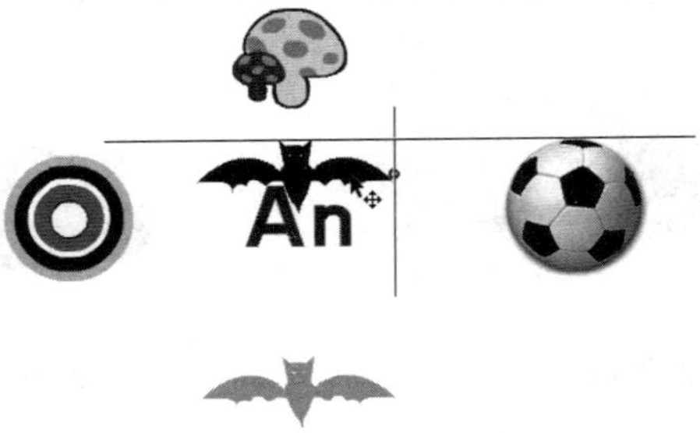

图 2-38　移动对象

在移动对象时，按住【Shift】键的同时拖动鼠标指针，可以使对象沿水平、垂直或与水平（垂直）方向呈 45°角的方向进行移动。

若要一次性移动多个对象，可以先使用选择工具选择多个对象，然后进行移动操作。若要微移某个对象，可以先选择该对象，然后按键盘上的方向键。在按住【Shift】键的同时按方向键，可以一次移动 10 个像素。

2．复制对象

使用选择工具可以轻松地复制对象，方法为：按住【Alt】键的同时单击选中对象并拖动对象，此时鼠标指针的下方出现“+”号，将对象拖至目标位置后松开鼠标，然后松开【Alt】键即可。

3．修改对象

使用选择工具也可修改图形的边框及填充，方法为：调用选择工具后，在没有选择图形的情况下，将鼠标指针移至图形的边缘，当鼠标指针变为样式或时拖动鼠标指针至目标位置后松开鼠标即可，如图 2-39 所示。在修改对象时，按住【Ctrl】键的同时拖动鼠标指针，将创建一个角点。

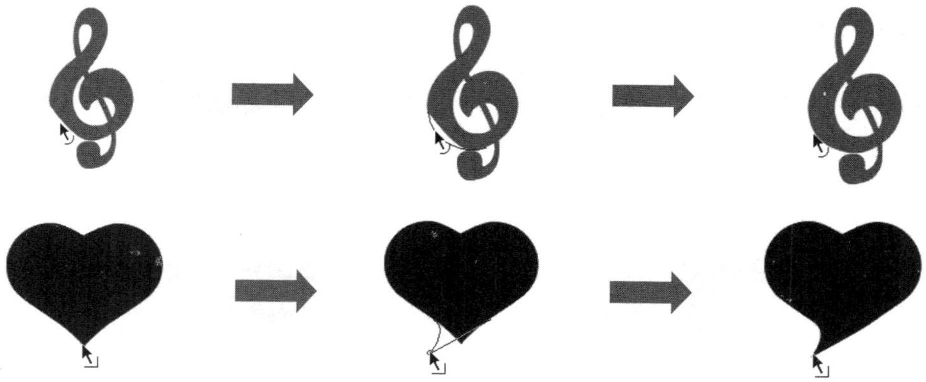

图 2-39　修改图形

2.2.3　使用选择工具功能按钮

在选择工具中有 3 个功能按钮，分别为“贴紧至对象”“平滑”“伸直”。下面分别介绍它们的使用方法。

1．贴紧至对象

在“工具”面板中单击“贴紧至对象”按钮，使其呈按下状态，在移动或修改对象时可以进行自动捕捉，以起到辅助的作用。当使用选择工具移动对象时，对象的变形点处会出现一个小圆圈，当捕捉到目标位置的边或顶点时小圆圈会变粗、变大，如图 2-40 所示。

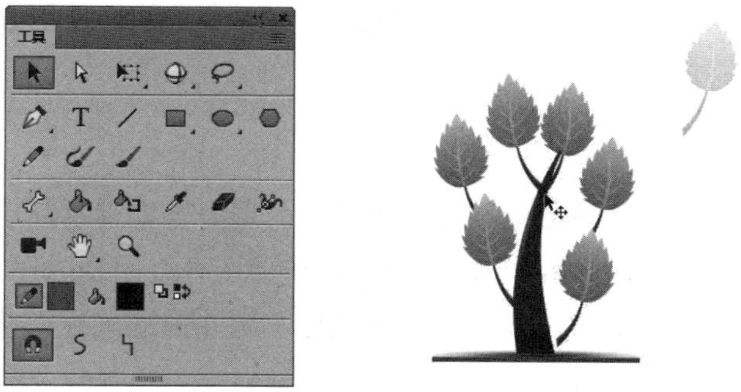

图 2-40　贴紧至对象

2．平滑图形

利用“平滑”按钮可以使线条和填充的边缘接近于弧线。使用选择工具选择图形后，多次单击“平滑”按钮，可以使图形接近于圆形，如图 2-41 所示。

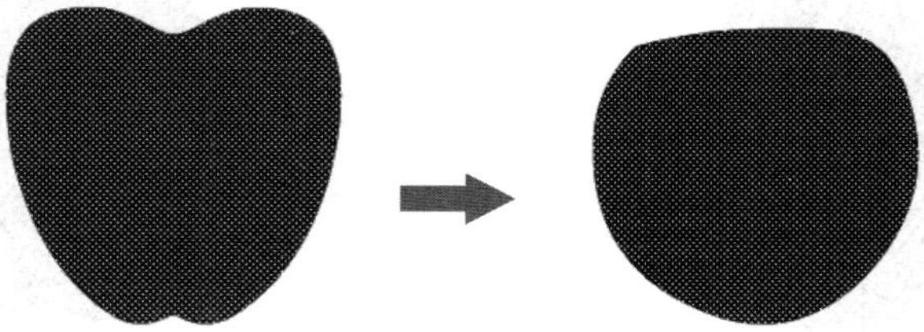

图 2-41　平滑图形

3．伸直图形

利用“伸直”按钮可以使线条或填充的边缘接近于折线。使用选择工具选择图形后，多次单击“伸直”按钮，可以使弧线变成折线，如图 2-42 所示。

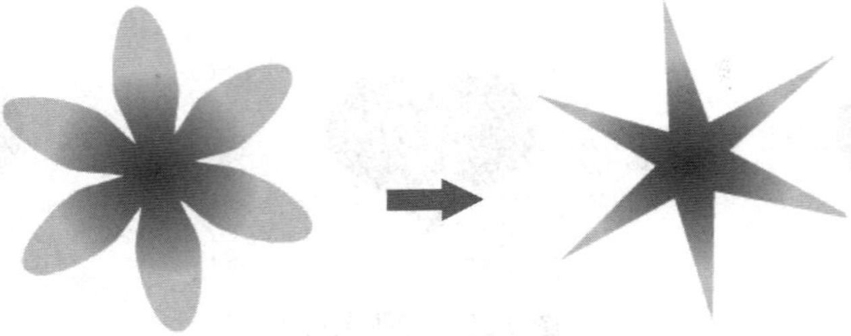

图 2-42　伸直图形

2.3 套索工具的使用

若要选择某个图形的一部分不规则区域，使用选择工具就显得无能为力了，这时可以使用套索工具进行选择。

2.3.1 绘制选区

在“工具”面板中单击“套索工具”按钮或按【L】键，即可调用该工具。套索工具有 3 种模式：套索模式、多边形模式和魔术棒模式。下面介绍如何使用套索模式和多边形模式创建选区。

1．创建不规则选区

使用套索工具的默认模式可以绘制不规则选区。调用套索工具后，在图形上拖动鼠标指针，绘制选区形成一个环，或者让 Animate CC 自动用直线闭合成环。也可按【L】键调用套索工具，此时鼠标指针变为样式，按住鼠标左键并拖动鼠标指针，绘制要选择的区域，如图 2-43 所示。

2．创建直边选区

在套索工具组中选择多边形工具，然后通过单击的方式绘制直边选区，绘制完成后双击鼠标左键即可，如图 2-44 所示。

图 2-43　绘制不规则选区

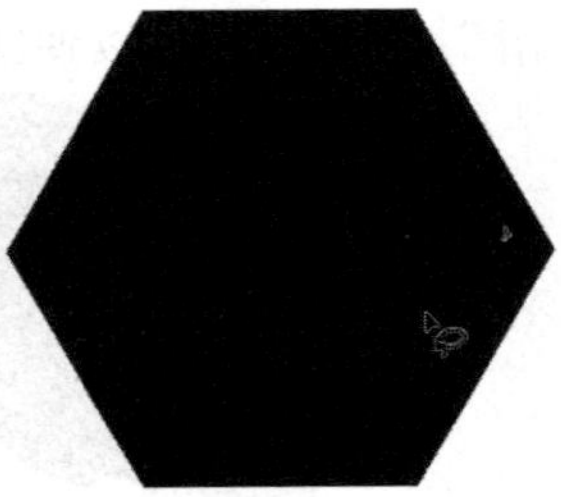

图 2-44　绘制直边选区

2.3.2 使用魔术棒模式选取对象

使用套索工具的魔术棒模式可以选择图形中包含相同或近似颜色的各个区域。具体操作方法如下。

Step 01 打开“素材文件\第 2 章\花.fla”，选择舞台中的位图图像，选择“修改”|“分离”命令，将位图分离为形状，如图 2-45 所示。

Step 02 在套索工具组中单击“魔术棒”按钮，按【Ctrl+F3】组合键打开“属性”面板，设置“阈值”为 15，在“平滑”下拉列表中选择“像素”选项，如图 2-46 所示。

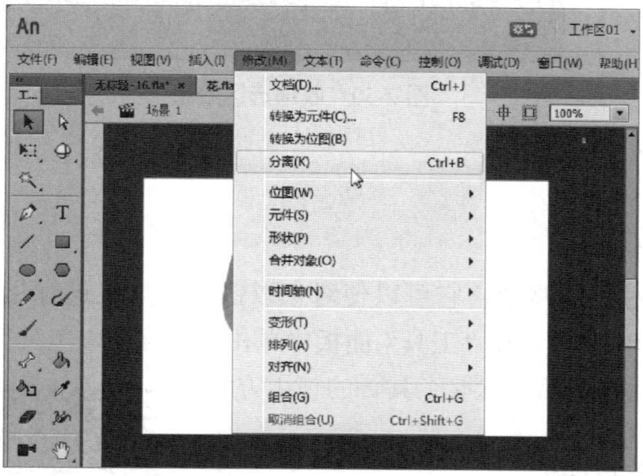

图 2-45 分离位图

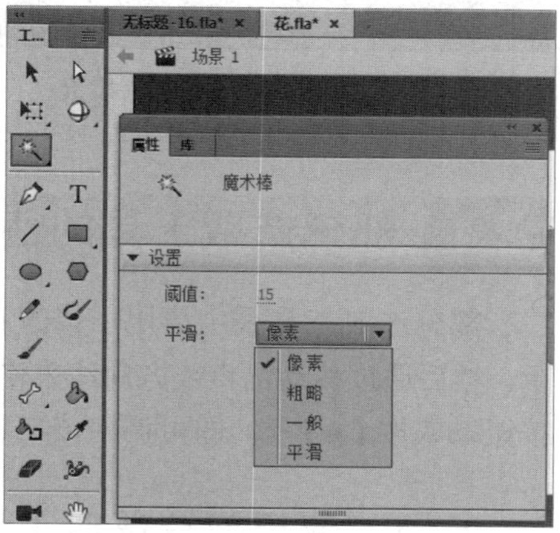

图 2-46 设置魔术棒属性

Step 03 在花朵的背景区域单击，即可将其选中，如图 2-47 所示。

Step 04 按【Delete】键删除背景区域，只保留花朵部分，可以看到花朵上有细微的白边，如图 2-48 所示。

图 2-47 选择图形背景

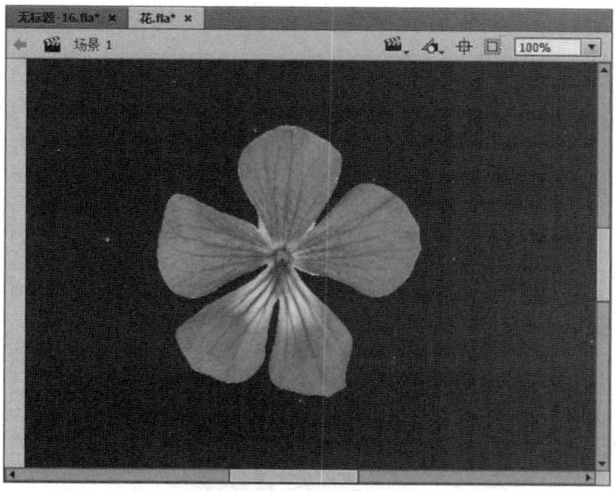

图 2-48 删除图形背景

Step 05 选择花朵，执行“修改”|“形状”|“扩展填充”命令，弹出“扩展填充”对话框，设置“距离”为 2 像素，单击“插入”单选按钮，如图 2-49 所示，然后单击“确定”按钮。

Step 06 此时即可收缩选区，将花朵的白边删除，效果如图 2-50 所示。

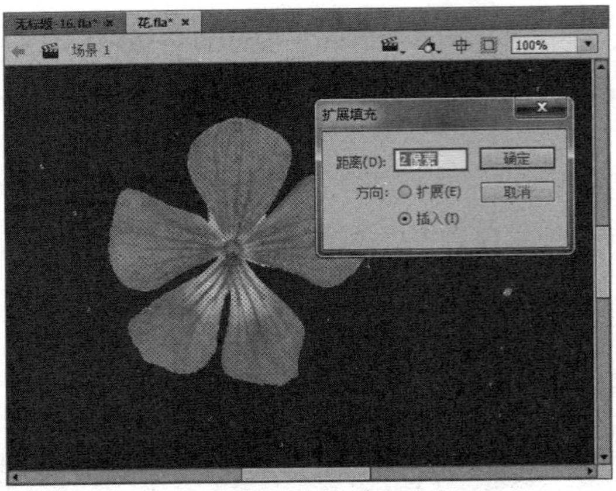

图 2-49 设置扩展填充

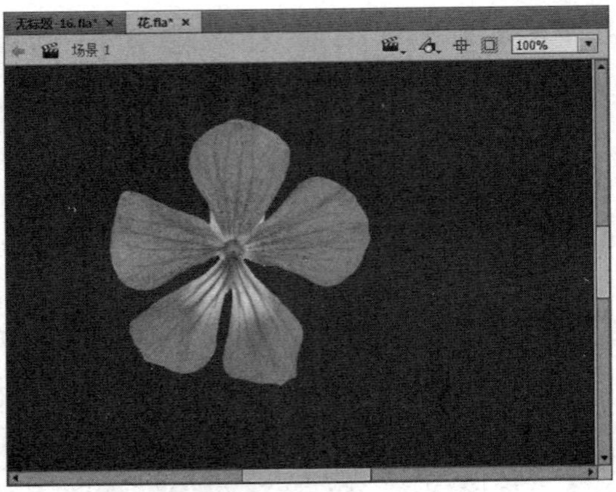

图 2-50 收缩选区效果

2.4 部分选取工具的使用

部分选取工具主要用于修改和调整对象的路径，它可以使对象以锚点的形式进行显示，然后通过移动锚点或方向线来修改图形的形状。在“工具”面板中单击“部分选取工具”按钮或按【A】键，即可调用该工具。下面介绍部分选取工具的使用方法。

2.4.1 使用部分选取工具调整图形

使用部分选取工具调整图形形状的具体操作方法如下。

Step 01 打开“素材文件\第 2 章\yuan.fla”，可以看到两个交叉的圆形，如图 2-51 所示。

Step 02 调用部分选取工具，将鼠标指针移至图形边缘处，当鼠标指针变为样式时单击鼠标左键，这时图形周围出现一系列锚点，如图 2-52 所示。

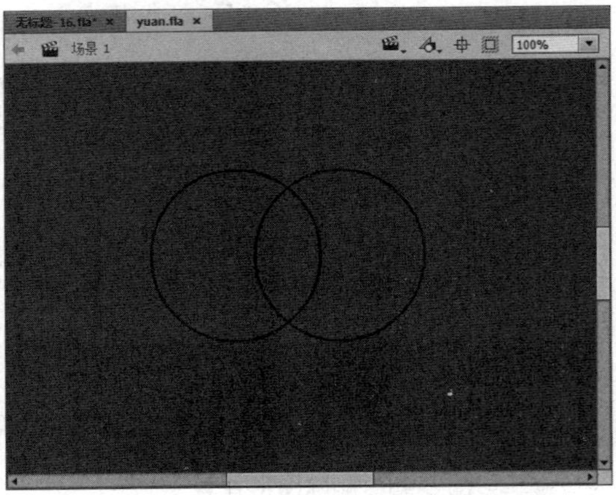

图 2-51 打开素材文件

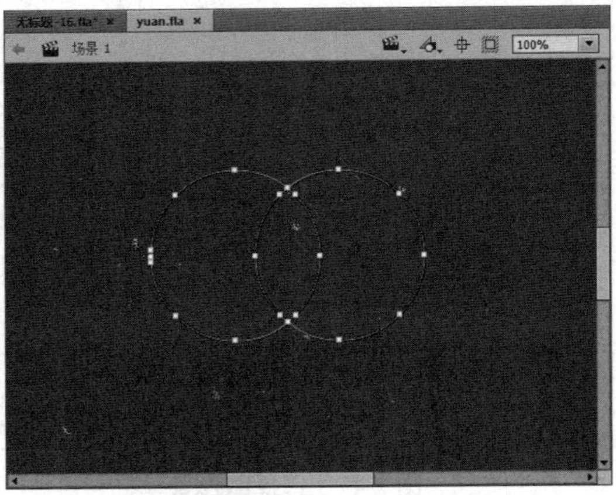

图 2-52 使用部分选取工具单击对象

Step 03 单击锚点即可将锚点选中，同时出现该锚点的切线方向，拖动锚点即可调整其位置，如图 2-53 所示。

Step 04 将鼠标指针移至锚点方向线的端点上，当鼠标指针变为样式时按住鼠标左键并拖动鼠标指针，即可改变曲线的曲率，如图 2-54 所示。

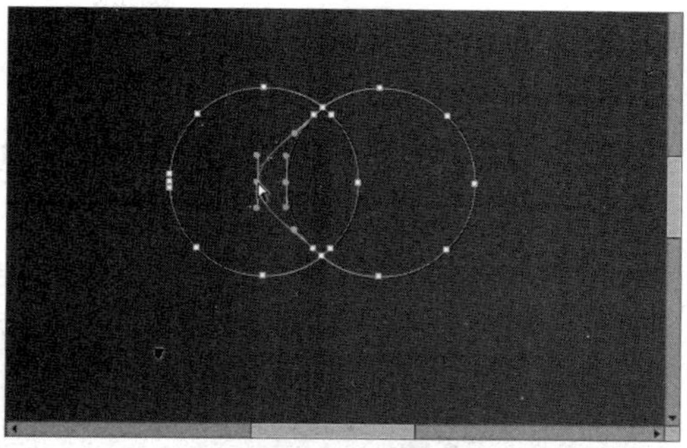

图 2-53　移动锚点

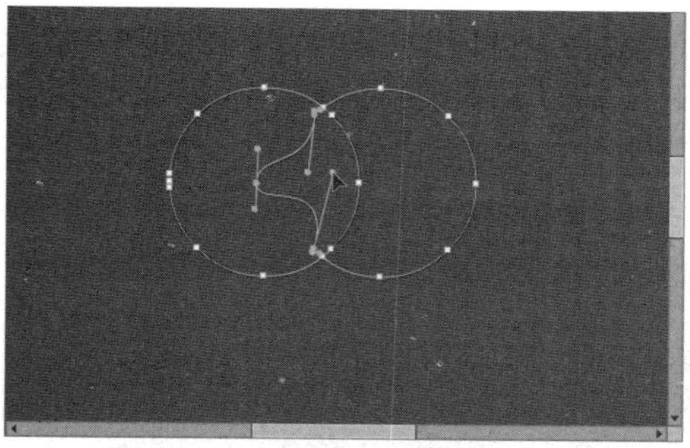

图 2-54　调整曲率

2.4.2　结合按键使用部分选取工具

在使用部分选取工具调整路径时，按住【Ctrl】键的同时可以移动路径的位置；按住【Alt】键的同时调整锚点的方向线，可以单独调整其一边的曲率。下面介绍如何结合按键将形状调整为心形，具体操作方法如下。

Step 01 使用选择工具选择两个圆形交叉的部分，并按【Delete】键将其删除，如图 2-55 所示。

Step 02 调用部分选取工具，在线条上单击显示图形路径，将下方的锚点向下拖动，如图 2-56 所示。

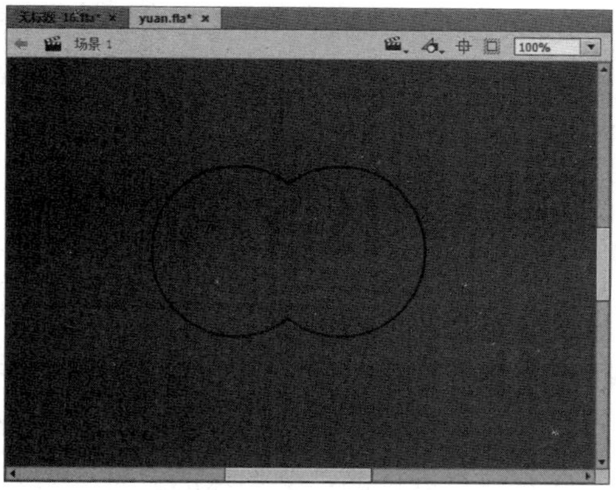

图 2-55　删除形状

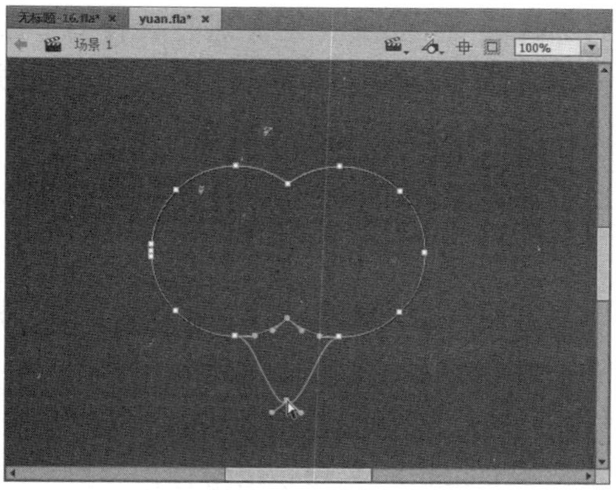

图 2-56　移动锚点

Step 03 在下方锚点两侧的锚点上单击将其选中，如图 2-57 所示。

Step 04 按【Delete】键，将选择的锚点删除，如图 2-58 所示。

图 2-57　选中锚点

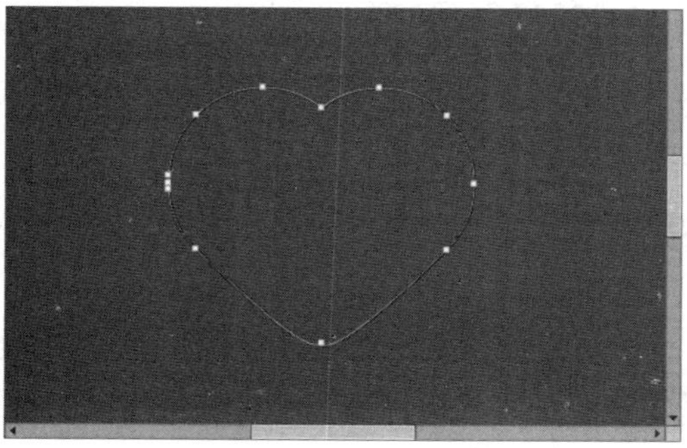

图 2-58　删除锚点

Step 05 将鼠标指针移至下方锚点方向线的左端点上，当鼠标指针变为样式时，按住【Alt】键的同时向右上方拖动鼠标指针，如图 2-59 所示。

Step 06 采用同样的方法，调整另一条方向线的方向，如图 2-60 所示。在调整的过程中，按住【Ctrl】键的同时拖动路径，可以调整形状的位置。

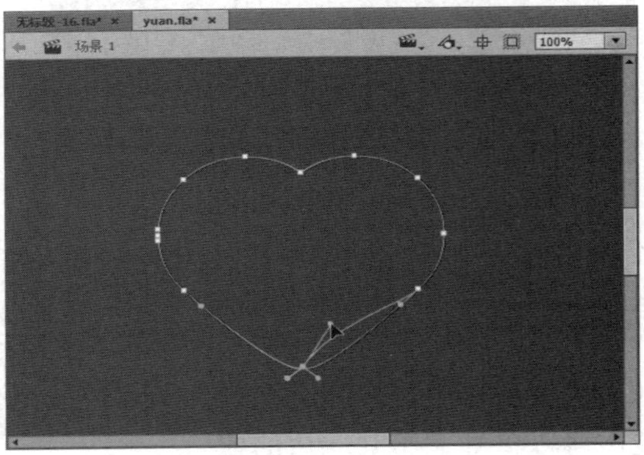

图 2-59 调整控制柄

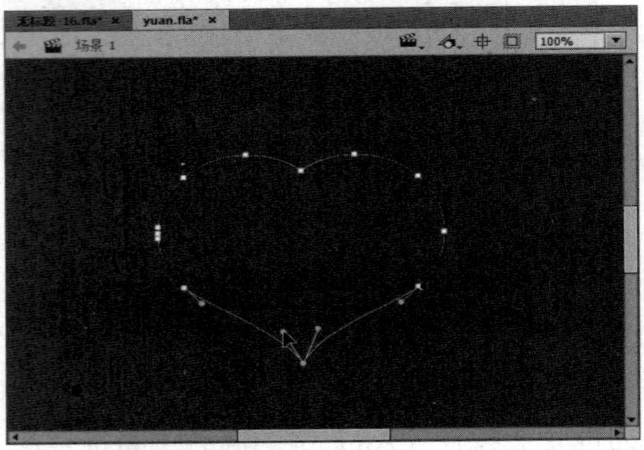

图 2-60 调整另一条方向线的方向

2.5 变形对象

在变形工具组中包括任意变形工具和渐变变形工具。其中，使用任意变形工具可以对选择的一个或多个对象进行各种变形操作，如旋转、缩放、倾斜、扭曲和封套等；渐变变形工具主要用于调整渐变色的范围、方向和位置等，且可以用来调整位图填充的大小和方向。此外，还可以通过“变形”面板来实现精确变形。

2.5.1 使用任意变形工具

在使用任意变形工具时有两种选择模式：一是先选择对象，然后在“工具”面板中单击“任意变形工具”按钮进行变形操作；另一种是先单击“工具”面板中的“任意变形工具”按钮，然后选择对象进行变形操作。

对对象进行的各种变形操作都是以对象的变形点为基点进行的，变形点的位置一般是在对象的重心位置。使用鼠标指针可以移动变形点的位置，当改变变形点的位置后，对象的变形操作将依据新变形点进行变形。下面介绍任意变形工具的使用方法。

1. 旋转对象

旋转对象会使对象围绕其变形点旋转。使用任意变形工具旋转对象的操作方法如下。

Step 01 打开“素材文件\第 2 章\变形对象.fla”，单击“工具”面板中“任意变形工具”按钮或按【Q】键调用该工具，在对象上单击，此时在对象的四周会出现黑色边框和 8 个控制点，在对象中间会出现一个圆形的变形点○，如图 2-61 所示。

Step 02 将鼠标指针移至对象四周的控制点上，当鼠标指针变为样式时拖动鼠标指针即可旋转对象，如图 2-62 所示。

图 2-61 使用任意变形工具选择对象

图 2-62 旋转对象

Step 03 在按住【Alt】键的同时对对象进行旋转操作时，将以对角的顶点为基点进行旋转，如图 2-63 所示。

Step 04 将变形点移至对象的右上方，如图 2-64 所示。若要还原变形点的位置，只需在变形点上双击即可。

图 2-63 以对角顶点为基点旋转对象

图 2-64 调整变形点的位置

Step 05 对对象进行旋转操作，此时以右上方为基点进行旋转，如图 2-65 所示。

Step 06 按住【Shift】键的同时旋转对象，可以 45° 角为基准进行旋转，如图 2-66 所示。

图 2-65 以变形点为基点旋转对象

图 2-66 以 45° 角旋转对象

2．倾斜对象

倾斜对象即沿一个或两个轴来使对象倾斜变形。使用任意变形工具倾斜对象的具体操作方法如下。

Step 01 使用任意变形工具选择对象后，将鼠标指针移至其四周 8 个控制点之间的连线上，当鼠标指针变为样式⇌时按住鼠标左键并拖动鼠标指针，即可倾斜对象，如图 2-67 所示。

Step 02 在按住【Alt】键的同时进行倾斜操作，可以以对边为基准倾斜对象，如图 2-68 所示。

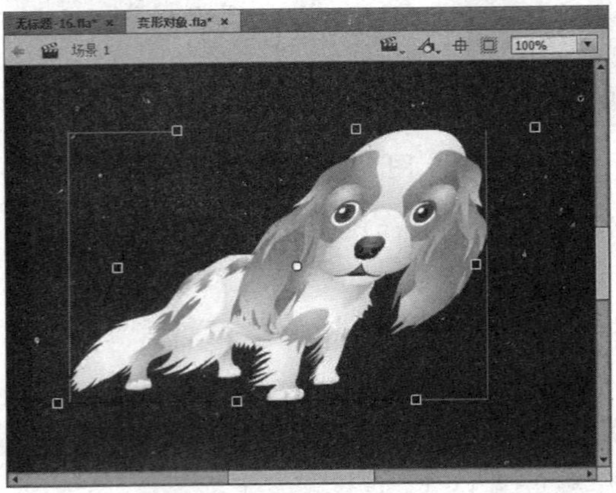

图 2-67　倾斜对象

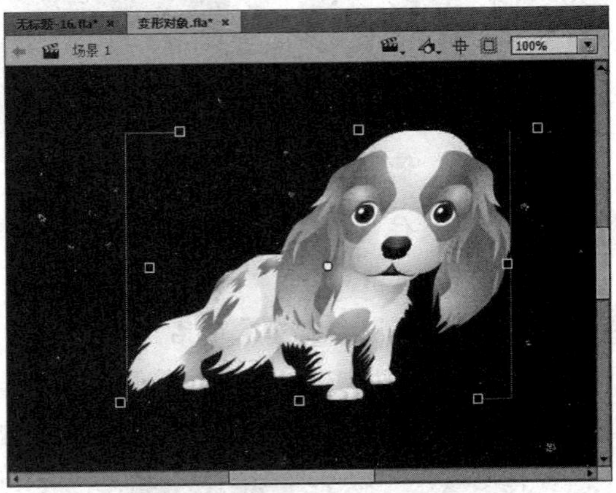

图 2-68　以对边为基准倾斜对象

3．缩放对象

当使用任意变形工具选择对象后，将鼠标指针移至其四周的 8 个控制点上，当鼠标指针变为双向箭头时按住鼠标左键并拖动鼠标指针，可以缩放对象；拖动边线中间的控制点，可以在水平和垂直方向上缩放对象。

Step 01 将对象左侧的控制点向右拖动，可以使对象变窄，如图 2-69 所示。

Step 02 当把左侧的控制点拖至超过右侧的控制点时，可以使对象进行水平翻转，如图 2-70 所示。

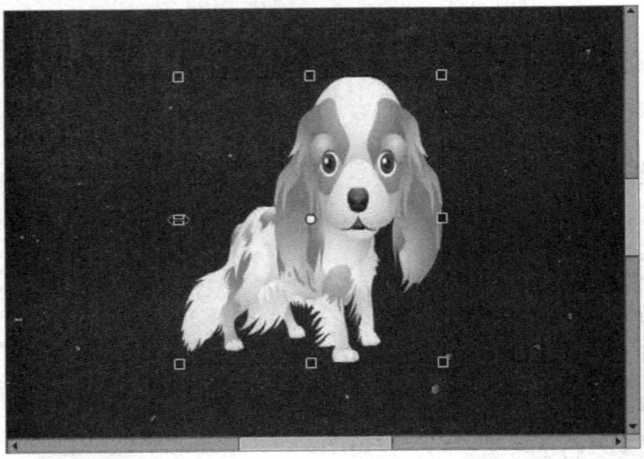

图 2-69　水平缩放

图 2-70　水平翻转

Step 03 按住【Alt】键的同时进行缩放操作，可以使对象以对边为基准进行缩放，如图 2-71 所示。

Step 04 拖动对象四角的控制点，可以对对象进行整体缩放。若在按住【Shift】键的同时拖动对象四角的控制点，可以使对象进行等比例缩放，如图 2-72 所示。若在按住【Alt】键的同时拖动对象四角的控制点，可以以对角点为基点缩放对象。

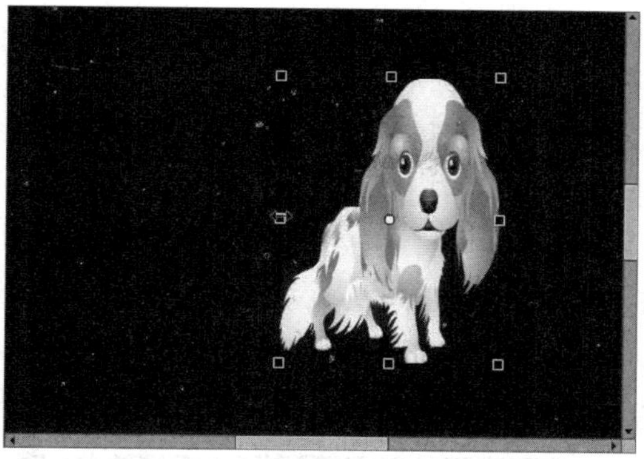

图 2-71 以对边为基准进行缩放

图 2-72 等比例缩放对象

4. 扭曲对象

通过扭曲对象可以制作出很好的透视效果，但该操作只适用于矢量图形。对于其他类型的图形，可以将其分离为矢量图形后再进行扭曲操作。扭曲对象的具体操作方法如下。

Step 01 在任意变形工具的选项区中单击“扭曲”按钮，使其呈按下状态，如图 2-73 所示。

Step 02 将鼠标指针移至控制框的一个控制点上，当鼠标指针变为样式▷时按住鼠标左键并拖动鼠标指针，即可扭曲对象，如图 2-74 所示。

图 2-73 单击“扭曲”按钮

图 2-74 扭曲对象

Step 03 按住【Shift】键的同时扭曲对象，可以对其进行等比例扭曲操作，如图 2-75 所示。

Step 04 若在对象上、下方或左、右侧的控制点上进行扭曲操作，相当于倾斜或缩放操作，如图 2-76 所示。

图 2-75 等比例扭曲对象

图 2-76 倾斜对象

5．封套对象

通过封套对象可以对图形进行复杂的变形操作。具体操作方法如下。

Step 01 使用任意变形工具框选对象，并在其选项区中单击“封套”按钮，使其呈按下状态，如图 2-77 所示。

Step 02 此时对象四周出现许多控制点，拖动圆点可以改变顶点的曲率，拖动方点可以改变控制点的位置。按住【Alt】键的同时拖动圆点，可以对其单独进行调整，如图 2-78 所示。

图 2-77 单击“封套”按钮

图 2-78 封套变形

2.5.2 使用渐变变形工具

渐变变形工具主要用于调整渐变色的范围、方向和位置等，还可以用来调整位图填充的大小和方向。单击“工具”面板中的“任意变形工具”按钮并按住鼠标左键不放，在弹出的下拉工具列表中选择渐变变形工具或按【F】键，即可调用该工具。

1．调整线性渐变

线性渐变是沿着一条轴线（水平或垂直）改变颜色。使用渐变变形工具调整线性渐变的具体操作方法如下。

Step 01 打开“素材文件\第 2 章\线性渐变.fla”，按【F】键调用渐变变形工具，将鼠标指针移至对象上，当其变为样式时单击，在对象上出现控制柄和旋转中心，如图 2-79 所示。

Step 02 将鼠标指针移至变形点○上，鼠标指针变为样式，按住鼠标左键并向下拖动鼠标指针，改变渐变的位置，如图 2-80 所示。

图 2-79 使用渐变变形工具

图 2-80 改变渐变的位置

Step 03 将鼠标指针移至控制柄上，鼠标指针变为样式，按住鼠标左键并向右顺时针方向旋转 90°，改变渐变的方向，如图 2-81 所示。

Step 04 将鼠标指针移至控制柄上，鼠标指针变为样式↔，按住鼠标左键并向外拖动鼠标指针，改变渐变填充的范围，如图 2-82 所示。

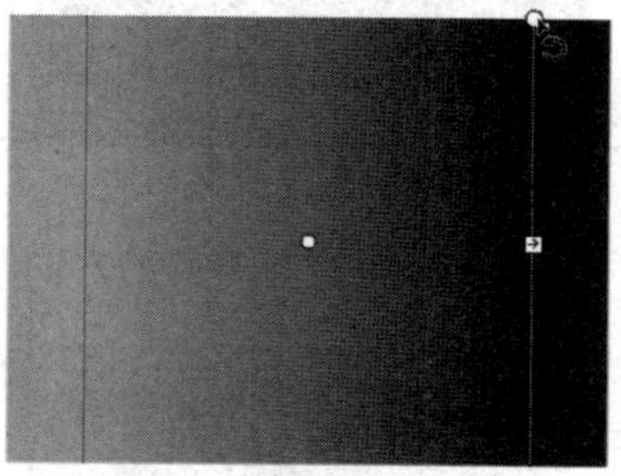

图 2-81　改变渐变的方向

图 2-82　改变渐变填充的范围

2．调整径向渐变

径向渐变是从一个中心焦点向四周改变颜色。使用渐变变形工具可以调整渐变的方向、颜色、焦点位置，以及渐变的其他属性。具体操作方法如下。

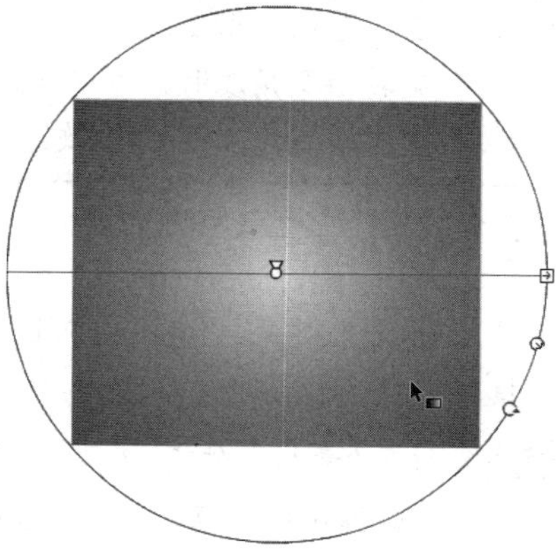

图 2-83　使用渐变变形工具

Step 01 打开“素材文件\第 2 章\径向渐变.fla”，按【F】键调用渐变变形工具，在对象的下方单击，出现放射状渐变控制柄，如图 2-83 所示。

Step 02 将鼠标指针移至控制柄上，鼠标指针变为样式，按住鼠标左键并向内拖动鼠标指针，即可缩小渐变填充的范围，如图 2-84 所示。

Step 03 将鼠标指针移至放射点▽上，鼠标指针变为样式▽，按住鼠标左键并向左拖动鼠标指针，调整渐变放射点的位置，如图 2-85 所示。

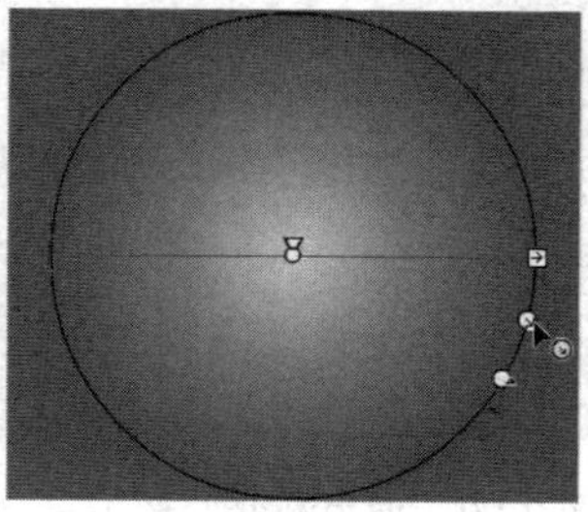

图 2-84　调整渐变填充的范围

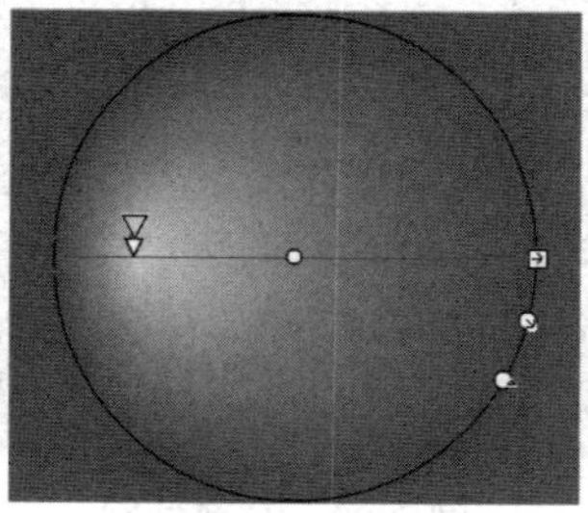

图 2-85　调整渐变放射点的位置

Step 04 将鼠标指针移至控制柄上，鼠标指针变为样式↔，按住鼠标左键并向右拖动鼠标指针，增大渐变的宽度，如图 2-86 所示。

Step 05 将鼠标指针移至控制柄上，鼠标指针变为样式，按住鼠标左键并按逆时针方向旋转对象，改变渐变的方向，如图 2-87 所示。

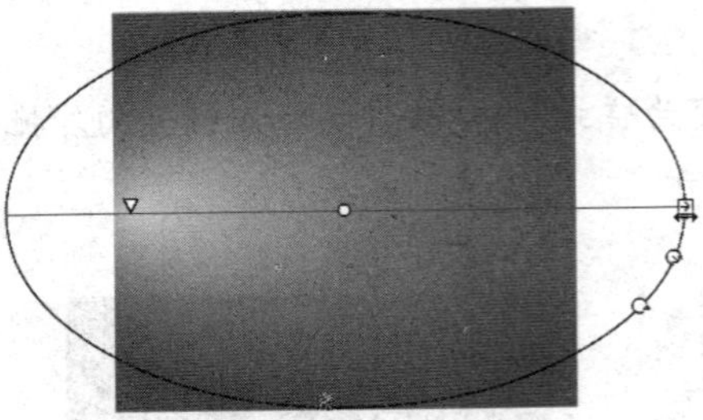

图 2-86 调整渐变的宽度

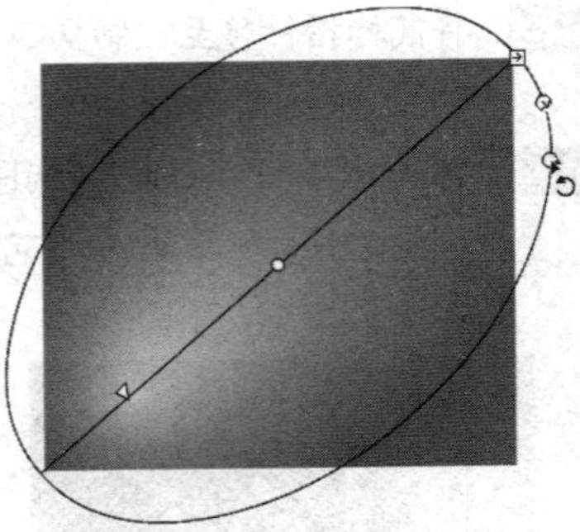

图 2-87 改变渐变的方向

Step 06 将鼠标指针移至变形点○上，鼠标指针变为样式✥，按住鼠标左键并向左下方拖动鼠标指针，改变渐变填充的位置，如图 2-88 所示。

课堂解疑

只有在调整径向渐变时，才会显示放射点控制柄▽。在旋转渐变角度时，可以按住【Shift】键，使旋转的方向限制为 45° 的倍数。

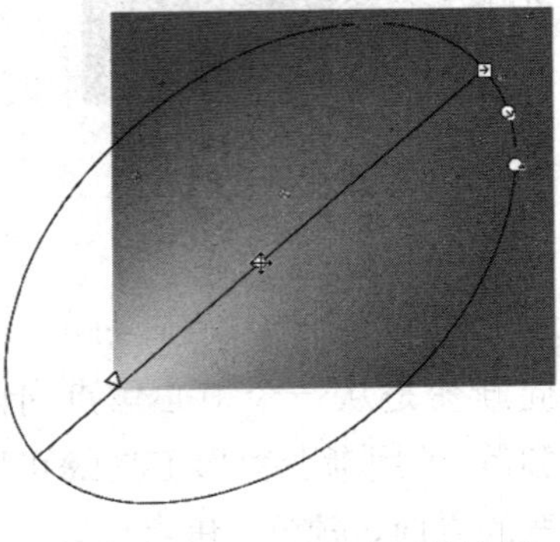

图 2-88 改变渐变填充的位置

3．调整位图填充

使用渐变变形工具 还可对位图填充的图形进行缩放、旋转、倾斜等调整。具体操作方法如下。

Step 01 打开“素材文件\第 2 章\位图填充.fla”，选择舞台中的位图，按【Ctrl+B】组合键进行分离，如图 2-89 所示。

Step 02 按【F】键调用渐变变形工具 ，在对象上单击，对象的四周会出现控制柄，向内拖动左下方的控制柄 ，如图 2-90 所示。

图 2-89 分离位图

图 2-90 调用渐变变形工具

Step 03 此时可以对填充的位图进行等比例缩放，如图 2-91 所示。

Step 04 拖动控制柄 ，可以对位图进行旋转操作，如图 2-92 所示。此外，拖动控制柄 可以调整位图的大小，拖动控制柄 可以进行倾斜操作，拖动中心的圆圈○可以移动位图的位置。

图 2-91 等比例缩放位图

图 2-92 对位图进行旋转

2.5.3 使用“变形”面板复制变形

通过“变形”面板可以对所选对象进行各种变形操作，如缩放、旋转、翻转、倾斜、3D 旋转等。此外，通过“变形”面板还可以进行复制变形操作，以制作出特殊的图形效果。具体操作方法如下。

Step 01 使用多角星形工具绘制无填充的六边形形状，如图 2-93 所示。

Step 02 使用选择工具在按住【Alt】键的同时拖动形状，复制一个形状，然后使用任意变形工具等比例缩放形状，并使用“对齐”面板对齐两个六边形，如图 2-94 所示。

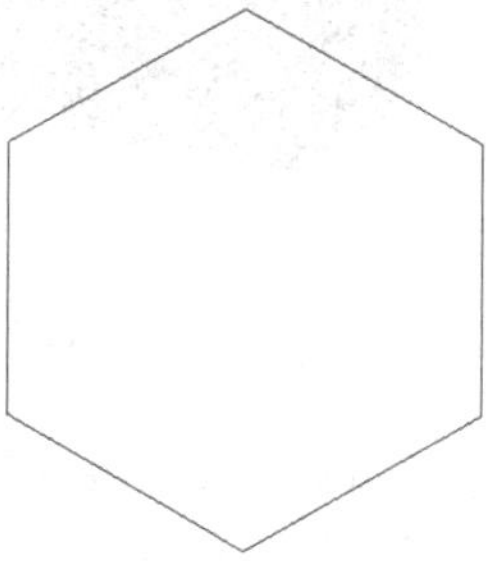

图 2-93 绘制形状

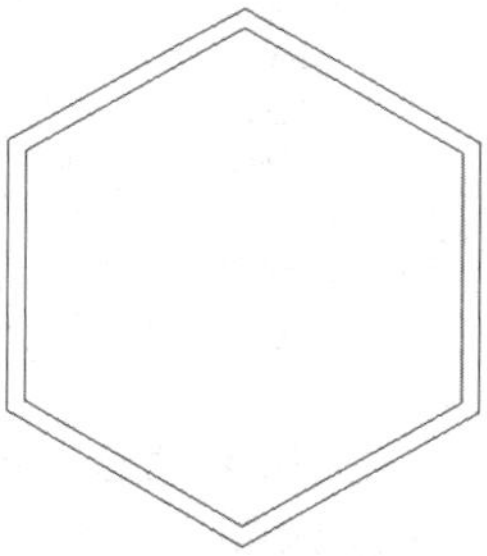

图 2-94 复制并缩小形状

Step 03 使用任意变形工具旋转小的六边形，使其顶点正好与外面的六边形相交。按【Ctrl+T】组合键，打开“变形”面板，连续单击下方的“重置选区和变形”按钮，如图 2-95 所示。

Step 04 此时即可进行复制变形操作，效果如图 2-96 所示。

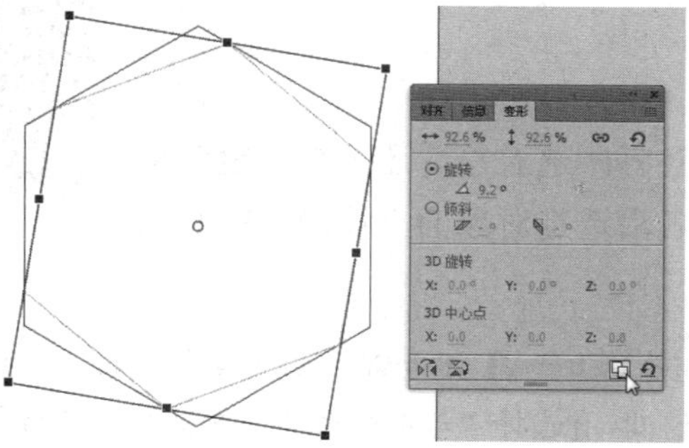

图 2-95 旋转形状并单击相应按钮

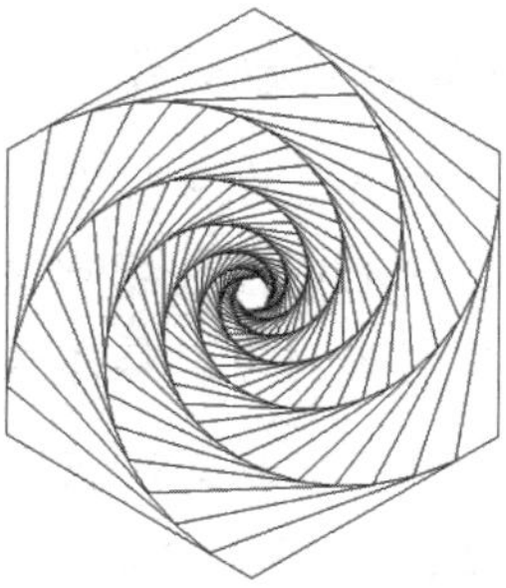

图 2-96 复制变形形状

2.6 排列对象

对于图层内的对象，经常需要对其进行特定的排列，此时就需要进行层叠与对齐设置。下面介绍如何排列对象。

2.6.1 层叠对象

在图层内，Animate CC 会根据对象的创建顺序层叠对象，将最新创建的对象放在最上面。对象的层叠顺序决定了它们在重叠时的出现顺序。

在同一个图层中，若多个对象相互层叠时，可以根据需要排列其叠加的层次，方法为：选择“修改”|“排列”命令，在其子菜单中选择“移至顶层”“上移一层”“下移一层”“移至底层”命令。也可通过快捷菜单来排列对象，例如，右击要移动层次的对象，选择“排列”|“上移一层”命令（如图 2-97 所示），即可将所选图形上移一层，层叠效果如图 2-98 所示。

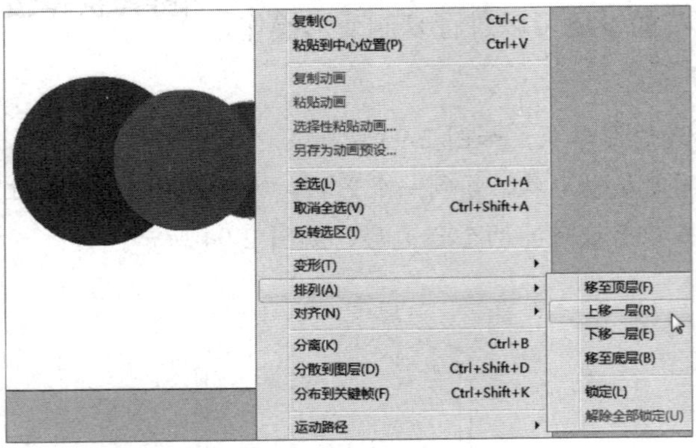

图 2-97 选择“上移一层”命令

图 2-98 层叠效果

还可使用快捷键快速调整对象的层次。例如，按【Ctrl+Shift+↑】组合键，可以将对象移至顶层；按【Ctrl+Shift+↓】组合键，可以将对象移至底层；按【Ctrl+↑】组合键，可以将对象上移一层；按【Ctrl+↓】组合键，可以将对象下移一层。

2.6.2 对齐对象

Animate CC 默认启用了“贴紧对齐”功能，在移动对象时沿着其他对象边缘的辅助线可以直接与其对齐。此外，还可以使用“对齐”面板来对齐对象。

1．对象与对象对齐

使用“对齐”面板能够沿水平或垂直轴对齐所选对象，还可沿选定对象的右边缘、中心或左边缘垂直对齐对象，或者沿选定对象的上边缘、中心或下边缘水平对齐对象。具体操作方法如下。

Step 01 打开“素材文件\第 2 章\对齐.fla”，按【Ctrl+A】组合键，全选舞台中的 3 个对象。按【Ctrl+K】组合键，打开“对齐”面板，取消选择“与舞台对齐”复选框，然后单击“对齐”选项组中的“垂直中齐”按钮，如图 2-99 所示。

Step 02 此时即可将所选对象以水平中心点为基点进行对齐，效果如图 2-100 所示。

图 2-99　单击“垂直中齐”按钮

图 2-100　垂直中齐效果

Step 03 单击“匹配大小”选项组中的“匹配宽和高”按钮，可以使所选对象的宽度和高度相同，如图 2-101 所示。

Step 04 单击“间隔”选项组中的“水平平均间隔”按钮，可以使所选对象在水平方向上等距分布，如图 2-102 所示。

图 2-101　匹配宽度和高度

图 2-102　水平平均间隔

课堂解疑

若 Animate CC 没有启用“贴紧对齐”功能，可以选择“视图”|“贴紧”|“贴紧对齐”命令。在“贴紧”子菜单中还包括“贴紧至网格”“贴紧至对象”“贴紧至像素”等命令。

2．对象与舞台对齐

在执行对齐操作时，除了与其他对象对齐外，还可设置对象相对于舞台进行对齐。具体操作方法如下。

Step 01 按【Ctrl+A】组合键，全选舞台中的对象，在“对齐”面板中选中“与舞台对齐”复选框，单击“对齐”选项组中的“底对齐”按钮，即可将选择的对象相对于舞台底部对齐，如图 2-103 所示。

Step 02 单击“间隔”选项组中的“垂直平均间隔”按钮，可以使所选对象相对于舞台在垂直方向上的间隔距离相同，如图 2-104 所示。

图 2-103 舞台底对齐

图 2-104 舞台垂直平均间隔

本章小结

通过对本章的学习，读者应该掌握以下知识。

（1）位图和矢量图、形状和绘制对象之间可以相互转换。

（2）使用图层组织舞台中的对象，并在图层中绘制和编辑对象。

（3）选择工具除了用来选取对象外，还可移动、复制及调整对象。

（4）套索工具用来选取不规则的图形，若要选择位图中的特定区域，应先将其分离为形状。

（5）部分选取工具通过调整路径来改变形状，在调整时应结合按键灵活使用。

（6）使用任意变形工具结合按键以特定的方式进行变形操作。

（7）使用渐变变形工具将对象的渐变色调整为所需的效果。

（8）通过“排列”命令调整对象的层叠顺序，通过“对齐”面板对齐多个对象。

课后习题

一、选择题

1．通过下列哪种操作可以将图层设置为半透明？（ ）

A．隐藏图层　　B．锁定图层

C．设置图层属性　　D．改变图层排列顺序

2．下面哪种操作不能复制舞台中的对象？（ ）

A．使用【Ctrl+C】和【Ctrl+V】组合键进行复制与粘贴操作

B．使用选择工具在按住【Ctrl】键的同时拖动对象

C．使用选择工具在按住【Alt】键的同时拖动对象

D．复制图层

3．使用任意变形工具不能进行以下哪种操作？（　）

A．复制变形　　B．封套对象

C．倾斜对象　　D．扭曲对象

二、填空题

1．在 Animate CC 中有 3 种图形对象，分别是_________、_________和_________。

2．在使用任意变形工具变形对象时，可以按住______键，以对边或对角作为基准进行变形。

3．通过“变形”面板可以对所选对象进行各种变形操作，如_________、_________、_________、_________、_________和_________等。

三、实操题

1．使用 Animate CC 导入位图和 GIF 动态图像，并尝试导入 PSD 和 AI 文件的分层图像。

2．新建几个图层，使每个图层中包含一个字，并将这些字连成一句话。

操作提示：

（1）使用文本工具输入一句话。

（2）将文本分离为单个字，然后利用右键快捷菜单命令将这些字分散到图层中。

3．在舞台中绘制椭圆，然后利用“复制变形”功能制作如图 2-105 所示的特殊图形。

4．打开“素材文件\第 2 章\皮影.fla”，再打开“库”面板，使用选择工具将“库”面板中的项目分别拖至舞台并调整位置，然后使用任意变形工具调整个图形的大小和方向，效果如图 2-106 所示。

图 2-105　复制变形效果

图 2-106　组合皮影图像

操作提示：

（1）将皮影的各部分图像放置在不同的图层中。

（2）根据皮影的前后位置调整各图层的顺序。

第 3 章 使用绘图工具绘制矢量图形

【学习目标】

- 掌握线条工具、铅笔工具、矩形工具、椭圆工具、多角星形工具及画笔工具的使用方法。
- 学会使用钢笔工具组绘制曲线。
- 掌握设置形状纯色填充的方法。
- 掌握设置形状渐变填充的方法。
- 掌握颜料桶工具、墨水瓶工具、滴管工具、橡皮擦工具及宽度工具的使用方法。
- 掌握矢量图形的常用修改方法。

在 Animate CC 中，绘图工具主要包括绘制工具和颜色填充工具。通过灵活运用绘图工具，可以很方便地绘制出所需的矢量图。本章将学习 Animate CC 绘图工具的使用方法及矢量图形的修改方法。

3.1 绘制工具的使用

在 Animate CC 中，绘制工具主要包括线条工具、铅笔工具、矩形工具、基本矩形工具、椭圆工具、基本椭圆工具、多角星形工具和画笔工具等。下面分别介绍各种绘制工具的用法。

3.1.1 线条工具

线条工具用于绘制直线。单击“工具”面板中的“线条工具”按钮或按【N】键，即可调用该工具。调用线条工具后，鼠标指针变为样式，单击并拖动鼠标指针即可绘制线条，如图 3-1 所示。此时绘制直线的“笔触颜色”和“笔触高度”为系统默认值，选择绘制的线条，通过“属性”面板可以对其进行相应的属性设置，如图 3-2 所示。

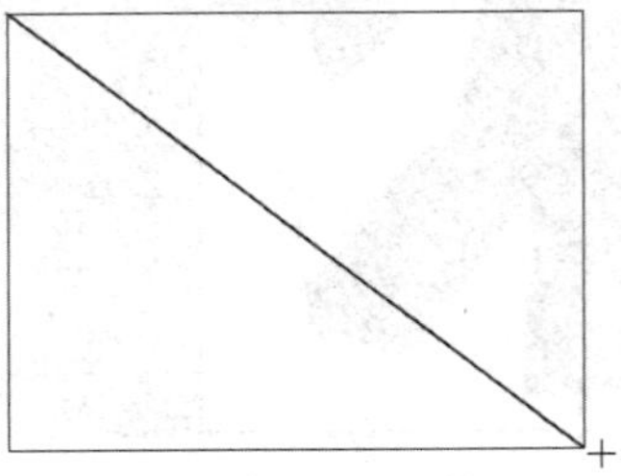

图 3-1 绘制线条

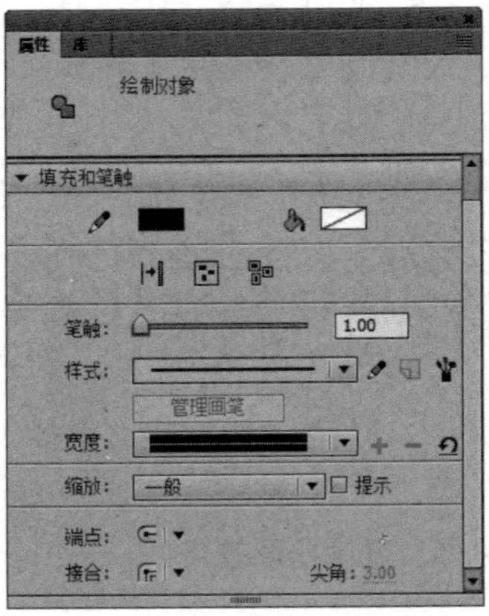

图 3-2 设置线条属性

在 Animate CC 中有 6 种笔触类型，单击“属性”面板中的“编辑笔触样式”按钮，在弹出的对话框中可以对笔触类型的样式进行设置。

➢ **“实线”类型**：该类型是最简单的一种线条类型。选择线条工具后，打开“属性”面板，单击“自定义”按钮，弹出“笔触样式”对话框。在“类型”下拉列表中选择“实线”选项，在此可以对实线的粗细进行设置。

➢ **“虚线”类型**：选择该类型后，可以对虚线的粗细、长短及间距进行设置，如图 3-4 所示。

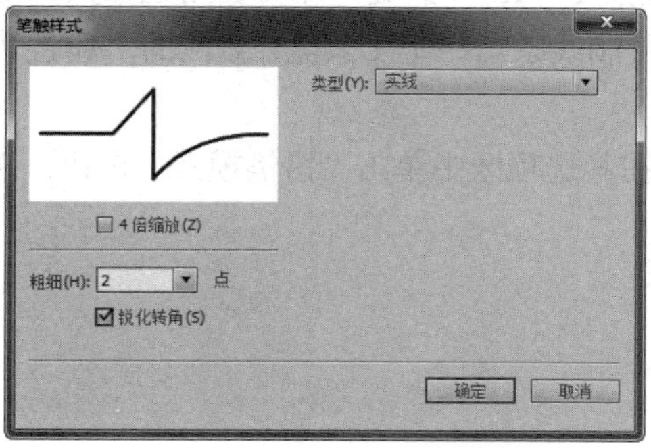

图 3-3 “实线”类型

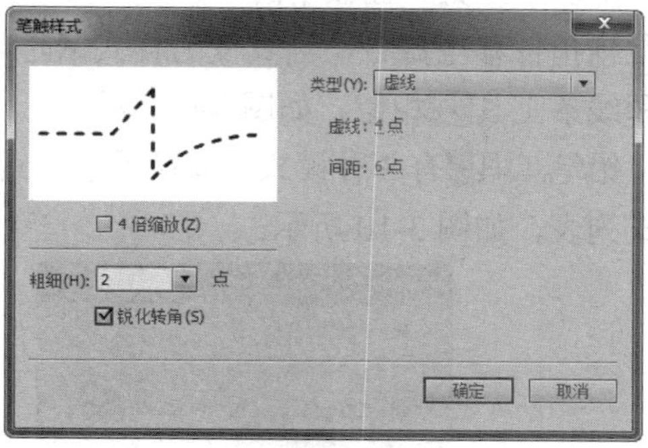

图 3-4 “虚线”类型

➢ **“点状线”类型**：选择该类型后，可以对点状线的粗细和点距进行设置，如图 3-5 所示。

➢ **“锯齿线”类型**：选择该类型后，可以对锯齿的粗细、图案、波高及波长进行设置，如图 3-6 所示。

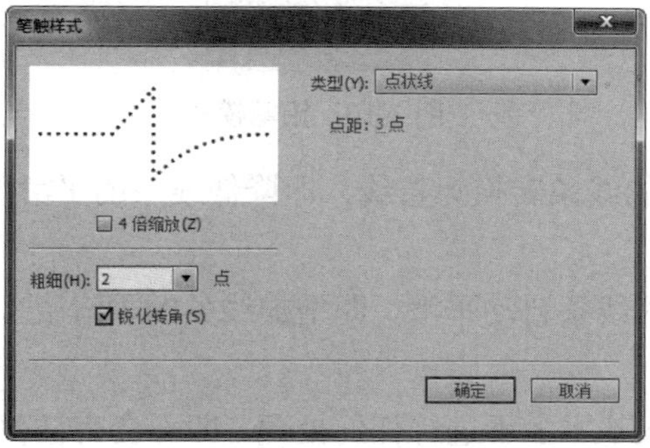

图 3-5 “点状线”类型

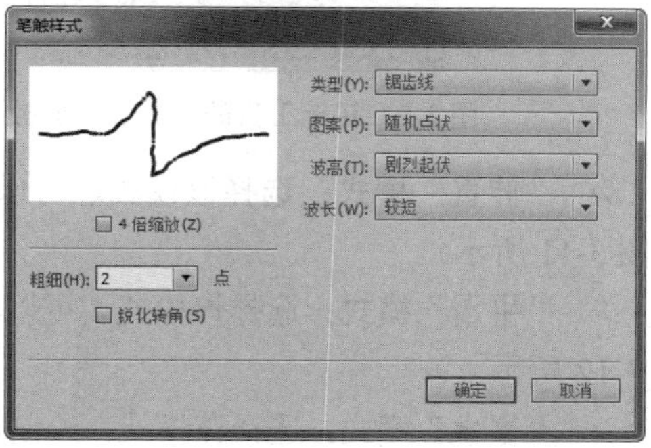

图 3-6 “锯齿状”类型

➢ **“点刻线”类型**：选择该类型后，可以对点刻线的粗细、点大小、点变化及密度进行设置，如图 3-7 所示。

➢ **“斑马线”类型**：该类型是最为复杂的一种线条类型。选择该类型后，可以对其多种参数进行设置，如图 3-8 所示。

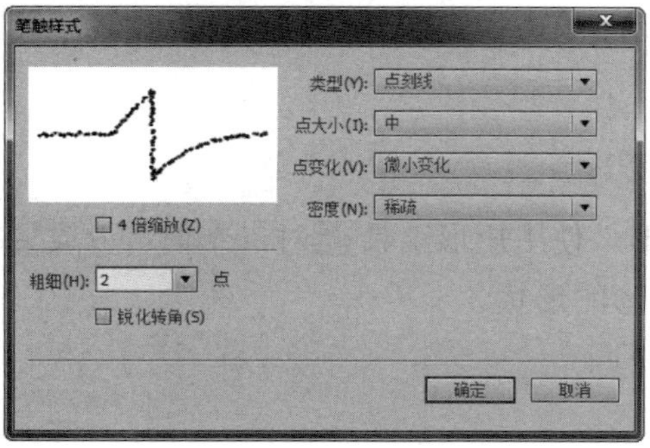

图 3-7 “点刻线”类型

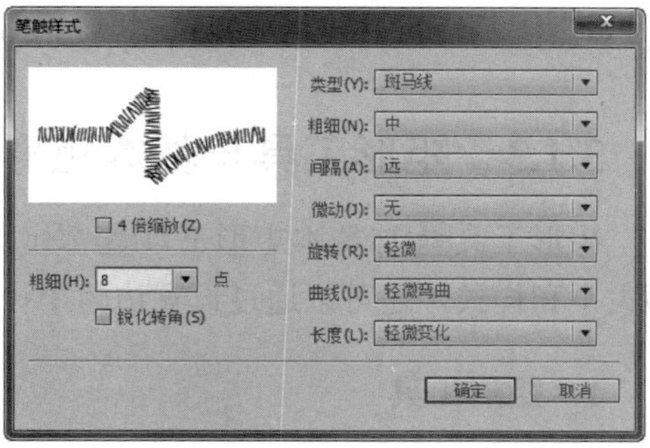

图 3-8 “斑马线”类型

在对话框的左上角可以预览样式；选中“4 倍缩放”复选框，可以对所进行的设置进行放大预览；选中“锐化转角”复选框，可以在转角处进行锐化处理，如图 3-3 所示。

3.1.2 铅笔工具

单击“工具”面板中的“铅笔工具”按钮或按【Shift+Y】键，即可调用该工具。这时将鼠标指针移至舞台，当其变为样式时，即可绘制线条。铅笔工具所对应的“属性”面板和线条工具相似，如图 3-9 所示。

铅笔工具有 3 种模式。选择铅笔工具后，在其选项区中单击“铅笔模式”按钮，弹出模式列表，如图 3-10 所示。

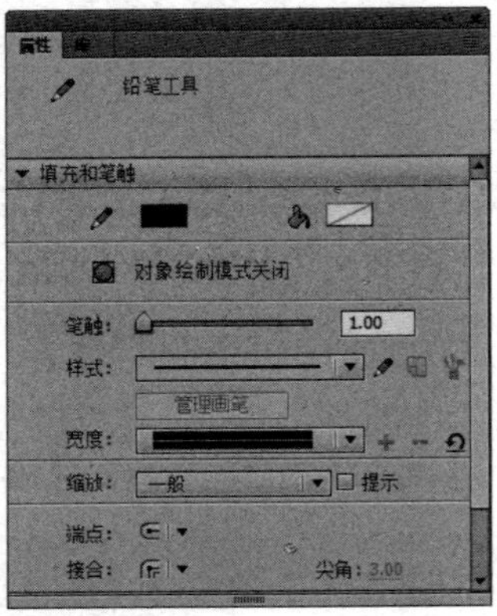

图 3-9 铅笔工具的“属性”面板

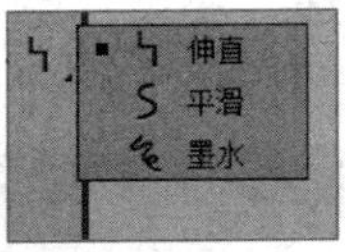

图 3-10 铅笔模式

- **“伸直”模式**：选择该模式，可以将绘制的线条转换为直线，即降低线条的平滑度，如图 3-11 所示。
- **“平滑”模式**：选择该模式，可以将绘制的线条自动平滑，即增加线条的平滑度，如图 3-12 所示。
- **“墨水”模式**：选择该模式，绘制出的线条基本上不进行任何处理，即不会有任何变化，如图 3-13 所示。

图 3-11 “伸直”模式

图 3-12 “平滑”模式

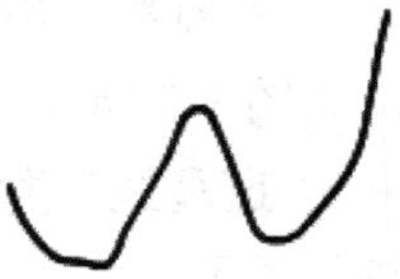
图 3-13 “墨水”模式

3.1.3 矩形工具与基本矩形工具

矩形工具与基本矩形工具都用于绘制矩形。使用矩形工具时，不但可以设置笔触大小和样式，还可以通过设置边角半径来修改矩形的形状。

1. 矩形工具

在“工具”面板中单击“矩形工具”按钮或按【R】键，即可调用该工具。在调用矩形工具后，将鼠标指针置于舞台中，鼠标指针变为十字形状，单击并拖动鼠标指针即可以单击处为一个角点绘制一个矩形，如图 3-14 所示。

按住【Shift】键的同时拖动鼠标指针，可以绘制正方形；按住【Alt】键的同时拖动鼠标指针，可以单击处为中心进行绘制；按住【Shift+Alt】组合键的同时拖动鼠标指针，可以以单击处为中心绘制正方形，如图 3-15 所示。

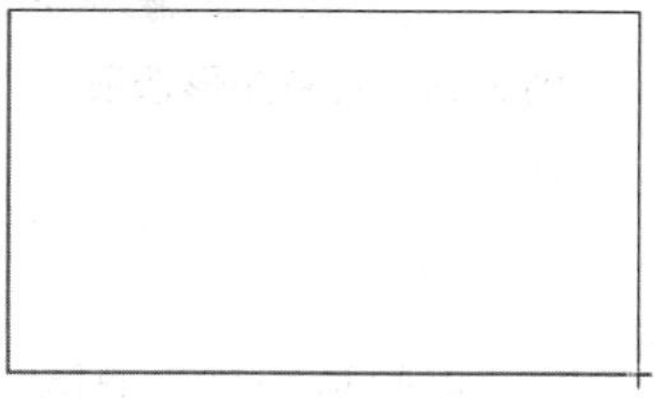

图 3-14 绘制矩形

图 3-15 绘制正方形

在绘制矩形前，可以对矩形工具的参数进行设置，以绘制出自己需要的图形。例如，在“属性”面板中设置矩形工具的填充和笔触样式，在“矩形选项”选项区中单击锁定按钮（单击后，按钮显示为），并分别设置各边角的半径，如图 3-16 所示。此时，在舞台中拖动鼠标指针绘制矩形，效果如图 3-17 所示。

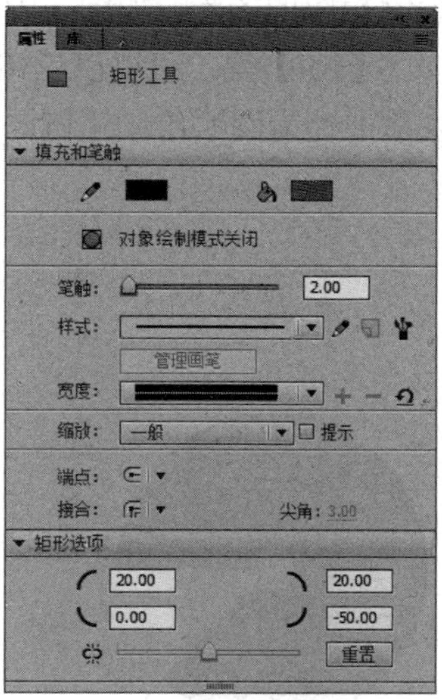

图 3-16 设置矩形工具的属性

图 3-17 绘制矩形

2. 基本矩形工具

在矩形工具组中，单击“矩形工具”按钮并按住鼠标左键不放，在弹出的工具列表中选择基本矩形工具，即可调用该工具。多次按【R】键，可以在矩形工具和基本矩形工具之间进行切换。

使用基本矩形工具绘制矩形的方法与使用矩形工具相同，只是绘制完毕后矩形的 4 个角上会出现 4 个圆形的控制点，如图 3-18 所示。使用选择工具拖动控制点，可以调整矩形的边角半径，也可以在“属性”面板中对基本矩形进行边角半径的设置，如图 3-19 所示。

图 3-18　绘制基本矩形

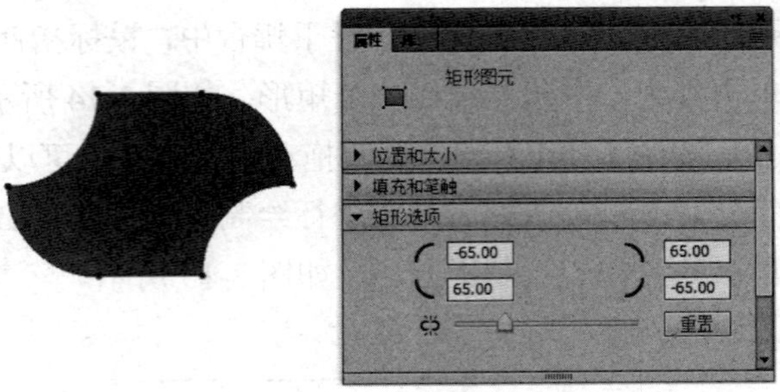

图 3-19　设置矩形选项

3.1.4　椭圆工具和基本椭圆工具

椭圆工具和基本椭圆工具用于绘制椭圆或圆形。它们与矩形工具的用法类似，不同之处在于椭圆工具的选项包括“角度”和“内径”。

1．椭圆工具

在椭圆工具组的工具列表中选择椭圆工具或按【O】键，即可调用该工具。椭圆工具对应的“属性”面板和矩形工具的类似。例如，选择椭圆工具后，可以在“属性”面板中进行相关设置，包括开始角度、结束角度、内径及闭合路径等，如图 3-20 所示。

将鼠标指针移至舞台中，单击并拖动鼠标指针即可绘制相应的图形，如图 3-21 所示。若在绘制时按住【Shift】键，可以绘制正圆；若在绘制时按住【Alt】键，可以以单击处为圆心绘制椭圆；若在绘制时按住【Alt+Shift】组合键，可以以单击处为圆心绘制正圆。

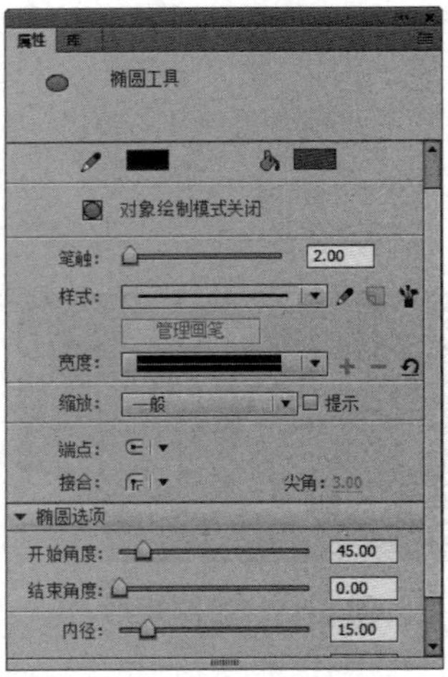

图 3-20　设置椭圆工具的属性

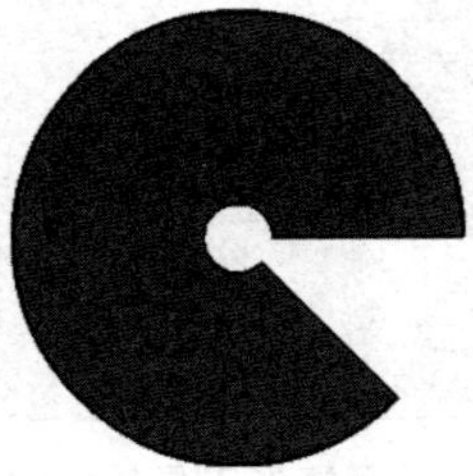

图 3-21　绘制图形

2．基本椭圆工具

在椭圆工具组的工具列表中选择基本椭圆工具，即可调用该工具。多次按【O】键，可以在椭圆工具和基本椭圆工具之间进行切换。

使用基本椭圆工具绘制椭圆的方法和使用椭圆工具相同，在绘制完成后椭圆上会多出两个圆形的控制点，如图 3-22 所示。使用选择工具拖动控制点，可以对椭圆的开始角度、结束角度和内径分别进行调整，也可以在“属性”面板中设置椭圆选项，如图 3-23 所示。

图 3-22　绘制基本椭圆

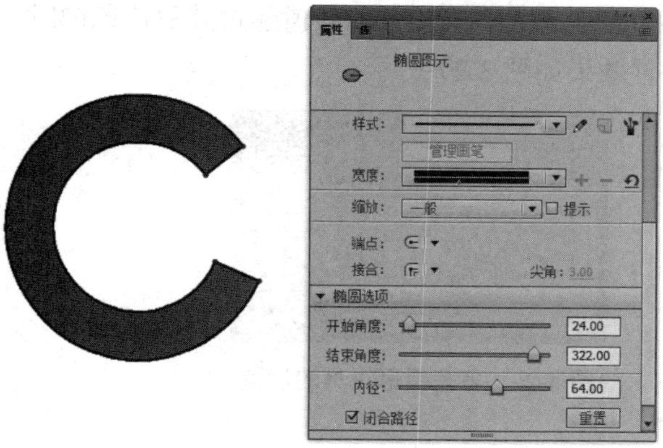

图 3-23　设置椭圆选项

3.1.5　多角星形工具

多角星形工具用于绘制规则的多边形和星形。在使用该工具前，需要对其属性进行相关设置，以绘制自己需要的形状。在“工具”面板中选择多角星形工具，即可调用该工具。

1．绘制多边形

在“工具”面板中选择多角星形工具，打开“属性”面板，即可对多角星形工具的属性进行修改，如图 3-24 所示。在舞台中单击并拖动鼠标指针，松开鼠标后即可绘制出多边形，如图 3-25 所示。在绘制过程中按住【Shift】键，可以使多边形的一条边处于水平或垂直方向。

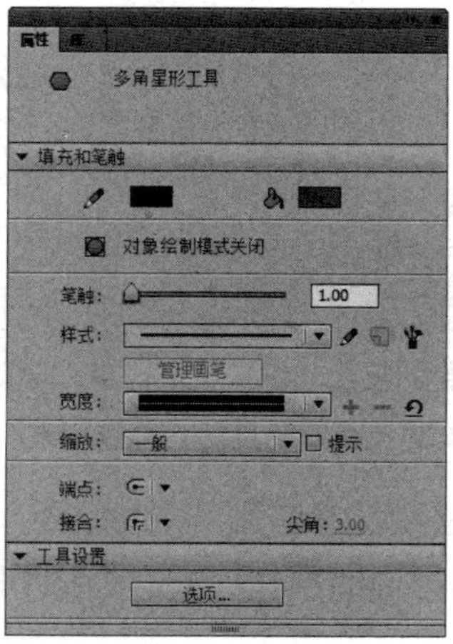

图 3-24　多角星形工具的“属性”面板

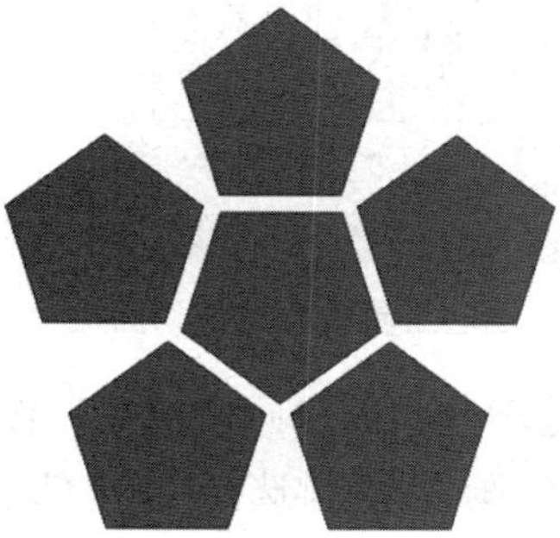

图 3-25　绘制多边形

2．绘制星形

选择多角星形工具，在“属性”面板中单击“选项”按钮，弹出“工具设置”对话框，在“样式”下拉列表中选择“星形”选项，如图 3-26 所示。此时拖动鼠标指针，即可绘制一个五角星。

在“工具设置”对话框中，“星形顶点大小”的取值范围为 0~1，设置的数值越大，顶点的角度就越大。当输入的数值超过其取值范围时，系统会自动以 0 或 1 来取代超出的数值。设置效果如图 3-27 所示。

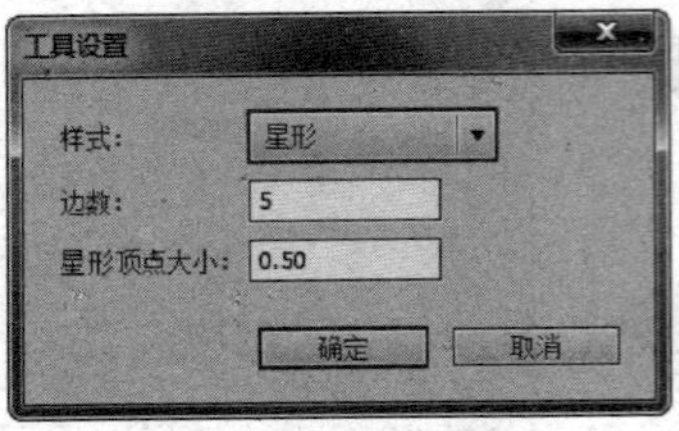

图 3-26　多角星形工具的设置

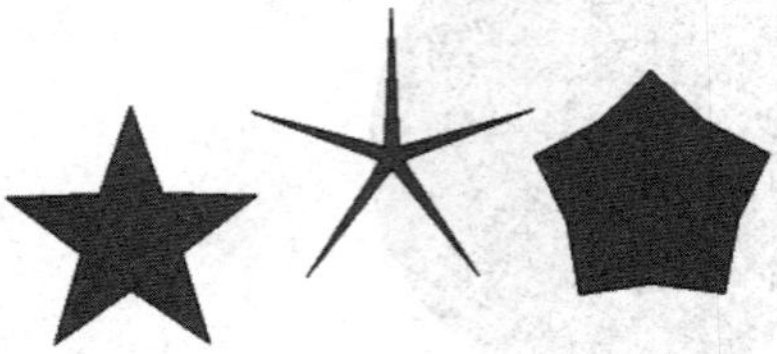

图 3-27　绘制星形

3.1.6　画笔工具

在 Animate CC 中，画笔工具用于绘制形态各异的矢量色块或创建特殊的绘制效果。选择“工具”面板中的画笔工具或按【B】键，即可调用该工具。在使用画笔工具之前，需要对其属性进行设置。打开“属性”面板，可以设置或新建画笔形状，如图 3-28 所示。

在画笔工具的选项区中可以设置画笔的模式、大小和形状。单击“画笔模式”按钮、“画笔大小”按钮或“画笔形状”按钮，即可弹出其对应的下拉列表，如图 3-29 所示。在 Animate CC 中，有 8 种画笔大小和 9 种画笔形状。通过画笔大小和画笔形状的巧妙组合，可以得到各种各样的画笔效果。在“工具”面板下方的选项区中单击“锁定填充”按钮，可以将上一次绘图时笔触颜色的变化规律锁定，并将规律扩展到整个舞台。

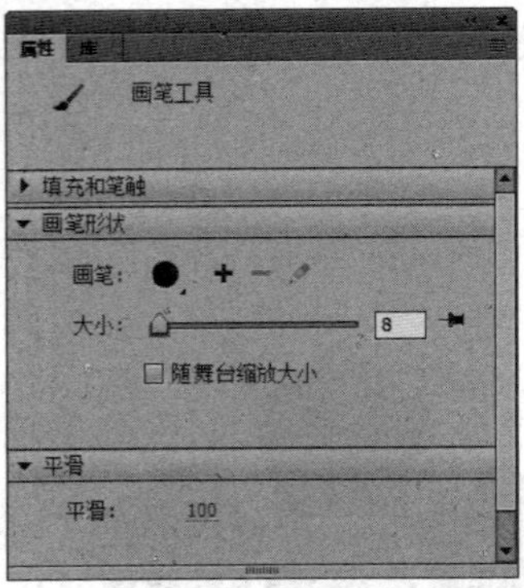

图 3-28　画笔工具的“属性”面板

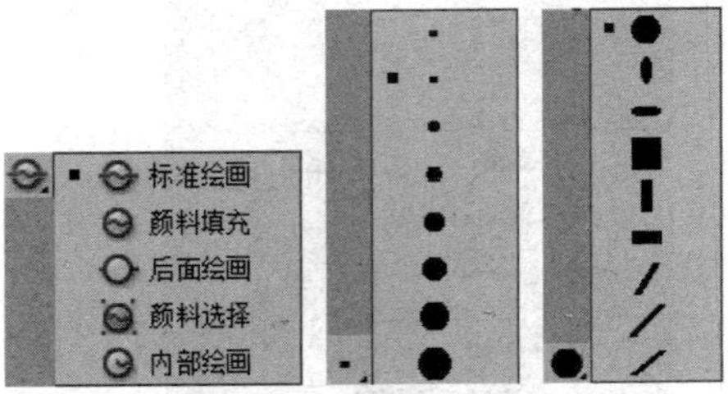

图 3-29　画笔工具的功能选项

单击选项区中的“画笔模式”按钮，在弹出的下拉列表中包含“标准绘画”“颜料填充”“后面绘画”“颜料选择”“内部绘画”5 种模式。选择不同的模式，可以绘制不同的图形效果。

➢ **“标准绘画”模式**：选择该模式，使用画笔工具绘制出的图形将完全覆盖矢量图形的线条和填充，如图 3-30 所示。

➢ **“颜料填充”模式**：选择该模式，使用画笔工具绘制出的图形只覆盖矢量图形的填充部分，而不会覆盖线条部分，如图 3-31 所示。

图 3-30 “标准绘画”模式

图 3-31 “颜料填充”模式

➢ **“后面绘画”模式**：选择该模式，使用画笔工具绘制出的图形将从矢量图形的后面穿过，而不会对原矢量图形造成任何影响，如图 3-32 所示。

➢ **“颜料选择”模式**：选择该模式，只有在选择了矢量图形的填充区域后才能使用画笔工具。如果没有选择任何区域，将无法使用画笔工具在矢量图形上进行绘画，如图 3-33 所示。

➢ **“内部绘画”模式**：选择“内部绘画”模式后，使用画笔工具只能在封闭的区域内绘画，如图 3-34 所示。

图 3-32 “后面绘画”模式

图 3-33 “颜料选择”模式

图 3-34 “内部绘画”模式

课堂解疑

在“属性”面板的“画笔形状”选项区中单击按钮，在弹出的对话框中可以自定义画笔笔尖的形状、角度和平度。

3.2 绘制路径工具的使用

钢笔工具用来精确地绘制直线或平滑的曲线路径。在 Animate CC 中提供了钢笔工具组，包括钢笔工具、添加锚点工具、删除锚点工具和转换锚点工具，在使用时可以进行交互使用，以提高工作效率。

3.2.1 设置钢笔工具参数

按【Ctrl+U】组合键，打开“首选参数”对话框，在左侧选择“绘制”选项，在右侧选中“显示钢笔预览”复选框，如图 3-35 所示。此时使用钢笔工具，可以在未确定下一个锚点的位置时，随着鼠标指针的移动显示该线段的预览图形，对绘制图形有着很好的辅助作用。此外，在使用钢笔工具时按【Caps Lock】键，鼠标指针将由样式变为，以精确显示鼠标指针的位置，如图 3-36 所示。

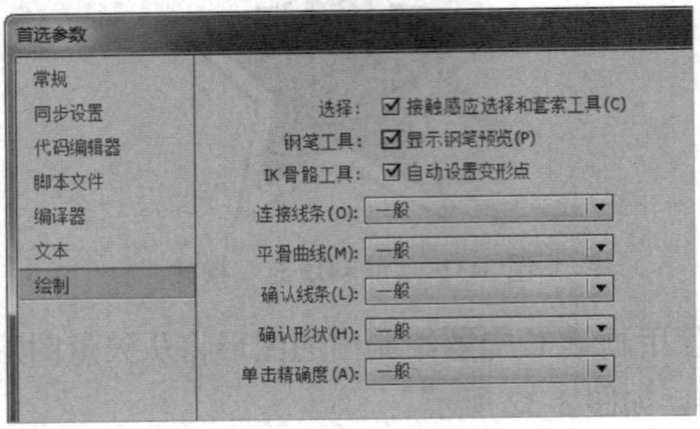

图 3-35 “首选参数”对话框

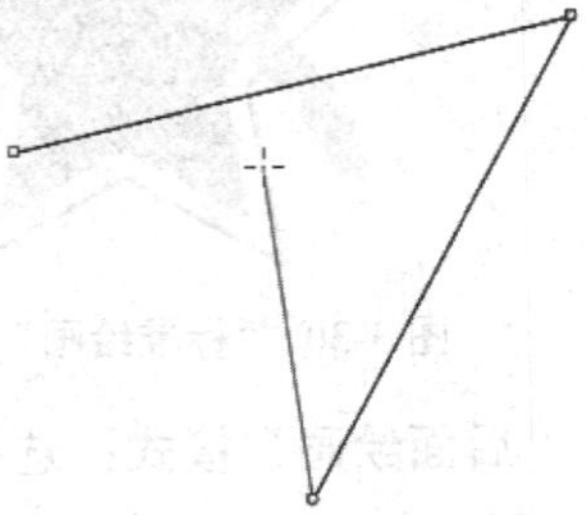
图 3-36 使用钢笔工具精确绘制

3.2.2 使用钢笔工具绘制直线

按【P】键调用钢笔工具，打开“属性”面板，设置笔触参数，如图 3-37 所示。

在舞台中单击确定第一个锚点的位置，随着鼠标指针的移动会出现一条线段，然后再次单击确定第二个锚点的位置，如图 3-38 所示。

重复以上操作，绘制多条连续的线段。当将鼠标指针移至第一个锚点的位置时，鼠标指针的右侧会出现一个小圆圈，此时单击鼠标左键，即可绘制一个闭合路径，如图 3-39 所示。在绘制过程中按住【Shift】键，可以使绘制的点与上一个点保持 45° 整数倍的夹角。

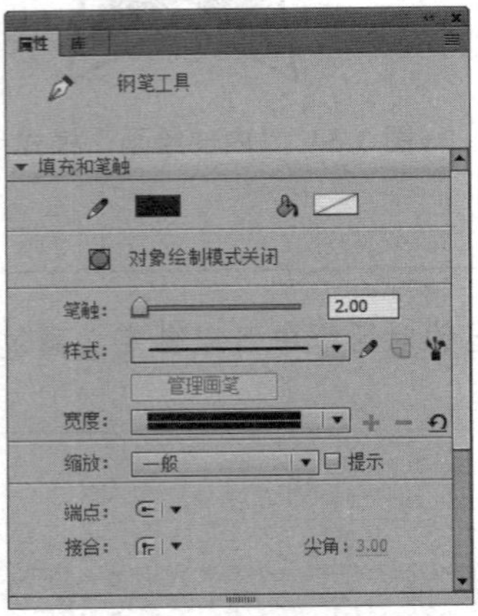

图 3-37 钢笔工具的“属性”面板

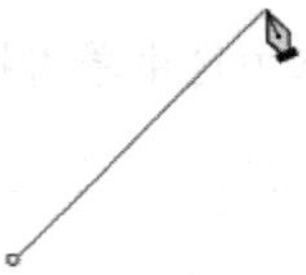
图 3-38 确定锚点

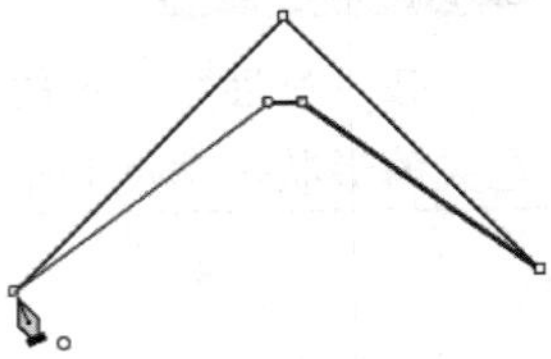
图 3-39 绘制图形

上面绘制的是一个闭合路径，可以为这样的路径填充颜色。若要绘制一个开放路径，可以通过以下方式来结束路径的绘制。

➢ 在绘制多条线段的最后一个锚点时双击。
➢ 按住【Ctrl】键的同时在舞台的空白处单击。
➢ 选择“编辑”|“取消全选”命令或按【Ctrl+Shift+A】组合键。
➢ 在“工具”面板中选择其他工具，以结束绘制工作。

在绘制结束后，若想在原有的路径上继续进行绘制，可以将鼠标指针指向原路径的起始点或结束点，当鼠标指针变为样式时单击鼠标左键，即可继续绘制路径。

3.2.3　使用钢笔工具绘制曲线

使用钢笔工具绘制曲线的方法与绘制直线的方法类似，唯一不同的是，在确定线段的锚点时需要按下鼠标左键并拖动鼠标指针，而不是简单的单击操作，如图 3-40 所示。

若在绘制曲线的过程中想绘制直线，可以将鼠标指针移至最近的一个锚点处，当鼠标指针变为样式时单击鼠标左键，然后拖动鼠标指针至舞台的其他位置，再单击鼠标左键即可，如图 3-41 所示。

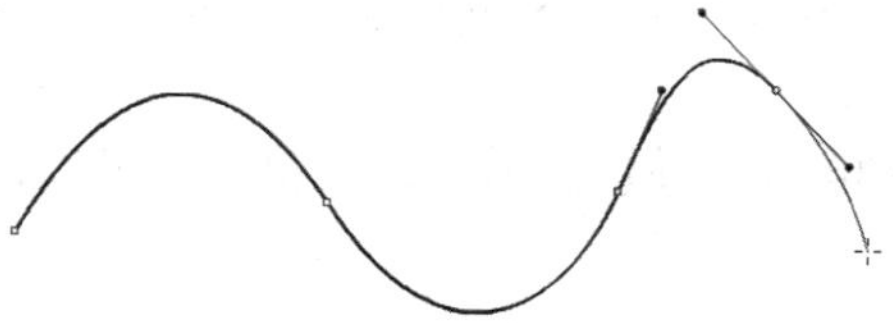

图 3-40　绘制曲线

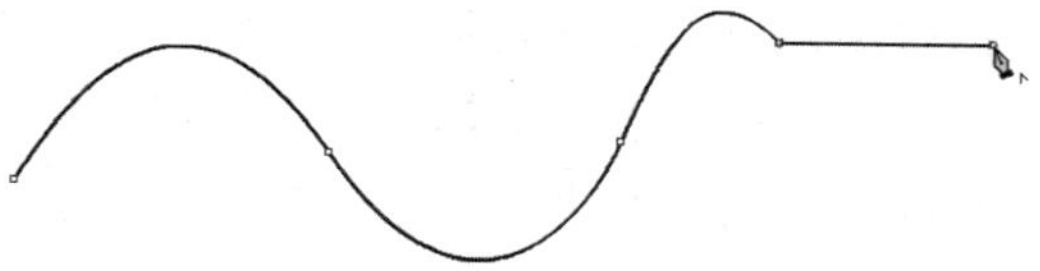

图 3-41　绘制直线

在绘制曲线时，若要绘制 C 形曲线，可以在绘制锚点时向前一个锚点的方向线相反的方向拖动鼠标指针；若要绘制 S 形曲线，可以在绘制锚点时向前一个锚点的方向线相同的方向拖动鼠标指针。

3.2.4　使用钢笔工具添加与删除锚点

使用钢笔工具添加或删除锚点的方法非常简单，只要将鼠标指针移至绘制好的路径的线段上，当鼠标指针变为添加锚点工具样式时，单击即可添加一个锚点，如图 3-42 所示。将鼠标指针移至已有的锚点上，鼠标指针变为转换锚点工具样式，如图 3-43 所示，单击后鼠标指针变为删除锚点工具样式，即可删除一个锚点。此外，还可通过按【=】键调用添加锚点工具，按【-】键调用删除锚点工具。

图 3-42　添加锚点

图 3-43　删除锚点

3.2.5　使用转换锚点工具

在 Animate CC 中有 3 种类型的锚点：无曲率调杆的锚点（角点）①，两侧曲率一同调节的锚点（平滑点）②和两侧曲率分别调节的锚点（平滑点）③，如图 3-44 所示。锚点之间的线段被称为“片段”。

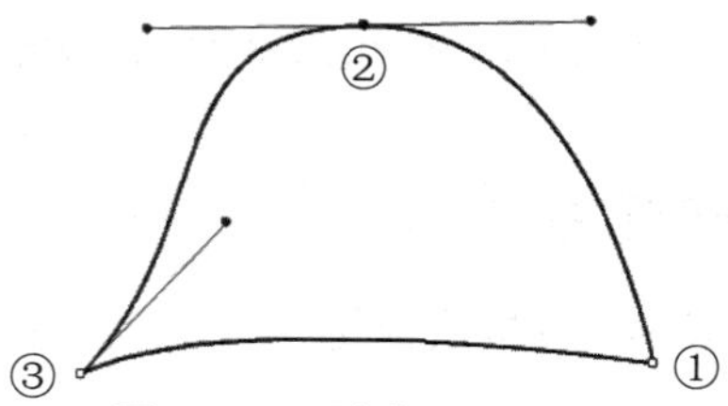

图 3-44　3 种类型的锚点

➢ **无曲率调杆的锚点**：又称“角点”，使用部分选取工具只能移动其位置，无法调节曲率。

➢ **两侧曲率一同调节的锚点**：使用部分选取工具拖动其控制柄上的一个控制点时，另一个控制点也会随之移动，它可以调节曲线的曲率，但这种节点一般很难控制。

➢ **两侧曲率分别调节的锚点**：这种锚点两侧的控制柄可以分别进行调整，以灵活地控制曲线的曲率。

在钢笔工具的工具列表中选择转换锚点工具或按【Shift+C】键，即可调用该工具。使用转换锚点工具可以在 3 种锚点之间进行相互转换。

选择转换锚点工具，单击两侧曲率一同调节或两侧曲率分别调节方式的锚点，可以使其转换为无曲率的锚点，如图 3-45 所示。

图 3-45　转换为无曲率锚点

单击无曲率的锚点，按住鼠标左键并拖动鼠标指针，可以将其转换为两侧曲率一同调节的锚点，如图 3-46 所示。

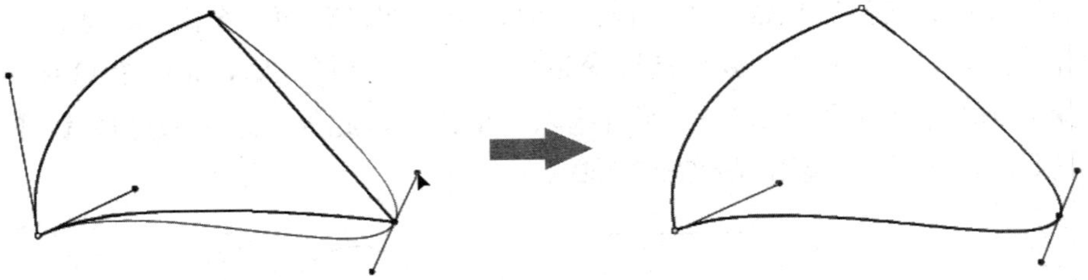

图 3-46　转换为两侧曲率一同调节的锚点

使用转换锚点工具拖动两侧曲率一同调节的锚点的控制柄，可以将其转换为两侧曲率分别调节的锚点，如图 3-47 所示。

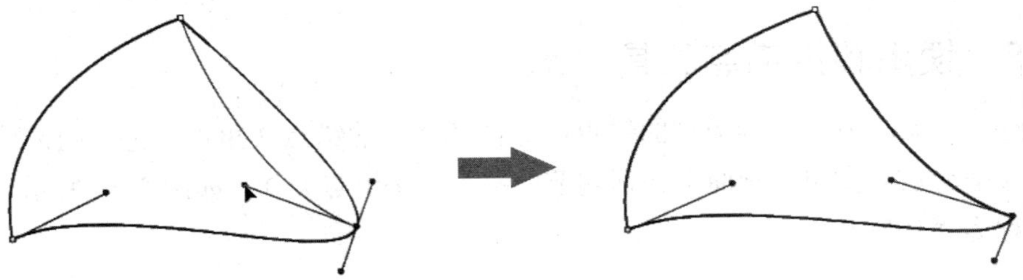

图 3-47　转换为两侧曲率分别调节的锚点

3.2.6　钢笔工具组的交互用法

在使用钢笔工具组中的工具时，可按快捷键将其临时转换为其他工具，以提升绘图效率。

1．钢笔工具的交互

在使用钢笔工具进行绘图的过程中，可以使用其交互用法，将钢笔工具快速转换为转换锚点工具、部分选取工具或添加/删除锚点工具 / 。

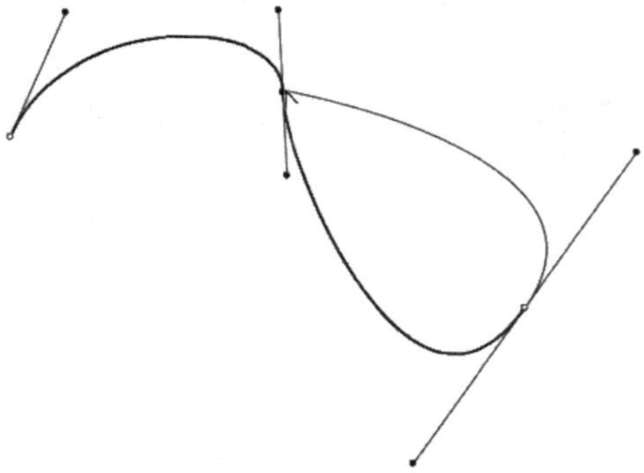

图 3-48　转换为转换锚点工具

➢ 按住【Alt】键，可以将其转换为转换锚点工具，以调整曲率和转换锚点，如图 3-48 所示。

➢ 按住【Ctrl】键，可以将其转换为部分选取工具，以调整锚点的位置和曲线的曲率，如图 3-49 所示。

➢ 按住【Ctrl+Alt】组合键，可以添加或删除锚点，如图 3-50 所示。

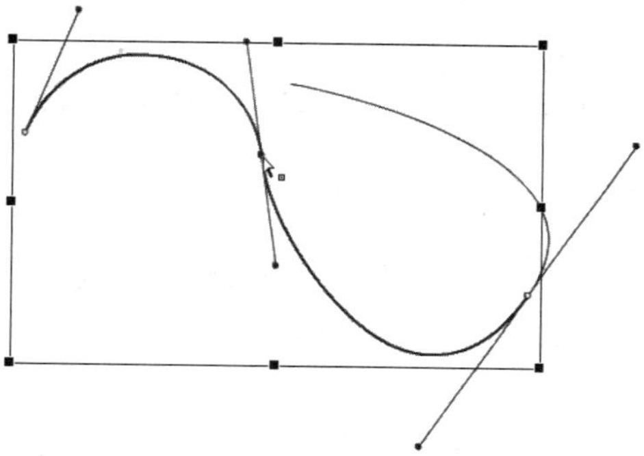

图 3-49　转换为部分选取工具

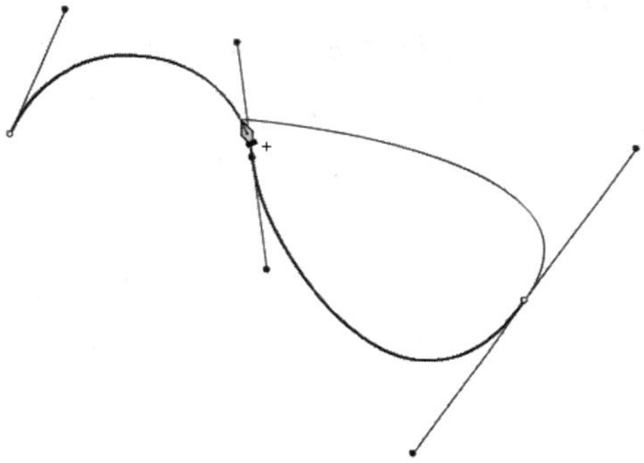

图 3-50　转换为添加/删除锚点工具

2．转换锚点工具的交互

在“工具”面板中选择转换锚点工具后，也可对其进行交互使用。

➢ 按住【Alt】键，可以对锚点进行复制操作。

➢ 按住【Ctrl】键，可以将其转换为部分选取工具，以调整锚点的位置和曲线的曲率。

➢ 按住【Ctrl+Alt】组合键，可以添加或删除锚点。

3．添加锚点工具/删除锚点工具的交互

在“工具”面板中选择添加锚点工具后，也可对其进行交互使用。

➢ 按住【Alt】键，添加锚点操作变为删除锚点操作。

➢ 按住【Ctrl】键，可以将其转换为部分选取工具，以调整锚点的位置和曲线的曲率。

➢ 按住【Ctrl+Alt】组合键，可以添加或删除锚点。

删除锚点工具的交互和添加锚点工具类似，只是在按住【Alt】键时删除锚点的操作变为添加锚点。

3.2.7　实例：使用钢笔工具快速绘制心形

下面使用钢笔工具的交互用法绘制一个心形图形，具体操作方法如下。

Step 01 按【P】键调用钢笔工具，在舞台中单击并向左上方拖动鼠标指针，以确定第一个锚点，如图 3-51 所示。

Step 02 在舞台的合适位置单击并向右下方拖动鼠标指针，以确定第二个锚点，如图 3-52 所示。

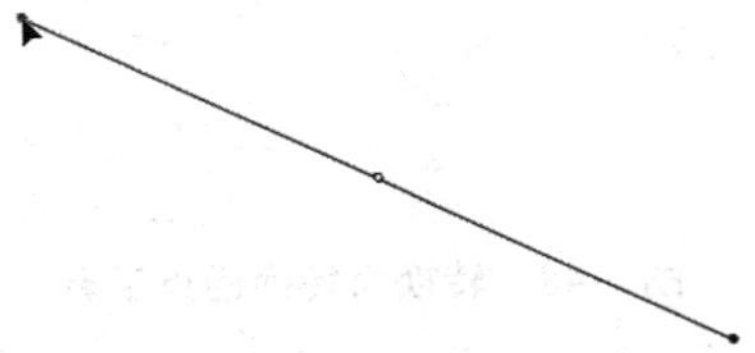

图 3-51　确定第一个锚点

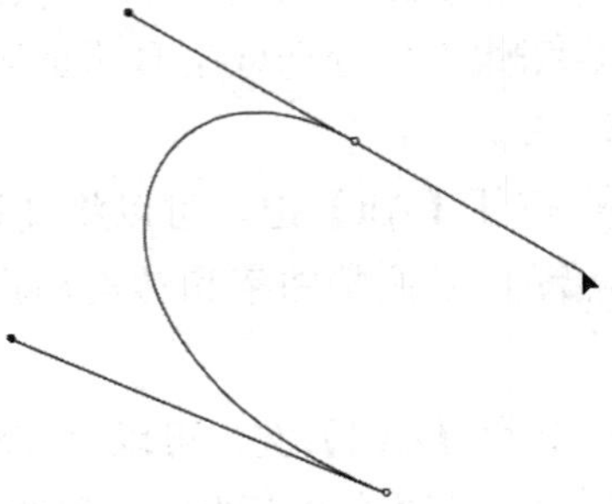

图 3-52　确定第二个锚点

Step 03 不松开鼠标，按住【Alt】键的同时向右上方拖动鼠标指针，将两侧曲率一同调节的锚点转换为两侧曲率分别调节的锚点，如图 3-53 所示。

Step 04 将鼠标指针指向起始点，当其下方出现一个小圆圈时单击并向左下方拖动鼠标指针，闭合路径，如图 3-54 所示。

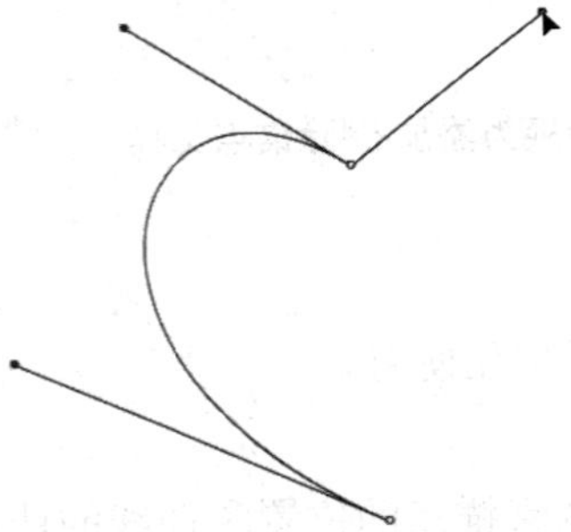

图 3-53　按住【Alt】键拖动

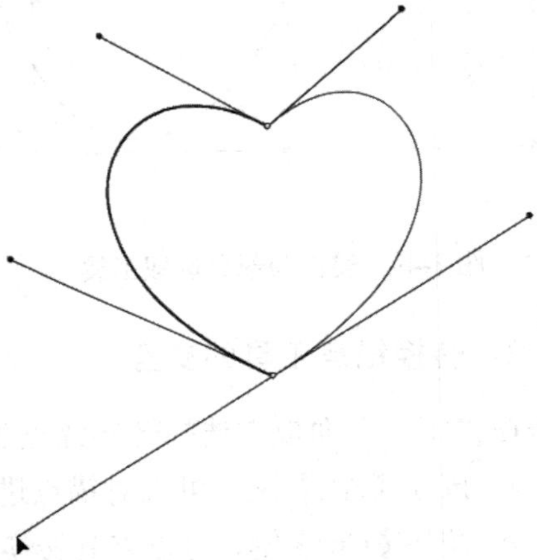

图 3-54　闭合路径

Step 05 按住【Ctrl】键，调整下方锚点的位置，如图 3-55 所示。

Step 06 按住【Alt】键，调整每个锚点的控制柄，以改变曲线的曲率，如图 3-56 所示。

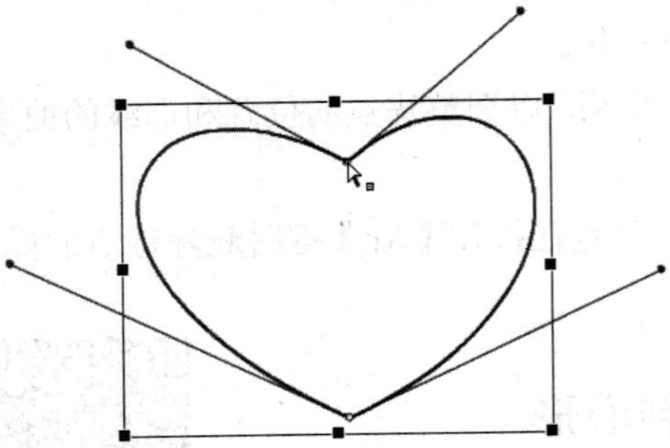

图 3-55　调整锚点的位置

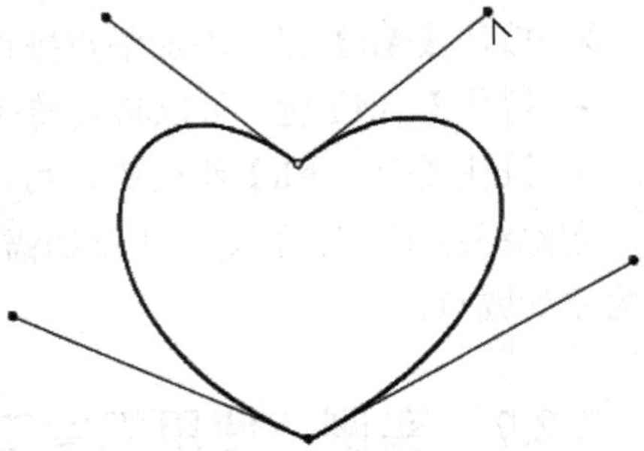

图 3-56　调整曲线的曲率

3.3 “颜色”面板的使用

使用“颜色”面板可设置图形的颜色外观。如果已经在舞台中选择了图形对象，则在“颜色”面板中所进行的颜色更改就会被应用到所选对象上。用户可在 RGB 或 HSB 模式下选择颜色，或者展开面板，以使用十六进制模式，还可通过指定 Alpha 值来定义颜色的透明度。

3.3.1 认识“颜色”面板

“颜色”面板用来更改图形的笔触和填充颜色。按【Ctrl+Shift+F9】组合键，即可打开“颜色”面板，如图 3-57 所示。

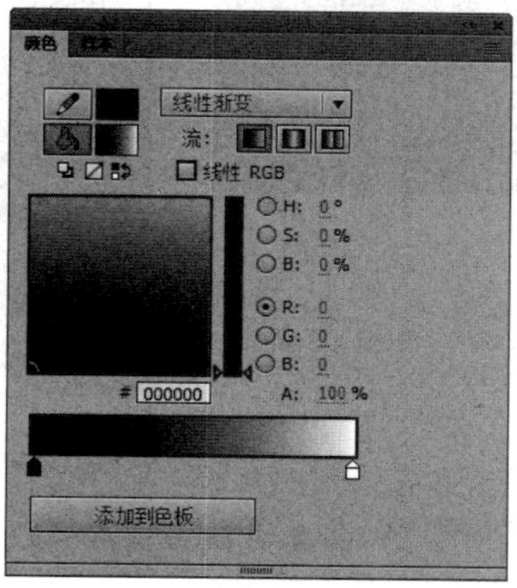

图 3-57 “颜色”面板

在“颜色”面板中，各选项的含义如下。

- **笔触颜色**：用于更改图形对象的笔触或边框的颜色。
- **填充颜色**：用于更改图形对象的填充颜色。
- **类型下拉列表框**：用于更改图形对象的填充样式。

  无：删除填充。

  纯色：提供一种单一的填充颜色。

  线性渐变：产生一种沿线性轨道混合的渐变。

  径向渐变：产生从一个中心焦点出发沿环形轨道向外混合的渐变。

  位图填充：用可选的位图图像平铺所选的填充区域。选择“位图填充”选项，将弹出“导入到库”对话框，可以选择本地计算机上的位图图像。

- R/G/B：用于更改填充的红、绿、蓝（RGB）的色彩密度。
- A：表示 Alpha，即不透明度，修改该数值可以设置实心填充的不透明度，或者设置渐变填充当前所选滑块的不透明度。若 Alpha 值为 0%，则创建的填充不可见（即透明）；若 Alpha 值为 100%，则创建的填充不透明。
- **当前颜色样本**：显示当前所选颜色。如果从色板中选择某种渐变填充样式（线性或径向），则在此显示所创建渐变内的颜色过渡。
- **系统颜色选择器**：使用户能够直观地选择颜色，然后拖动圆形指针，直到找到所需的颜色。
- **十六进制值**：显示当前颜色的十六进制值。若要使用十六进制值更改颜色，可以输入一个新的数值。十六进制颜色值（也称“HEX 值”）是 6 位的字母数字组合，代表一种颜色。
- **线性 RGB**：该复选框用于创建兼容 SVG（可伸缩的矢量图形）的线性或放径向渐变。

3.3.2 实例：设置形状纯色填充

下面介绍如何通过“颜色”面板为形状设置纯色填充。具体操作方法如下。

Step 01 选择形状，按【Ctrl+Shift+F9】组合键打开“颜色”面板。对于 RGB 模式，可以在“R”（红）、“G”（绿）和“B”（蓝）颜色值框中输入颜色值；对于 HSB 模式，可以输入“H”（色相）、“S”（饱和度）和“B”（亮度）值；对于十六进制显示，则输入十六进制值，如图 3-58 所示。

Step 02 选定一种颜色后，若要更改其色相，可以单击“H”单选按钮，然后拖动滑块改变颜色，如图 3-59 所示。

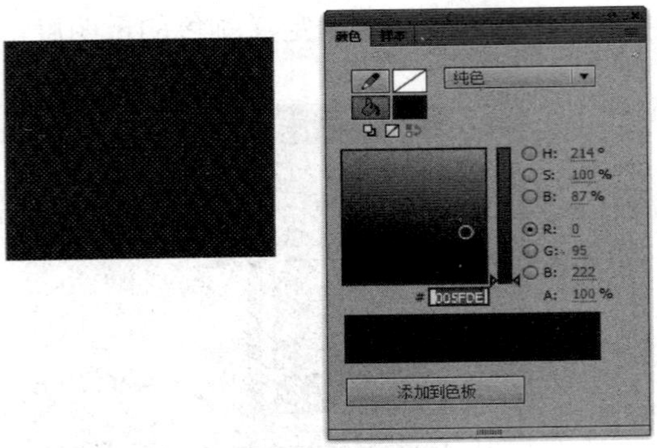

图 3-58 选择颜色

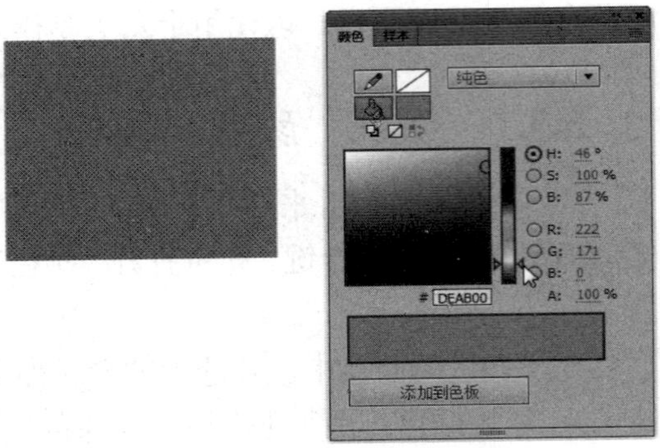

图 3-59 调整色相

Step 03 若要更改当前颜色的饱和度，可以单击“S”单选按钮，然后拖动滑块进行设置，如图 3-60 所示。

Step 04 若要更改当前颜色的亮度，可以单击“B”单选按钮，然后拖动滑块进行设置，如图 3-61 所示。

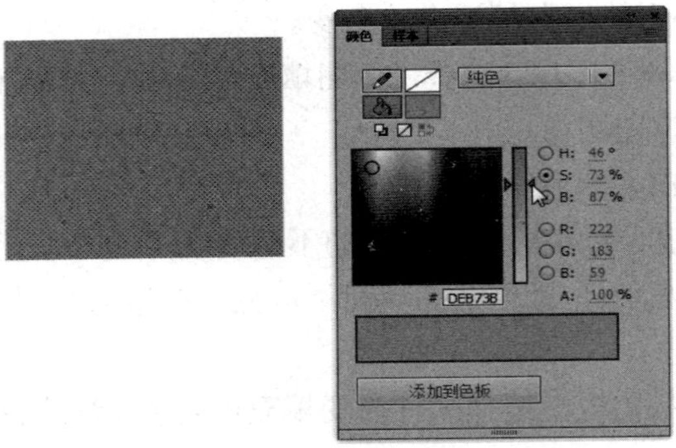

图 3-60 调整饱和度

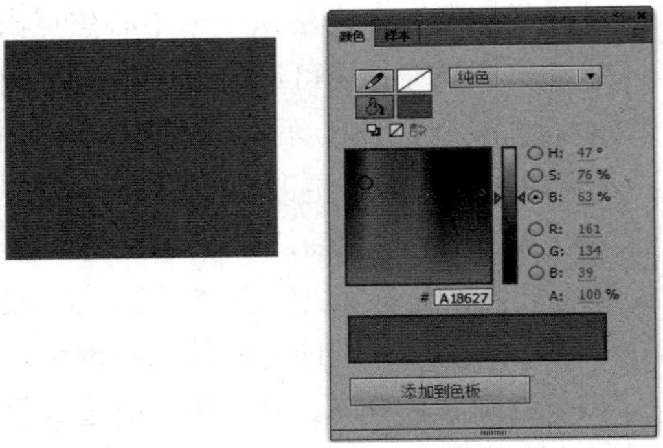

图 3-61 调整亮度

Step 05 也可以根据需要调整红（R）、绿（G）、蓝（B）三原色来改变当前颜色，如图 3-62 所示。

Step 06 若要调整颜色的透明度，可以设置 A 的值，如图 3-63 所示。

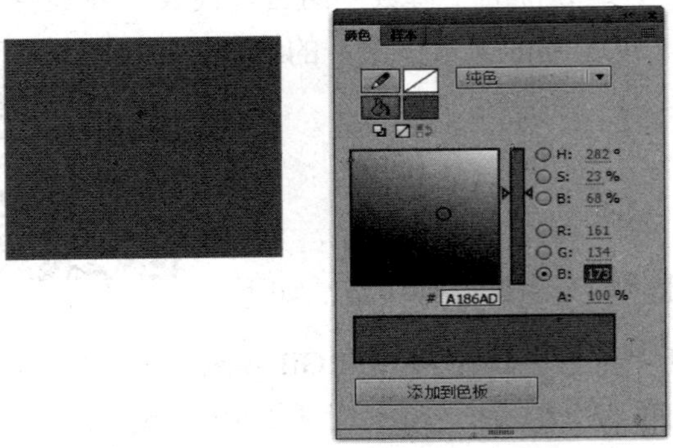

图 3-62 调整 RGB

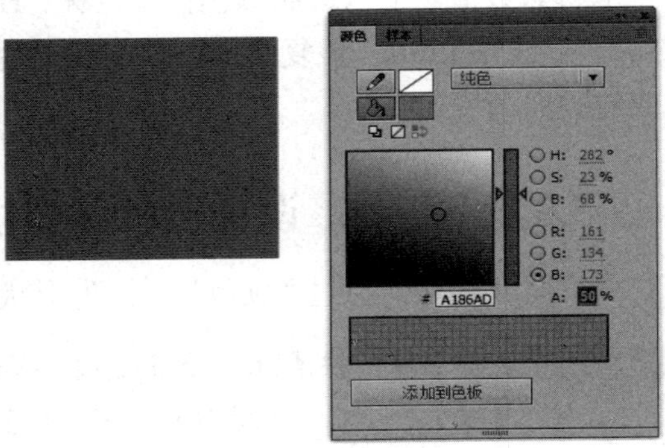

图 3-63 调整透明度

3.3.3　实例：设置形状渐变填充

渐变是一种多色填充，即由一种颜色逐渐转变为另一种颜色。创建渐变就是在一个或多个对象间创建平滑的颜色过渡。下面以创建线性渐变为例介绍如何创建渐变填充，具体操作方法如下。

Step 01 打开“颜色”面板，在类型下拉列表中选择“线性渐变”选项，如图 3-64 所示。

Step 02 选择一种线性渐变样式，在此单击“扩展颜色”按钮，如图 3-65 所示。

Step 03 若要更改渐变颜色，可以在当前颜色样本下选择一个颜色指针，在此选择第二个颜色指针，如图 3-66 所示。

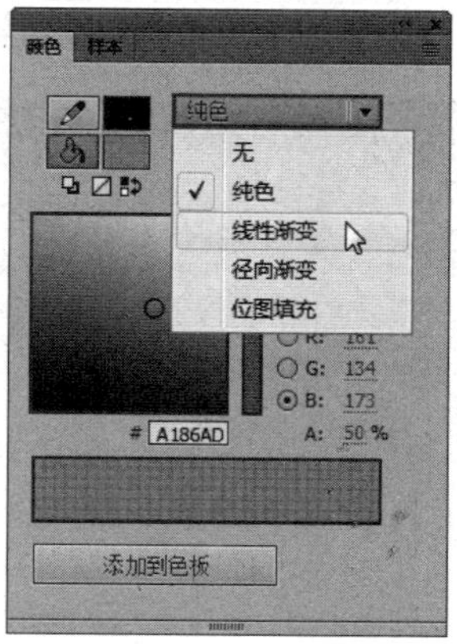

图 3-64　选择“线性渐变”选项

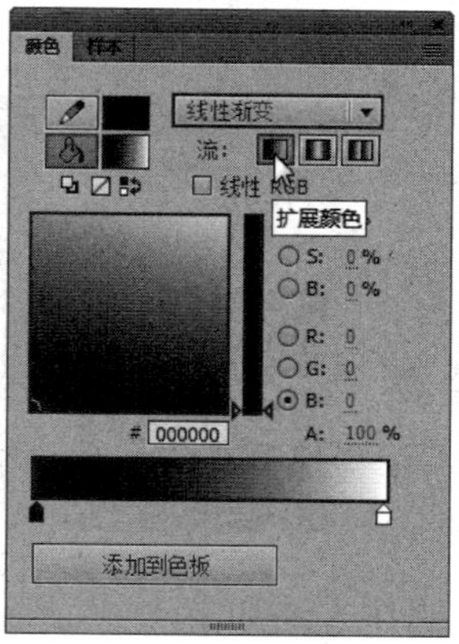

图 3-65　选择线性渐变样式

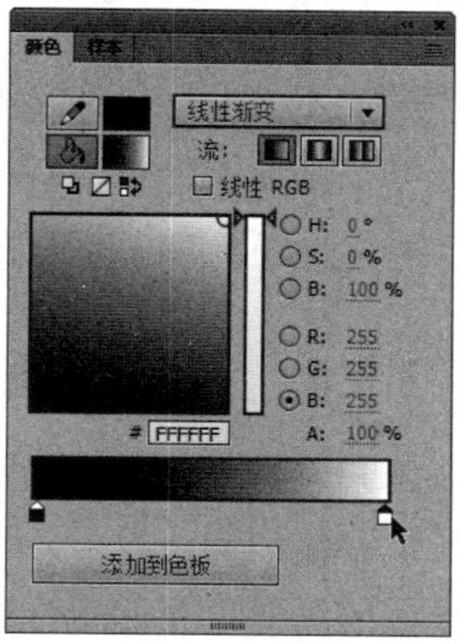

图 3-66　选择颜色指针

Step 04 按照设置纯色的方法，将颜色设置为蓝色，如图 3-67 所示。

Step 05 也可双击颜色指针，在打开的调色板中选择所需的颜色，如图 3-68 所示。

Step 06 使用同样的方法将第一个颜色指针设置为白色，如图 3-69 所示。

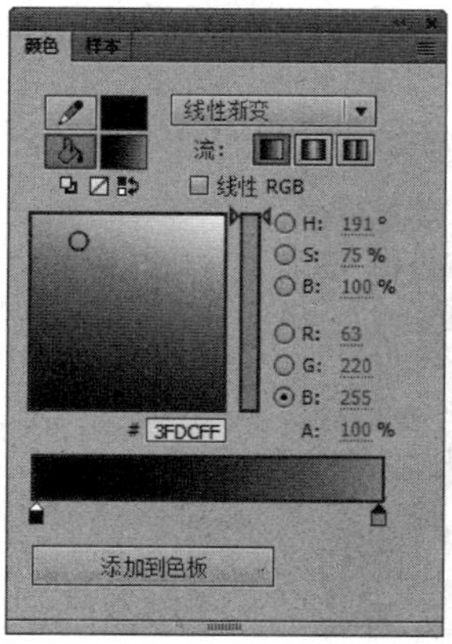

图 3-67　设置颜色

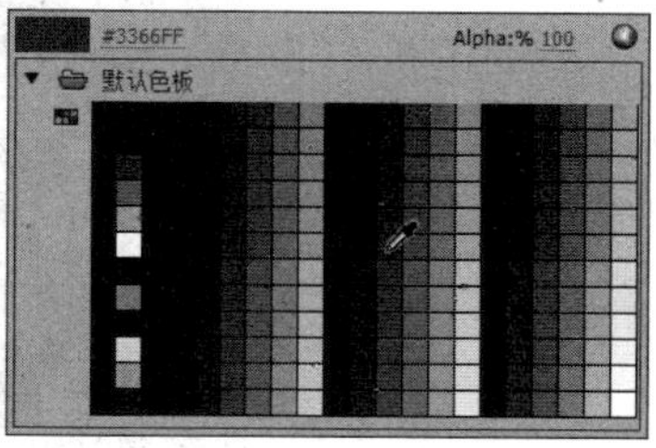

图 3-68　使用调色板选色

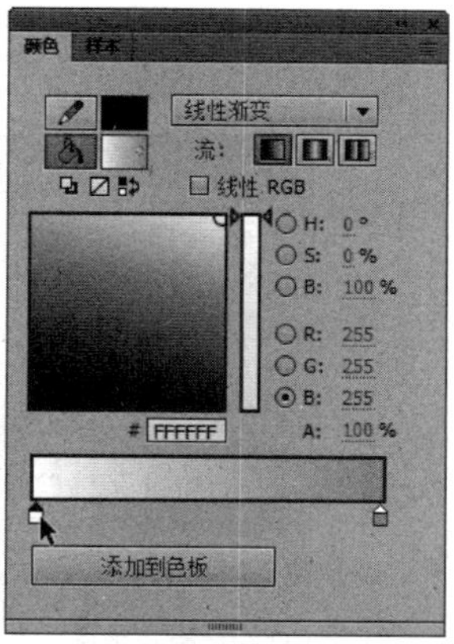

图 3-69　设置第一个颜色指针的颜色

Step 07 若要调整蓝色的范围，可以将第二个颜色指针向左拖动，如图 3-70 所示。

Step 08 若要增加颜色指针，可以在当前颜色样本下单击，如图 3-71 所示。

Step 09 若要删除颜色指针，只需将其选中后向下拖动，如图 3-72 所示。

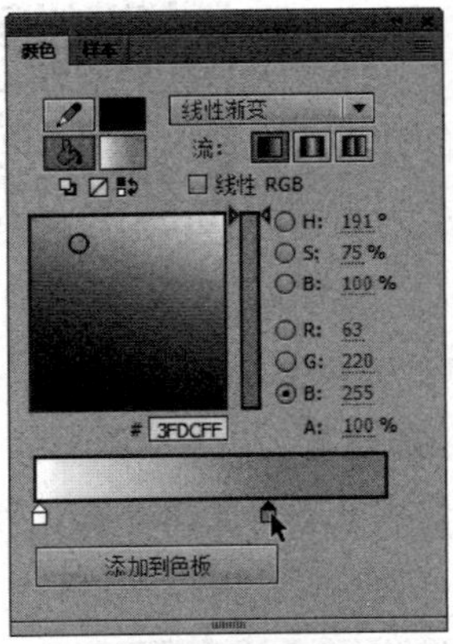

图 3-70　调整颜色范围

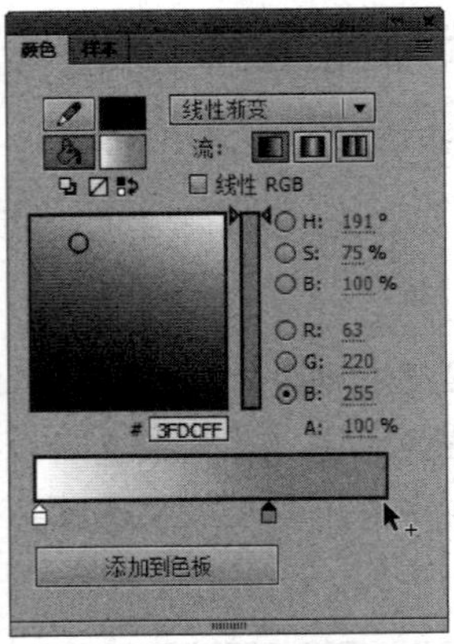

图 3-71　增加颜色指针

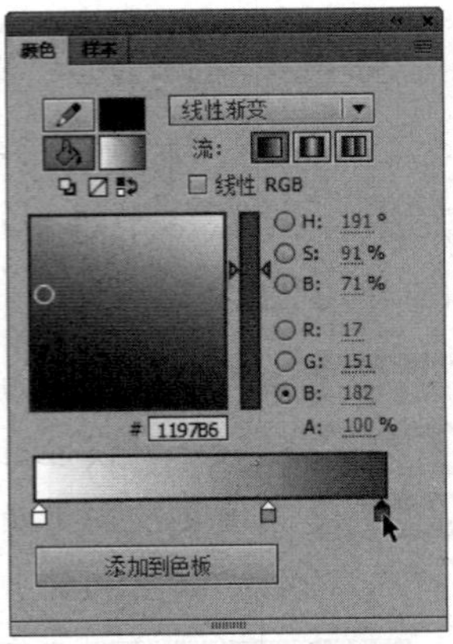

图 3-72　删除颜色指针

Step 10 创建一个矩形，然后使用颜料桶工具在矩形内从下向上拖动填充渐变，即可填充一种类似天空的渐变效果，如图 3-73 所示。

图 3-73　填充渐变效果

3.3.4　将颜色添加为样本

用户可以将设置好的颜色作为样本颜色存储到调色板中，例如，将上一节设置的渐变色存储为样本。具体操作方法如下。

Step 01 单击“颜色”面板右上方的按钮，在弹出的面板菜单中选择“添加样本”命令，如图 3-74 所示。

Step 02 打开“样本”面板，即可看到添加的样本颜色，如图 3-75 所示。通过“样本”面板可以更改调色板，因此，“工具”面板和“属性”面板中的“笔触颜色”和“填充颜色”中均会增加该样本颜色。

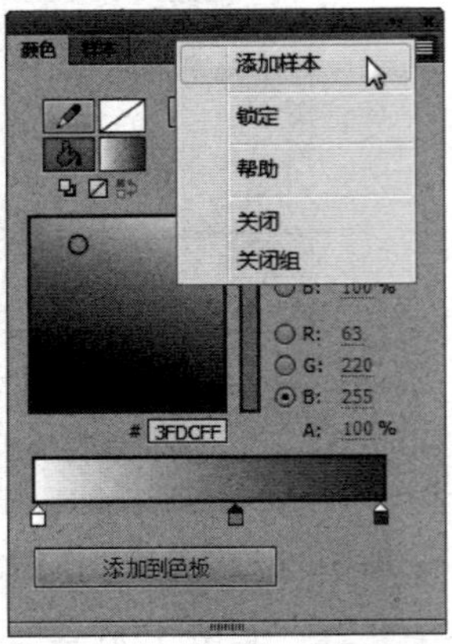

图 3-74　选择“添加样本”命令

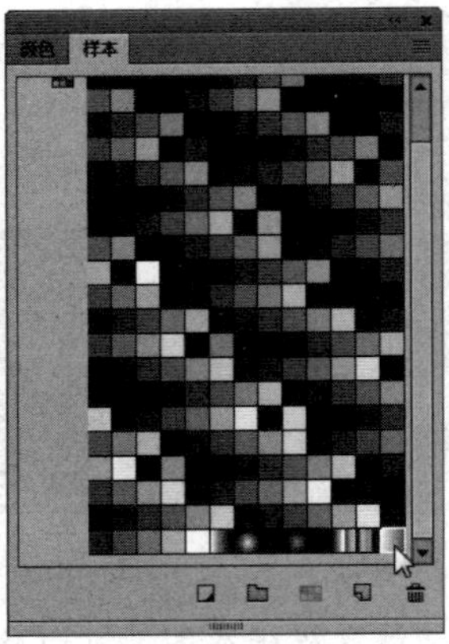

图 3-75　添加样本颜色

课堂解疑

还可通过选择色板中的颜色来创建带标记的色板，并将其应用于 Animate 内容中的形状和路径。更改带标记色板中的颜色，将自动更新正在使用该颜色的所有内容。

3.4 颜色填充工具的使用

在“工具”面板中有两种颜色填充工具，分别为颜料桶工具和墨水瓶工具。下面介绍这两种工具的使用方法。

3.4.1 颜料桶工具

使用颜料桶工具可以对封闭的区域填充颜色，也可对已有的填充区域进行修改。单击“工具”面板中的“颜料桶工具”按钮或按【K】键，即可调用该工具。打开颜料桶工具“属性”面板，其中只有填充颜色可以修改，如图 3-76 所示。

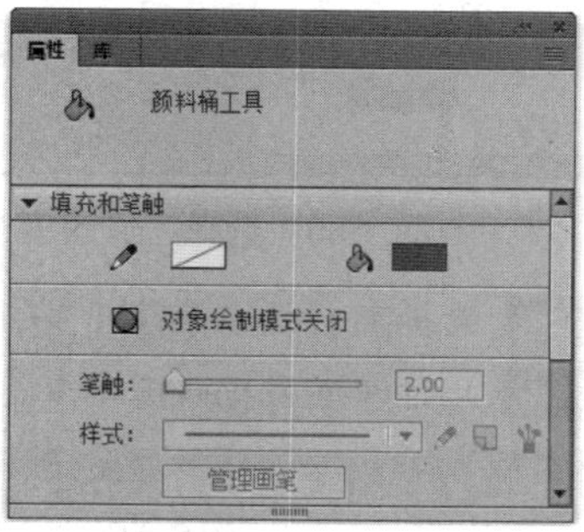

图 3-76 颜料桶工具的“属性”面板

选择颜料桶工具，单击其选项区中的“空隙大小”按钮，选择不同的填充选项，可以设置对封闭区域或带有缝隙的区域进行填充，如图 3-77 所示。

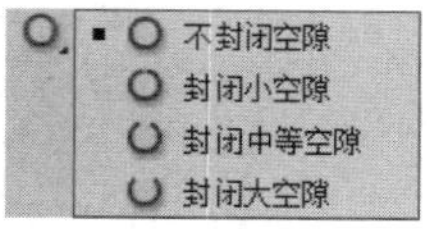

图 3-77 选择填充选项

其中，各选项的含义如下。

➢ **不封闭空隙**：系统默认选项，只能对完全封闭的区域填充颜色。

➢ **封闭小空隙**：选择该选项，可以对有极小空隙的未封闭区域填充颜色。

➢ **封闭中等空隙**：选择该选项，可以对有中等空隙的未封闭区域填充颜色。

➢ **封闭大空隙**：选择该选项，可以对有较大空隙的未封闭区域填充颜色。

下面通过实例介绍颜料桶工具的使用方法，具体操作方法如下。

Step 01 打开“素材文件\第 3 章\蜻蜓.fla”，按【K】键调用颜料桶工具，设置填充颜色为白色，在蜻蜓右侧翅膀的斑点上单击，即可改变其颜色，如图 3-78 所示。

Step 02 在“颜色”面板中设置填充颜色为线性渐变颜色，使用颜料桶工具，在蜻蜓的右侧翅膀上拖动鼠标指针，即可改变翅膀的渐变色，如图 3-79 所示。

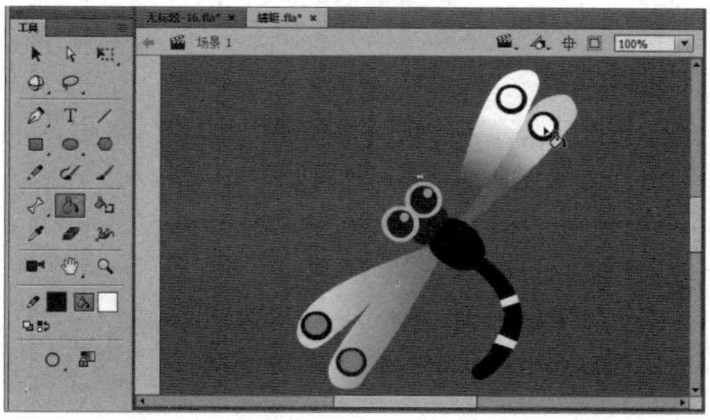

图 3-78 填充纯色

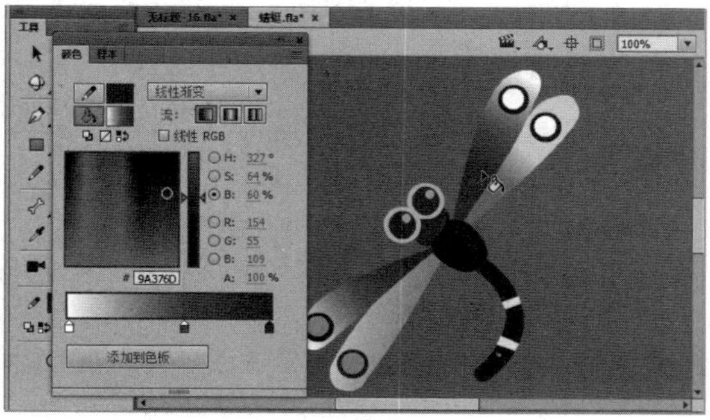

图 3-79 填充渐变色

Step 03 使用颜料桶工具还可设置位图填充，打开“素材文件\第 3 章\花瓶.fla”，在“颜色”面板中选择“位图填充”选项，如图 3-80 所示。

Step 04 弹出“导入到库”对话框，选择要导入的位图图像，然后单击“打开”按钮，如图 3-81 所示。

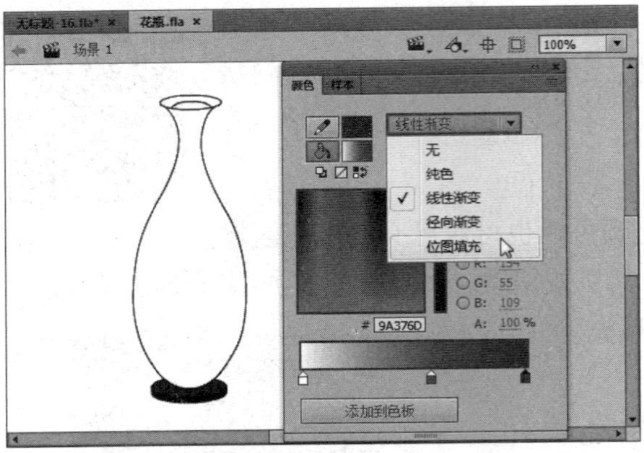

图 3-80 选择“位图填充”选项

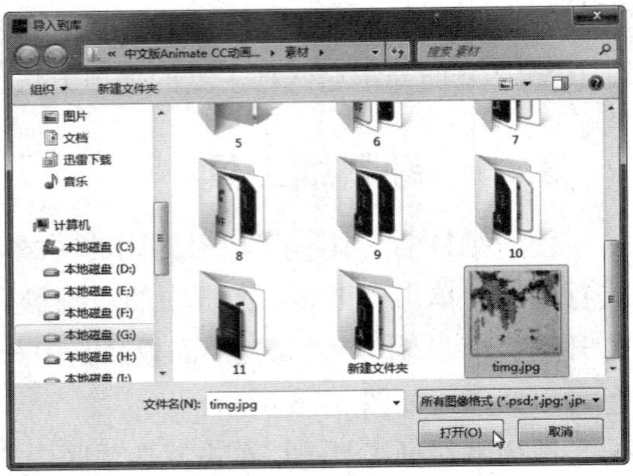

图 3-81 选择位图图像

Step 05 选择颜料桶工具，在花瓶上单击，如图 3-82 所示。

Step 06 此时即可为花瓶填充青花图案，使用渐变变形工具调整位图填充，效果如图 3-83 所示。

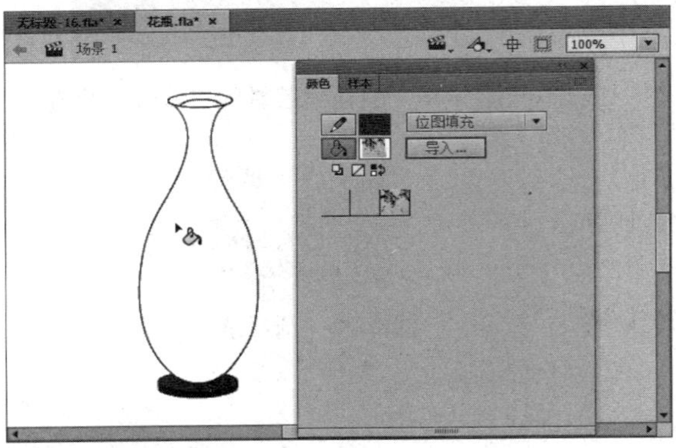

图 3-82 在花瓶上单击

图 3-83 填充位图

3.4.2 墨水瓶工具

墨水瓶工具可用于改变线条的颜色、宽度和类型，还可为只有填充的图形添加边缘线条。单击“工具”面板中的“墨水瓶工具”按钮或按【S】键，即可调用该工具。

使用墨水瓶工具进行颜色填充的具体操作方法如下。

Step 01 打开“素材文件\第 3 章\蜻蜓.fla”，在“工具”面板中选择墨水瓶工具，在“属性”面板中设置笔触颜色及笔触大小，如图 3-84 所示。

图 3-84 设置墨水瓶工具

Step 02 在蜻蜓翅膀上单击，即可为其添加线条，如图 3-85 所示。

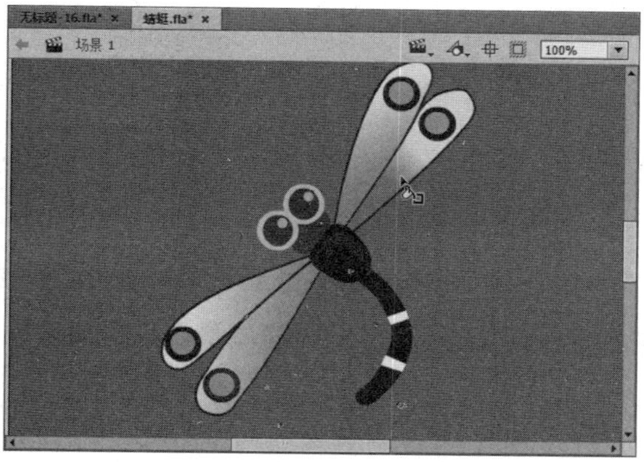

图 3-85　添加线条

3.4.3　滴管工具

使用滴管工具可以吸取线条的笔触颜色、笔触大小及笔触样式等基本属性，并可以将其应用于其他图形的笔触。同样，它也可以吸取填充的颜色或位图等信息，并将其应用于其他图形的填充。该工具没有与其对应的“属性”面板和选项区。单击“工具”面板中的“滴管工具”按钮或按【I】键，即可调用该工具。

使用滴管工具吸取笔触属性和填充属性的具体操作方法如下。

Step 01 打开“素材文件\第 3 章\椅子.fla”，按【I】键调用滴管工具，将鼠标指针移至线条上，当鼠标指针变为样式时单击，即可吸取笔触的属性，如图 3-86 所示。

Step 02 此时鼠标指针变成墨水瓶样式，在目标图形上单击，即可应用笔触的属性，如图 3-87 所示。

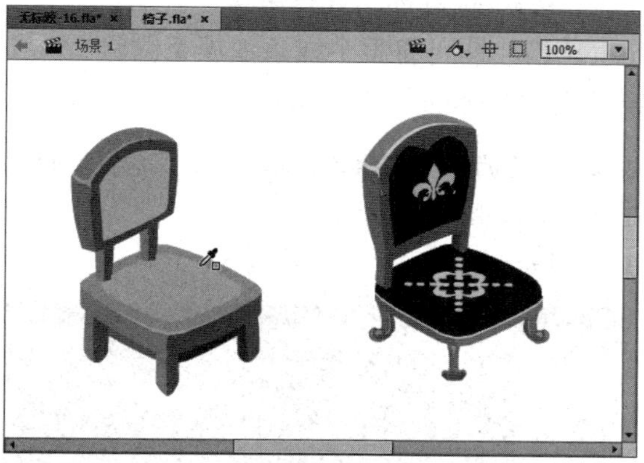

图 3-86　吸取笔触的属性

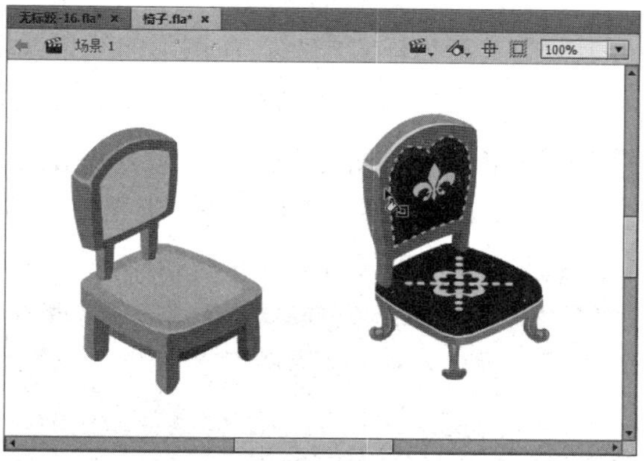

图 3-87　应用笔触的属性

Step 03 选择滴管工具，将鼠标指针移至图形的填充区域，当鼠标指针变为样式时单击，即可吸取填充的属性，如图 3-88 所示。

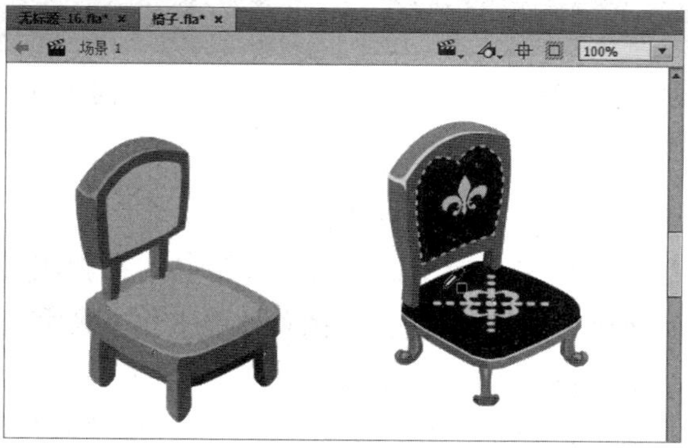

图 3-88　吸取填充的属性

Step 04 此时鼠标指针变为样式，将其移至要应用填充的区域后单击，即可应用填充属性，如图 3-89 所示。

图 3-89　应用填充的属性

3.4.4　橡皮擦工具

橡皮擦工具就像现实生活中的橡皮擦一样，用于擦除舞台中的矢量图形。单击“工具”面板中的“橡皮擦工具”按钮或按【E】键，即可调用该工具。

1．修改橡皮擦的形状

在橡皮擦工具的选项区中单击“橡皮擦形状”按钮，可以修改橡皮擦的大小和形状。系统预设了圆形和正方形两种形状，且每种形状都有从小到大 5 种尺寸，用户可以根据需要随时进行更改。

2．使用水龙头功能

在橡皮擦工具的选项区中单击“水龙头”按钮，将鼠标指针移至舞台上，当其变为样式时，在图形的线条或填充上单击，即可将整个线条或填充删除。

使用橡皮擦工具的水龙头功能删除线条或填充的具体操作方法如下。

Step 01 打开“素材文件\第 3 章\长颈鹿.fla”，按【E】键调用橡皮擦工具，在“工具”面板的选项区中单击按钮，在图形的阴影上单击，如图 3-90 所示。

Step 02 此时即可将图形的阴影删除，效果如图 3-91 所示。

图 3-90　在阴影上单击

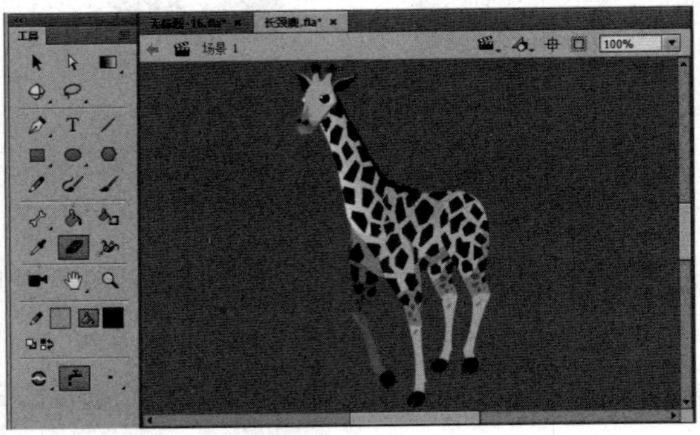

图 3-91　删除阴影

3．橡皮擦模式

单击橡皮擦工具选项区中的“橡皮擦模式”按钮，在弹出的下拉列表中包含 5 种橡皮擦模式，分别为“标准擦除”“擦除填色”“擦除线条”“擦除所选填充”“内部擦除”。选择不同的模式擦除图形，就会得到不同的效果。

➢ **标准擦除**：该模式为默认模式，选择该模式后，可以擦除橡皮擦经过的所有矢量图形，如图 3-92 所示。

➢ **擦除填色**：选择该模式后，只擦除图形中的填充部分而保留线条，如图 3-93 所示。

➢ **擦除线条**：该模式与“擦除填色”模式的效果正好相反，只保留填充而擦除线条，如图 3-94 所示。

图 3-92　“标准擦除”模式

图 3-93　“擦除填色”模式

图 3-94　“擦除线条”模式

➢ **擦除所选填充**：选择该模式后，只擦除选区内的填充部分，如图 3-95 所示。

➢ **内部擦除**：选择该模式后，只擦除橡皮擦落点所在的填充部分，如图 3-96 所示。

图 3-95　“擦除所选填充”模式

图 3-96　“内部擦除”模式

3.4.5　宽度工具

通过调整宽度工具的笔触宽度，可以轻松地将简单的笔画转变为丰富的图案。例如，首先使用线条工具绘制一条直线，然后按【U】键或在“工具”面板中单击“宽度工具”按钮，此时鼠标指针变为样式，将鼠标指针移至直线上，就会在直线上显示锚点，鼠标指针变为样式，拖动锚点即可拉宽线条，如图 3-97 所示。在调整过程中按住【Alt】键，可以控制单侧的控制手柄。

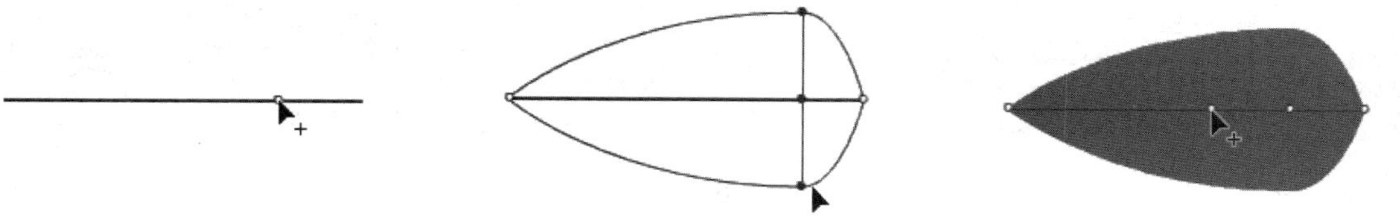

图 3-97　使用“宽度工具”调整图形

课堂解疑

在 Animate CC 中，可使用艺术画笔工具绘制艺术图案，然后使用宽度工具调整宽度点。

3.5 矢量图形的修改

在 Animate CC 中可以对矢量图形进行修改，如优化线条、将线条转换为填充、扩展填充、柔化填充边缘、合并对象及组合图形等。

3.5.1 优化线条

通过优化线条可以减少线条中的曲线。具体操作方法如下。

Step 01 使用铅笔工具在舞台中绘制线条，如图 3-98 所示。

Step 02 使用选择工具选择线条，选择“修改”|“形状”|“优化”命令，如图 3-99 所示。

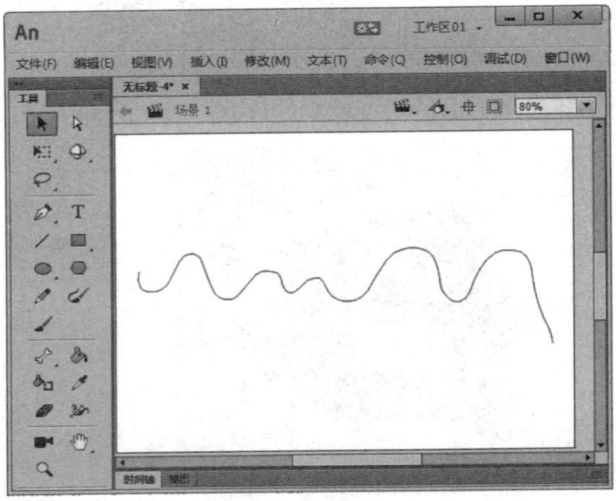

图 3-98 绘制线条

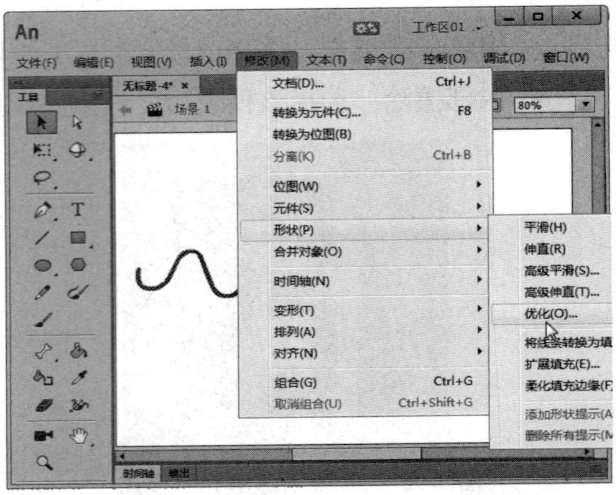

图 3-99 选择“优化”命令

Step 03 在弹出的“优化曲线”对话框中设置“优化强度”为 100，如图 3-100 所示，然后单击“确定”按钮。

Step 04 弹出提示信息框，显示优化后的数据信息，如图 3-101 所示，单击“确定”按钮。

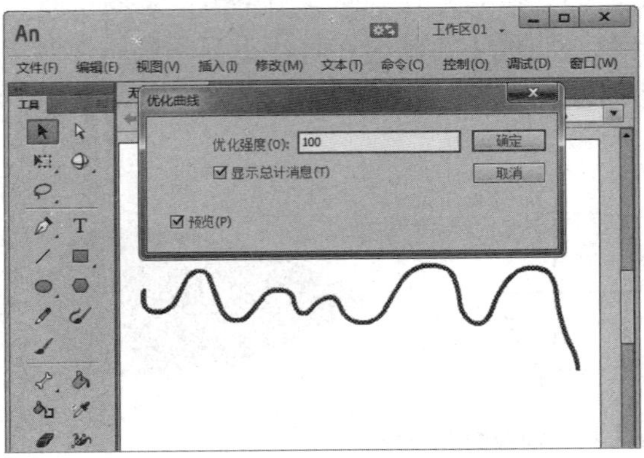

图 3-100 设置优化曲线

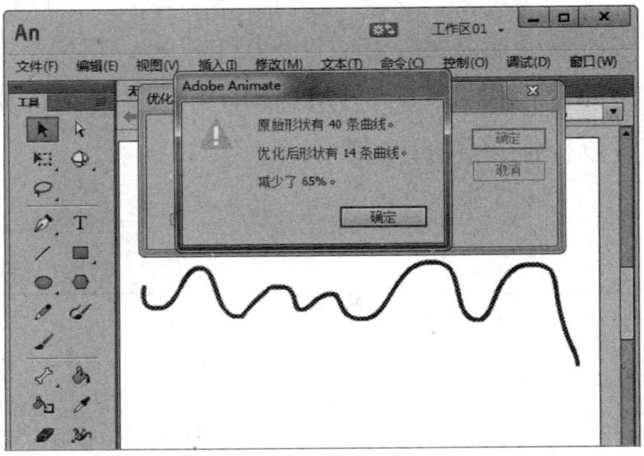

图 3-101 优化完成

3.5.2 将线条转换为填充

用户可以根据需要将线条转换为填充，这样就有了填充的属性。具体操作方法如下。

Step 01 选择线条，选择“修改”|“形状”|“将线条转换为填充”命令，如图 3-102 所示。

Step 02 此时即可将线条转换为填充。使用选择工具调整线条，可以看到线条向外扩展为填充，在“属性”面板中也可以看到形状只有填充，没有笔触，如图 3-103 所示。

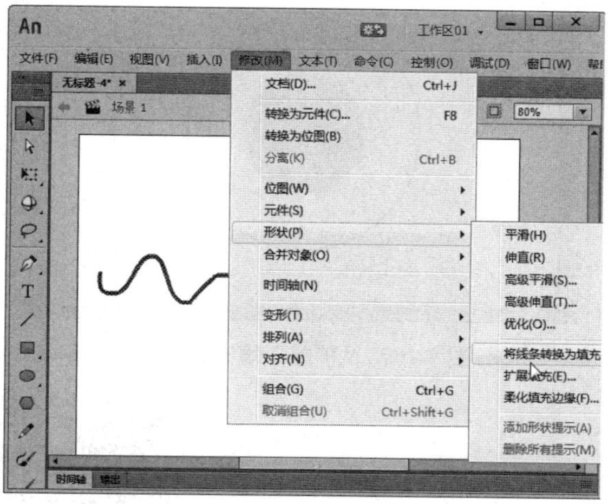

图 3-102　选择“将线条转换为填充”命令

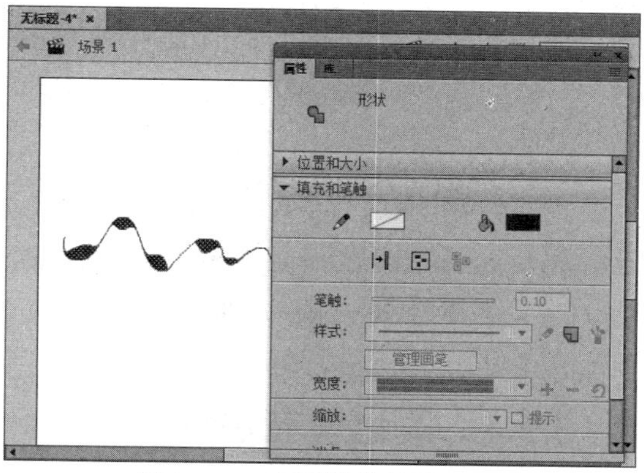

图 3-103　查看转换效果

3.5.3　扩展填充

使用“扩展填充”功能可以扩展或减小形状的填充。具体操作方法如下。

Step 01 在舞台上绘制图形，外面是一个只有线条的圆形，里面是一个包含线条和填充的圆形。选择内部圆形的填充部分，然后选择“修改”|“形状”|“扩展填充”命令，如图 3-104 所示。

Step 02 弹出“扩展填充”对话框，设置“距离”为 20 像素，单击“插入”单选按钮，如图 3-105 所示，然后单击“确定”按钮。

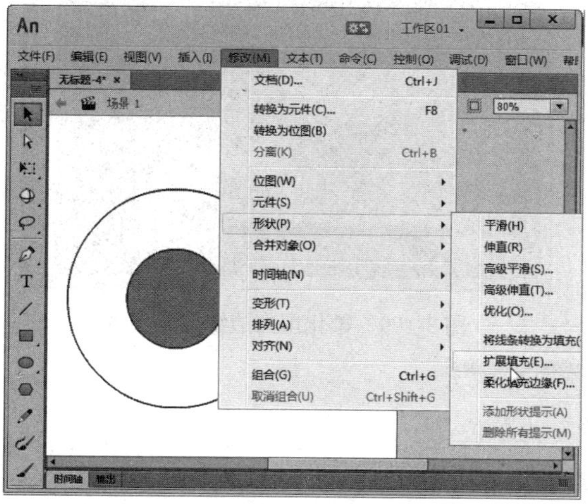

图 3-104　选择“扩展填充”命令

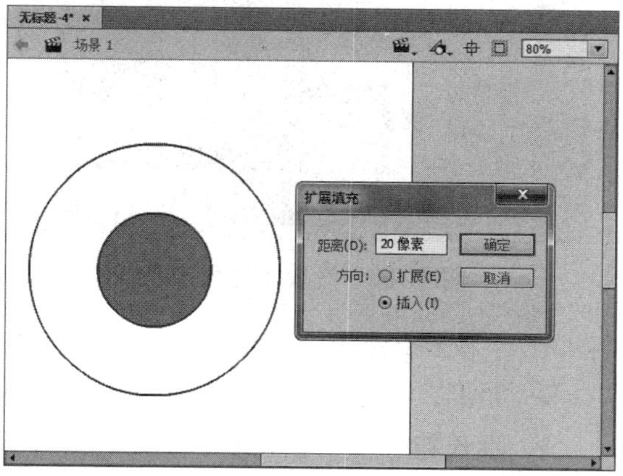

图 3-105　设置扩展填充

Step 03 此时即可查看经过“插入”填充后的图形效果，如图 3-106 所示。

Step 04 若在“扩展填充”对话框中单击“扩展”单选按钮，则经过“扩展”填充后的效果如图 3-107 所示。

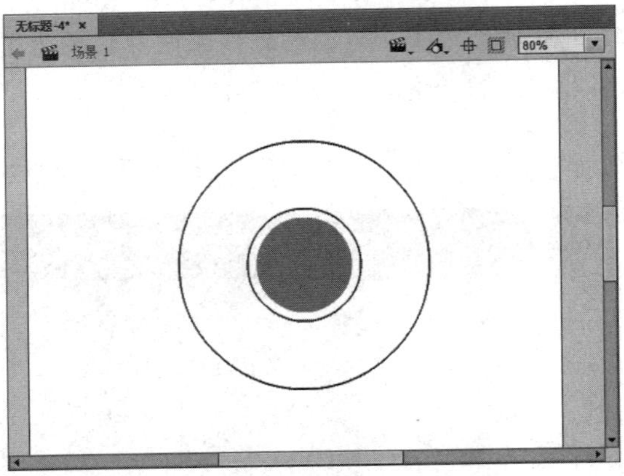

图 3-106 “插入”填充效果

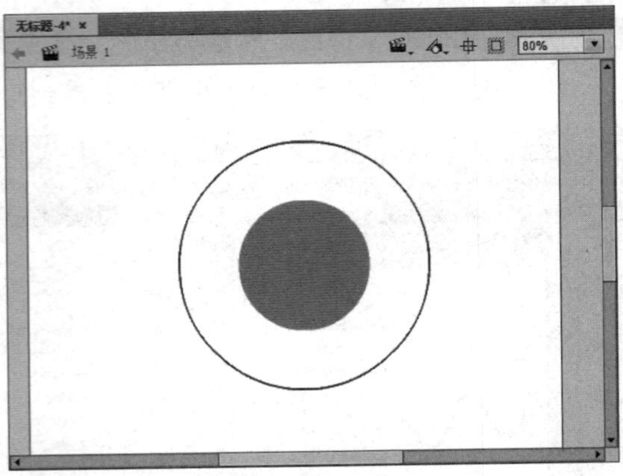

图 3-107 “扩展”填充效果

3.5.4 柔化填充边缘

利用“柔化填充边缘”功能可以使形状填充得到边缘柔化的效果。下面通过实例来介绍如何制作柔化填充边缘效果，具体操作方法如下。

Step 01 打开“素材文件\第 3 章\月色.fla”，选择白色的圆形，选择“修改”|“形状”|“柔化填充边缘”命令，弹出“柔化填充边缘”对话框，设置“距离”和“步长数”等参数，如图 3-108 所示，然后单击“确定”按钮。

Step 02 此时形状边缘就会得到柔化，效果如图 3-109 所示。

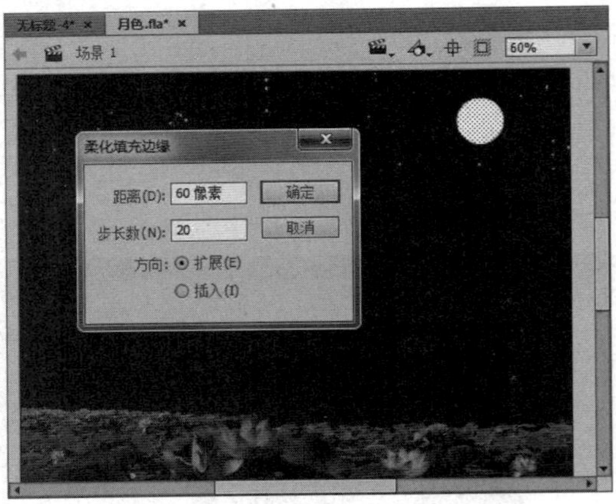

图 3-108 设置柔化填充边缘

图 3-109 柔化填充边缘效果

在“柔化填充边缘”对话框中，各选项的含义如下。

- **距离**：用于设置边缘的宽度，以“像素”为单位。
- **步长数**：用于设置步长值，即柔化部分由几步构成。
- **方向**：用于设置柔化的方向，“扩展”表示向外柔化，“插入”表示向内柔化。

3.5.5　合并对象

利用“合并对象”功能可以对绘制的对象进行合并操作，从而形成特殊的图形效果。具体操作方法如下。

Step 01 使用椭圆工具在“对象绘制”模式下绘制几个大小不同且填充不同颜色的圆形，然后按【Ctrl+A】组合键全选这些圆形，选择“修改”|“合并对象”|“联合”命令，如图 3-110 所示。

Step 02 此时即可将多个绘制对象合并为单个绘制对象，拖动图形可以看到它们一起移动，如图 3-111 所示。

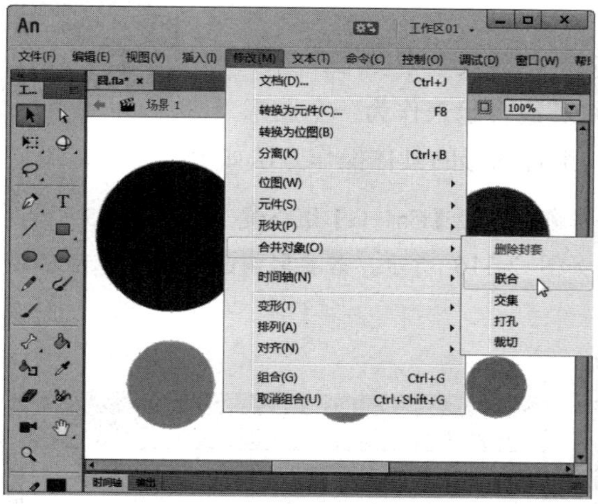

图 3-110　选择“联合”命令

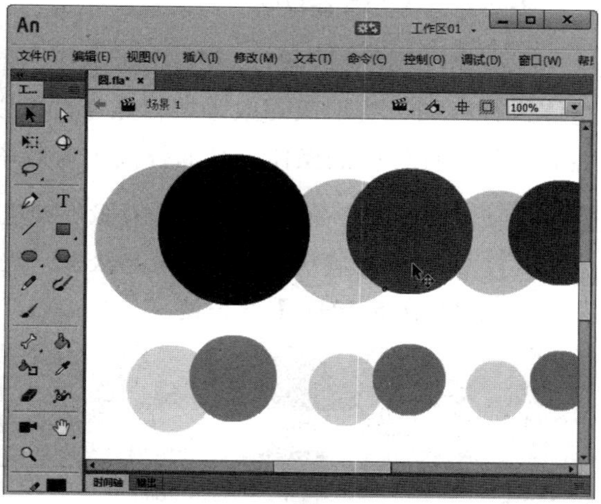

图 3-111　联合对象

若在“合并对象”子菜单中选择“交集”命令，则只保留两个或多个绘制对象相交的部分，并将其合并为单个绘制对象，如图 3-112 所示。

若在“合并对象”子菜单中选择“打孔”命令，将使用位于上层的绘制对象来删除位于下层的绘制对象中的相应部分，并将其合并为单个绘制对象，如图 3-113 所示。

图 3-112　“交集”效果

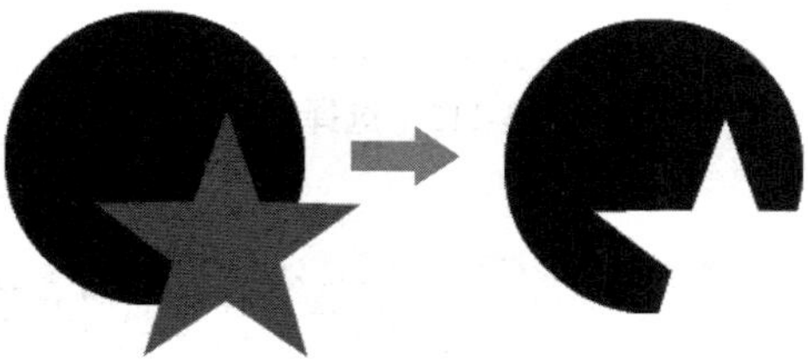

图 3-113　“打孔”效果

若在“合并对象”子菜单中选择“裁切”命令，将只保留位于下层的绘制对象中两个或多个绘制对象重叠区域的相应部分，并将其合并为单个绘制对象，如图 3-114 所示。

图 3-114 “裁切”效果

3.5.6 组合图形

在编辑图形的过程中，若要将组成图形的多个部分或多个图形作为一个整体执行移动、变形或缩放等编辑操作，可以将其组合起来作为一个图形，然后对其执行相应的操作，从而提高工作效率。组合图形的具体操作方法如下。

Step 01 选择要组合的图形，选择“修改”|“组合”命令或按【Ctrl+G】组合键，如图 3-115 所示。

Step 02 此时即可将所选的图形进行组合，效果如图 3-116 所示。若要取消组合图形，可以按【Ctrl+Shift+G】组合键。

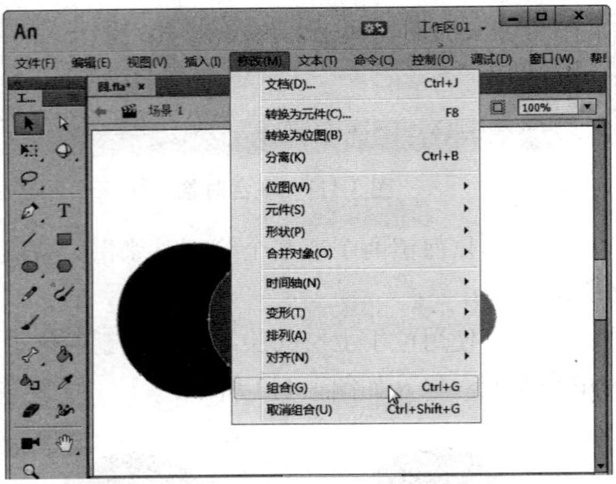

图 3-115 选择“组合”命令

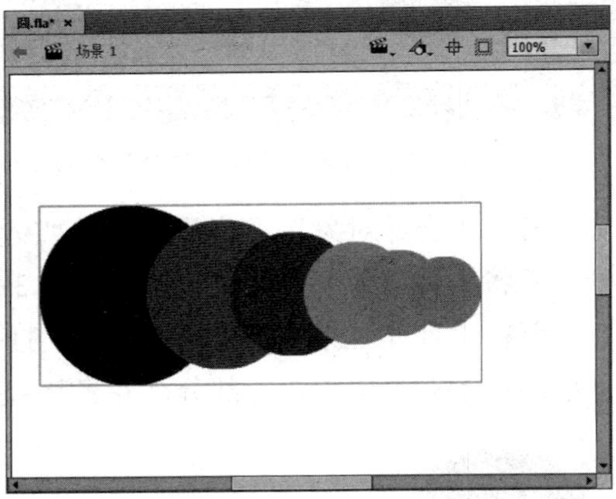

图 3-116 组合图形

本章小结

通过对本章的学习，读者应该掌握以下知识。

（1）对笔触样式进行设置，以满足图形的绘制要求。

（2）绘制图形后，使用“属性”面板调整其大小和位置，以及将多个图形组合成所需的形状。

（3）使用画笔工具绘制形态各异的矢量图形。

（4）使用钢笔工具绘制任意形状的曲线，使用钢笔工具组的交互用法以提高绘制效率。

（5）使用“颜色”面板调色后，将其保存为样本颜色。

（6）使用滴管工具吸取色彩、笔触样式、笔触大小等属性。

（7）使用橡皮擦工具以多种模式擦除线条和填充。

（8）对图形的填充进行扩展/收缩或柔化边缘操作。

（9）将多个图形对象组合起来进行整体操作。

课后习题

一、选择题

1．线条的笔触样式不包括哪种类型？（　）

A．虚线　　B．点状线　　C．斑马线　　D．波浪线

2．在使用钢笔绘图时，按（　）键可以精确显示钢笔指针的位置。

A．【Caps Lock】　　B．【Scroll Lock】　　C．【Alt】　　D．【Alt+Shift】

3．在使用钢笔工具时，要临时将其转换为转换锚点工具，需要按（　）键。

A．【Alt】　　B．【Ctrl】　　C．【Ctrl+Alt】　　D．【Ctrl+Shift】

二、填空题

1．在使用椭圆工具绘制圆形时，按________键可以单击处为圆心绘制正圆。

2．画笔工具包括 5 种绘制模式，分别为________、________、________、________和________。

3．钢笔锚点包括 3 种类型，分别为________、________和________。

4．使用________工具可以调整形状的笔触。

三、实操题

1．使用绘图工具并结合图形修改工具绘制如图 3-117 所示的矢量图形。

2．使用“颜色”面板设置彩虹的渐变颜色，然后绘制彩虹图形，效果如图 3-118 所示。

图 3-117　绘制矢量图形

图 3-118　绘制彩虹图形

第 4 章
创建与编辑文本

【学习目标】

- 了解 3 种文本类型的特点。
- 掌握设置文本属性的方法。
- 掌握在 SWF 文件中嵌入字体的方法。
- 学会使用文本工具和绘图工具制作特殊的文本效果。

文本是制作动画时必不可少的元素，它可以使制作的动画主题更加突出。无论是动画短片、动画广告还是趣味游戏，都离不开文本的应用。在 Animate CC 中，除了可以添加文本外，还可以制作多种文字效果。本章将详细介绍如何在 Animate CC 中创建与编辑文本。

4.1 创建文本

在 Animate CC 中包括 3 种文本类型，即静态文本、动态文本和输入文本。下面详细介绍如何在 Animate CC 文档中创建这 3 种类型的文本。

4.1.1 静态文本

静态文本是最常用的文本类型，它只能通过文本工具T来创建，在某种意义上是一幅图像。静态文本实例无法通过 ActionScript 创建，不具备对象的基本特征，没有自己的属性和方法，无法命名，所以也无法通过编程制作动画。

1. 创建静态文本

在 Animate CC 中创建静态文本的具体操作方法如下。

Step 01 在“工具”面板中单击“文本工具”按钮T或按【T】键，调用该工具。打开“属性”面板，在“文本类型”下拉列表中选择“静态文本”选项，如图 4-1 所示。

Step 02 在舞台中单击，出现一个文本框，文本框的右上角显示一个小空心圆（该文本框为可伸缩文本框），如图 4-2 所示。

Step 03 在文本框中输入所需的文字，然后单击舞台中的其他位置，即可完成输入操作，如图 4-3 所示。

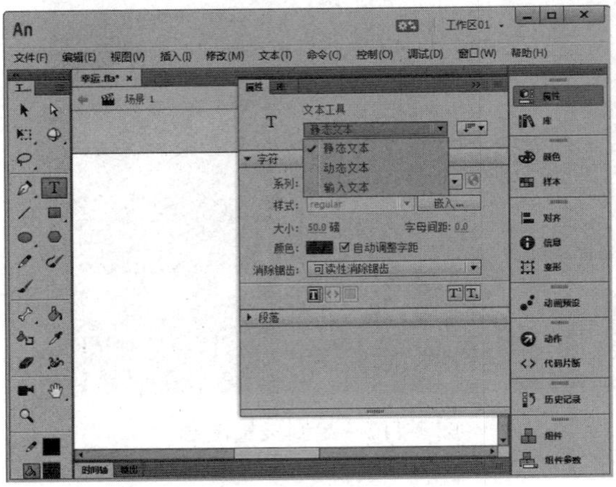

图 4-1 选择“静态文本”类型

图 4-2　显示可伸缩文本框

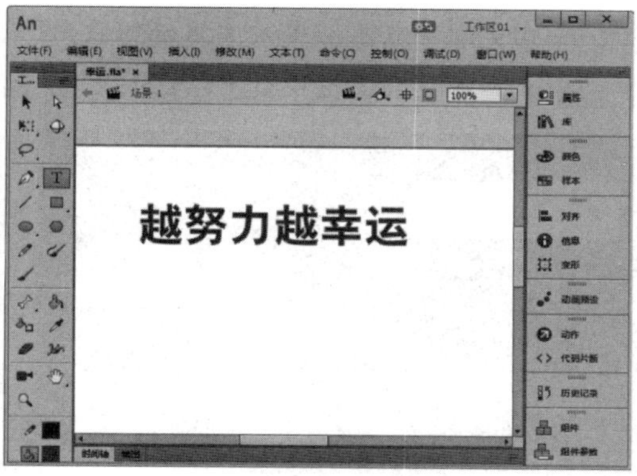

图 4-3　输入文字

Step 04 调用文本工具后，拖动鼠标指针可以绘制一个单行的文本框，文本框的右上角显示一个空心的方块（该文本框为固定文本框，不能进行自动伸缩），因此，当文字宽度超过该文本框时将自动换行，如图 4-4 所示。双击方块控制点，可以将固定文本框转换为可伸缩文本框；同样，通过调整可伸缩文本框的宽度，可以将其转换为固定文本框。

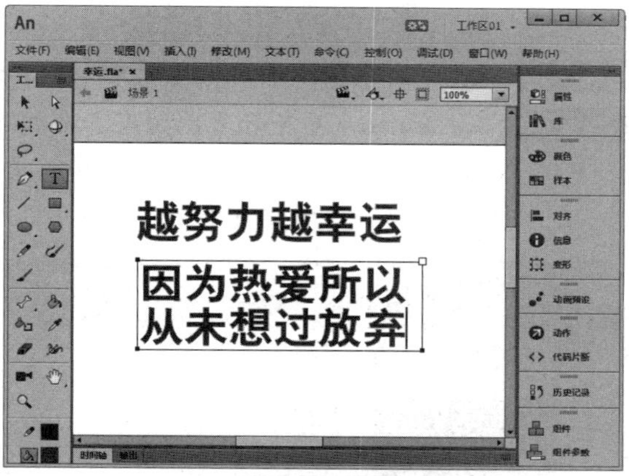

图 4-4　绘制固定文本框

2．设置静态文本的字体格式

为了使文字更加美观，创建文本后可以在“属性”面板中对文本字符和段落的属性进行格式设置。具体操作方法如下。

Step 01 打开“素材文件\第 4 章\幸运.fla”，在“时间轴”面板中单击“新建图层”按钮，创建新图层，使用文本工具在新图层中输入所需文本，在“属性”面板中设置字体、字号及字间距，如图 4-5 所示。要输入竖排文本，可以在“属性”面板中单击“改变文本方向”按钮，在弹出的下拉列表中选择“垂直”选项。

Step 02 单击“消除锯齿”右侧的下拉按钮，在弹出的下拉列表中选择“可读性消除锯齿”选项，如图 4-6 所示。

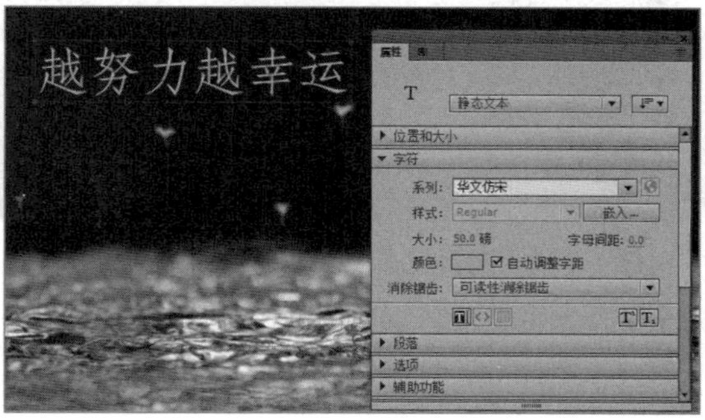

图 4-5　设置文本格式

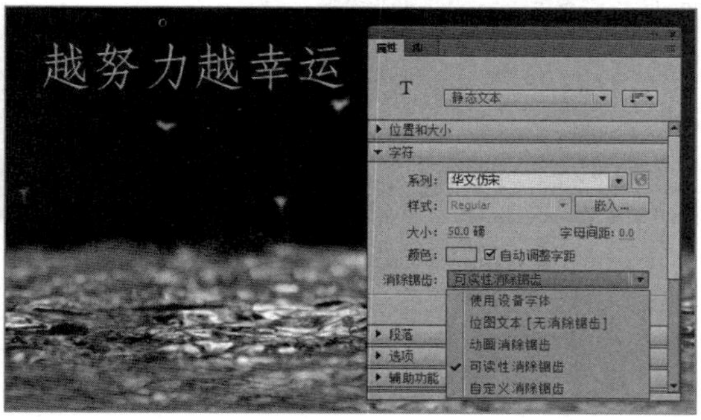

图 4-6　设置消除锯齿

Step 03 在文本中双击，进入文本编辑状态，选择“幸运”二字，如图 4-7 所示。

Step 04 在“属性”面板中设置所选文本的字体、颜色等参数，如图 4-8 所示。

图 4-7　选择部分文本

图 4-8　设置文本格式

Step 05 选择“文本”|“样式”|“仿粗体”命令，设置所选文本为粗体，如图 4-9 所示。

Step 06 在 Animate CC 中还可以为文本添加多种滤镜效果。打开“属性”面板，在“滤镜”选项组中单击“添加滤镜”按钮，在弹出的下拉列表中选择所需滤镜，在此选择“投影”滤镜，如图 4-10 所示。

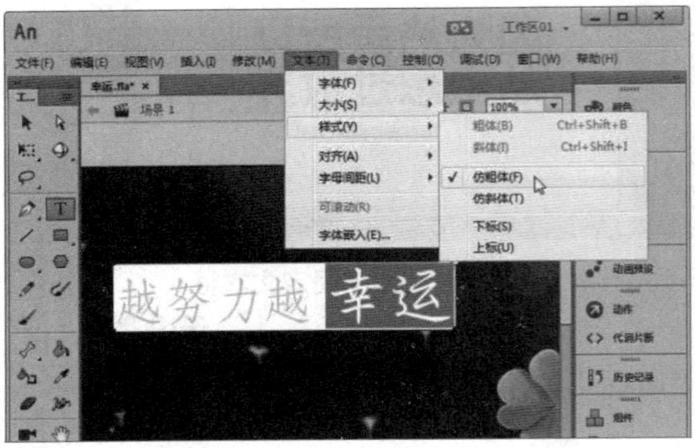

图 4-9　设置文本为粗体

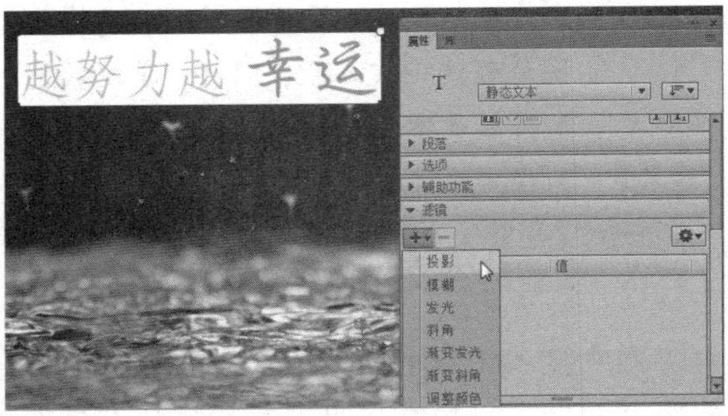

图 4-10　选择“投影”滤镜

Step 07 根据需要设置“投影”滤镜的各项参数，如图 4-11 所示。

Step 08 按【Ctrl+Enter】组合键测试动画，查看静态文本的最终效果，如图 4-12 所示。

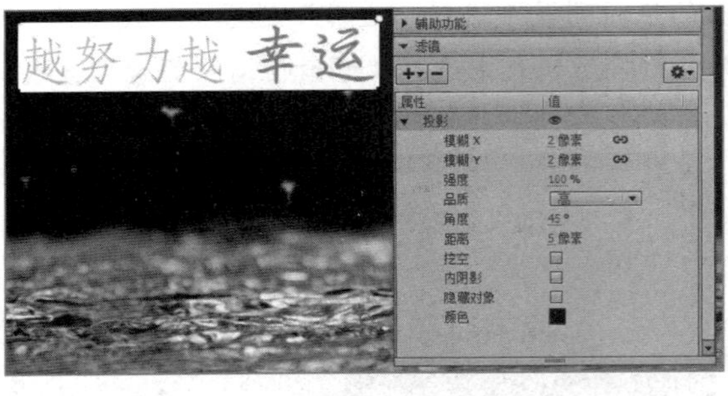

图 4-11　设置“投影”滤镜的参数

图 4-12　测试动画

4.1.2　动态文本

使用动态文本可以显示动态更新的文本，如股票报价或天气预报。动态文本包含外部源

（如文本文件、XML 文件及远程 Web 服务）加载的内容。它的功能很强大，但并不完美，只允许动态显示，不允许动态输入。

1．创建动态文本

在创建动态文本时，可以创建定宽和定高的文本字段，文本字段的右下角会出现一个方形手柄，用于调整文本字段的宽度，如图 4-13 所示。此外，还可创建动态可滚动文本，在按住【Shift】键的同时双击方形手柄，此时方形手柄由空心方块变为实心黑方块，如图 4-14 所示；还可通过右击文本，在弹出的快捷菜单中选择“可滚动”命令来创建可滚动文本。

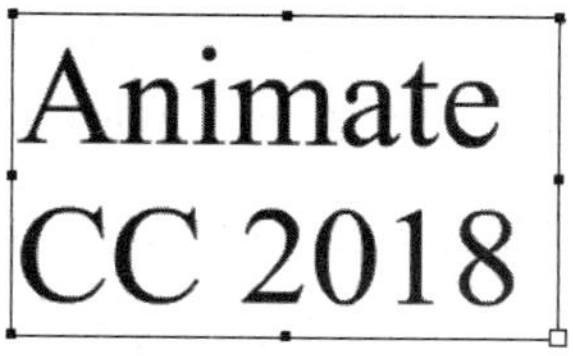

图 4-13 动态文本

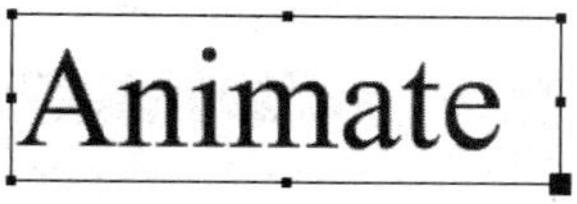

图 4-14 动态可滚动文本

2．应用动态文本

下面介绍如何在 Animate CC 文档中应用动态文本。具体操作方法如下。

Step 01 按【T】键调用文本工具T，在“属性”面板中选择“动态文本”选项，如图 4-15 所示。

Step 02 在舞台中拖动鼠标指针创建文本框，然后选择该文本框，在“属性”面板的“实例名称”文本框中输入名称“w1”，并设置字符属性，如图 4-16 所示。

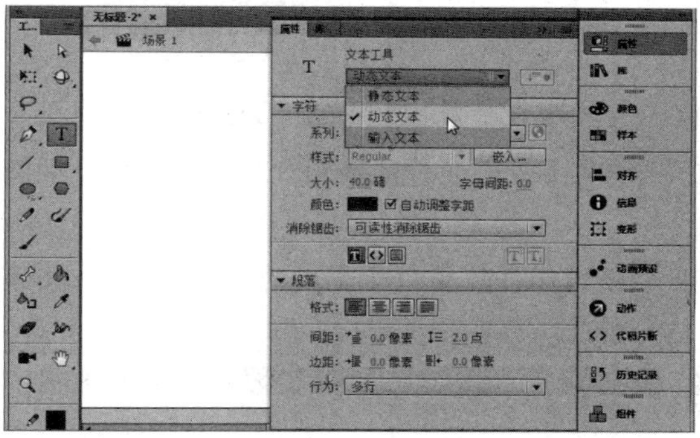

图 4-15 选择“动态文本”选项

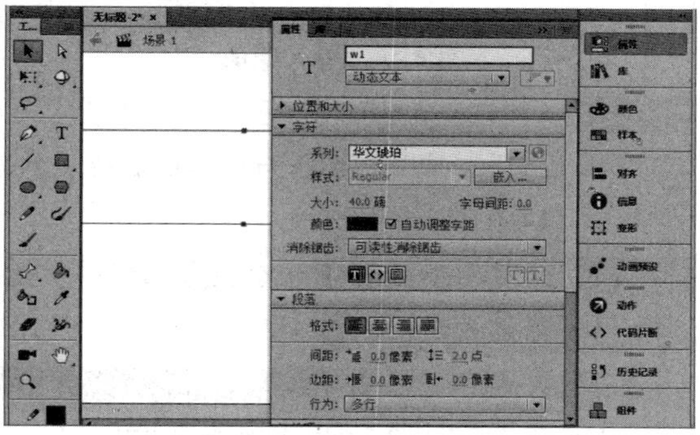

图 4-16 设置实例名称

Step 03 按【F9】键打开“动作”面板，输入代码“w1.text="Adobe Animate CC 动画制作";”，如图 4-17 所示。

Step 04 按【Ctrl+Enter】组合键测试动画，效果如图 4-18 所示。

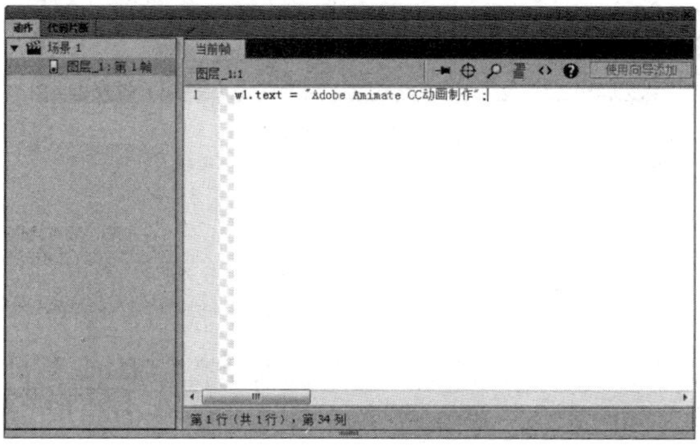

图 4-17 输入代码

图 4-18 测试动画

4.1.3 输入文本

输入文本用于在 Animate 动画中接收用户输入的数据，如表单或密码输入区域。下面介绍如何在舞台中添加输入文本，具体操作方法如下。

Step 01 新建“输入文本.fla”文档，按【Ctrl+R】组合键打开“导入”对话框，选择图像文件“信纸.jpg”，如图 4-19 所示，然后单击“打开”按钮，将图像导入到舞台中。

Step 02 按【Ctrl+J】组合键打开“文档设置”对话框，单击“匹配内容”按钮，如图 4-20 所示，然后单击“确定”按钮，使舞台与图像的大小相同。

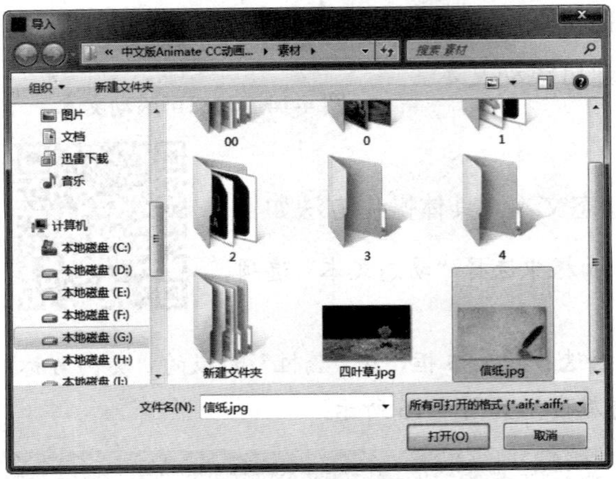

图 4-19 导入图像

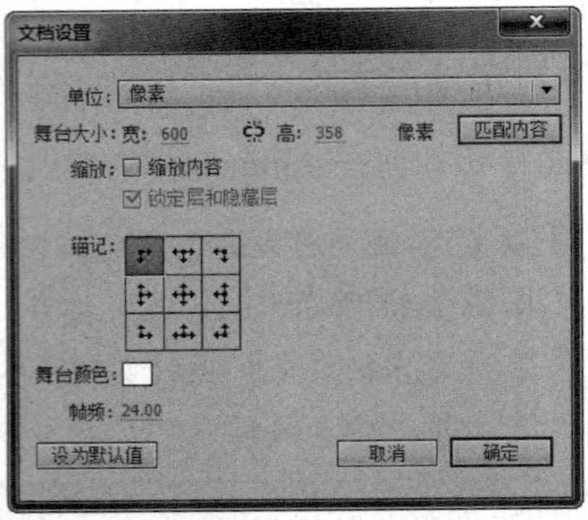

图 4-20 “文档设置”对话框

Step 03 输入静态文本“至吾友：”并设置文本格式，然后在“属性”面板中选择“输入文本”选项，并设置字符与段落的属性，然后在舞台中拖动鼠标指针绘制一个文本区域，如图 4-21 所示，输入文字。

Step 04 按【Ctrl+Enter】组合键导出动画，然后在文档的保存位置打开生成的 SWF 文件，测试动画效果，如图 4-22 所示。

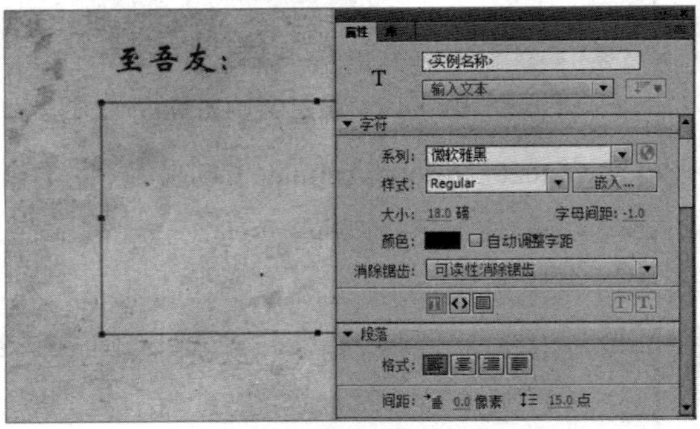

图 4-21 绘制文本区域

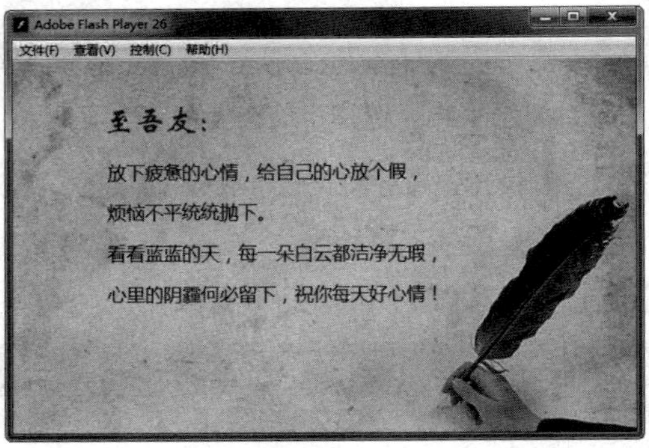

图 4-22 测试动画

4.1.4 设置 SWF 文件嵌入字体

当在其他计算机上通过互联网播放发布的 SWF 文件时，不能保证动画中使用的字体在这些计算机上都可用。要确保 SWF 文件中的文本保持所需外观，可以嵌入全部字体或某种字体的特定字符子集。

1．需要嵌入字体的情况

通常在下列情况下需要通过在 SWF 文件中嵌入字体，以确保正确的文本外观。

（1）在要求文本外观一致的设计过程中，需要在 FLA 文件中创建文本对象时。

（2）在使用消除锯齿选项而非“使用设备字体”时必须嵌入字体，否则文本可能会消失或者不能正确显示。

（3）在 FLA 文件中使用 ActionScript 动态生成文本时。

（4）当使用 ActionScript 创建动态文本时，必须在 ActionScript 中指定要使用的字体。

2．在 SWF 文件中嵌入字体

通过在发布的 SWF 文件中嵌入字体，可以使该字体在 SWF 文件中可用，而无需考虑播放该文件的计算机上是否包含所有的字体。具体操作方法如下。

Step 01 打开“素材文件\第 4 章\幸运.fla”，选择文本，在“属性”面板中可以看到该文本所应用的字体格式，单击“嵌入”按钮，如图 4-23 所示。

Step 02 弹出“字体嵌入”对话框，此时即可将所选文本的字体自动添加到左侧列表中，输入名称，如图 4-24 所示，然后单击“确定”按钮。

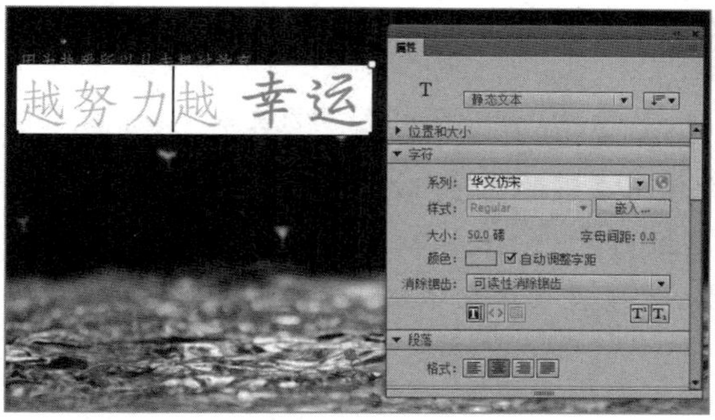

图 4-23　单击“嵌入”按钮

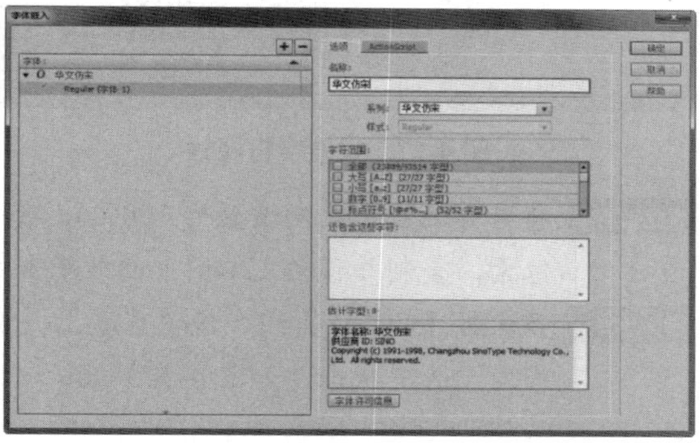

图 4-24　嵌入字体

Step 03 采用同样的方法，继续嵌入其他字体，如图 4-25 所示。也可在右侧的“系列”下拉列表中选择要嵌入的字体格式，然后在左侧单击“添加新字体”按钮+。

Step 04 按【Ctrl+L】组合键打开“库”面板，可以看到所嵌入的字体已经被保存到库中，如图 4-26 所示。

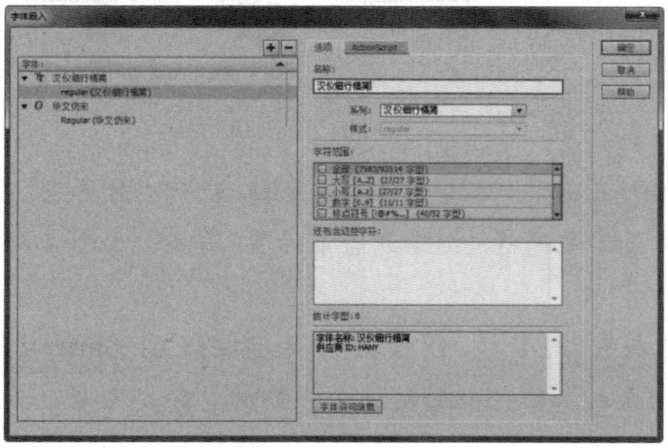

图 4-25　添加嵌入字体

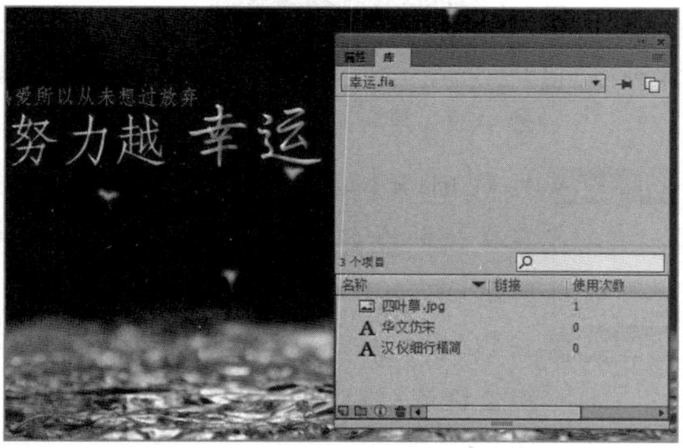

图 4-26　查看字体

4.2 制作特殊文本效果

下面利用文本工具并结合前面学过的知识制作特殊文本效果，如制作立体字、披雪字和金属质感文字。

4.2.1 实例：制作立体字

下面通过复制和层叠文本制作立体字效果，具体操作方法如下。

Step 01 使用文本工具在舞台中输入英文字母，并在“属性”面板中设置字符属性，如图 4-27 所示。

Step 02 连续按两次【Ctrl+B】组合键，将文本分离为形状，如图 4-28 所示。

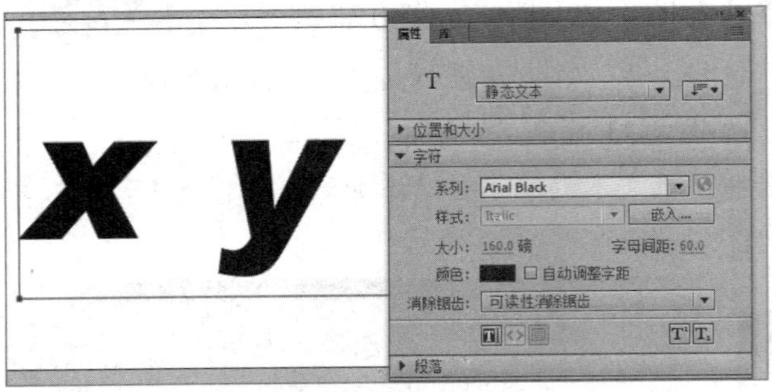

图 4-27 设置字符属性

图 4-28 分离文本

Step 03 将舞台的显示比例设置为 1000%，在按住【Alt】键的同时向左上方拖动文本图形移动 1 像素，复制并移动文本图形的效果如图 4-29 所示。

Step 04 多次按【Ctrl+Y】组合键，重复上一步操作，直至出现立体效果，此时最上方的文本图形处于选中状态，如图 4-30 所示。

图 4-29 复制并移动文本图形

图 4-30 重复执行操作

Step 05 按【Ctrl+X】组合键剪切选择的文本图形，然后单击“新建图层”按钮，创建“图层_2”。在舞台中的空白位置右击，在弹出的快捷菜单中选择“粘贴到当前位置”命令，如图 4-31 所示。

Step 06 按【Ctrl+C】组合键复制“图层_2”中的文本图形，新建“图层_3”，然后按【Ctrl+Shift+V】组合键进行粘贴，单击“图层_1”和“图层_2”右侧的锁定开关按钮，锁定图层，如图 4-32 所示。

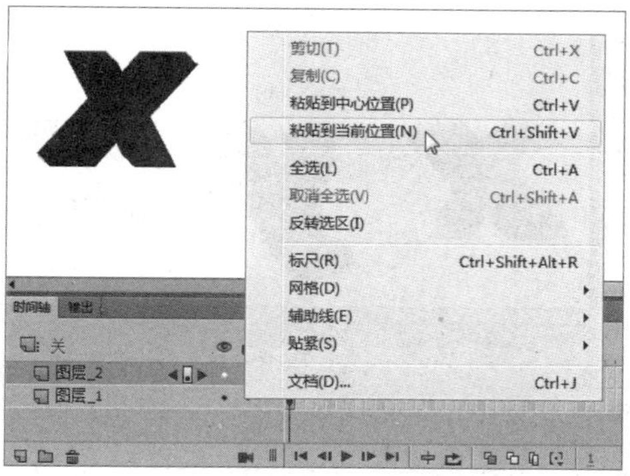

图 4-31　新建图层并在原位置粘贴

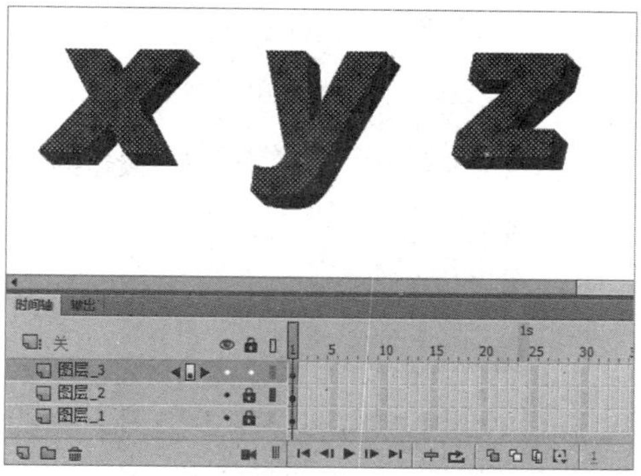

图 4-32　新建图层、粘贴图形及锁定图层

Step 07 打开“颜色”面板，设置线性渐变参数，如图 4-33 所示。

Step 08 在“工具”面板中选择颜料桶工具，然后在“图层_3”中单击第 1 帧选择文本图形，如图 4-34 所示。

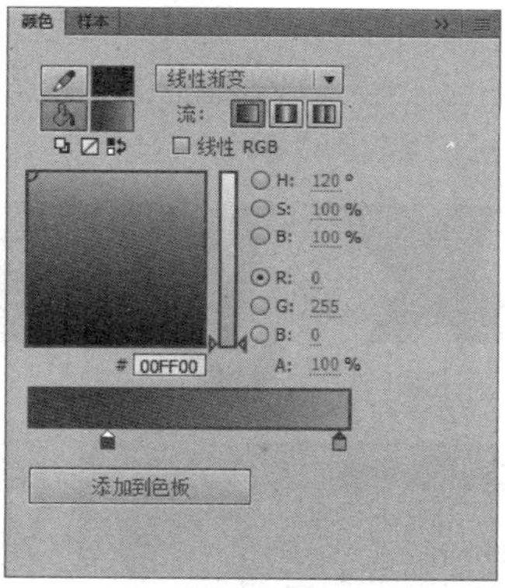

图 4-33　设置线性渐变

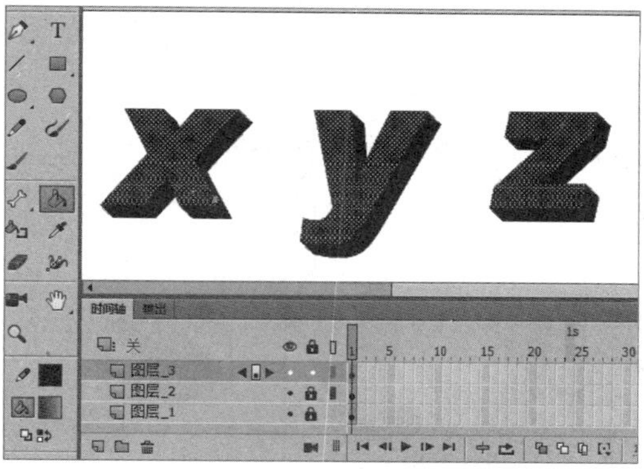

图 4-34　选择文本图形

Step 09 在选择的文本图形上由下向上拖动填充渐变颜色，如图 4-35 所示。

Step 10 按【F】键调用渐变变形工具，在文本图形上单击，然后调整渐变填充，如图 4-36 所示。

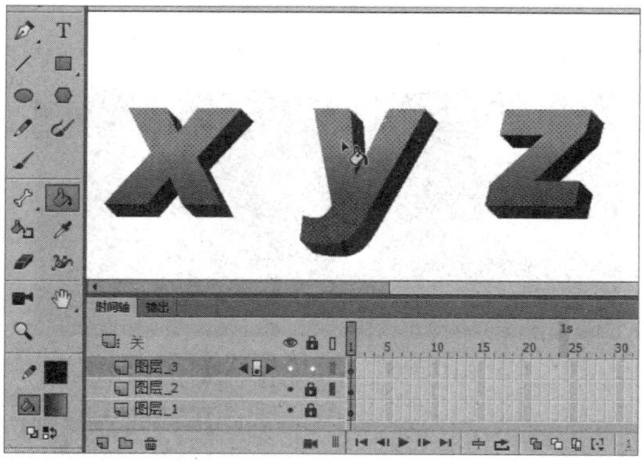

图 4-35　填充渐变颜色

图 4-36　调整渐变填充

Step 11 在“颜色”面板中设置更深一些的渐变颜色，如图 4-37 所示。

Step 12 单击“图层_1”右侧的按钮解锁“图层_1”，然后按【K】键调用颜料桶工具，选择“图层_1”的第 1 帧，选择文本图形，然后在图形上拖动鼠标指针填充渐变颜色，如图 4-38 所示。

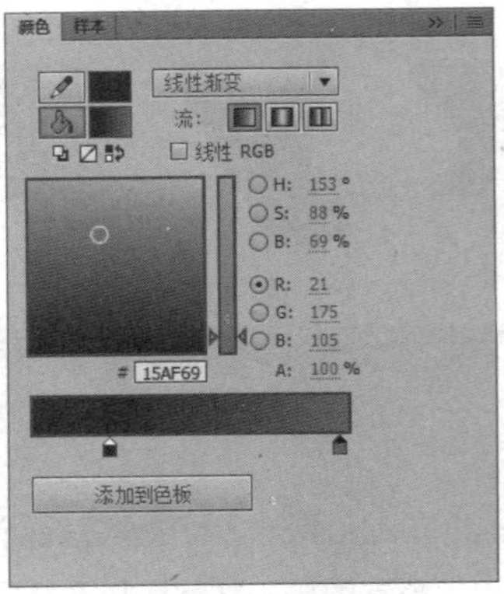

图 4-37　设置渐变颜色

图 4-38　填充渐变颜色

Step 13 按【F】键调用渐变变形工具，在立体文本图形上单击，然后调整渐变填充，如图 4-39 所示。

Step 14 解锁“图层_2”，单击“图层_2”的第 1 帧即可选择其中的图形，使用方向键分别将该图形向上和向左移动 2 像素，如图 4-40 所示。

图 4-39　调整渐变填充

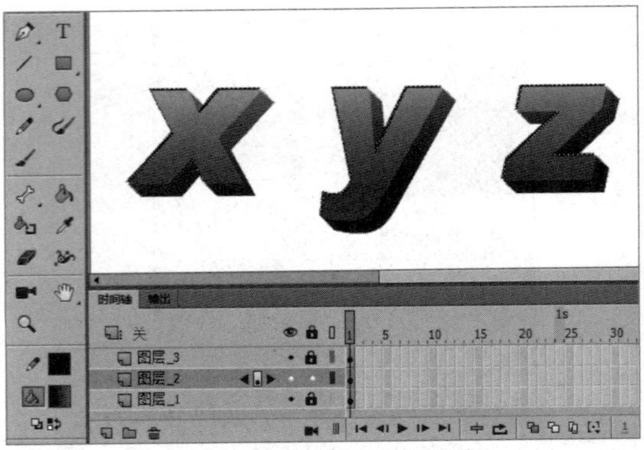

图 4-40　微调图形的位置

Step 15 设置“图层_2”中文本图形的填充颜色为白色，并设置舞台的颜色为深灰色，如图 4-41 所示。

Step 16 使用橡皮擦工具擦除不需要的白边，至此，立体字制作完成，效果如图 4-42 所示。

图 4-41　设置图形的填充颜色为白色

图 4-42　立体字效果

4.2.2　实例：制作披雪字

下面利用绘图工具制作披雪效果的文字，具体操作方法如下。

Step 01 使用文本工具T在舞台中输入文字，并在“属性”面板中设置字符属性，如图 4-43 所示。

Step 02 连续按两次【Ctrl+B】组合键，将文字分离为形状，如图 4-44 所示。

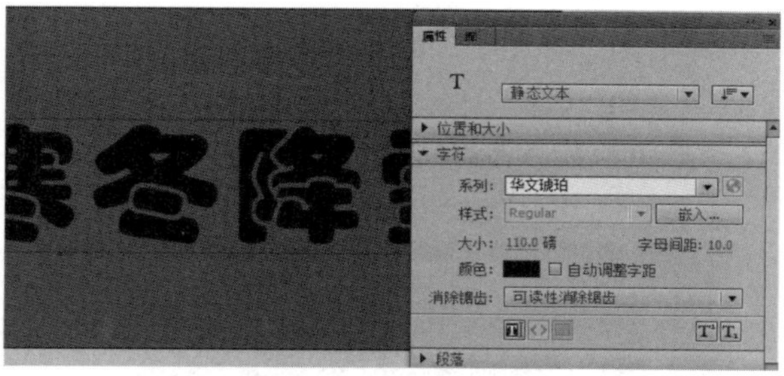

图 4-43 设置字符属性

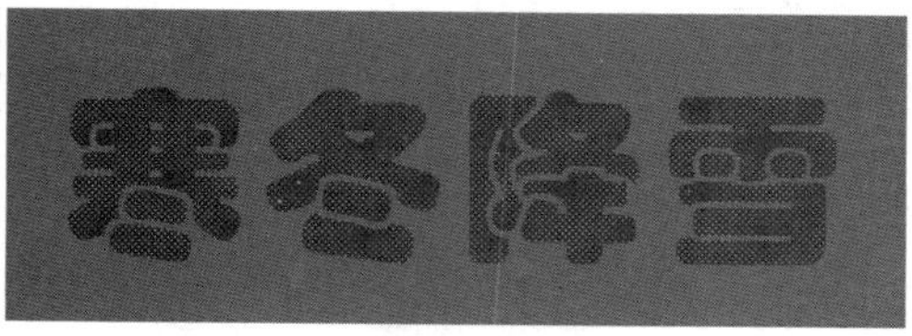

图 4-44 将文字分离为形状

Step 03 使用墨水瓶工具在文字的边缘单击，为其添加线条，如图 4-45 所示。

Step 04 选择橡皮擦工具，在“擦除填色”模式下擦除文字中需要被白雪覆盖的部分，如图 4-46 所示。

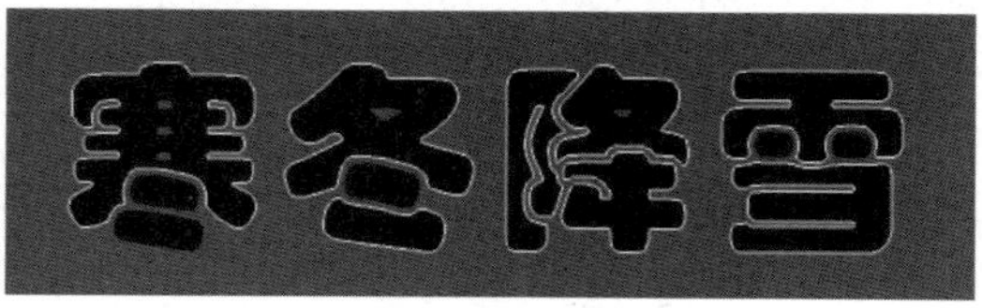

图 4-45 添加线条

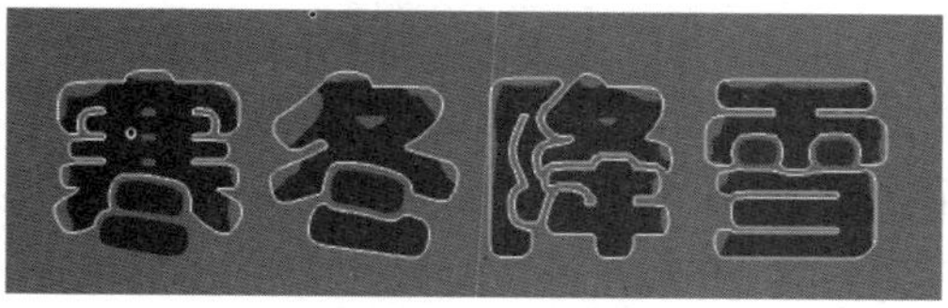

图 4-46 擦除部分填充

Step 05 使用颜料桶工具为文字中空缺的部分填充白色，如图 4-47 所示。

Step 06 选择文字的线条并将其删除，至此，披雪字制作完成，效果如图 4-48 所示。

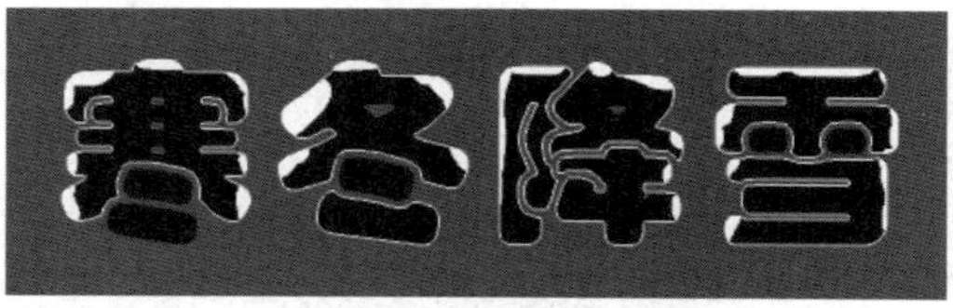

图 4-47 使用颜料桶填充白色

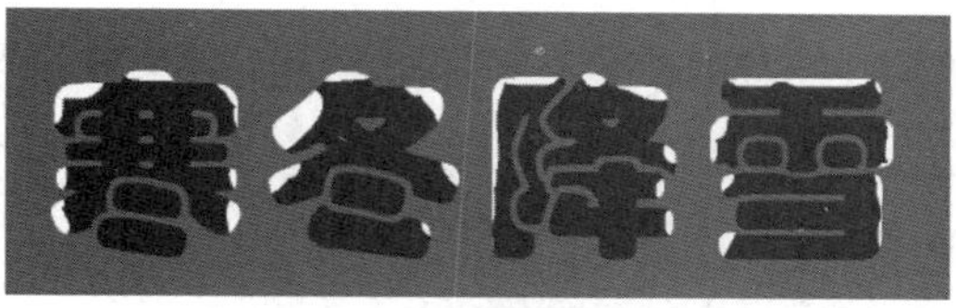

图 4-48 披雪字效果

4.2.3 实例：制作金属质感文字

下面通过为文字应用渐变填充和滤镜，制作具有金属质感的文字效果，具体操作方法如下。

Step 01 新建“金属质感文字.fla”文件，在“属性”面板中设置舞台的大小及颜色，如图 4-49 所示。

Step 02 使用文本工具输入字符“ANIMATE”，在“属性”面板中设置字符属性，如图 4-50 所示。

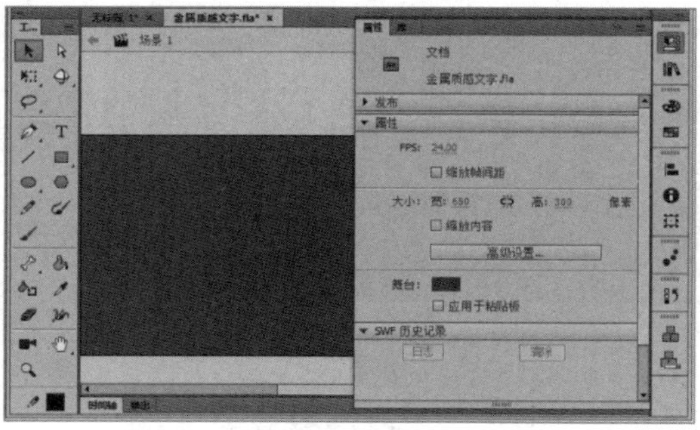

图 4-49 设置舞台的大小及颜色

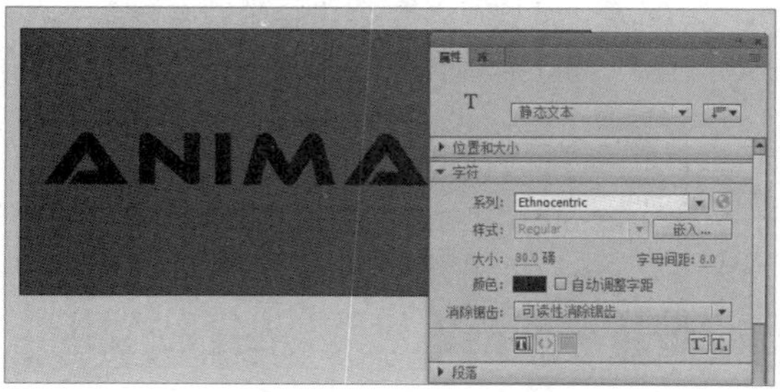

图 4-50 输入字符并设置字符属性

Step 03 在“时间轴”面板中右击“图层_1”，在弹出的快捷菜单中选择“复制图层”命令，如图 4-51 所示。

Step 04 锁定“图层_1”，选择“图层_1 复制”图层中的文本，连续按两次【Ctrl+B】组合键，将其分离为形状，如图 4-52 所示。

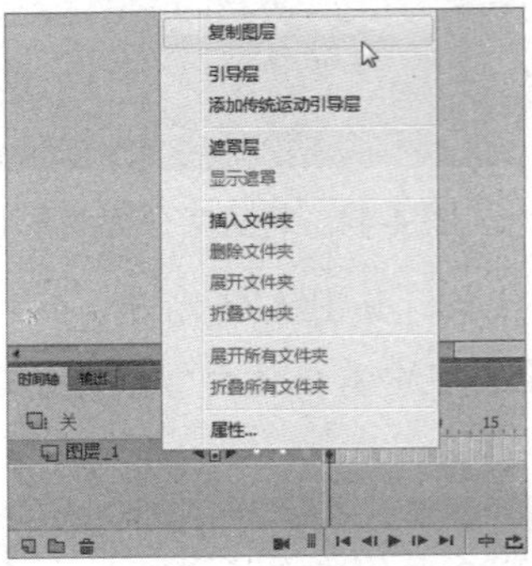

图 4-51 复制图层

图 4-52 分离文本

Step 05 取消选择文本图形，打开“颜色”面板，设置浅灰和深灰相间的线性渐变，然后单击“添加到色板”按钮，如图 4-53 所示。

Step 06 按【K】键调用颜料桶工具，在“工具”面板中单击“填充颜色”按钮，设置填充颜色为上一步设置的渐变色，单击“图层_1 复制”的第 1 帧，选择文本图形，如图 4-54 所示。

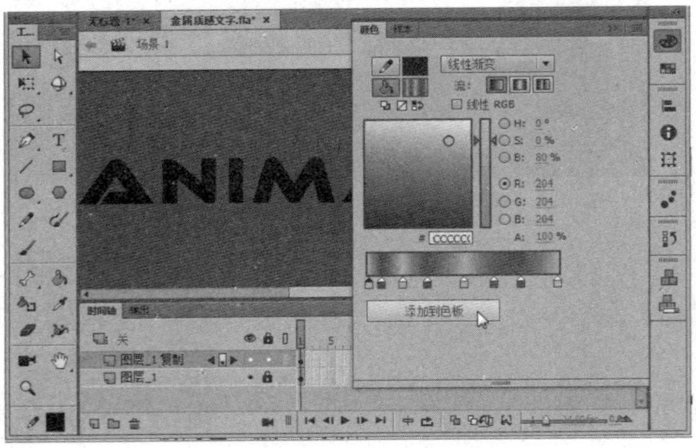

图 4-53 设置线性渐变

图 4-54 设置填充颜色

Step 07 使用颜料桶工具在选择的文本图形上拖动填充渐变色，如图 4-55 所示。

Step 08 更改文档背景颜色为更深的颜色，然后按【F】键调用渐变变形工具，在文本图形上单击，拖动控制柄调整渐变填充，如图 4-56 所示。

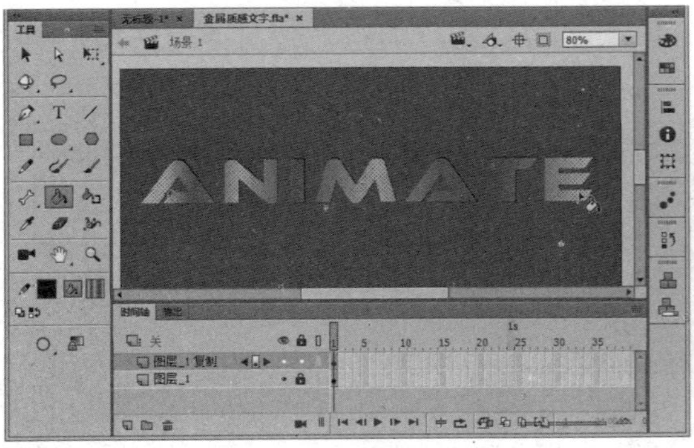

图 4-55 填充渐变色

图 4-56 调整渐变填充

Step 09 锁定并隐藏“图层_1 复制”图层，解锁“图层_1”，选择文本，打开“属性”面板，在“滤镜”选项组中单击“添加滤镜”按钮，在弹出的下拉列表中选择“斜角”滤镜，如图 4-57 所示。

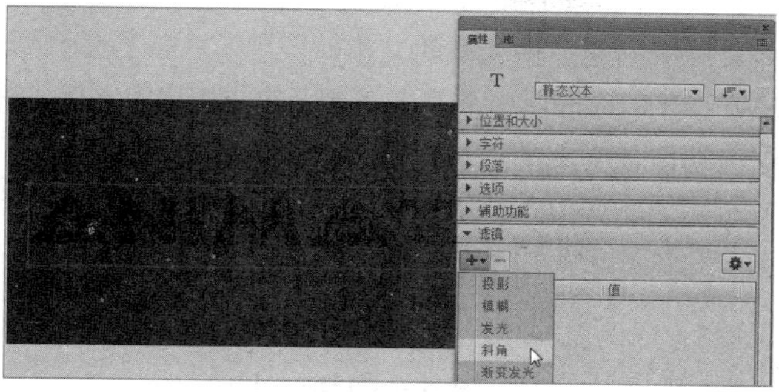

图 4-57　选择“斜角”滤镜

Step 10 设置“斜角”滤镜的各项参数，如图 4-58 所示。

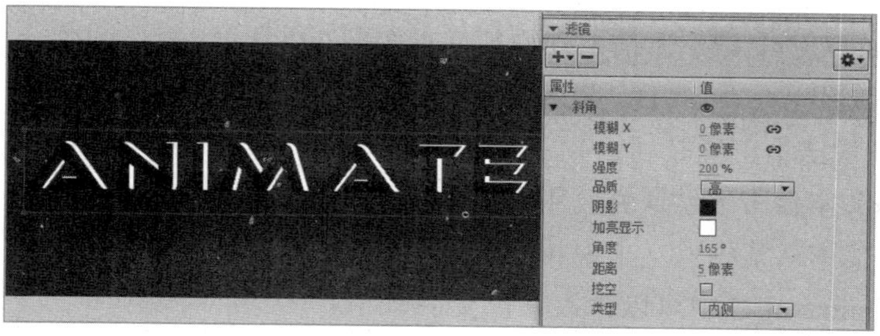

图 4-58　设置“斜角”滤镜的参数

Step 11 采用同样的方法添加“投影”滤镜，并设置滤镜的参数，如图 4-59 所示。

图 4-59　添加“投影”滤镜

Step 12 显示“图层_1 复制”图层，按【Ctrl+Enter】组合键测试动画，查看金属质感文字效果，如图 4-60 所示。

图 4-60　金属质感文字效果

本章小结

通过对本章的学习，读者应该掌握以下知识。

（1）在 Animate 文档中创建多种类型的文本。

（2）为了确保 SWF 文件中的文本保持所需外观，可设置嵌入字体或将文本分离为形状。

（3）使用消除锯齿功能使文本的边缘变得平滑。

（4）为文本对象添加滤镜效果。

（5）将文本分离后，为文本应用渐变填充。

课后习题

一、选择题

1．在 Animate CC 中，不包括下列哪种文本类型？（　）

A．静态文本　　B．TLF 文本　　C．输入文本　　D．动态文本

2．下列哪种说法不正确？（　）

A．动态文本自带滚动属性，不需要单独设置

B．静态文本从某种意义上说相当于一幅图像

C．在 Animate CC 中可以输入垂直文字

D．在使用消除锯齿选项而非“使用设备字体”时需要嵌入字体

3．为文字添加滤镜效果时，不包括下列哪种滤镜？（　）

A．投影　　B．模糊　　C．渐变发光　　D．描边

二、填空题

1．按_________键，可以将文本转换为形状。

2．________类型的文本在导出动画后可以进行复制操作。

3．为 SWF 文件嵌入字体后，字体文件将保存在______中。

三、实操题

1．在“属性”面板中为输入的静态文本添加网页超链接。

2．制作彩虹效果文字，如图 4-61 所示。

图 4-61　彩虹效果文字

第 5 章 应用元件、实例和库

【学习目标】

- 了解元件及实例的类别。
- 掌握“库”面板的使用方法。
- 掌握创建和编辑元件的多种方法。
- 掌握创建和编辑实例的方法。

在 Animate CC 中可以导入和创建多种资源来制作动画，这些资源在 Animate CC 中作为元件、实例和库进行管理。本章将学习元件、实例和库的使用方法。

5.1 认识元件、实例和库

元件是 Animate 动画中的基本构成要素之一。除了便于大量制作之外，它还是制作某些特殊动画不可或缺的对象。元件被创建后，便会被自动保存到“库”面板中。可以以实例的形式在舞台中反复使用元件，而不会增大文件的体积。

5.1.1 元件

在 Animate CC 中共包含 3 种类型的元件：图形元件、影片剪辑元件和按钮元件。

- **图形元件**：用于创建可以重复使用的图形或连接到主时间轴的动画片段，它可以是静止的图片，也可以是由多帧组成的动画。
- **影片剪辑元件**：用于创建动画片段，等同于一个独立的 Animate 文件，其时间轴不受舞台中时间轴的限制。该元件可以包含 ActionScript 脚本代码，以呈现出更加丰富的动画效果。
- **按钮元件**：用于创建动画中的各类按钮，以对应鼠标指针的滑过、单击等操作。该元件的时间轴中包含“弹起”“指针经过”“按下”“点击”4 个帧，分别用于定义与各种按钮状态相关联的图形或影片剪辑。

5.1.2 实例

将元件移至舞台中，就成为一个实例。实例其实是元件的“复制品”，一个元件可以生成无数个实例，这些实例可以是相同的，也可以通过编辑得到不同的对象。

5.1.3 库

“库”面板中包含已添加到文档的所有资源，还可以共享所有打开的 Animate 文档的库。选择“窗口”|“库”命令或按【Ctrl+L】组合键，即可打开“库”面板，如图 5-1 所示。“库”面板中各个按钮的功能如下。

➢ 面板菜单按钮：单击该按钮，将弹出面板菜单，用于对库进行各种操作，如图 5-2 所示。

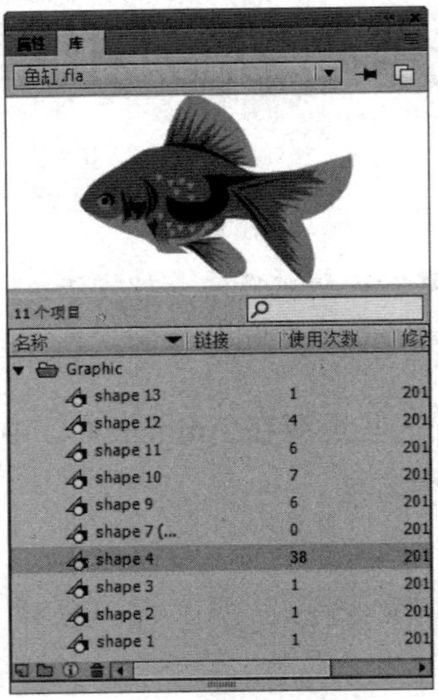

图 5-1 “库”面板

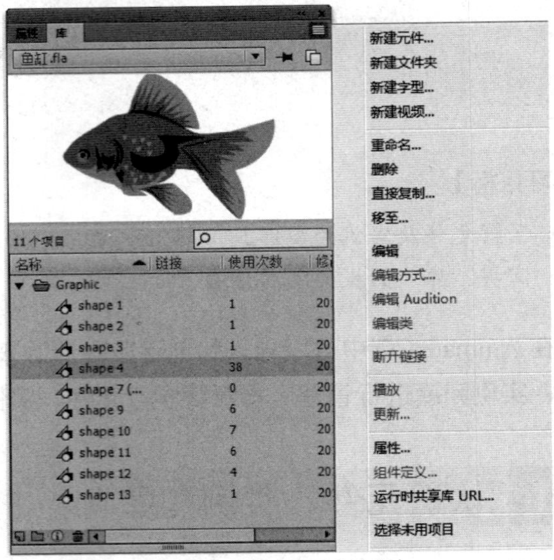

图 5-2 打开面板菜单

➢ **“新建库面板”按钮**：单击该按钮，将新建一个“库”面板，其内容与当前“库”面板中的内容相同。

➢ **“固定当前库”按钮**：单击该按钮后，按钮图标变为，此时切换到其他文件，“库”面板不会发生变化。

➢ 11 个项目：显示库中包含对象的数量。

➢ 鱼缸.fla：当打开多个文件时，在该下拉列表中可以选择要使用的库。

➢ **“新建元件”按钮**：用于创建新的元件，单击该按钮，将弹出“创建新元件”对话框。

➢ **“新建文件夹”按钮**：单击该按钮，可以在“库”面板中新建一个文件夹，以便对库中的元件和素材进行管理。

➢ **“属性”按钮**：当在库中选择了一个元件或素材时，单击该按钮，将弹出对应的“属性”面板，从中可以重新设置它们的属性。

➢ **“删除”按钮**：单击该按钮，可以删除所选的元件、素材或文件夹。

5.1.4 “库”面板的使用

下面介绍“库”面板的使用方法，包括选择库中的对象，以及对库中的资源进行编组、项目排序和重命名等操作。

1. 选择库中的对象

用户可以通过多种方法选择库中的对象，具体如下。

➢ **选择单个库对象**：若要选择库中的单个对象，只需在相应的对象上单击即可，如图 5-3 所示。

➢ **选择库中多个连续的对象**：若要选择库中多个连续的对象，先单击要选择的第一个对象，然后在按住【Shift】键的同时单击要选择的最后一个对象，如图 5-4 所示。

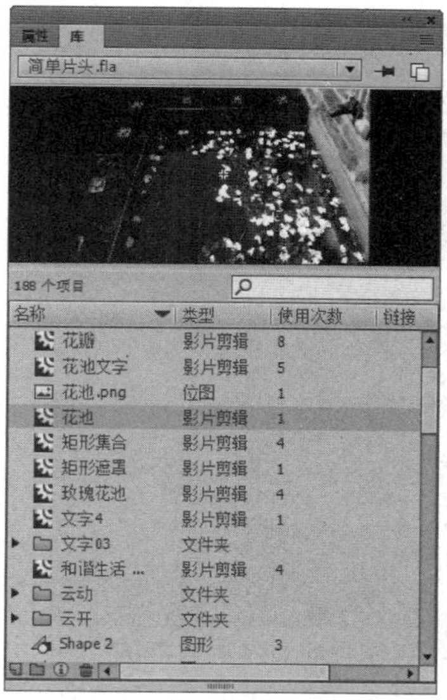

图 5-3　选择单个库对象

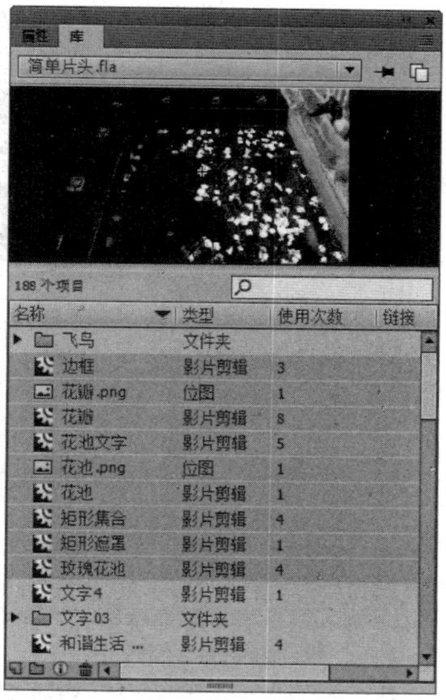

图 5-4　选择多个连续的库对象

➢ **选择库中多个不连续的对象**：若要选择库中多个不连续的对象，则在按住【Ctrl】键的同时依次单击要选择的对象，如图 5-5 所示。

➢ **选择未使用的对象**：若要选择未使用的对象，即选择在文件中没有使用过的对象，则需要单击“库”面板中的面板菜单按钮▤，在弹出的面板菜单中选择“选择未用项目”命令（如图 5-6 所示），此时即可将“库”面板中所有未曾使用过的对象全部选中。

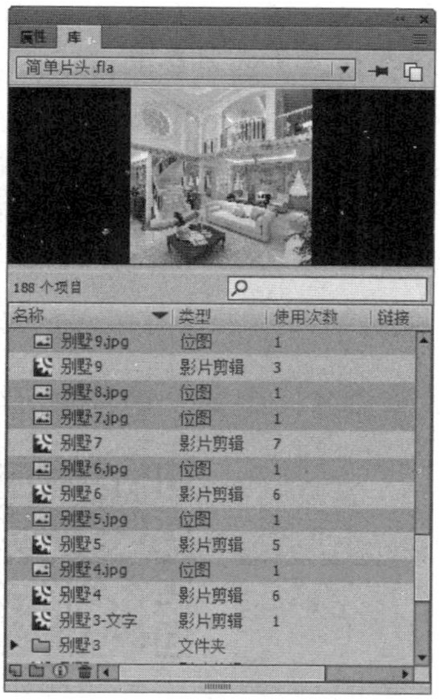

图 5-5　选择多个不连续的库对象

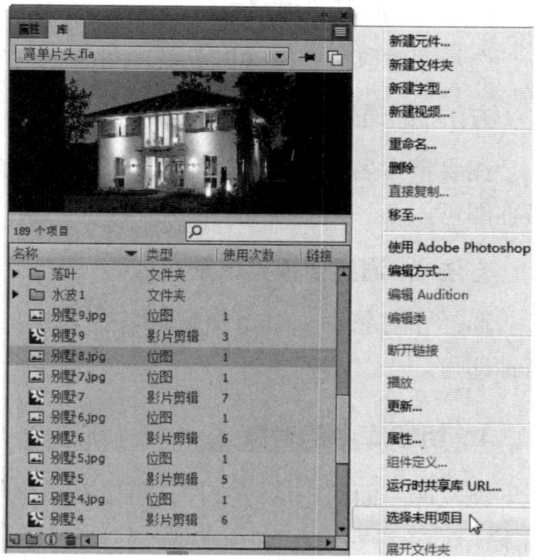

图 5-6　选择未用项目

2．排序库中的对象

在“库”面板中单击任意一列的标题，就会按照该列的属性进行排序，例如，单击“使用次数”标题，就会按照上一次修改时间的先后顺序进行排序，如图 5-7 所示；单击“类型”标题，就会将库中相同类型的对象排列在一起，如图 5-8 所示。

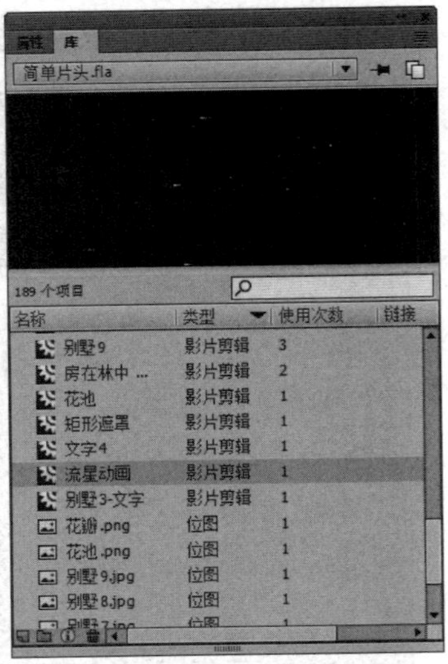

图 5-7 按“使用次数”排列对象

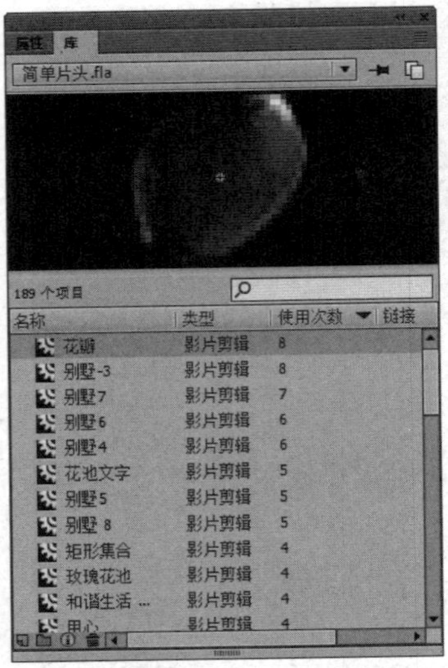

图 5-8 按“类型”排列对象

3．重命名库中的对象

重命名库对象有多种方法，具体如下。

方法 1：双击名称重命名

双击“库”面板中库对象的名称，该名称变为可编辑状态，然后输入新名称即可。

方法 2：通过快捷键重命名

选择库对象后，按【F2】键即可进入对象的名称编辑状态，然后输入新名称即可。

方法 3：通过快捷菜单重命名

在要重命名的库对象上右击，在弹出的快捷菜单中选择“重命名”命令，然后输入新名称即可。

方法 4：通过面板菜单重命名

选择库对象后，单击按钮，在弹出的面板菜单中选择“重命名”命令，然后输入新名称即可。

4．组织库中的对象

在“库”面板中通过文件夹可以有效地组织库中的对象。具体操作方法如下。

Step 01 单击“库”面板下方的“新建文件夹”按钮，如图 5-9 所示。

Step 02 此时可在“库”面板中创建一个名为“未命名文件夹 1”的新文件夹，同时该文件夹的名称处于可编辑状态。输入新文件夹的名称，并按【Enter】键确认，如图 5-10 所示。

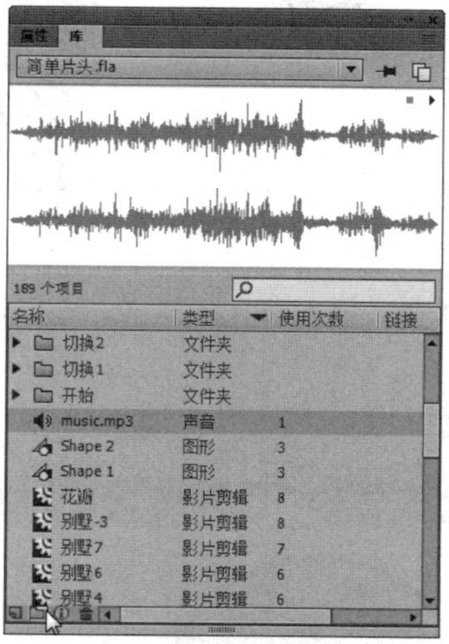

图 5-9 新建库文件夹

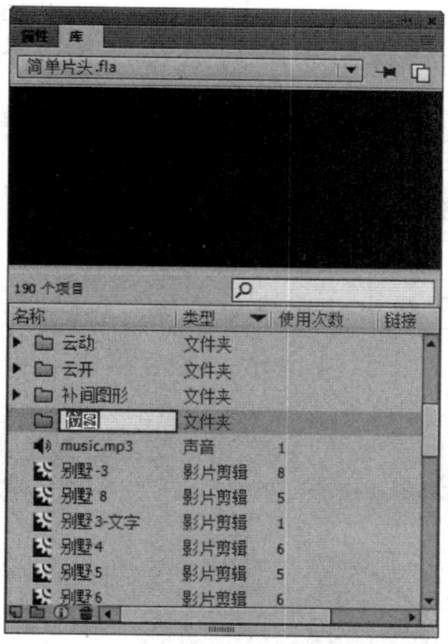

图 5-10 重命名文件夹

Step 03 将要放入库文件夹中的对象拖至文件夹上，即可将其移入该文件夹中。若不方便通过拖动的方式移动库对象，还可右击该对象，在弹出的快捷菜单中选择“移至...”命令，如图 5-11 所示。

Step 04 弹出“移至文件夹...”对话框，单击“现有文件夹”单选按钮，然后选择目标文件夹，再单击“选择”按钮即可，如图 5-12 所示。

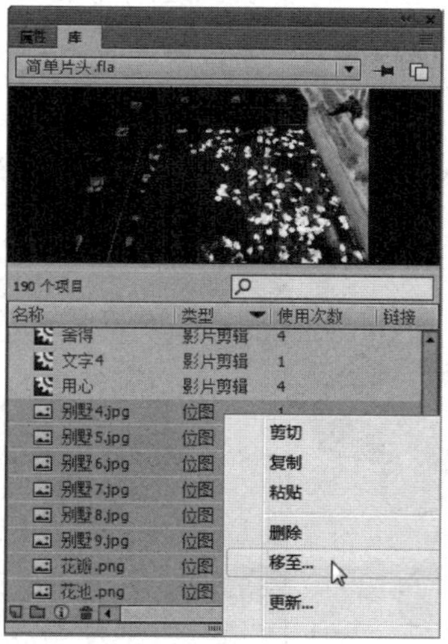

图 5-11 将对象移至文件夹中

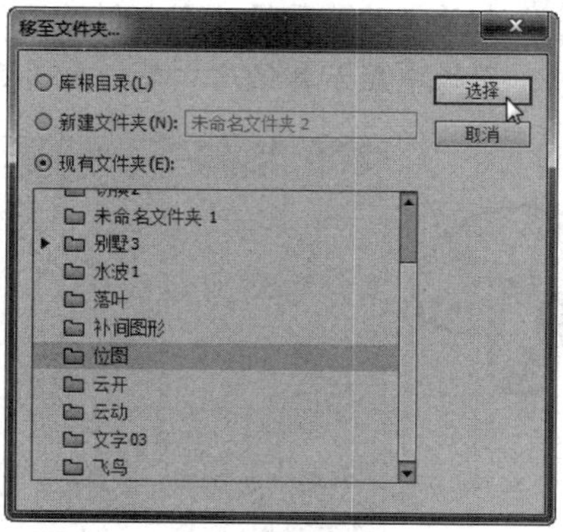

图 5-12 “移至文件夹...”对话框

5.2 创建与编辑元件

在元件中几乎可以执行 Animate CC 的所有功能，若一个元件中包含重复或循环的动作，如鸟的翅膀上下翻飞，则应考虑在元件中创建动画。下面介绍元件的创建与编辑方法。

5.2.1 创建元件的多种方法

用户可以通过在舞台中选定的对象来创建元件，也可以创建一个空元件，然后在元件编辑模式下制作或导入内容。下面以创建图形元件为例，介绍创建元件的多种方法。

1．将舞台中的对象转换为元件

通过在舞台中选定对象可以创建元件。具体操作方法如下。

Step 01 选择舞台中的图形，选择“修改”|“转换为元件”命令或按【F8】键，如图 5-13 所示。

Step 02 弹出“转换为元件”对话框，选择“图形”元件类型，输入元件名称“卡通蘑菇”，如图 5-14 所示，然后单击“确定”按钮。

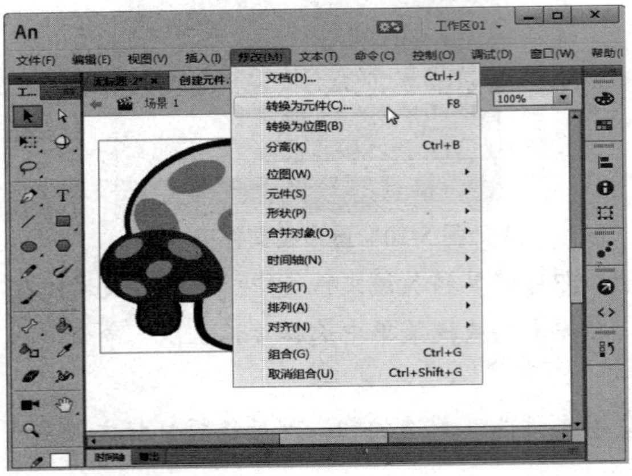

图 5-13　选择“转换为元件”命令

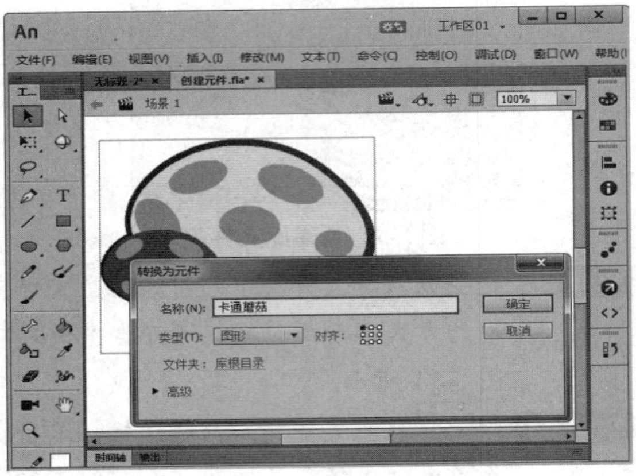

图 5-14　设置图形元件参数

Step 03 此时即可将图形转换为元件。选择舞台中的图形，在“属性”面板中查看其类型为图形元件“卡通蘑菇”的实例，如图 5-15 所示。

Step 04 打开“库”面板，查看创建的图形元件。将元件拖到舞台中即可创建其实例，在“库”面板中显示其使用次数，如图 5-16 所示。

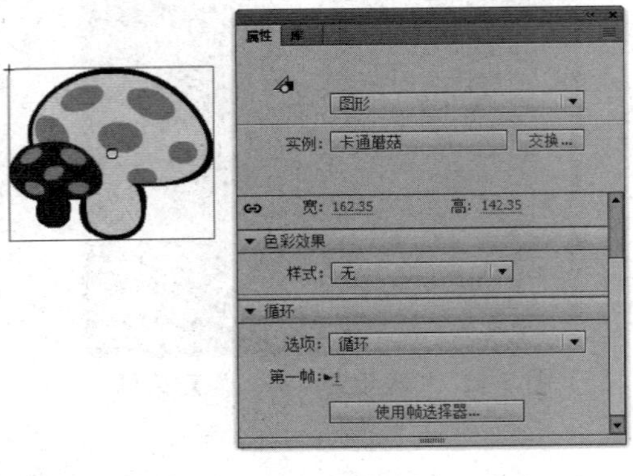

图 5-15　将图形转换为元件

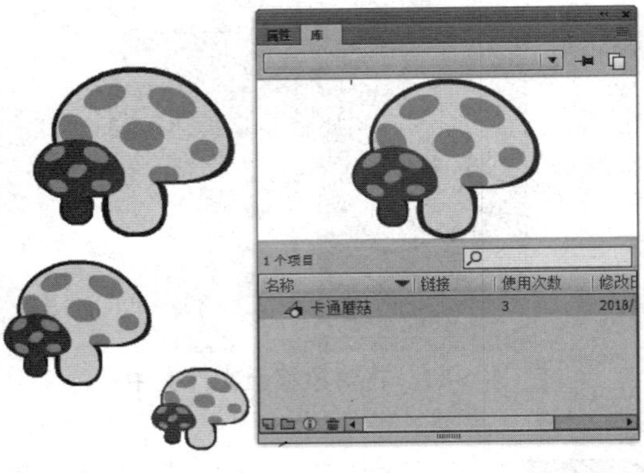

图 5-16　创建实例

2．创建空的元件并添加内容

创建空的元件并添加内容的具体操作方法如下。

Step 01 选择“插入”|“新建元件”命令或按【Ctrl+F8】组合键，如图 5-17 所示。

Step 02 弹出“创建新元件”对话框，输入元件名称“足球”，选择“图形”元件类型，如图 5-18 所示，然后单击“确定”按钮。

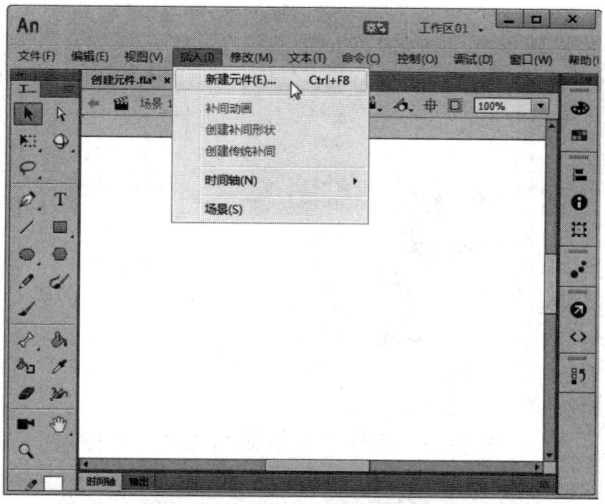

图 5-17 选择“新建元件”命令

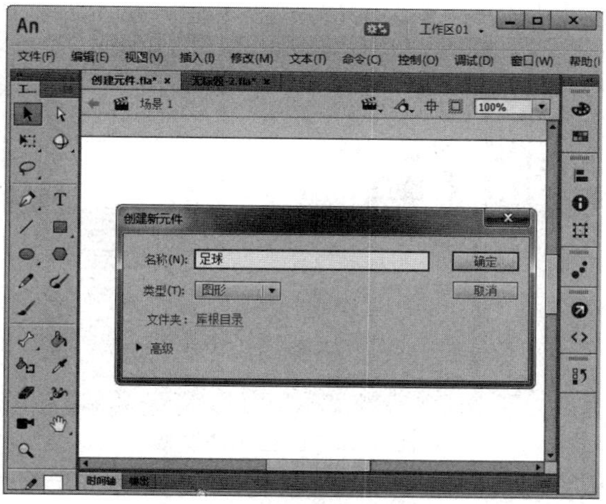

图 5-18 设置图形元件参数

Step 03 进入元件编辑状态，在舞台中可以看到元件的注册点，即舞台中的十字点，导入外部图像到舞台中，并将其与注册点对齐，如图 5-19 所示。

Step 04 打开“库”面板，即可查看创建的图形元件，如图 5-20 所示。

图 5-19 导入外部图像

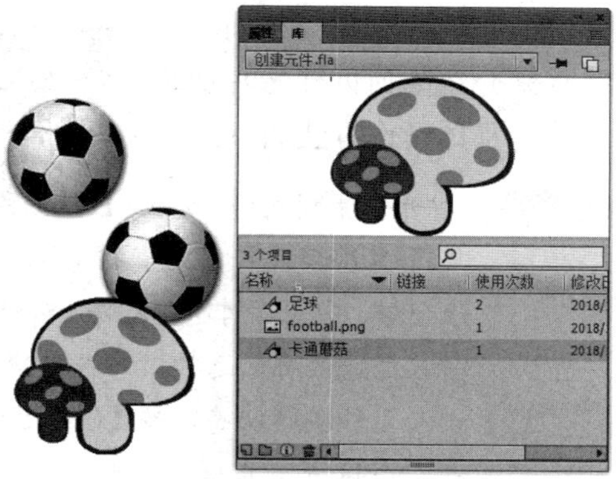

图 5-20 查看图形元件

3．重制元件

通过重制元件，可以使用现有元件作为创建元件的起始点。重制元件的具体操作方法如下。

Step 01 打开“库”面板，右击元件，在弹出的快捷菜单中选择“直接复制...”命令，如图 5-21 所示。

图 5-21 选择“直接复制...”命令

Step 02 弹出“直接复制元件”对话框，输入元件名称，并选择元件类型，如图 5-22 所示，然后单击“确定”按钮，即可重制元件。

Step 03 此外，还可在舞台中选择元件的实例，然后选择“修改”|“元件”|“直接复制元件”命令，如图 5-23 所示。

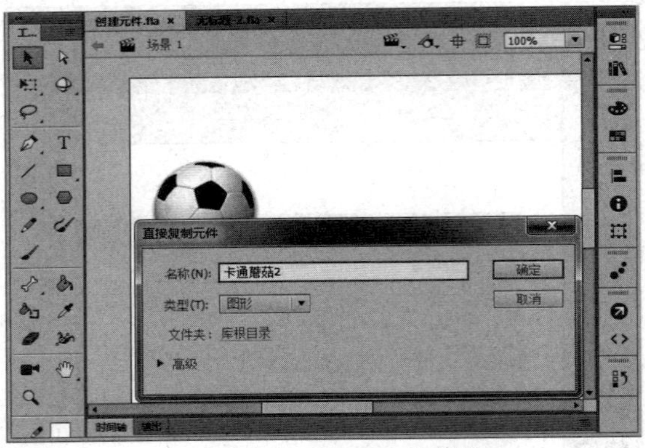

图 5-22 设置元件参数

图 5-23 选择“直接复制元件”命令

Step 04 弹出“直接复制元件”对话框，输入元件名称，如图 5-24 所示，然后单击“确定”按钮。

图 5-24 设置元件名称

5.2.2 创建影片剪辑元件

下面通过制作一个简单的动画来介绍如何创建影片剪辑元件。具体操作方法如下。

Step 01 打开“素材文件\第 5 章\影片剪辑元件.fla”，按【Ctrl+F8】组合键，弹出“创建新元件”对话框，输入元件名称，选择“影片剪辑”元件类型，如图 5-25 所示，然后单击“确定”按钮。

Step 02 进入元件编辑状态，按【Ctrl+Shift+Alt+R】组合键显示标尺，根据需要创建辅助线。右击空白位置，在弹出的快捷菜单中选择“辅助线”|“锁定辅助线”命令，如图 5-26 所示。

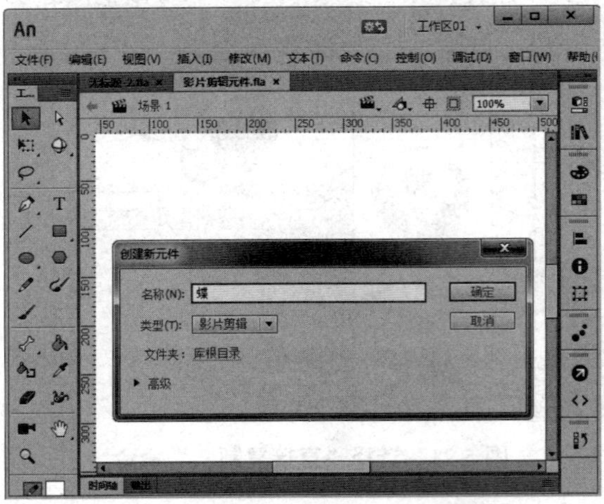

图 5-25 创建影片剪辑元件

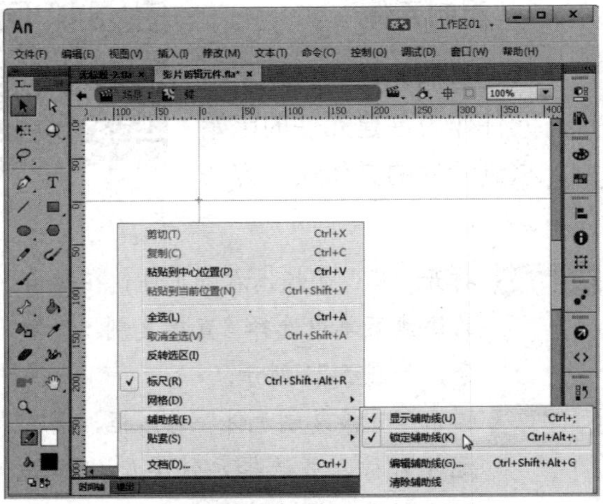

图 5-26 创建并锁定辅助线

Step 03 打开“库”面板，将图片“image1”拖至舞台中，如图 5-27 所示。

Step 04 在“时间轴”面板中选择第 2 帧，按【F7】键插入空白关键帧，如图 5-28 所示。

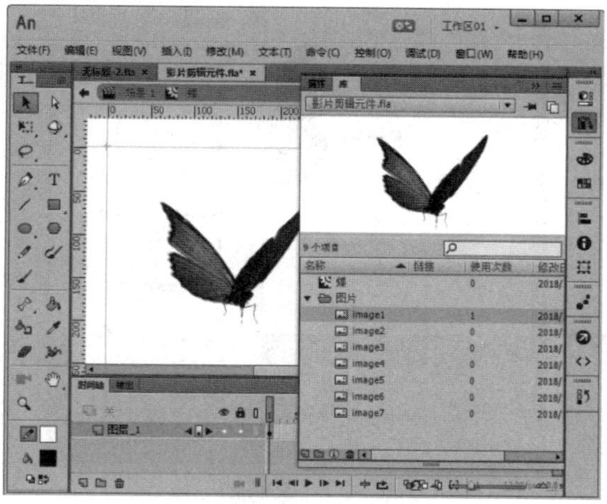

图 5-27 将图片拖至舞台中

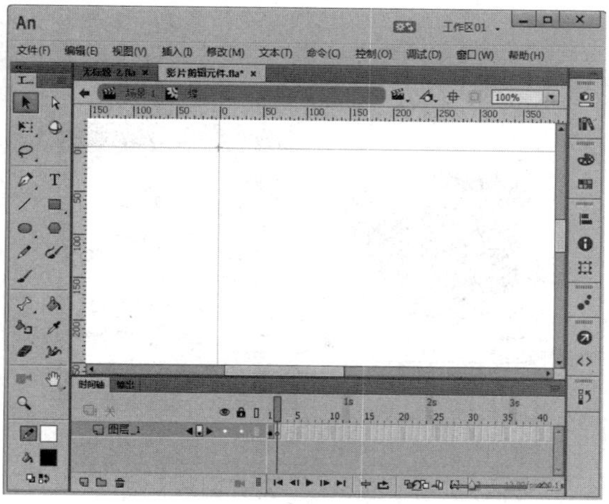

图 5-28 插入空白关键帧

Step 05 在“库”面板中将图片“image2”拖至舞台中，如图 5-29 所示。

Step 06 采用同样的方法，在第 3~7 帧中插入空白关键帧，并将相应的图片依次拖至舞台中，如图 5-30 所示。

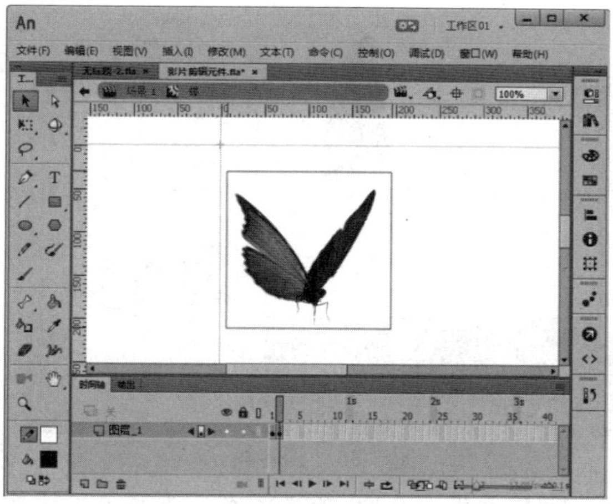

图 5-29 将图片拖至舞台中

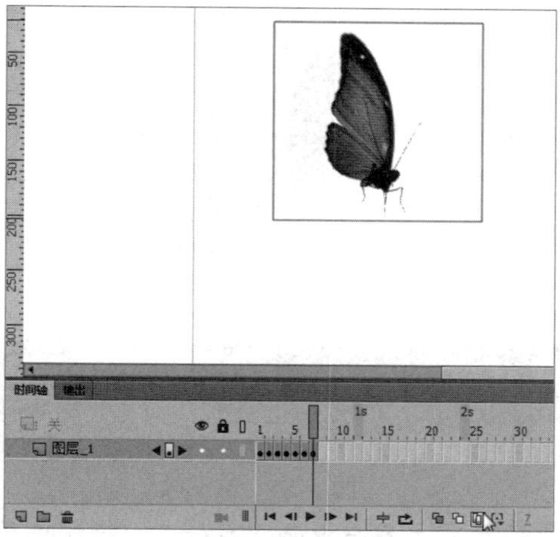

图 5-30 插入空白关键帧并添加其他图片

Step 07 在“时间轴”面板的下方单击“编辑多个帧”按钮，然后在帧上拖动标记的位置，选择所有帧，如图 5-31 所示。

Step 08 使用选择工具框选所有图片，按【Ctrl +K】组合键打开“对齐”面板，单击“水平中齐”按钮和“垂直中齐”按钮对齐图片，然后将图片的左上角移至辅助线的中心点位置，如图 5-32 所示。

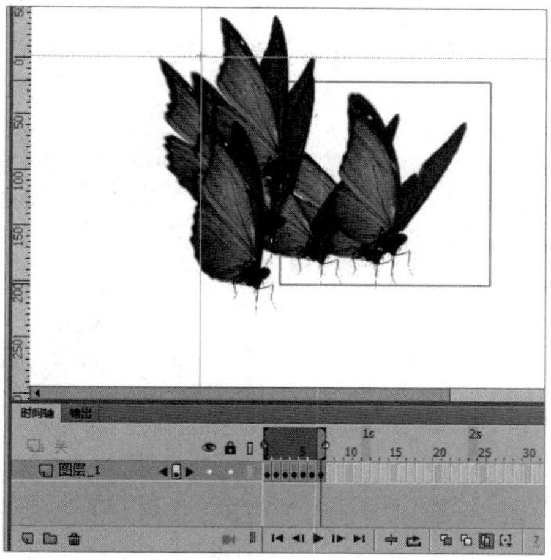

图 5-31 编辑多个帧

Step 09 在“时间轴”面板中选择第 1 帧并向右拖动，选择第 1~7 帧并右击，在弹出的快捷菜单中选择“复制帧”命令，如图 5-33 所示。

图 5-32　对齐图片

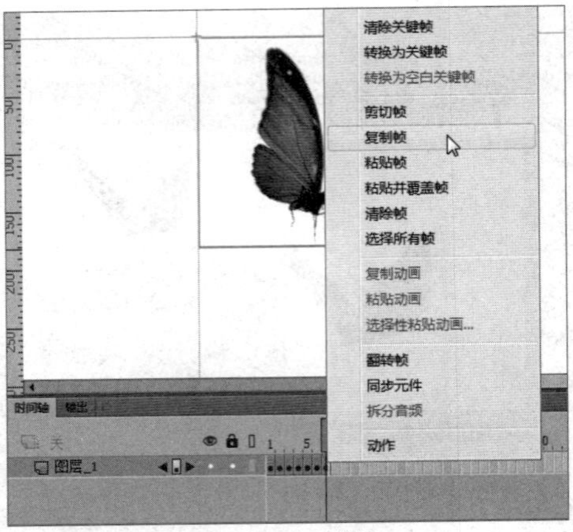

图 5-33　复制帧

Step 10 在“时间轴”面板中选择第 8 帧并右击，在弹出的快捷菜单中选择“粘贴帧”命令，如图 5-34 所示。

Step 11 在“时间轴”面板中选择粘贴的第 8~14 帧并右击，在弹出的快捷菜单中选择“翻转帧”命令，如图 5-35 所示。

图 5-34　粘贴帧

图 5-35　翻转帧

Step 12 双击舞台中的空白位置，返回场景。打开“库”面板，选择“蝶”元件，在预览区域单击“播放”按钮▸，可以预览影片剪辑元件动画。将影片剪辑元件拖至舞台中，然后按【Ctrl+Enter】组合键测试动画效果，如图 5-36 所示。

图 5-36　将元件拖至舞台中

5.2.3 创建按钮元件

在按钮元件编辑模式的“时间轴”面板中共有 4 个帧，分别用于设置按钮的 4 种状态。

➢ **弹起**：用于设置按钮的一般状态，即鼠标指针位于按钮之外的状态。

➢ **指针经过**：用于设置鼠标指针从按钮上滑过时的按钮状态。

➢ **按下**：用于设置按钮被按下时的状态。

➢ **点击**：在该帧中可以指定某个范围内单击时会对按钮产生的影响，即用于设置按钮的相应区域。可以不设置，也可以绘制一个图形来表示范围。

下面介绍如何创建按钮元件，具体操作方法如下。

Step 01 打开“素材文件\第 5 章\按钮元件.fla”，按【Ctrl+F8】组合键，打开“创建新元件”对话框。输入元件名称，选择“按钮”元件类型，如图 5-37 所示，然后单击“确定”按钮。

Step 02 进入按钮元件编辑状态，打开“库”面板，将“热气球”影片剪辑元件拖至舞台中，在“弹起”帧添加图形，如图 5-38 所示。

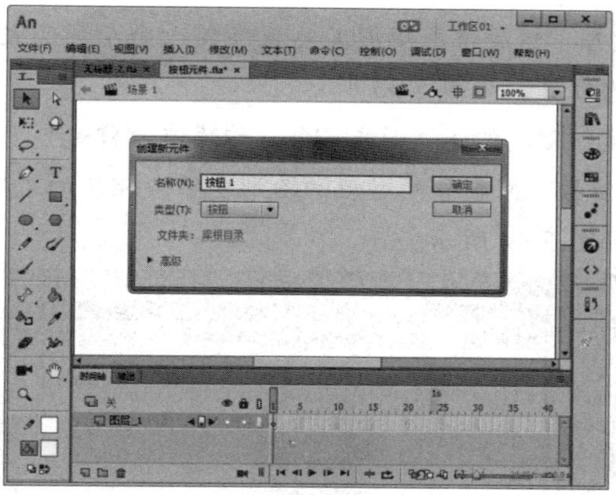

图 5-37　创建按钮元件

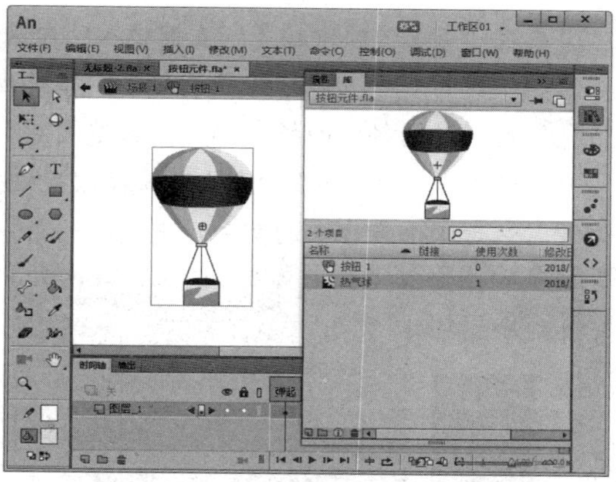

图 5-38　在“弹起”帧添加图形

Step 03 选择“弹起”帧并右击，在弹出的快捷菜单中选择“复制帧”命令，如图 5-39 所示。

Step 04 选择“指针经过”帧并右击，在弹出的快捷菜单中选择“粘贴帧”命令，如图 5-40 所示。

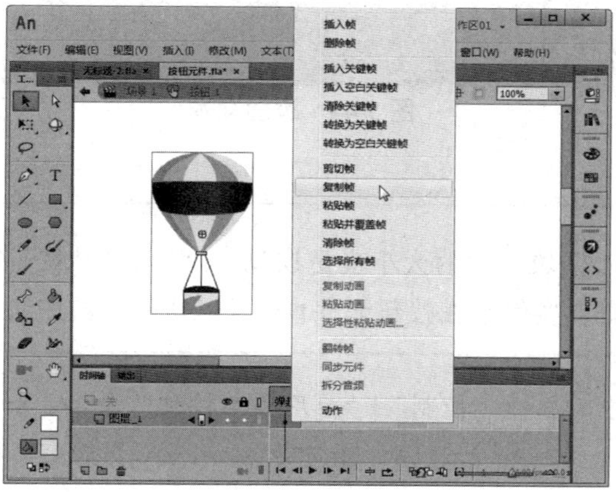

图 5-39　复制帧

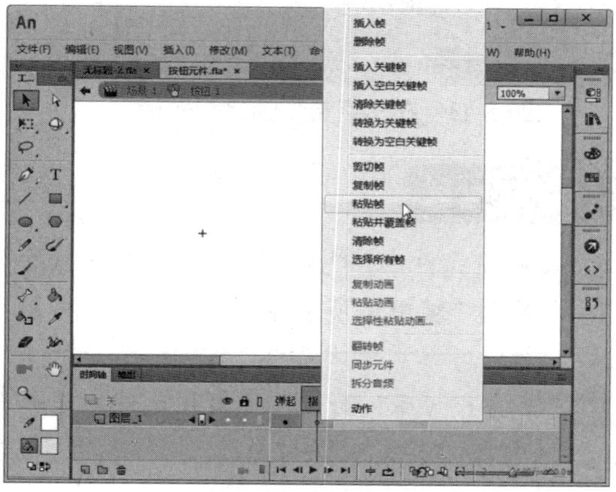

图 5-40　粘贴帧

Step 05 在舞台中选择实例，在“属性”面板中为实例添加“发光”滤镜，并设置各项参数，如图 5-41 所示。

Step 06 采用同样的方法，将“指针经过”帧复制到“按下”帧，更改实例的发光效果，并将实例稍微上移，如图 5-42 所示。

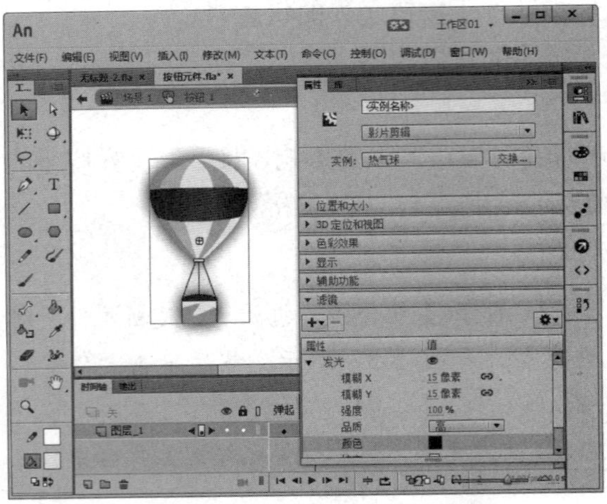

图 5-41　添加“发光”滤镜

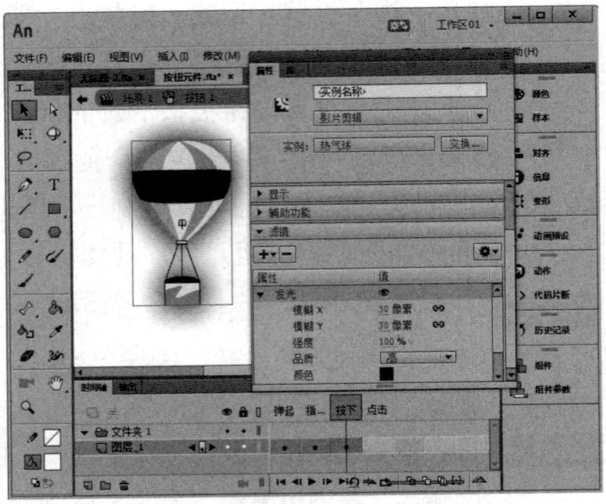

图 5-42　在“按下”帧更改实例效果

Step 07 在“点击”帧中按【F7】键插入空白关键帧，然后使用矩形工具绘制一个与实例大小相当的矩形，并将其放到与实例相对应的位置，如图 5-43 所示。

Step 08 在“时间轴”面板中单击“新建图层”按钮，创建“图层_2”，依次在“弹起”“指针经过”“按下”“点击”帧插入空白关键帧，并在各帧对应的图形中输入相应的文本，然后双击舞台中的空白位置返回场景，如图 5-44 所示。

图 5-43　在“点击”帧绘制图形

图 5-44　添加文本

课堂解疑

在按钮元件中，“点击”帧的图形是一个实心区域，它的大小应足以包含“弹起”“按下”“指针经过”帧中的所有图形元素。通过将影片剪辑实例放在按钮元件内，可以创建动画按钮。

Step 09 打开“库”面板，将按钮元件拖至舞台中，选择“控制”|“启用简单按钮”命令，如图 5-45 所示。

Step 10 在舞台中单击按钮，预览按钮效果，如图 5-46 所示。

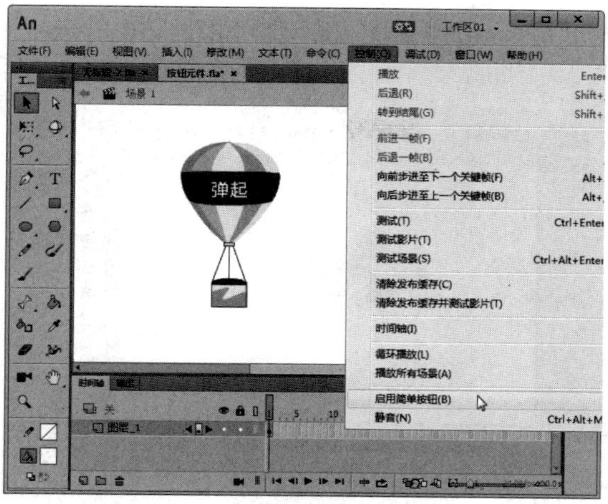

图 5-45　启用简单按钮

图 5-46　预览按钮效果

5.2.4　编辑元件

在创建元件后，经常需要对元件进行编辑，通常可以通过 3 种方式编辑元件：在当前位置编辑元件，在新窗口中编辑元件，以及在元件编辑模式下编辑元件。

1．在当前位置编辑元件

使用“在当前位置编辑”命令在舞台中将元件与其他对象一起进行编辑时，其他对象以灰显方式出现，从而将它们与正在编辑的元件区别开来。在舞台中双击元件的实例，或右击该实例，在弹出的快捷菜单中选择“在当前位置编辑”命令，如图 5-47 所示，此时即可在当前位置编辑元件，正在编辑的元件的名称显示在舞台上方的编辑栏中，位于当前场景名称的右侧，如图 5-48 所示。若要退出编辑，双击元件的外部即可。

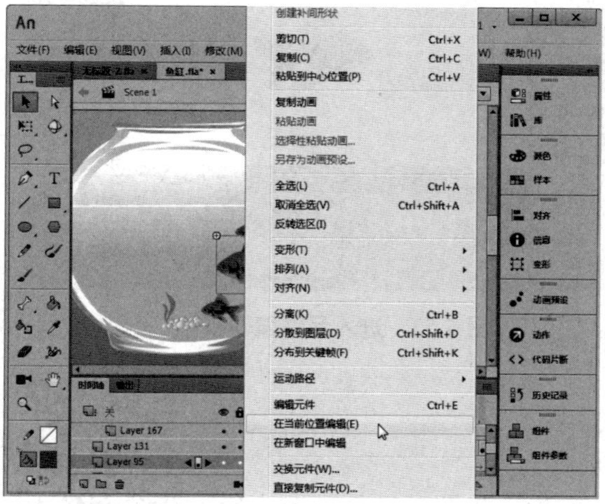
图 5-47　选择“在当前位置编辑”命令

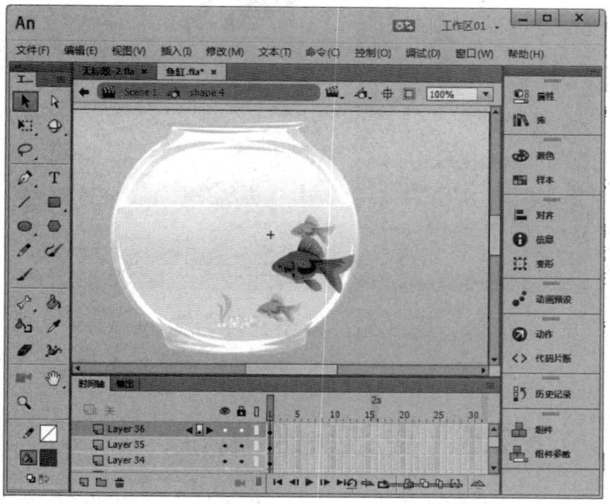
图 5-48　在当前位置编辑实例

2．在新窗口中编辑元件

使用“在新窗口中编辑”命令可以在单独的窗口中编辑元件，可以同时看到该元件和“时间轴”面板。在舞台中右击实例，在弹出的快捷菜单中选择“在新窗口中编辑”命令，如图

5-49 所示。此时即可建立一个新窗口，元件编辑完成后关闭该窗口即可，如图 5-50 所示。

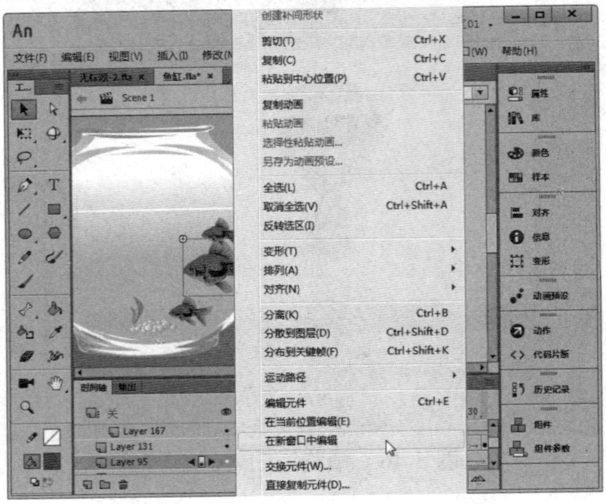

图 5-49　选择“在新窗口中编辑”命令

图 5-50　在新窗口中编辑元件

3．在元件编辑模式下编辑元件

在元件编辑模式下，可以将窗口从舞台视图更改为只显示该元件的单独视图来进行编辑操作。在舞台中选择实例，按【Ctrl+E】组合键或在“库”面板中双击元件名称，如图 5-51 所示，此时即可进入元件编辑视图，舞台中只显示元件本身，编辑完成后双击元件以外的空白位置即可退出编辑，如图 5-52 所示。

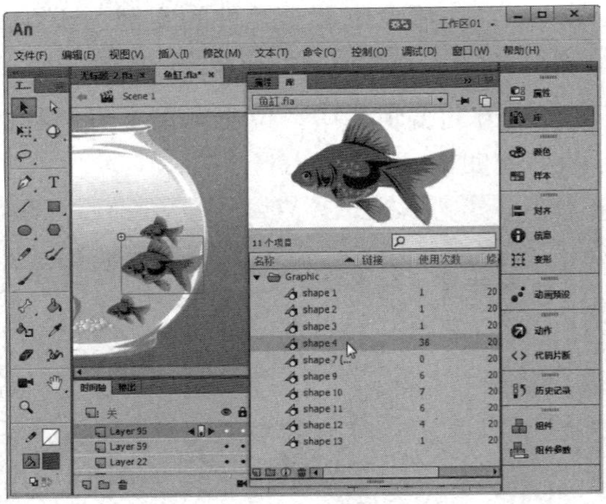

图 5-51　双击元件名称

图 5-52　进入元件编辑视图

5.2.5　更改元件属性

在创建元件后，还可根据需要更改其类型，例如，将图形元件更改为影片剪辑元件。具体操作方法如下。

Step 01 在“库”面板中选择元件，然后单击面板下方的“属性”按钮，如图 5-53 所示。

Step 02 弹出“元件属性”对话框，单击“类型”右侧的下拉按钮，选择要更改的类型，如图 5-54 所示，然后单击“确定”按钮。

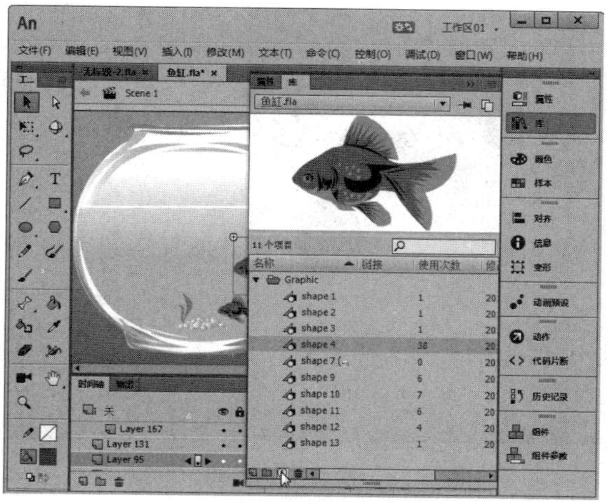

图 5-53 单击“属性”按钮

图 5-54 更改元件类型

5.3 创建与编辑实例

创建元件之后，可以在舞台中创建该元件的多个实例。每个元件实例都有其独立于该元件的属性，可以更改实例的色调、透明度和亮度，以及重新定义实例的行为。

5.3.1 创建与修改实例

元件仅存在于“库”面板中，当将库中的元件拖入舞台后，它便成为一个实例，拖动一次便生成一个实例，拖动两次则生成两个实例。创建与修改实例的具体操作方法如下。

Step 01 打开“素材文件\第 5 章\气球.fla”，打开“库”面板，将“气球”元件拖至舞台中，即可创建一个实例，如图 5-55 所示。

Step 02 按住【Alt】键拖动实例，即可复制多个实例，调整各实例的大小和位置，如图 5-56 所示。

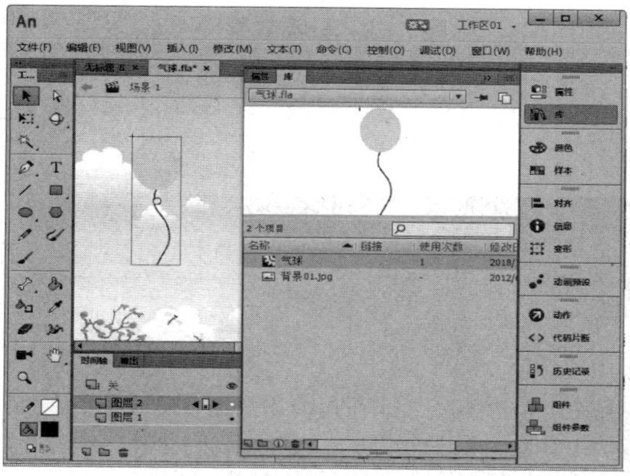

图 5-55 创建元件实例

图 5-56 创建多个实例并调整

Step 03 在舞台中选择实例，按【Ctrl+E】组合键进入编辑状态，修改气球的填充颜色，如图 5-57 所示。

Step 04 返回场景，即可看到该元件生成的所有实例的颜色均已发生改变，效果如图 5-58 所示。

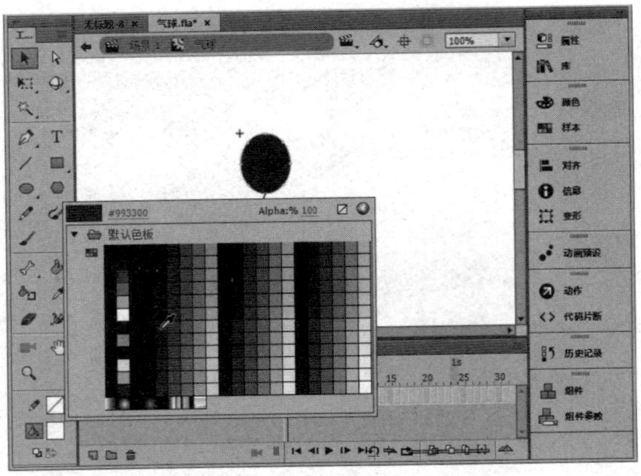

图 5-57 编辑元件

图 5-58 修改实例效果

Step 05 若要断开实例与元件之间的链接，可以在舞台中选择实例，然后选择“修改”|“分离”命令或按【Ctrl+B】组合键分离实例，如图 5-59 所示。

Step 06 此时当修改元件后该对象样式将保持不变，打开“属性”面板，可以看到其属性已不再是“实例”，如图 5-60 所示。

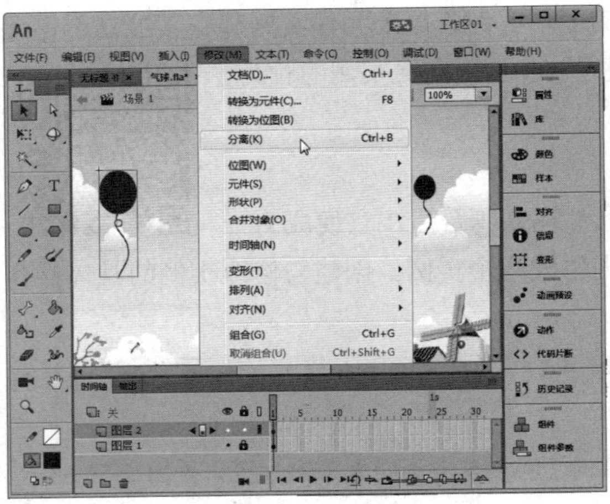

图 5-59 分离实例

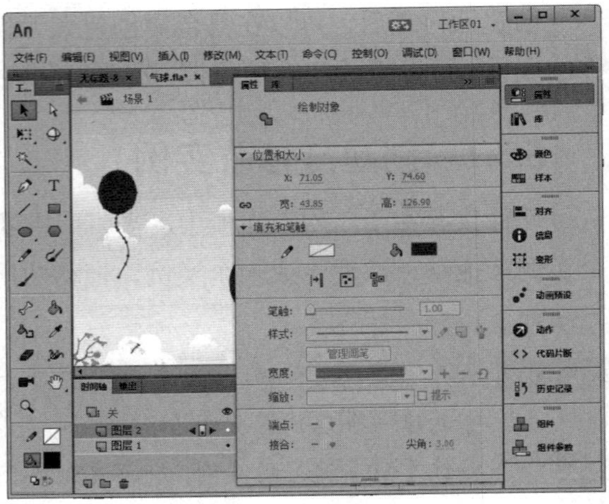

图 5-60 分离效果

5.3.2 设置实例的色彩效果

通过“属性”面板可以设置实例的色彩效果，利用这种特性可以对实例制作多种效果的色彩渐变动画。选择舞台中的图形实例，在“属性”面板的“色彩效果”选项组中可以选择所需的色彩样式，如图 5-61 所示。

图 5-61 选择色彩样式

➢ **亮度**：调节图形的相对亮度，度量范围为从黑（－100%，如图 5-62 所示）到白（100%，如图 5-63 所示）。

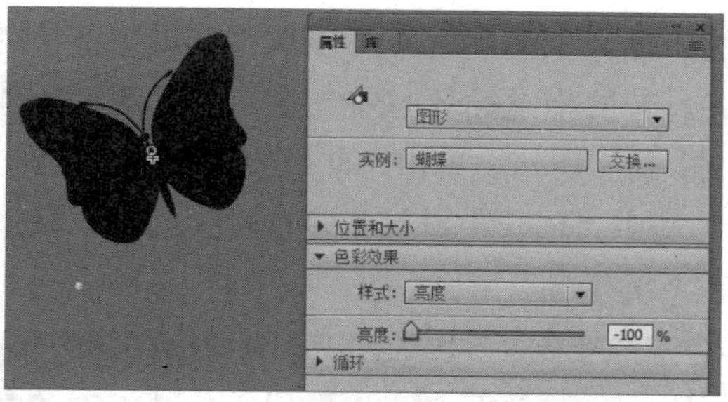

图 5-62　最小亮度

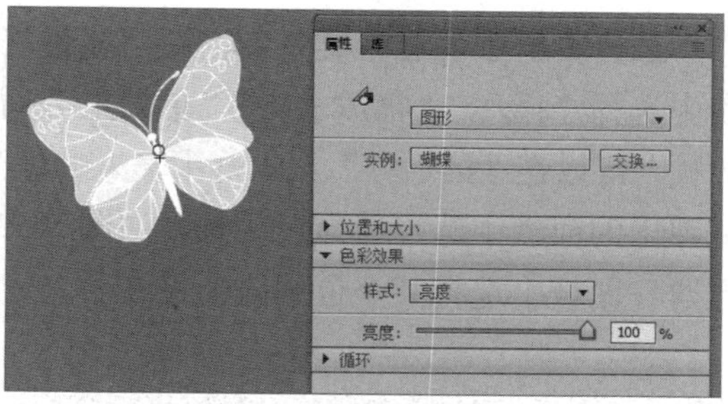

图 5-63　最大亮度

➢ **色调**：使用相同的色相为实例着色。“色调”百分比表示从透明（0%）到完全饱和，如图 5-64 所示。若要选择颜色，可以分别在“红”“绿”“蓝”数值框中输入相应的值，或者单击“着色”按钮▇▇，然后从调色板中选择一种颜色，如图 5-65 所示。

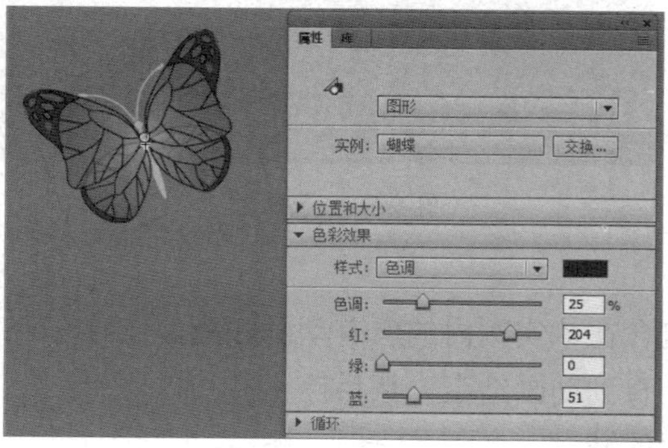

图 5-64　调整色调

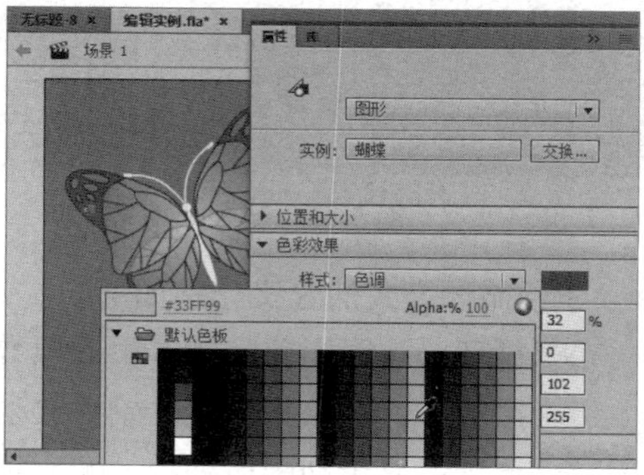

图 5-65　选择颜色

➢ **高级**：分别调节实例的红色、绿色、蓝色和透明度值，如图 5-66 所示。对于在位图对象上制作具有微妙色彩效果的动画，此选项非常有用。利用左侧的控件可以按照指定的百分比降低颜色或透明度的值，利用右侧的控件可以按照常数值降低或增大颜色或透明度的值。

➢ Alpha：调整实例的透明度，调节范围是从透明（0%）到完全不透明（100%），如图 5-67 所示。

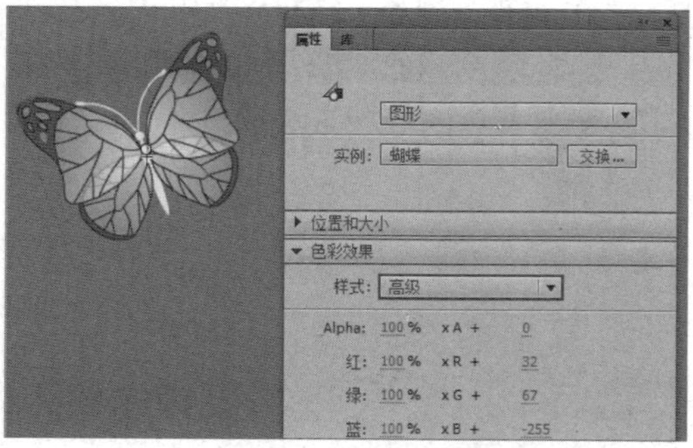

图 5-66　高级色调调整

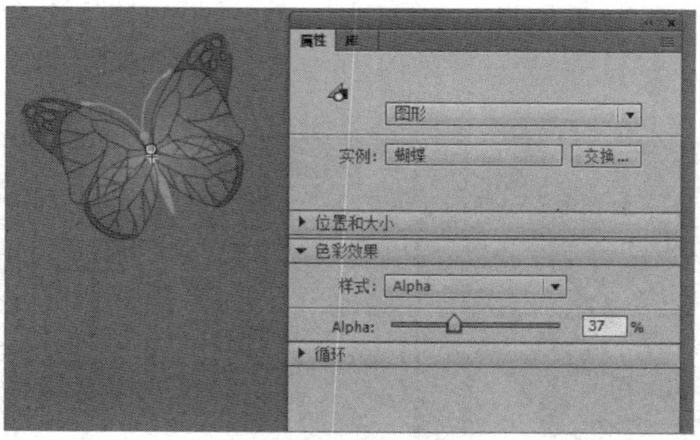

图 5-67　调整透明度

5.3.3　设置图形实例的循环

图形元件使用与文档相同的时间轴，所以在文档编辑模式下将显示它们的动画。通过设置图形实例的“循环”选项，可以决定如何播放图形实例内的动画序列。

选择舞台中的图形实例后，在“属性”面板的“循环”选项组中可以从“选项”下拉列表中选择“循环”“播放一次”“单帧”等循环方式。若要指定循环时首先显示的是图形元件的帧，可以在“第一帧”文本框中输入帧编号，如图 5-68 所示。单击“使用帧选择器”按钮，在弹出的面板中选择要显示的帧，如图 5-69 所示。选中“创建关键帧”复选框，当从“帧选择器”面板中选择某个位置时，系统会自动创建一个关键帧。

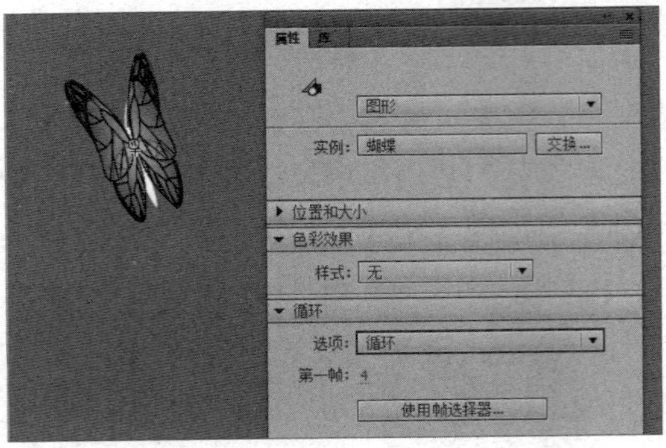

图 5-68　输入帧编号

图 5-69　选择帧

3 种循环方式的含义分别如下。

- **循环**：按照当前实例占用的帧数来循环包含在该实例内的所有动画序列。
- **播放一次**：从指定帧开始播放动画序列，直到动画结束，然后停止。
- **单帧**：显示动画序列的一帧，指定要显示的帧。

5.3.4　交换元件

若要在舞台中显示不同的实例，并保留所有的原始实例属性（如色彩效果或按钮动作），可以通过交换元件来实现。具体操作方法如下。

Step 01 选择舞台中的实例，在“属性”面板中单击“交换...”按钮，如图 5-70 所示。

Step 02 弹出“交换元件”对话框，选择要交换的元件，然后单击“确定”按钮，如图 5-71 所示。

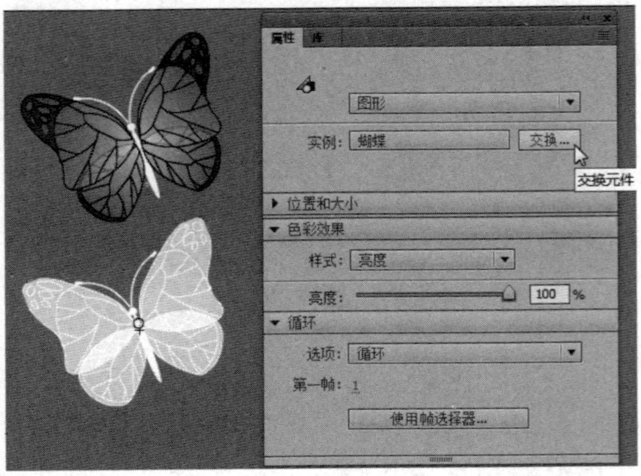

图 5-70　单击“交换...”按钮

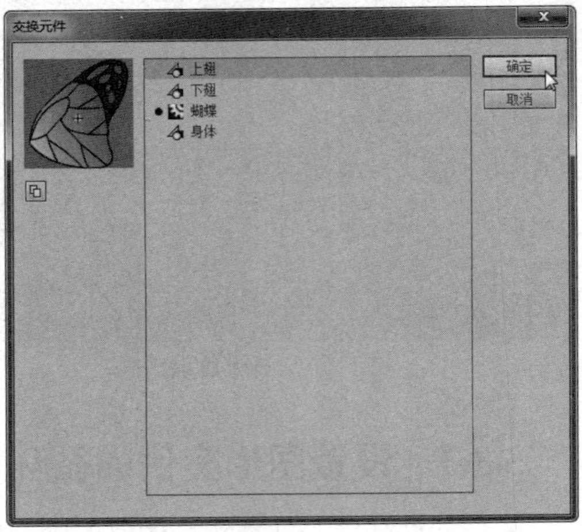

图 5-71　选择交换元件

Step 03 此时即可完成元件的替换操作，新实例保留了原实例的色彩效果，如图 5-72 所示。

Step 04 若要替换元件的所有实例，可以从一个“库”面板（如打开外部库）中将与待替换元件同名的元件拖至正在编辑的 FLA 文件的“库”面板中，在弹出的“解决库冲突”对话框中单击“替换现有项目”单选按钮，如图 5-73 所示，然后单击“确定”按钮。若库中包含文件夹，则必须将新元件拖至与所替换的元件相同的文件夹中。

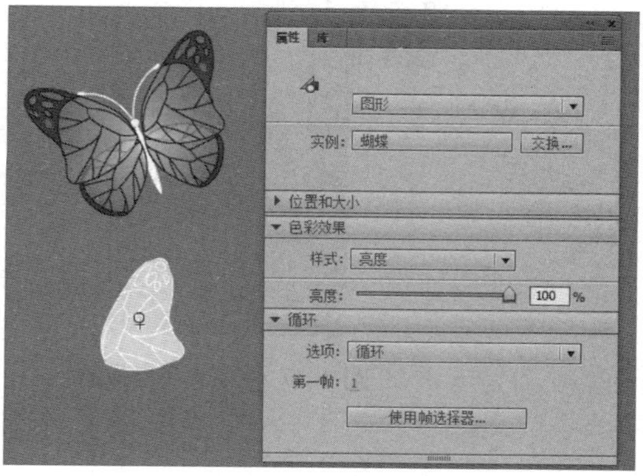

图 5-72 完成元件替换

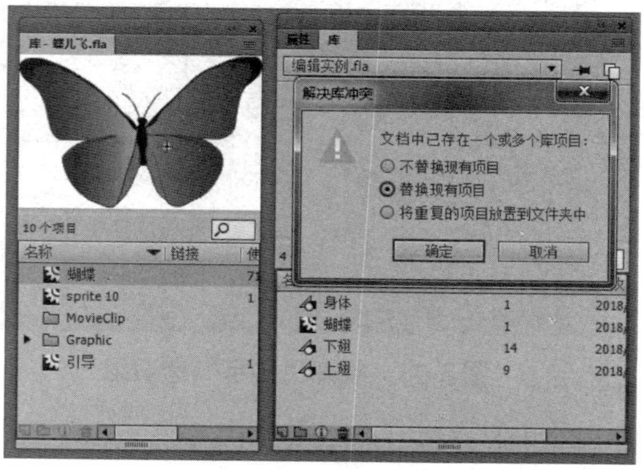

图 5-73 替换元件

5.3.5 更改实例的类型

用户可以根据需要重新定义实例的类型，例如，若要为图形实例添加滤镜效果，需将其更改为影片剪辑实例。具体操作方法如下。

Step 01 选择舞台中的图形实例，在“属性”面板中单击“实例行为”下拉按钮，在弹出的下拉列表中选择“影片剪辑”类型，如图 5-74 所示。

Step 02 此时即可将图形实例更改为影片剪辑实例，在其“属性”面板中可以看到增加了几组属性参数，如图 5-75 所示。

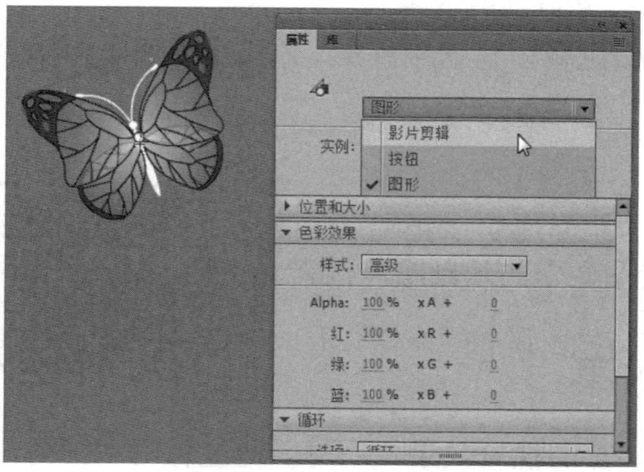

图 5-74 选择实例的类型

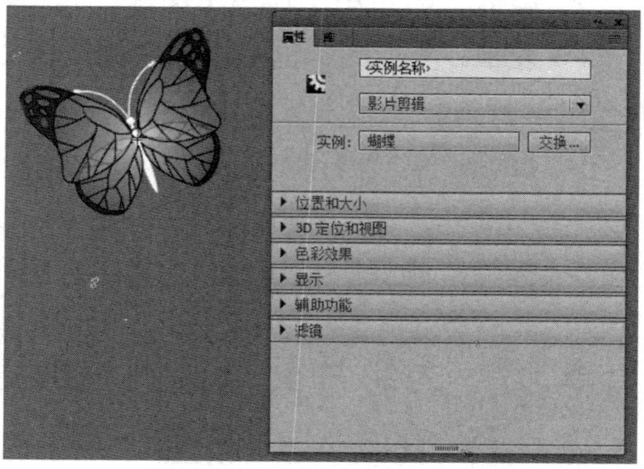

图 5-75 更改实例的类型

5.3.6 设置影片剪辑实例的混合模式

使用混合模式可以创建复合图像效果。复合是改变两个或两个以上重叠对象的透明度或者颜色相互关系的过程。用户可以将“混合”属性应用到影片剪辑实例中，从而创造独特的图像效果。混合模式不仅取决于要应用混合的对象的颜色，还取决于基础颜色。

选择影片剪辑实例后，在“属性”面板中展开“显示”选项组，如图 5-76 所示。单击“混合”右侧的下拉按钮，在弹出的下拉列表中选择所需的混合模式，如图 5-77 所示。

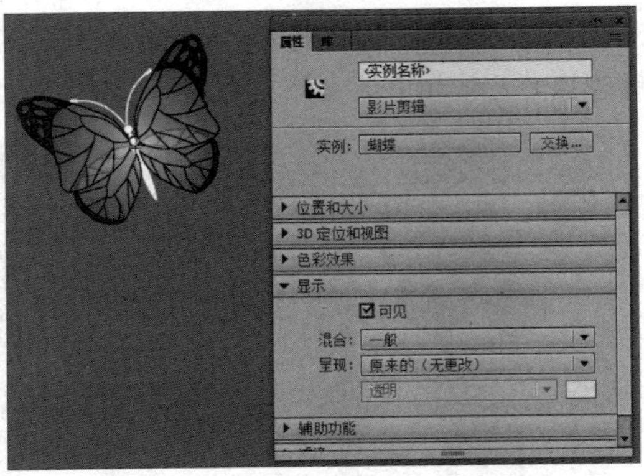

图 5-76　展开“显示”选项组

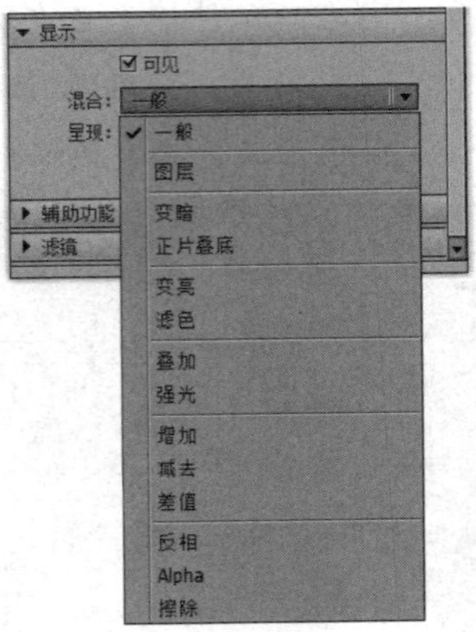

图 5-77　选择混合模式

各种混合模式的含义如下。

- **一般**：正常应用颜色，不与基础颜色发生交互。
- **图层**：可以层叠各个影片剪辑，而不影响其颜色。
- **变暗**：只替换比混合颜色亮的区域，比混合颜色暗的区域将保持不变。
- **正片叠底**：将基础颜色与混合颜色复合，从而产生较暗的颜色。
- **变亮**：只替换比混合颜色暗的区域，比混合颜色亮的区域将保持不变。
- **滤色**：将混合颜色的反色与基础颜色复合，从而产生漂白效果。
- **叠加**：复合或过滤颜色，具体操作取决于基础颜色。
- **强光**：复合或过滤颜色，具体操作取决于混合颜色。该效果类似于用点光源照射对象。
- **增加**：通常用于在两个图像之间创建动画的变亮分解效果。
- **减去**：通常用于在两个图像之间创建动画的变暗分解效果。
- **差值**：从基础颜色减去混合颜色或从混合颜色减去基础颜色，具体取决于哪一种颜色的亮度值较大。该效果类似于彩色底片。
- **反相**：反转基础颜色。
- **Alpha**：应用 Alpha 遮罩层。
- **擦除**：删除所有基础颜色像素，包括背景图像中的基础颜色像素。

5.3.7　为影片剪辑实例添加滤镜效果

使用滤镜可以为文本、按钮和影片剪辑增添丰富的视觉效果，还可以通过补间动画为滤镜添加动画效果。下面介绍如何为影片剪辑实例添加滤镜效果，具体操作方法如下。

Step 01 在舞台中选择影片剪辑实例，在“属性”面板中展开“滤镜”选项组，单击“添加”按钮，在弹出的下拉列表中选择“投影”滤镜，如图 5-78 所示。

Step 02 根据需要对“投影”滤镜的各项参数进行设置，在“滤镜”选项组中单击“选项”按钮，在弹出的下拉列表中可以选择对滤镜执行复制、粘贴与保存等操作，如图 5-79 所示。

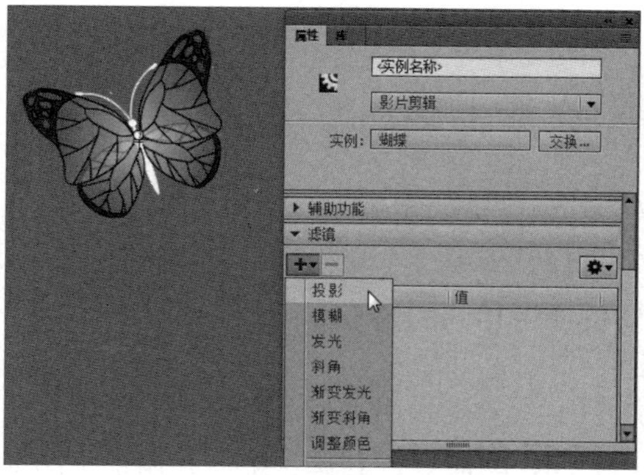

图 5-78 选择“投影”滤镜

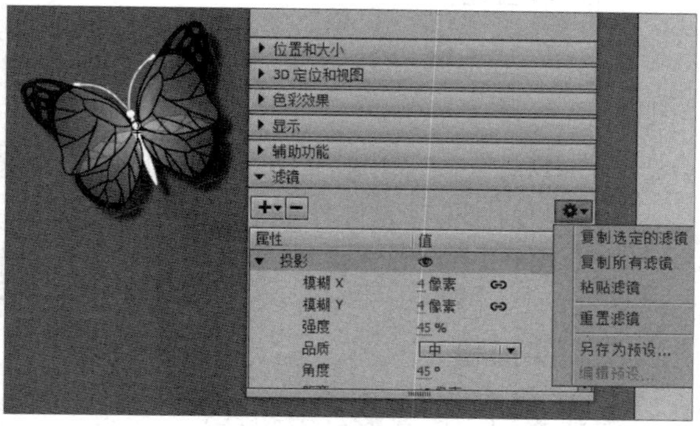

图 5-79 设置滤镜参数

需要注意的是，应用于对象的滤镜类型、数量和质量会影响 SWF 文件的播放性能。应用于对象的滤镜越多，Flash Player 要正确显示创建的视觉效果所需处理的数据量也就越大，所以建议对一个给定对象应限制滤镜的应用。

本章小结

通过对本章的学习，读者应该掌握以下知识。

（1）Animate 包括图形、影片剪辑和按钮 3 种元件类型，元件被存放在“库”面板中。

（2）对“库”面板进行操作，如选择、排列、重命名或组织库对象。

（3）通过多种方法创建元件，如将图形转换为元件、创建空元件并添加内容或重制元件。

（4）元件拥有独立的编辑舞台，可以从中为元件制作图像或动画。

（5）实例是元件在舞台中的一个副本，它可以与元件在颜色、大小和功能上有差别。编辑元件会更改它的所有实例。

（6）更改元件或实例为其他类型。

课后习题

一、选择题

1．按（　）组合键可以将选择的图形转换为元件。

A．【Ctrl+F8】　　B．【F8】

C．【Ctrl+E】　　D．【Ctrl+D】

2．下列哪种操作可以断开实例与元件的链接？（　）

A．复制实例　　B．分离实例

C．将实例与其他对象组合　　D．更改实例的属性

3．怎样调整实例可以将其在舞台中隐藏起来？（　）

A．调整 Alpha 值　　B．调整实例的亮度

C．调整色调　　D．删除实例

二、填空题

1．按______键可以创建新元件，按______键将选中的图形转换为元件，按______键编辑元件。

2．通过______功能可以将舞台中的实例替换为其他元件的实例。

3．要使用现有元件作为起始点创建元件，可以执行__________操作。

4．通过_________操作可以为其他影片剪辑实例应用相同的滤镜。

三、实操题

新建文档，创建影片剪辑元件“跑动”，将一张 GIF 动图导入到舞台中，并调整各图像的位置，如图 5-80 所示。在舞台中创建该元件的实例，并更改其属性，如图 5-81 所示。

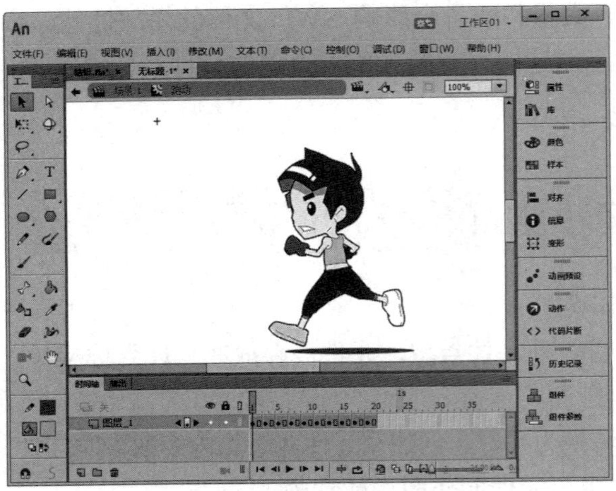

图 5-80　创建影片剪辑元件

图 5-81　创建实例并更改属性

第 6 章 制作 Animate 基本动画

【学习目标】

- 掌握时间轴和帧的基本操作。
- 掌握逐帧动画的制作方法。
- 掌握传统补间动画的制作方法。
- 掌握补间形状动画的制作方法。
- 掌握补间动画的制作方法。

在“时间轴”面板中通过对帧的顺序播放来实现各帧中实例的变化，从而产生动画效果。Animate 基本动画主要包括逐帧动画、传统补间动画、补间形状动画和补间动画 4 个类型，它们是制作复杂动画的基础。本章将学习时间轴与帧的操作，以及 Animate 基本动画的制作方法。

6.1 使用时间轴和帧

在 Animate CC 中，动画的内容是通过“时间轴”面板来组织的。“时间轴”面板将动画在横向上划分为帧，在纵向上划分为图层。通过拖动时间轴中的播放头，可以对动画内容进行预览。下面介绍时间轴和帧的相关知识。

6.1.1 使用播放头

“时间轴”面板中的播放头用于控制舞台中显示的内容。舞台中只能显示播放头所在帧中的内容。如图 6-1 和图 6-2 所示为动画第 9 帧和第 10 帧中的内容。

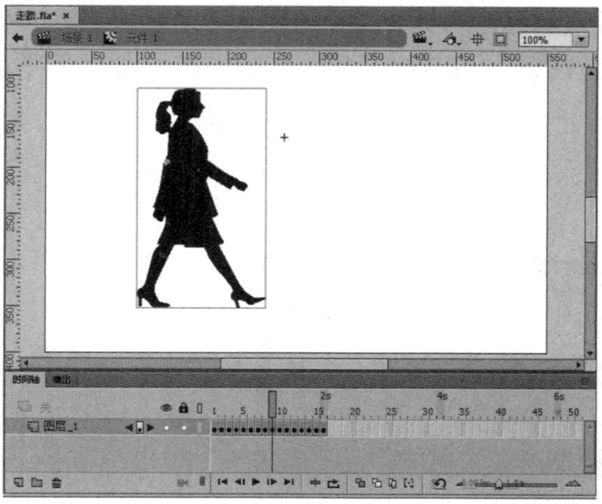

图 6-1　第 9 帧内容

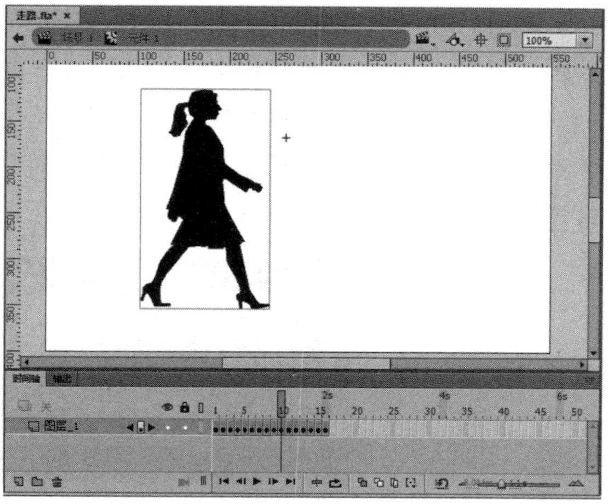

图 6-2　第 10 帧内容

使用鼠标指针直接拖动播放头，即可将其移动，如图 6-3 所示。在“时间轴”面板的标尺或帧上单击，也可改变播放头的位置，如图 6-4 所示。

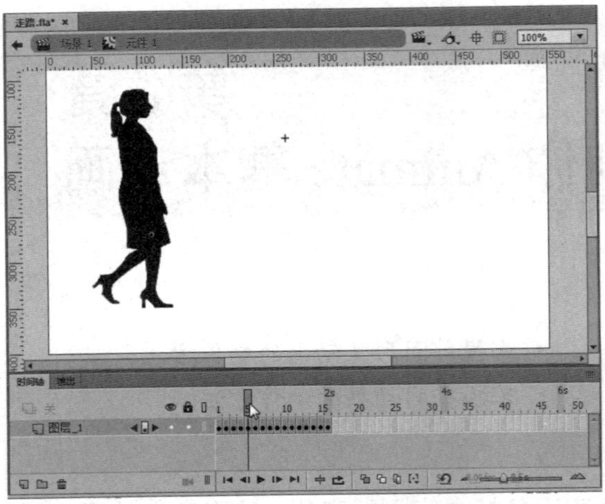

图 6-3　拖动播放头

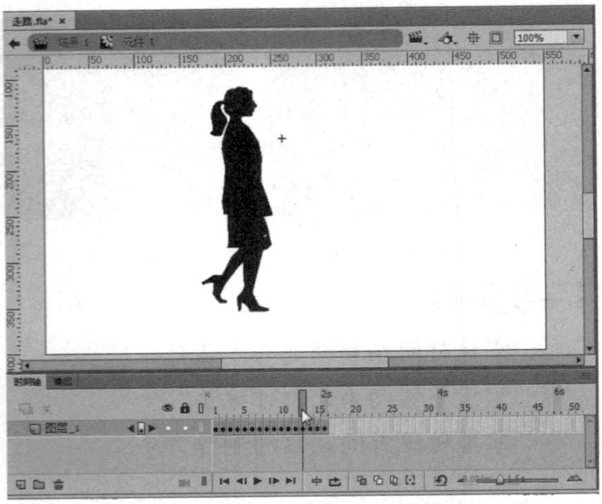

图 6-4　定位播放头

6.1.2　改变帧的显示方式

默认情况下，“时间轴”面板中的帧是以“标准”方式显示的，用户可以根据需要将帧改为其他显示方式。单击“时间轴”面板右上方的按钮▤，在弹出的面板菜单中显示了 5 种帧的显示宽度，分别为“很小”“小”“一般”“中”“大”，如图 6-5 所示。在“时间轴”面板的右下方拖动“调整时间轴视图大小”滑块，也可快速更改帧的显示大小。

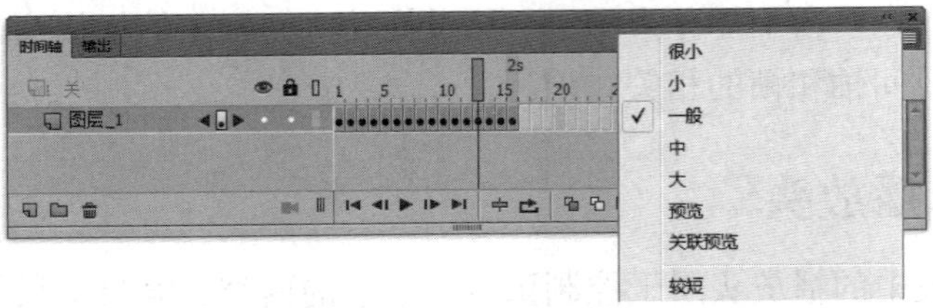

图 6-5　“时间轴”面板菜单

另外，在“时间轴”面板菜单中还有两种预览的显示方式。当选择“预览”命令时，“时间轴”面板中的帧以缩略图的方式显示舞台中的内容；当选择“关联预览”命令时，“时间轴”面板中的帧显示完整的舞台，并且舞台中各元素的缩略图与舞台保持原比例和相对位置关系，如图 6-6 所示。此外，若在“时间轴”面板菜单中选择“较短”命令，可以将帧的高度设置为较短方式，以显示更多的图层。

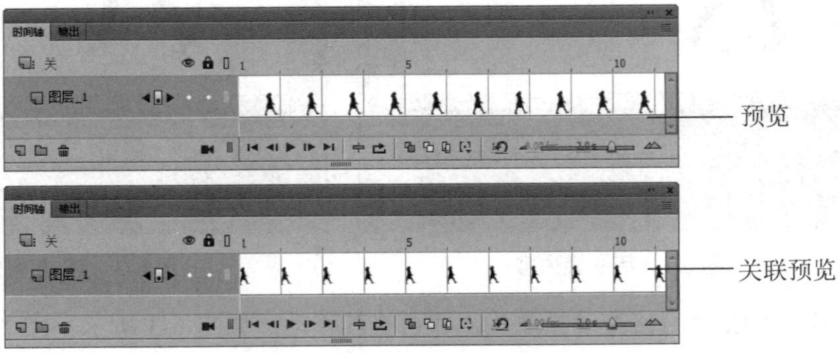

图 6-6　“预览”与“关联预览”显示

6.1.3　帧和关键帧

帧是 Animate 动画的基本单位。电影是通过一张张胶片连续播放形成的，而 Animate 动画中的帧就像电影中的胶片一样，也是通过连续播放来实现动画效果的。

“时间轴”面板中的每一个小方格代表一个帧，一个帧包含了动画在某一时刻的画面。图 6-7 中列出了几种帧的常见形式，下面分别对其进行介绍。

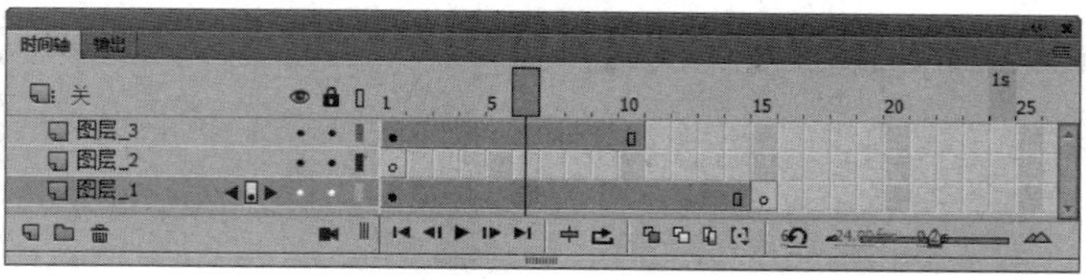

图 6-7　帧

1．关键帧

关键帧是时间轴中内容发生变化的一帧。默认情况下，每个图层的第一帧是关键帧。关键帧可以是空的，当新建一个文档后，“图层 1”的第一帧就是一个空白关键帧，以一个空心的小圆圈显示，如图 6-8 所示。

当在舞台中添加内容后，空白关键帧就变为一个关键帧。关键帧以一个实心的黑色小圆显示，如图 6-9 所示。

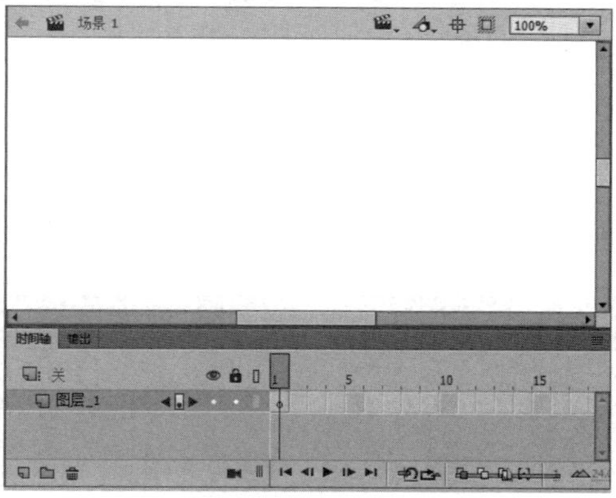

图 6-8　空白关键帧

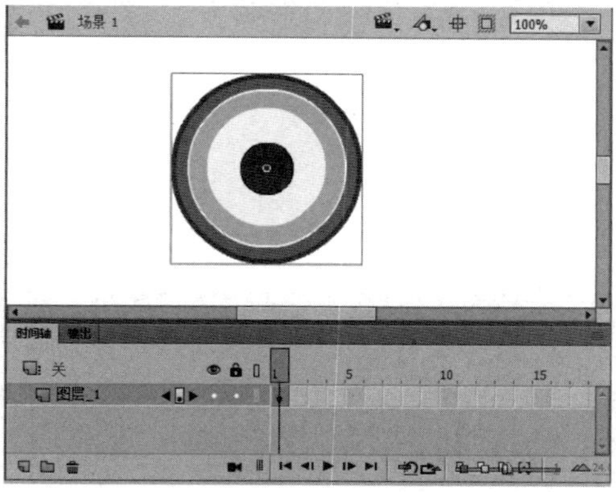

图 6-9　关键帧

课堂解疑

选择舞台中任一图层中的一个或多个对象后右击，在弹出的快捷菜单中选择“分布到关键帧”命令，即可将所选对象添加到一个新的关键帧中。

2．普通帧

普通帧是依赖于关键帧的，在没有设置动画的前提下，普通帧与上一个关键帧中的内容相同。在一个动画中增加一些普通帧，可以延长动画的播放时间。例如，在第 10 帧上右击，在弹出的快捷菜单中选择“插入帧”命令（如图 6-10 所示），即可从上一个关键帧开始插入多个普通帧，如图 6-11 所示。普通帧在时间轴上显示为灰色的小方格，还可通过按【F5】键来插入普通帧。

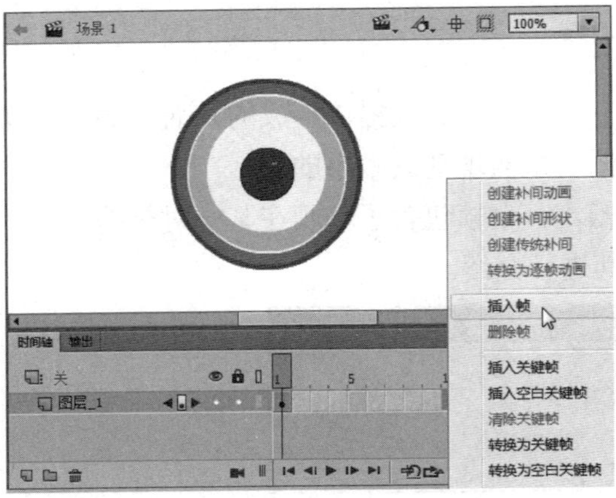

图 6-10 选择“插入帧”命令

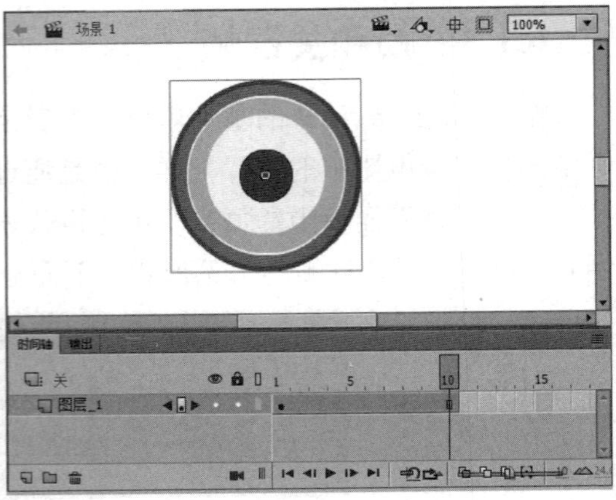

图 6-11 插入普通帧

3．空白帧与空白关键帧

跟在普通帧之后的是空白帧，它以浅灰色小方格显示。例如，在第 11 帧上右击，在弹出的快捷菜单中选择“插入空白关键帧”命令或按【F7】键，即可插入一个空白关键帧，此时舞台中没有内容，如图 6-12 所示。选择第 15 帧并按【F5】键，即可从第 11 帧开始插入多个空白帧，如图 6-13 所示。

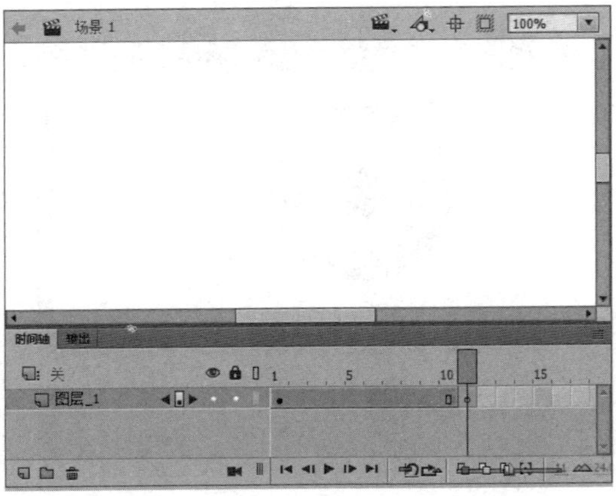

图 6-12 插入空白关键帧

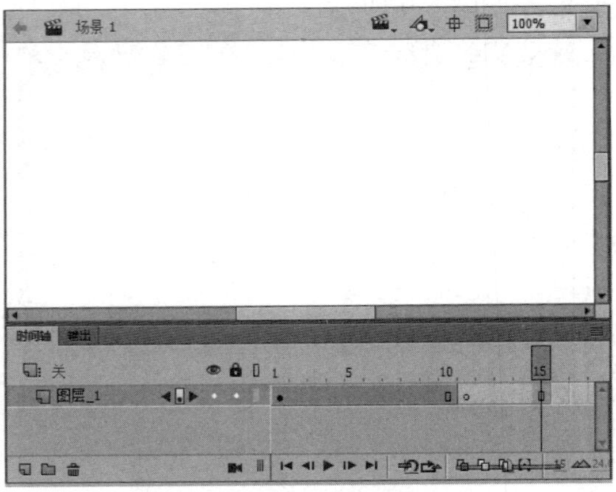

图 6-13 插入多个空白帧

课堂解疑

单击“时间轴”面板右上方的按钮，在弹出的面板菜单中选择“基于整体范围的选择”命令，这样只需单击一次即可选择两个关键帧之间的一组帧。

4．帧序列

“帧序列”是指某个图层中一个关键帧和直到下一个关键帧之间跟随它的普通帧（不包括下一个关键帧）。可以将帧序列作为一个实体进行选择（双击即可选择帧序列），以便于对其进行复制和移动操作，如图 6-14 所示。例如，单击第 11 帧到第 15 帧之间的任意一帧，然后在舞台中绘制一个图形，此时第 11 帧自动变为关键帧，从第 11 帧到第 15 帧就是一个帧序列，如图 6-15 所示。

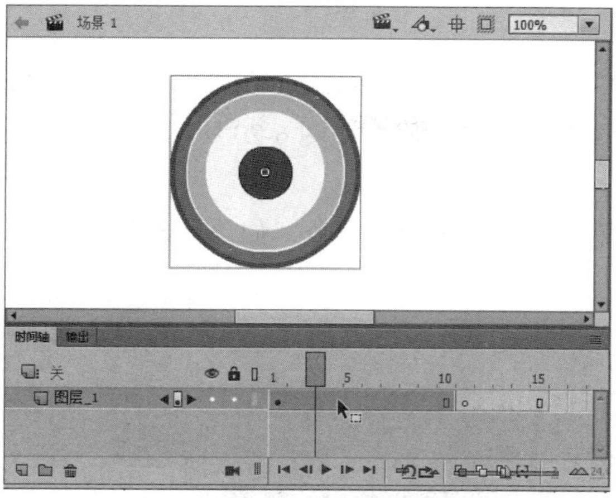

图 6-14 选择帧序列

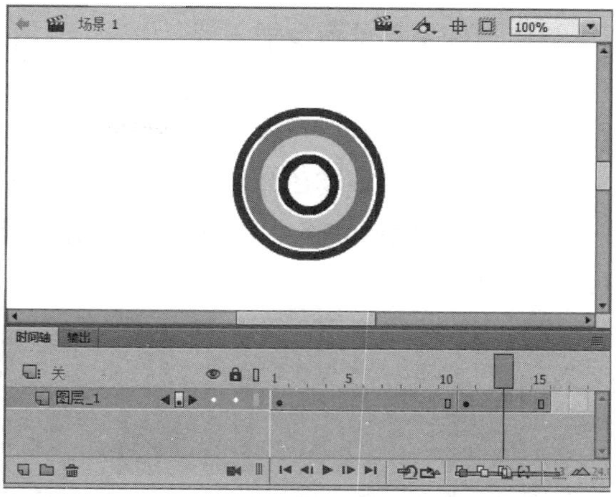

图 6-15 绘制图形

6.1.4 帧的基本操作

要想创作出精彩的动画作品，首先必须要学会帧的基本操作，这是动画制作过程中的一个重要环节。

1. 选择帧

在对帧进行操作前，首先要选择帧。在 Animate CC 中可以选择单个帧，也可以同时选择多个帧。在“时间轴”面板中单击要选择的帧，即可将其选中，该帧以蓝色显示，如图 6-16 所示。

若要选择连续的多个帧，可以先选择第一个帧，然后在按住【Shift】键的同时单击需要选择的最后一帧，即可将这两个帧之间的所有帧全部选中，如图 6-17 所示。也可将鼠标指针移至要选择的帧上，按住鼠标左键，然后向左或向右拖动鼠标指针来选择连续的多个帧。

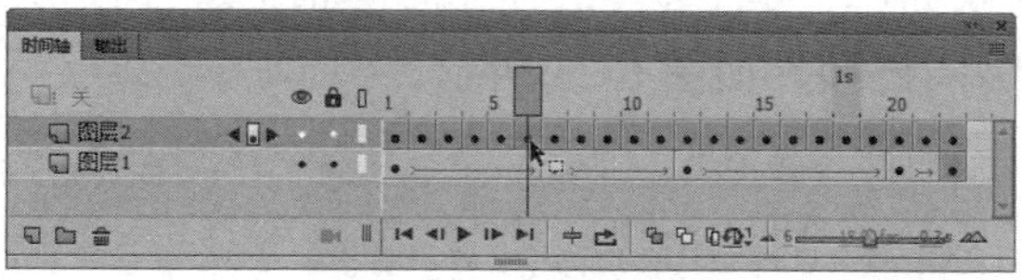

图 6-16 选择单个帧

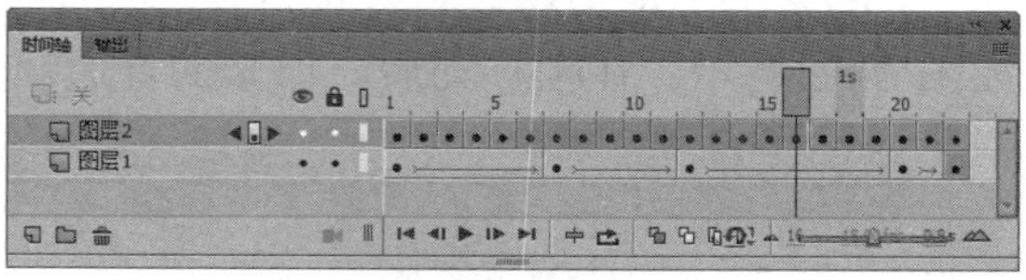

图 6-17 选择连续多个帧

若要选择不连续的多个帧，可以先选择第一个帧，然后在按住【Ctrl】键的同时单击其他要选择的帧，如图 6-18 所示。

单击某个图层的名称，即可选择该图层中的所有帧，如图 6-19 所示。

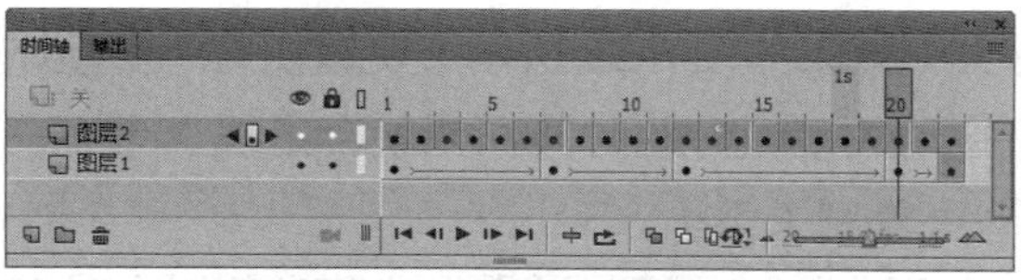

图 6-18 选择不连续多个帧

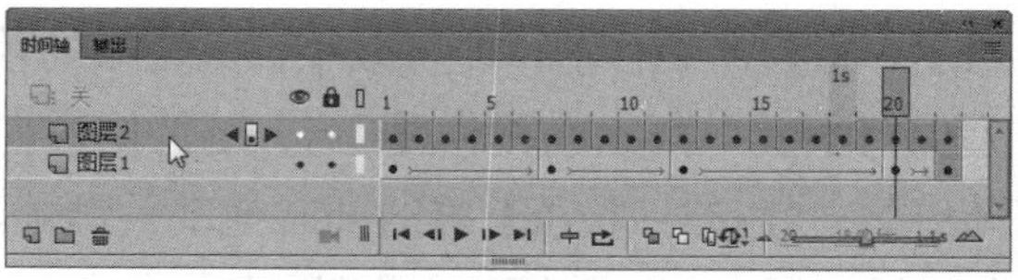

图 6-19 选择图层所有帧

2. 插入帧

在创建 Animate 动画时，首先要插入帧。无论是关键帧，还是普通帧，其创建方法类似，通常采用以下 3 种创建方法。

（1）使用菜单命令插入帧

首先选择要插入帧的帧格，然后选择“插入”|“时间轴”命令，在弹出的子菜单中选择要插入的帧类型即可，其中包含“帧”“关键帧”“空白关键帧”，如图 6-20 所示。

（2）使用快捷菜单命令插入帧

在要插入帧的帧格上右击，在弹出的快捷菜单中选择相应的命令（如“插入关键帧”）即可，如图 6-21 所示。

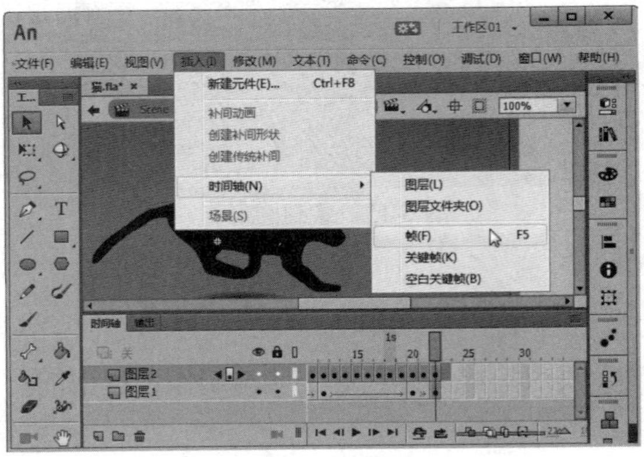

图 6-20　使用菜单命令插入帧

图 6-21　使用快捷菜单命令插入帧

（3）使用快捷键插入帧

选择要插入帧的帧格，按【F5】键，可以插入普通帧；按【F6】键，可以插入关键帧；按【F7】键，可以插入空白关键帧。

3．移动帧

在制作动画时，经常需要将帧移到不同的位置，其方法为：将鼠标指针移至选择的帧上，按住鼠标左键，拖动鼠标指针至目标位置后松开鼠标，即可将选择的帧在时间轴上进行移动，如图 6-22 所示。在帧移动后，原来的普通帧变为关键帧，如图 6-23 所示。

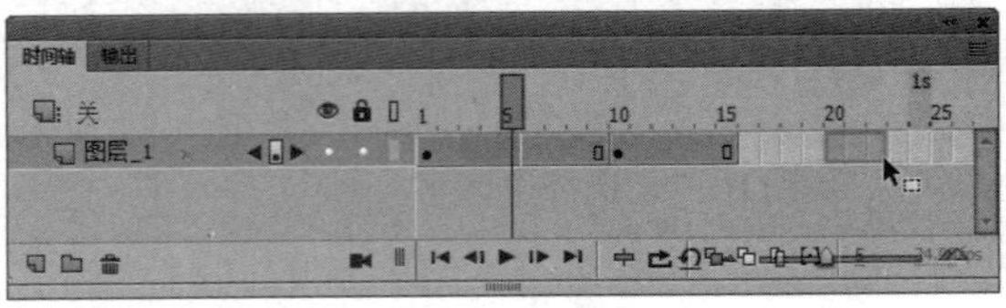

图 6-22　移动帧

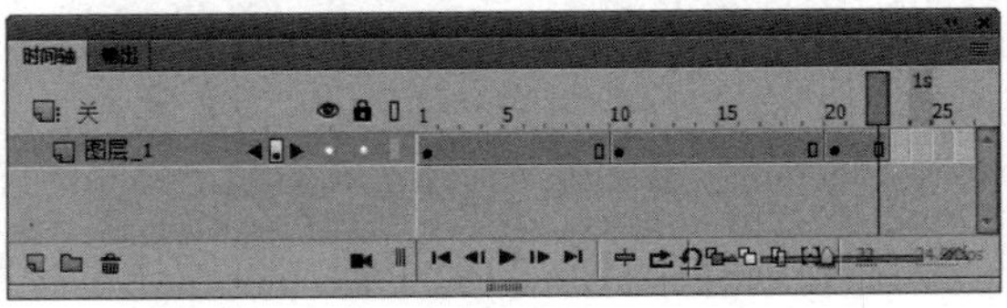

图 6-23　查看移动帧效果

移动关键帧，可以增大或减小帧序列的时间跨度。例如，选择第 10 帧关键帧，如图 6-24 所示，将其向右移动，即可减小该关键帧的帧序列，效果如图 6-25 所示。要想使前一个帧序列保持不变，可以在按住【Ctrl】键的同时向右拖动关键帧，此时其左侧就会出现一个空白帧序列。在按住【Alt】键的同时拖动关键帧，即可复制关键帧。

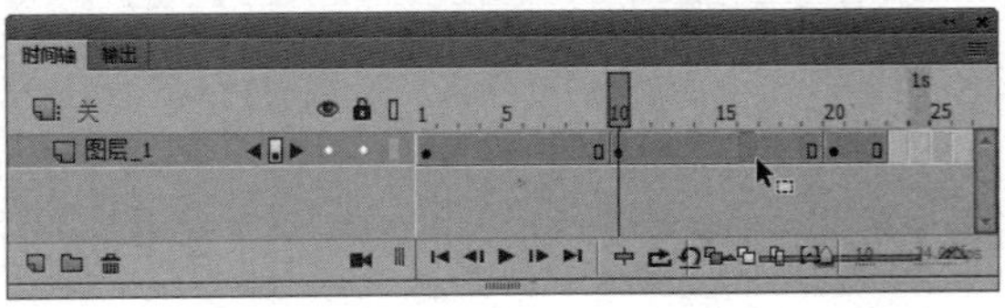

图 6-24　选择关键帧

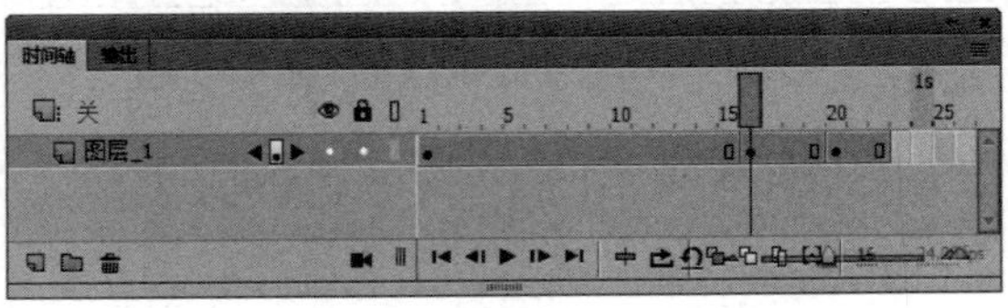

图 6-25　移动关键帧

另外，也可通过“剪切帧”和“粘贴帧”命令移动帧，方法为：选择要移动的帧并右击，在弹出的快捷菜单中选择“剪切帧”命令，如图 6-26 所示；然后在目标位置的帧上右击，在弹出的快捷菜单中选择“粘贴帧”命令即可，如图 6-27 所示。

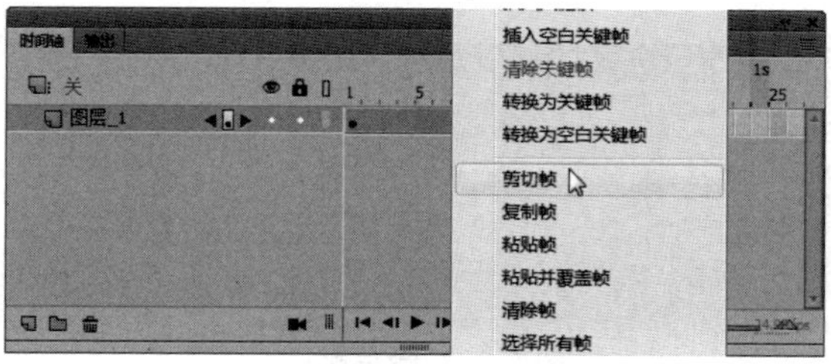

图 6-26　选择“剪切帧”命令

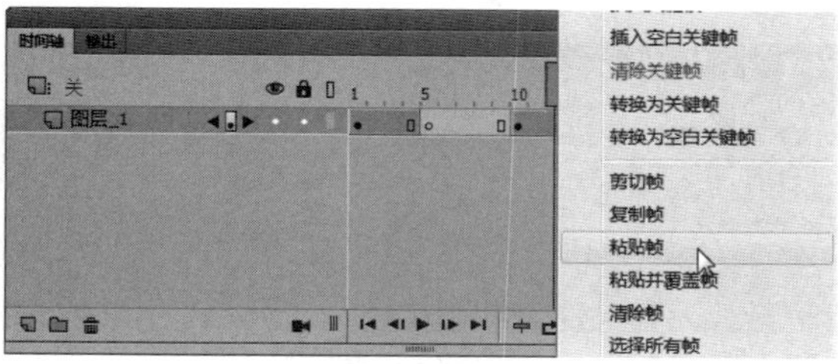

图 6-27　选择“粘贴帧”命令

4．复制帧

有时需要将帧复制到时间轴的其他位置或元件的时间轴中，此时便需要执行复制帧操作，方法为：选择要复制的帧并右击，在弹出的快捷菜单中选择“复制帧”命令，如图 6-28 所示；然后在要粘贴帧的位置右击，在弹出的快捷菜单中选择“粘贴帧”命令即可，如图 6-29 所示。若在同一个时间轴中复制帧，只需按住【Alt】键的同时拖动选中的帧即可。

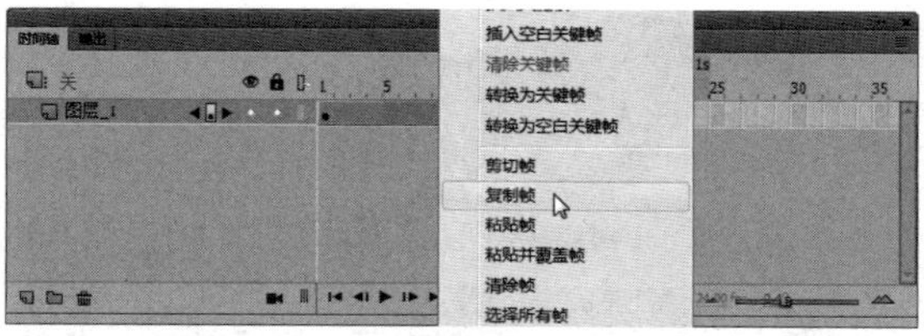

图 6-28　选择“复制帧”命令

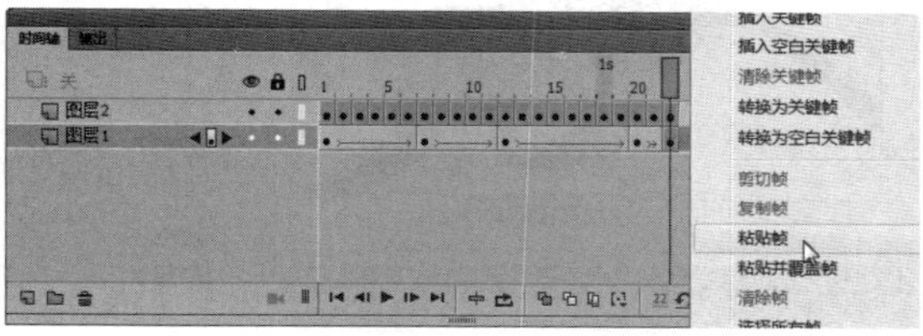

图 6-29　选择“粘贴帧”命令

5．关键帧和普通帧的相互转换

在关键帧上右击，在弹出的快捷菜单中选择“清除关键帧”命令，即可将关键帧转换为普通帧，如图 6-30 所示。

也可将普通帧转换为关键帧，方法为：选择要转换的普通帧并右击，在弹出的快捷菜单中选择“转换为关键帧”命令，即可将普通帧转换为关键帧，如图 6-31 所示。

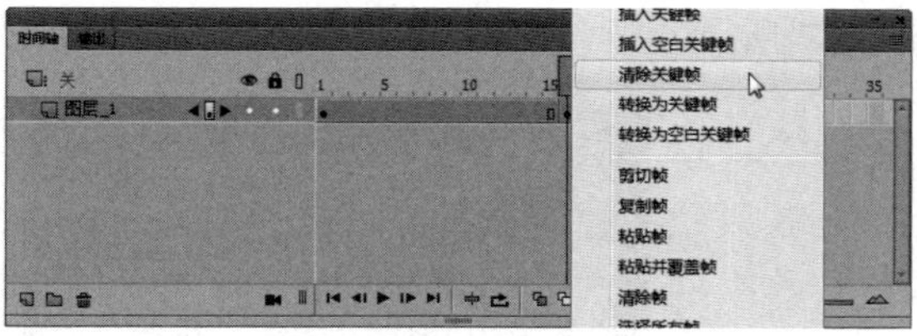

图 6-30　将关键帧转换为普通帧

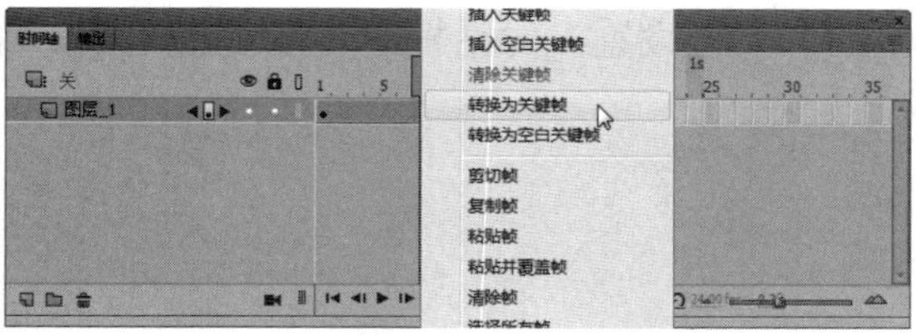

图 6-31　将普通帧转换为关键帧

6．清除帧

当不再需要某个帧中的内容时，可以将其清除，方法为：在选择的帧上右击，在弹出的快捷菜单中选择“清除帧”命令，即可清除所选帧中的内容，如图 6-32 所示。

7．删除帧

在制作动画时，若创建的帧不符合要求或不再需要时，可以将其删除，方法为：选择要删除的帧并右击，在弹出的快捷菜单中选择“删除帧”命令，即可将其删除，如图 6-33 所示。

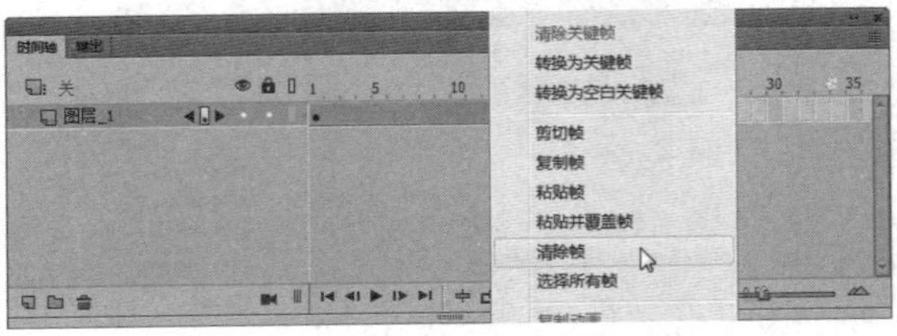

图 6-32　清除帧

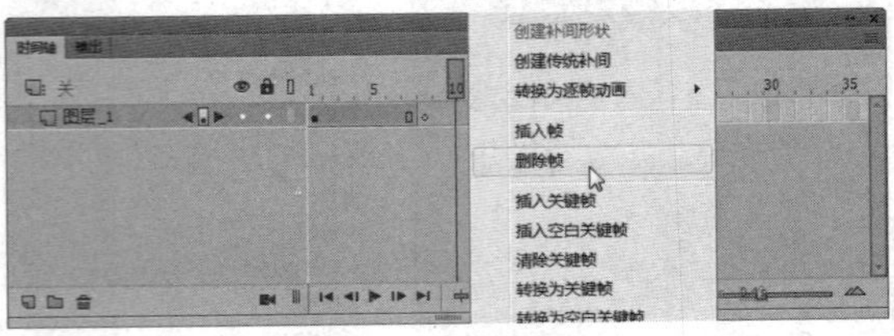

图 6-33　删除帧

8．翻转帧

翻转帧后，可以将选择的多个帧的播放顺序进行颠倒，以制作动画倒放效果。方法为：在选择的帧上右击，在弹出的快捷菜单中选择“翻转帧”命令，如图 6-34 所示，此时即可将帧的播放顺序进行颠倒。将播放头移至第 1 帧，可以看到舞台中的图形与翻转前的最后一帧相同，如图 6-35 所示。

图 6-34　选择“翻转帧”命令

图 6-35　翻转帧效果

9．设置帧频

帧频即帧的频率，表示播放动画时每秒播放的帧数，单位为 fps。默认的帧频为 24fps，在“时间轴”面板的下方可以查看文档的帧频，如图 6-36 所示。按【Ctrl+J】组合键，在弹出的“文档设置”对话框中可以更改帧频，如图 6-37 所示。

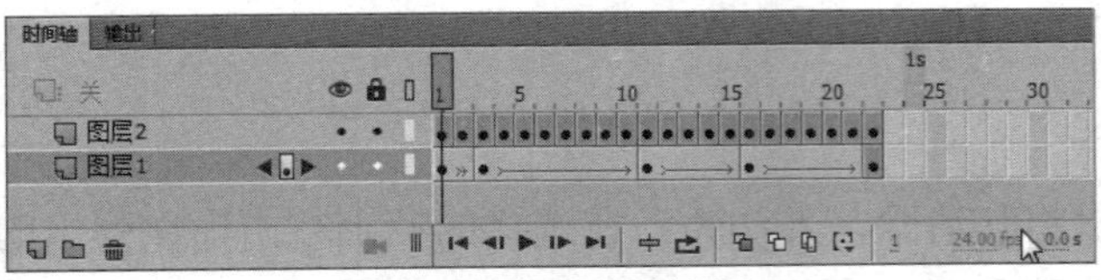

图 6-36　查看文档帧频

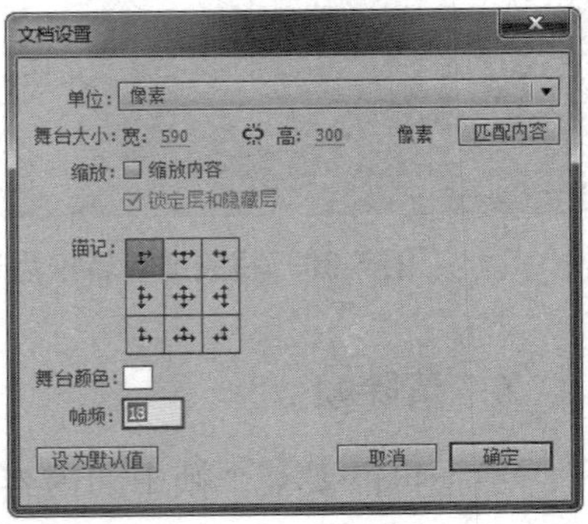

图 6-37　更改帧频

10．创建帧标签和帧注释

在 Animate CC 中区分不同的关键帧有两种方法：一种方法是查看帧序号，即查看“时间轴”面板上方的标尺。另外，在“时间轴”面板下方的状态栏中也显示了相应帧的序号。当移动关键帧时，帧序号会发生相应的变化。另一种区分关键帧的方法是使用帧标签，即给帧设置一个标志性的名称。当移动关键帧时，帧标签不会发生改变，可以使用 Action 脚本语言对关键帧进行调用。

创建帧标签的方法为：选择要添加标签的关键帧，然后打开“属性”面板，在“标签”选项组的“名称”文本框中输入名称，如图 6-38 所示。

帧注释类似于电影剧本中使用的注释，用于对动画的内容进行解释，以使动画制作人员更好地把握动画的流程。另外，注释内容并不包含在发布后的动画文件中，所以可以使用任意长度的注释，而不必担心文件的体积。

添加帧注释的方法为：选择要添加标签的关键帧，然后打开“属性”面板，在“标签”选项组的“名称”文本框中输入“//”，再输入注释内容即可，如图 6-39 所示。

图 6-38　创建帧标签

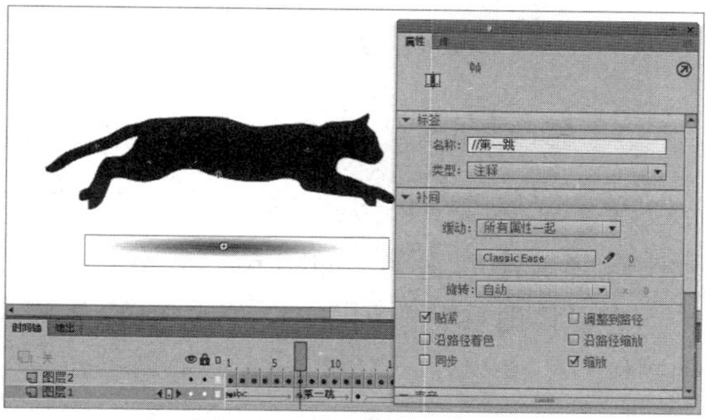

图 6-39　创建帧注释

6.1.5　使用绘图纸工具

通常在 Animate 舞台工作区中只能看到一帧的画面，但若使用绘图纸工具，就可以同时显示或编辑多个帧的内容。在 Animate CC 中，共有 4 种绘图纸工具：绘图纸外观、绘图纸外观轮廓、编辑多个帧，以及修改标记。

1．绘图纸外观

单击“绘图纸外观”按钮，“时间轴”面板中就会出现绘图纸的起始点和终止点，位于绘图纸之间的帧在场景中呈现出不同的透明度，当前帧完全显示出来，如图 6-40 所示。拖动起始点或终止点，可以改变绘图纸的范围。

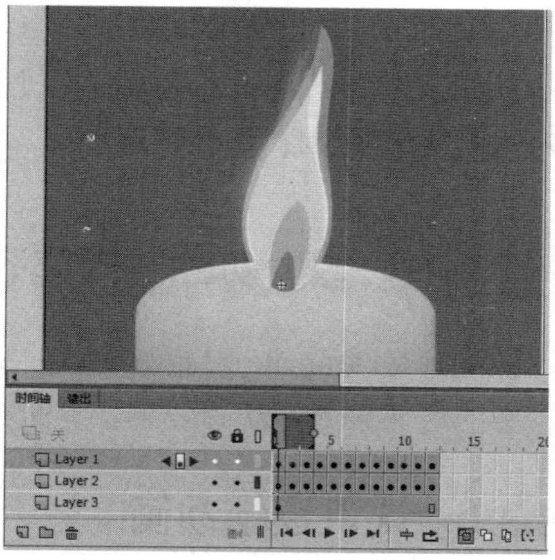

图 6-40　绘图纸外观

2．绘图纸外观轮廓

单击“绘图纸外观轮廓”按钮，只显示相应帧中的轮廓线，如图 6-41 所示。

3．编辑多个帧

单击“编辑多个帧”按钮，可以对绘图纸区域中的关键帧进行编辑，如改变对象的大小、位置和颜色等，如图 6-42 所示。

图 6-41　绘图纸外观轮廓

图 6-42　编辑多个帧

4．修改标记

单击“修改标记”按钮，在弹出的列表中选择所需的选项，如图 6-43 所示。

图 6-43　修改绘图纸标记

在“修改标记”列表中，各选项的含义如下。

- **始终显示标记**：选择该选项后，无论是否启用了绘图纸功能，在时间轴上总会显示绘图纸标志。
- **锚定标记**：选择该选项后，就会将绘图纸标志锁定在当前位置，使其不再受当前选择帧的影响。
- **标记范围 2**：选择该选项后，将显示当前帧前后 2 帧的内容。
- **标记范围 5**：选择该选项后，将显示当前帧前后 5 帧的内容。
- **标记所有范围**：选择该选项后，将显示时间轴中所有帧的内容。

6.2 制作逐帧动画

逐帧动画是 Animate 中相对简单的基本动画，通常由多个连续的帧组成，通过连续表现关键帧中的对象来产生动画效果。下面介绍逐帧动画的制作方法与技巧。

6.2.1　认识逐帧动画

逐帧动画与传统动画片类似，每一帧中的图形都是绘制出来的。逐帧动画中的每一帧都是关键帧，在每个关键帧中创建不同的内容，当连续播放关键帧中的图形时即可形成动画。虽然逐帧动画制作起来比较麻烦，但它可以呈现出任何动画效果，适合表现每一帧都发生内容变化的复杂动画。

6.2.2　实例：创建钟表逐帧动画

下面以制作钟表动画为例来介绍如何创建逐帧动画，具体操作方法如下。

Step 01 新建文档并将其保存为“表.fla”，按【Ctrl+Alt+Shift+R】组合键显示标尺，拖动标尺创建辅助线，如图 6-44 所示。

Step 02 以辅助线的交点为圆心，使用椭圆工具绘制一个圆形，并设置形状的笔触样式，如图 6-45 所示。

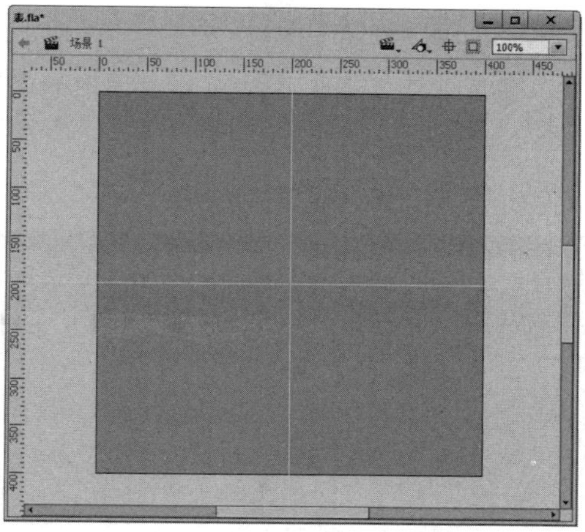

图 6-44　创建辅助线

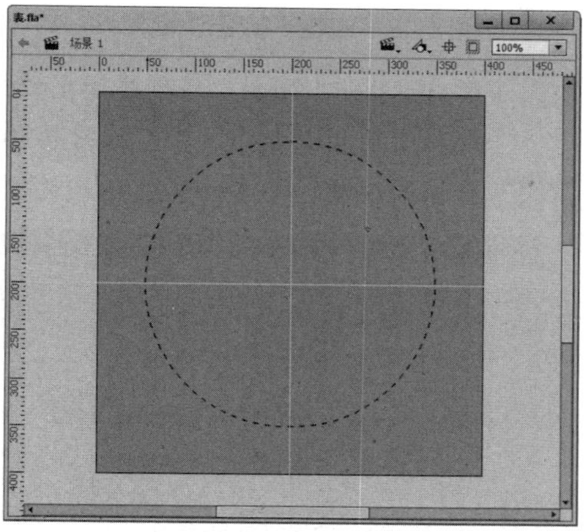

图 6-45　绘制圆形

Step 03 将图层重命名为“表盘”，选择第 60 帧，按【F5】键插入普通帧，新建图层并将其重命名为“刻度”。使用线条工具在圆形内绘制一条刻度线，然后使用任意变形工具设置刻度线的中心点，使其位于表盘的圆心，如图 6-46 所示。

Step 04 按【Ctrl+T】组合键打开“变形”面板，设置旋转角度为 30°，连续单击“重制选区和变形”按钮，如图 6-47 所示。

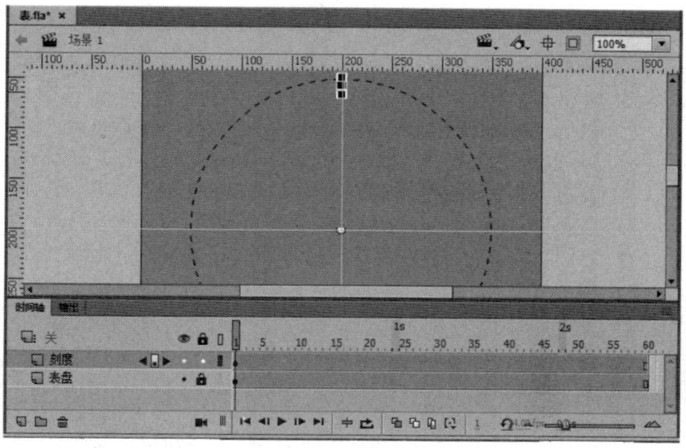

图 6-46　绘制刻度线及设置刻度线的中心点

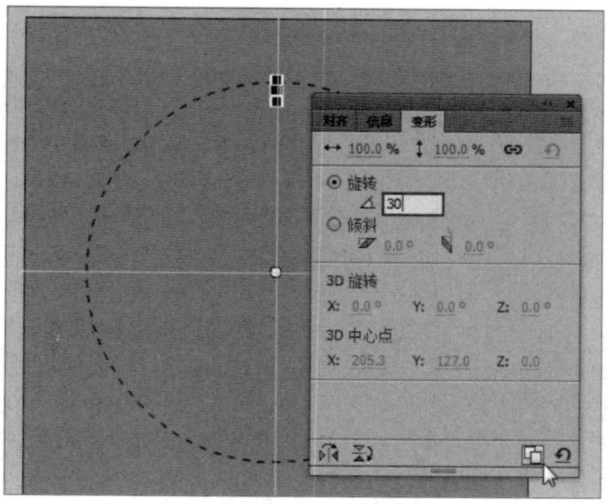

图 6-47　设置旋转角度

Step 05 此时即可复制出多条刻度线，按【Ctrl+;】组合键隐藏辅助线，效果如图 6-48 所示。

Step 06 按【Ctrl+F8】组合键新建“指针”图形元件，使用线条工具和椭圆工具绘制指针图形，如图 6-49 所示。

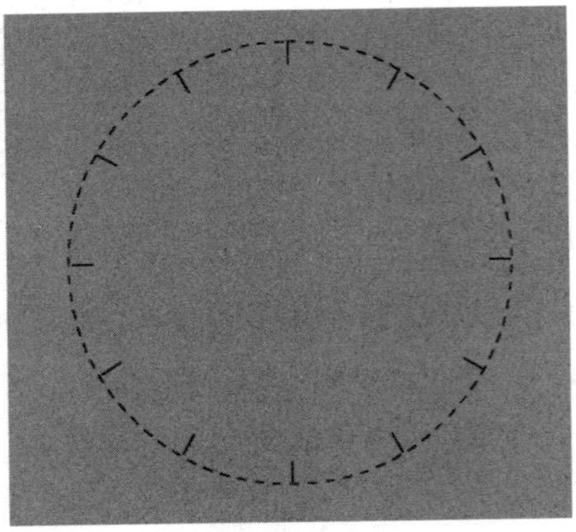

图 6-48 旋转复制变形效果

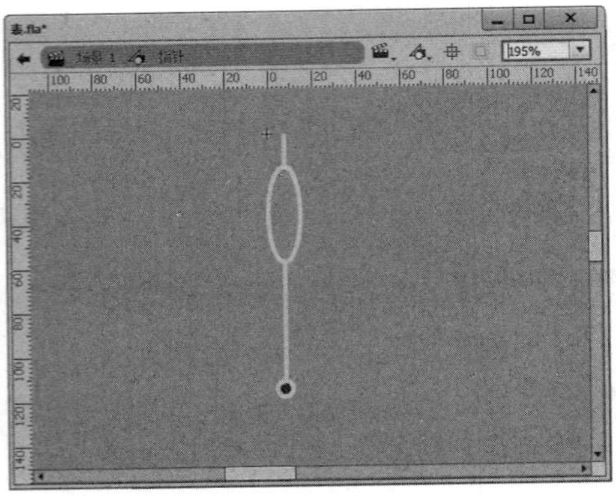

图 6-49 绘制指针图形

Step 07 新建“指针”图层，将创建的元件拖入舞台中，使用任意变形工具将指针图形的变形点移至表盘圆心的位置，如图 6-50 所示。

Step 08 选择第 5 帧，按【F6】键插入关键帧，如图 6-51 所示。

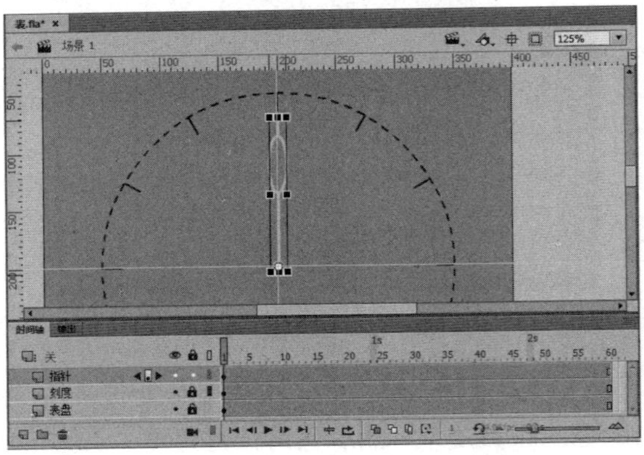

图 6-50 移动实例变形点的位置

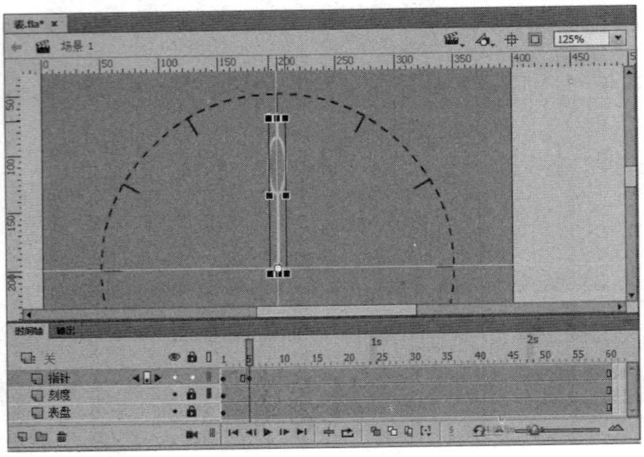

图 6-51 插入关键帧

Step 09 按【Ctrl+T】组合键打开“变形”面板，设置旋转角度为 30°，如图 6-52 所示。

Step 10 采用同样的方法，在第 10 帧、第 15 帧、第 20 帧、第 25 帧……第 60 帧分别插入关键帧，并分别设置旋转角度为 60°、90°、120°、150°……360°，如图 6-53 所示。

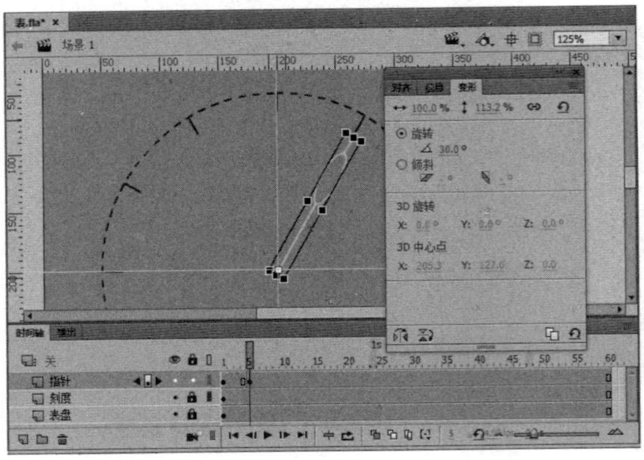

图 6-52 旋转实例

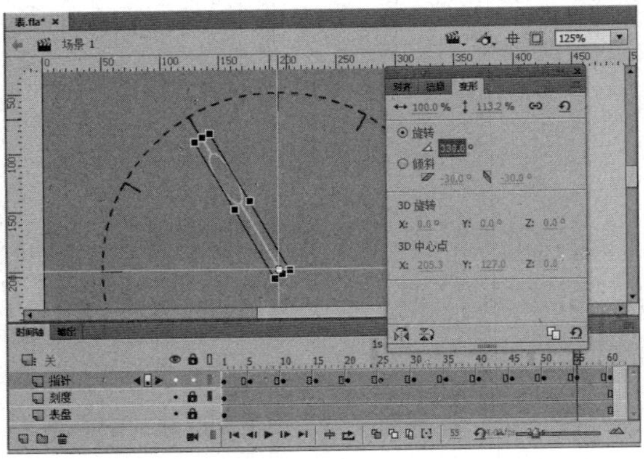

图 6-53 插入关键帧并旋转实例

Step 11 使用颜料桶工具为“表盘”图层中的图形填充颜色，如图 6-54 所示。

Step 12 按【Ctrl+Enter】组合键，测试逐帧动画效果，如图 6-55 所示。

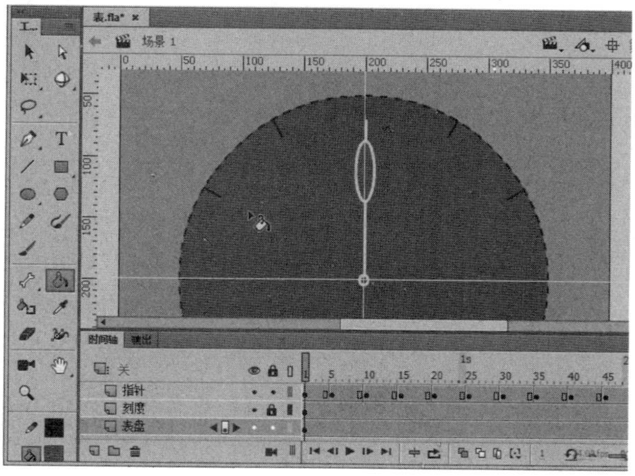

图 6-54　为图形填充颜色

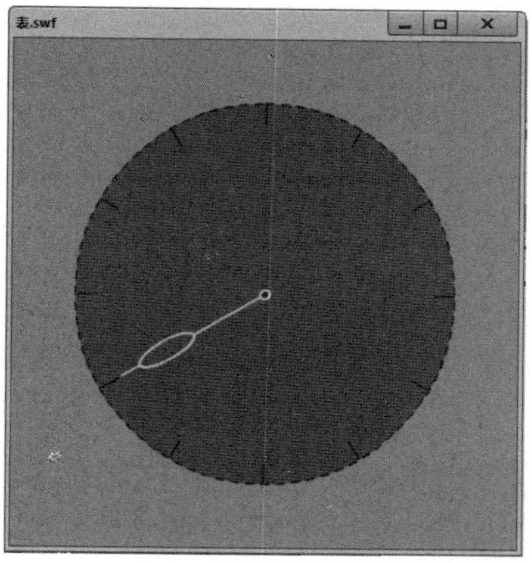

图 6-55　测试动画

课堂解疑

用户可以根据需要将传统补间或补间动画转换为逐帧动画，方法为：在补间范围内右击，在弹出的快捷菜单中选择“转换为逐帧动画”命令。

6.3 制作传统补间动画

传统补间动画中的变化是在关键帧中定义的，通过插入关键帧并改变关键帧中实例的属性，Animate CC 将自动计算中间过渡帧实例的属性并进行显示。

6.3.1 认识传统补间动画

传统补间动画只能应用于实例，它是表示实例属性变化的一种动画，在一个关键帧中定义一个实例的位置、大小和旋转等属性，然后在另一个关键帧中更改这些属性并创建动画。若对位图或形状应用传统补间动画，则在动画开始帧和结束帧中的对象将自动转换为实例。

在传统补间动画中，只有关键帧是可编辑的。虽然可以查看补间帧，但无法直接编辑它们。若要编辑补间帧，可以修改一个关键帧，或在起始和结束关键帧之间插入一个新的关键帧。

6.3.2 实例：制作背景渐变传统补间动画

下面制作一个背景色块渐变的传统补间动画，具体操作方法如下。

Step 01 新建“传统补间动画.fla”文件，按【Ctrl+F8】组合键打开“创建新元件”对话框，新建影片剪辑元件，如图 6-56 所示，然后单击“确定”按钮。

Step 02 使用矩形工具绘制矩形色块图形，如图 6-57 所示。

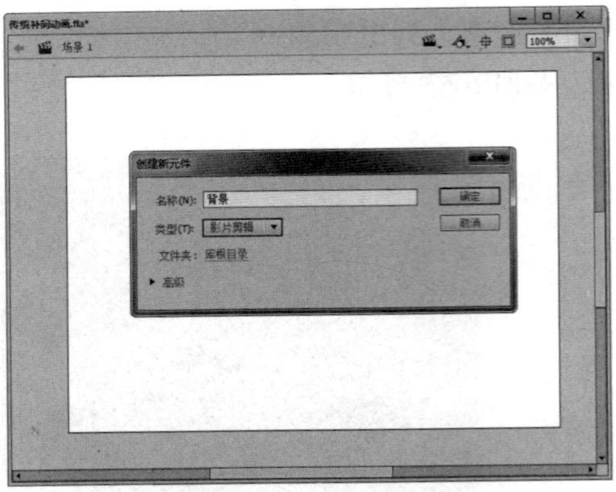

图 6-56 创建影片剪辑元件

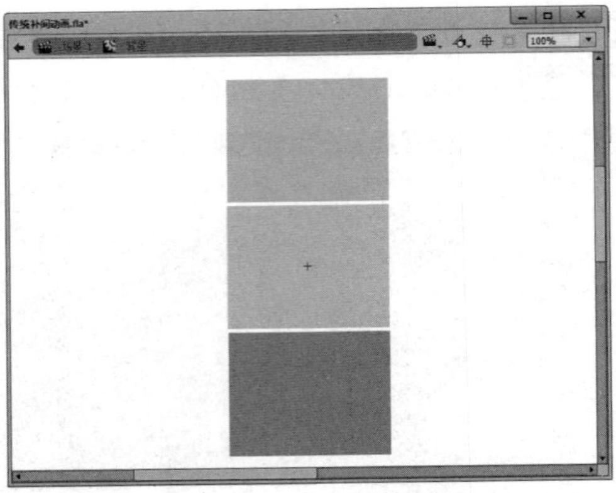

图 6-57 绘制矩形色块图形

Step 03 返回场景，按【Ctrl+L】组合键打开“库”面板，将“背景”元件拖至舞台中，如图 6-58 所示。

Step 04 新建“图层_2”和“图层_3”，在“时间轴”面板中选择“图层_1”的第 1 帧，按住【Alt】键的同时依次将其拖至“图层_2”和“图层_3”的第 1 帧进行复制，然后分别调整各关键帧中实例的位置，如图 6-59 所示。

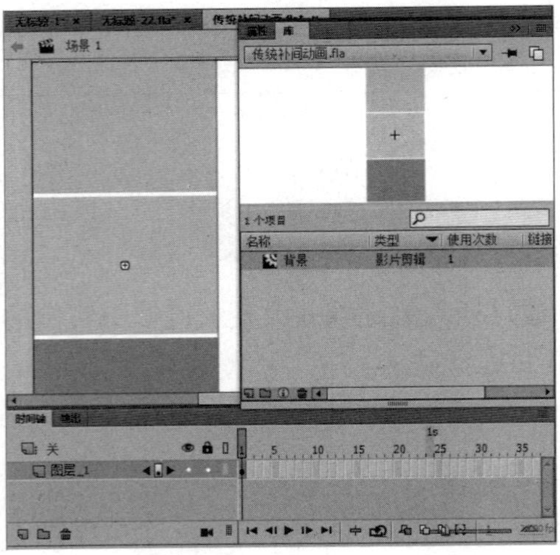

图 6-58 将元件拖至舞台中

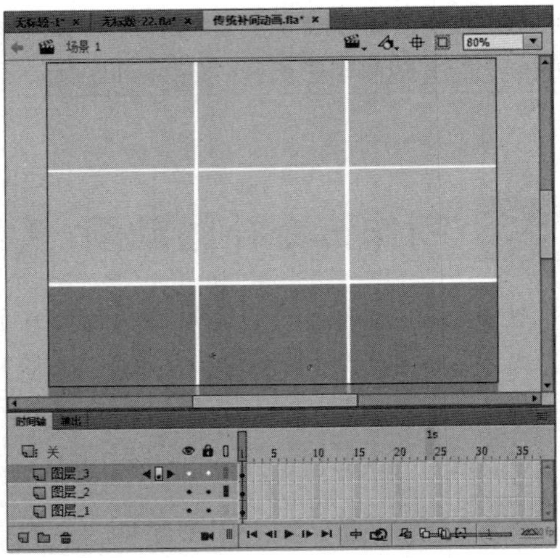

图 6-59 新建图层并添加实例

Step 05 在舞台中框选 3 个实例，在“属性”面板中设置实例的 Alpha 值为 30%，如图 6-60 所示。

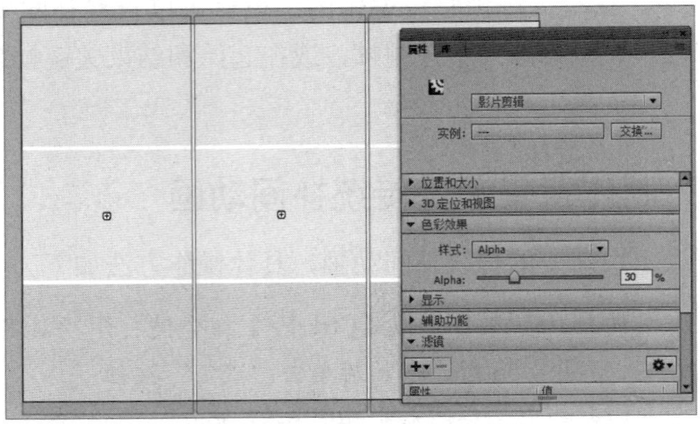

图 6-60 设置实例的 Alpha 值

Step 06 在“时间轴”面板中选择各图层的第 40 帧，然后按【F5】键插入普通帧，以延长动画。按住【Ctrl】键的同时选择各图层的第 10 帧、第 20 帧、第 30 帧、第 40 帧，按【F6】键插入关键帧，如图 6-61 所示。

Step 07 将播放头移至第 10 帧，在舞台中选择最左侧的实例，在“属性”面板中设置 Alpha 值为 100%，如图 6-62 所示。

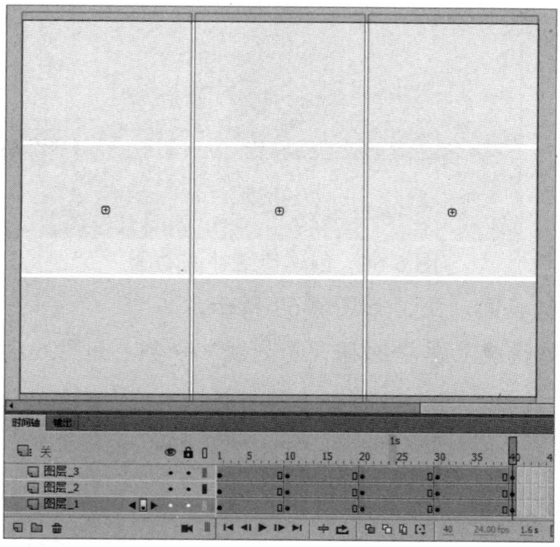

图 6-61　插入关键帧

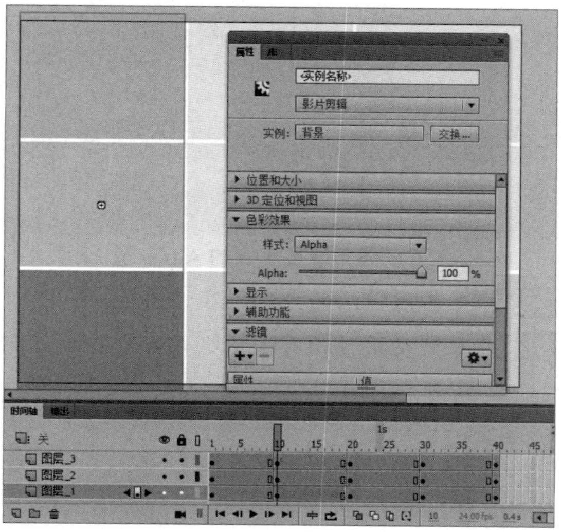

图 6-62　设置实例的 Alpha 值

Step 08 在“图层_1”中选择第 1 帧到第 20 帧之间的任意帧，右击选中的帧，在弹出的快捷菜单中选择“创建传统补间”命令，如图 6-63 所示。

Step 09 此时即可在所选帧所在的关键帧之间创建传统补间动画，拖动播放头可以查看动画效果，如图 6-64 所示。

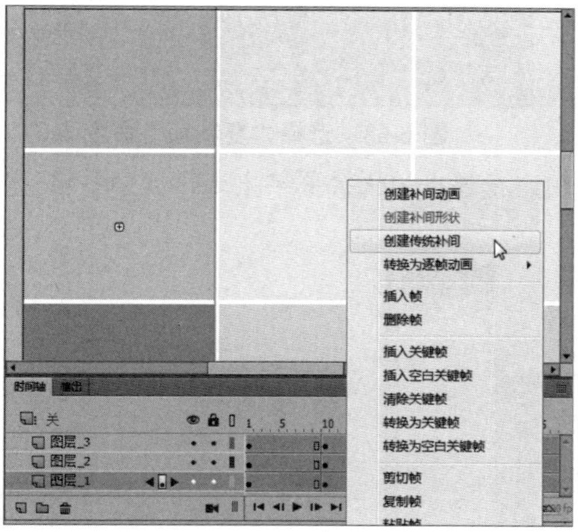

图 6-63　选择“创建传统补间”命令

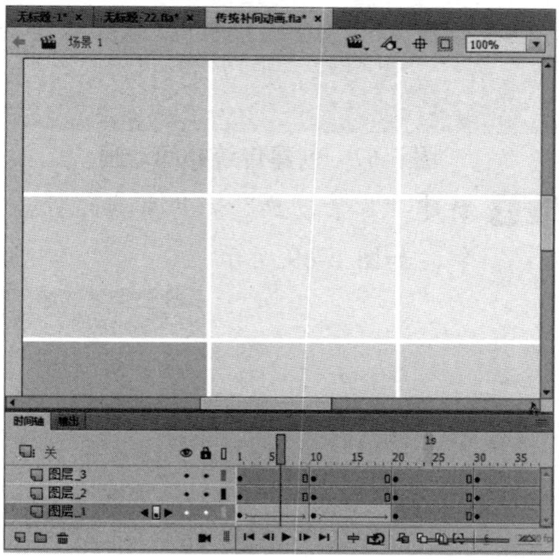

图 6-64　预览动画效果

Step 10 将播放头移至第 20 帧，在舞台中选择中间的实例，在“属性”面板中设置 Alpha 值为 100%，如图 6-65 所示。

Step 11 在“图层_2”中选择第 10 帧到第 30 帧之间的任意帧，然后采用同样的方法创建传统补间动画，如图 6-66 所示。

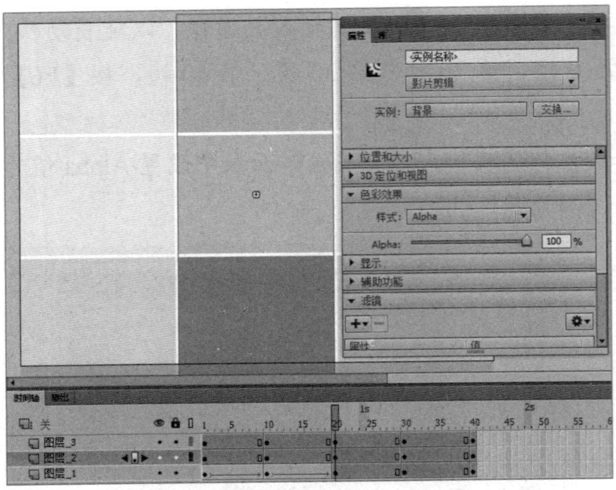

图 6-65 设置实例的 Alpha 值

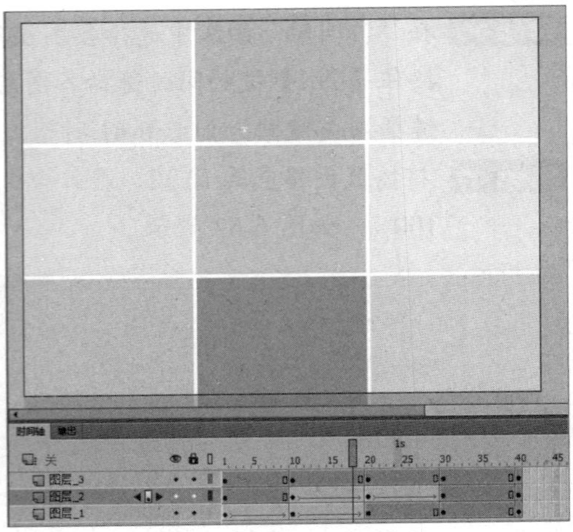

图 6-66 创建传统补间动画

Step 12 按照前面的方法，在“图层_3”中创建传统补间动画，如图 6-67 所示。

Step 13 拖动鼠标指针选择所有帧并右击，在弹出的快捷菜单中选择“复制帧”命令，如图 6-68 所示。

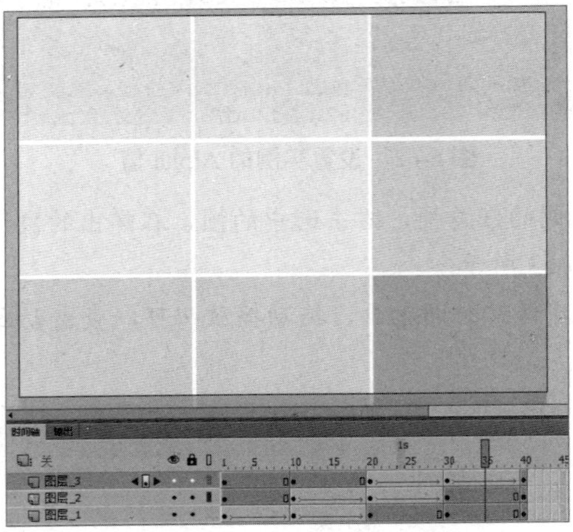

图 6-67 创建传统补间动画

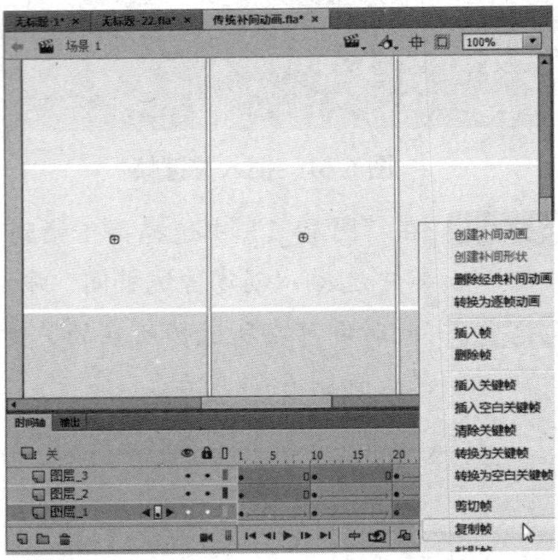

图 6-68 选择“复制帧”命令

Step 14 新建“背景动画”影片剪辑元件，右击第 1 帧，在弹出的快捷菜单中选择“粘贴帧”命令，如图 6-69 所示。

图 6-69 选择“粘贴帧”命令

Step 15 此时即可将设置的补间动画粘贴到影片剪辑元件中，如图 6-70 所示。

Step 16 返回场景，选择所有图层，单击“删除图层”按钮，如图 6-71 所示。

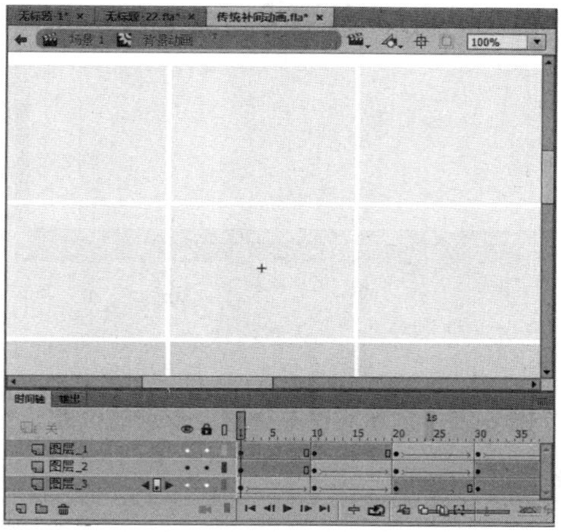

图 6-70　完成影片剪辑元件的制作

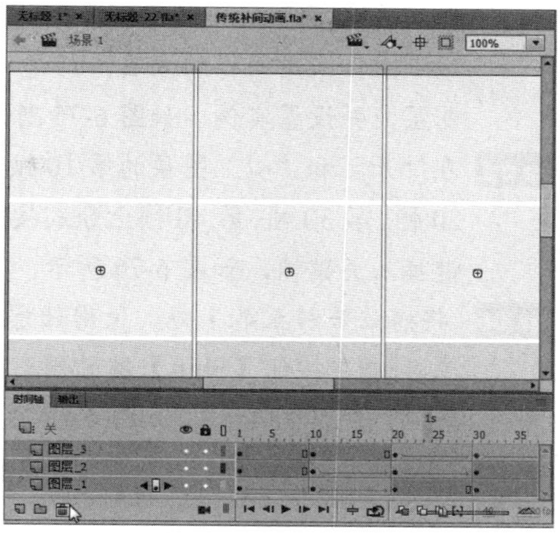

图 6-71　删除图层

6.3.3　实例：制作碰撞球传统补间动画

下面以制作碰撞球动画为例介绍如何创建传统补间动画，具体操作方法如下。

Step 01 新建“开”图形元件，使用线条工具、椭圆工具和文本工具绘制图形，如图 6-72 所示。

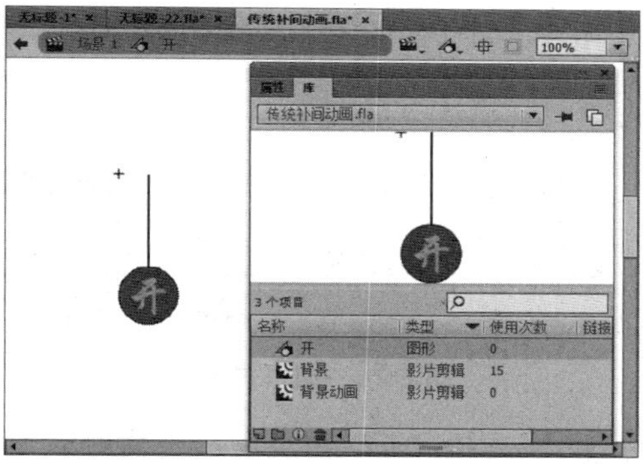

图 6-72　新建元件

Step 02 重制元件，并将其重命名为“心”，然后修改填充颜色和文字，如图 6-73 所示。

Step 03 返回场景，在“图层_1”中使用线条工具绘制图形，如图 6-74 所示。选择第 40 帧，按【F5】键插入普通帧。

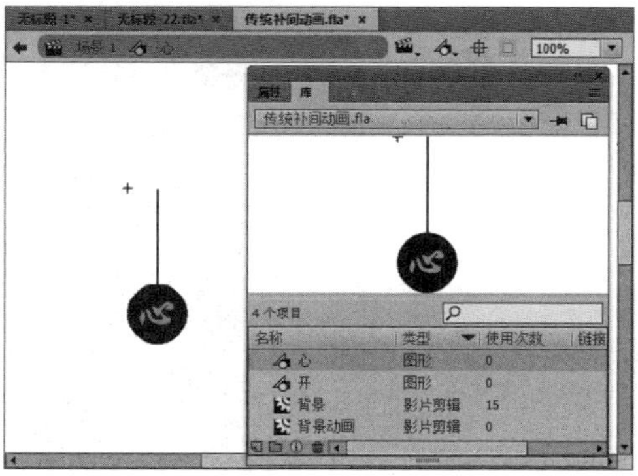

图 6-73　重制元件并修改

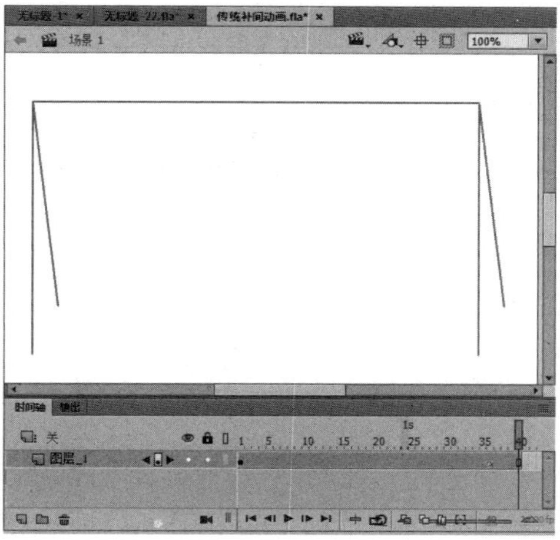

图 6-74　绘制图形

Step 04 新建图层，并将其重命名为“开”。将“开”元件拖至舞台中，使用任意变形工具调整实例的变形点到线条的顶点上。采用同样的方法，新建“心”图层，并设置实例，如图 6-75 所示。

Step 05 在“开”和“心”图层的第 10 帧、第 20 帧、第 30 帧、第 40 帧上分别按【F6】键插入关键帧，如图 6-76 所示。

Step 06 将播放头移至第 1 帧，使用任意变形工具在按住【Shift】键的同时旋转实例，使其呈 45°，如图 6-77 所示。

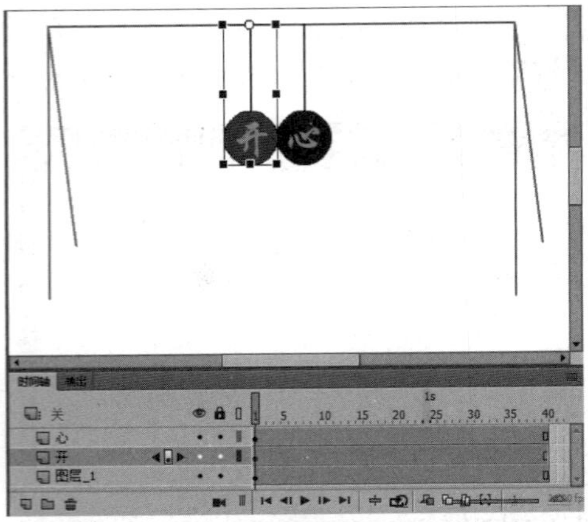

图 6-75 创建实例并调整变形点的位置

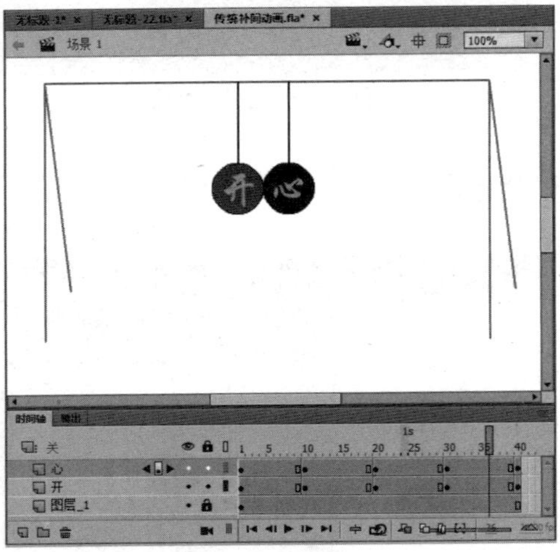

图 6-76 插入关键帧

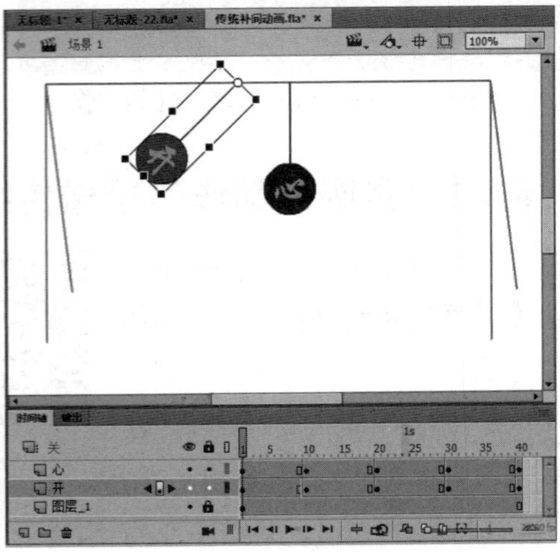

图 6-77 旋转实例

Step 07 选择“开”图层中第 1 帧到第 10 帧之间的任意帧并右击，在弹出的快捷菜单中选择“创建传统补间”命令，如图 6-78 所示。

Step 08 选择补间动画的任意帧，打开“属性”面板，设置缓动强度为 - 100，如图 6-79 所示。

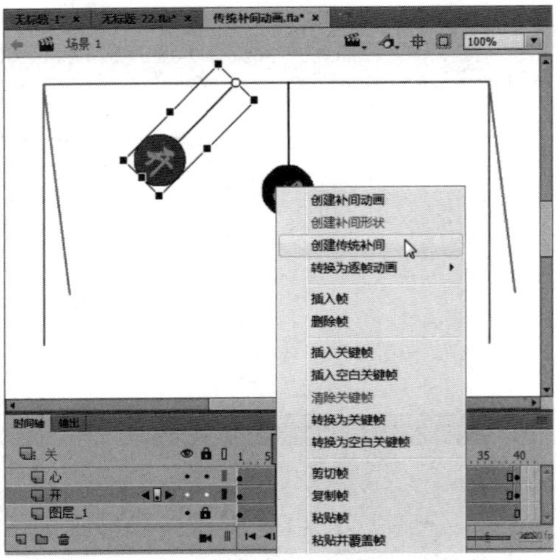

图 6-78 创建传统补间动画

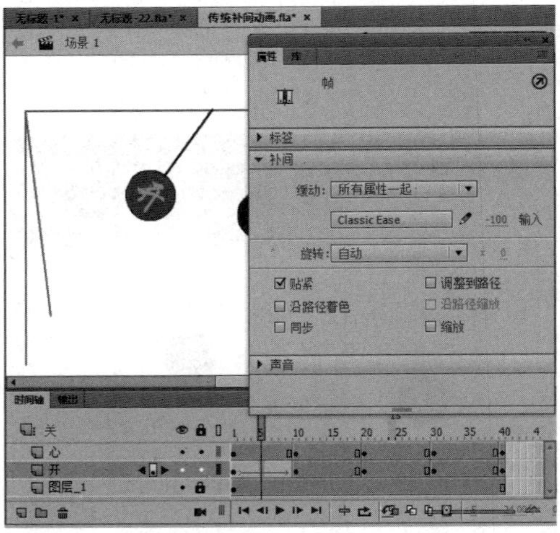

图 6-79 设置补间缓动

Step 09 采用同样的方法，在其他关键帧处旋转相应的实例，然后创建传统补间动画，并设置相应的缓动强度，如图 6-80 所示。

Step 10 新建一个图层，并将其重命名为“背景”，将该图层移至最下层，然后将前面制作的“背景动画”元件拖入舞台中，如图 6-81 所示。

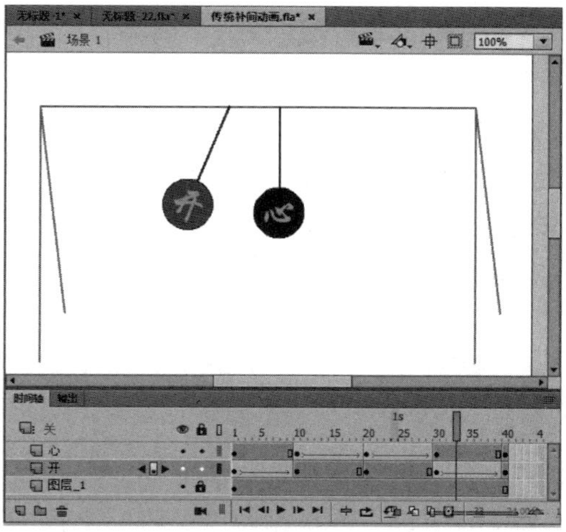

图 6-80　创建传统补间动画

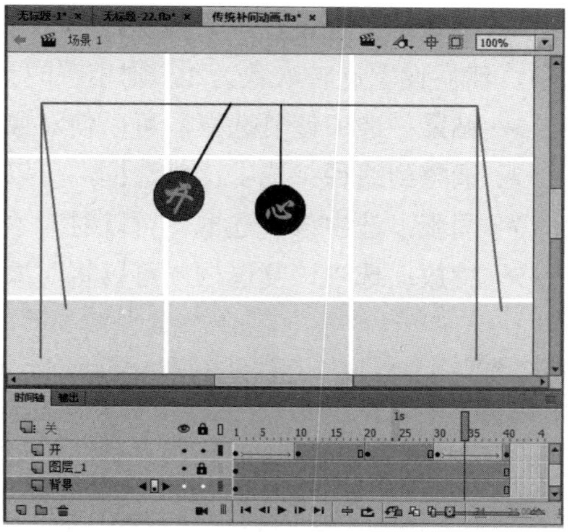

图 6-81　添加动画背景

6.3.4　设置补间属性

当创建了一个补间动画后，可以在“属性”面板中对补间属性进行调整，如图 6-82 所示。其中，各项参数的含义如下。

➢ **缓动**：用于调整在补间动画中两个关键帧之间的变化速度，默认情况下进行匀速变化，即数值为 0。若要实现由慢到快的变化效果，可以输入 - 1～ - 100 之间的数值；若要实现由快到慢的变化效果，可以输入 1～100 之间的数值。

➢ **缓动类型** Classic Ease：单击“缓动类型”按钮，在弹出的对话框中可以应用预设的缓动效果。

➢ **“编辑”按钮**：单击该按钮，弹出“自定义缓动”对话框（如图 6-83 所示），其中的曲线表示随时间推移动画的变化程度，水平轴表示帧，垂直轴表示变化的百分比。在该对话框中各控件的含义如下。

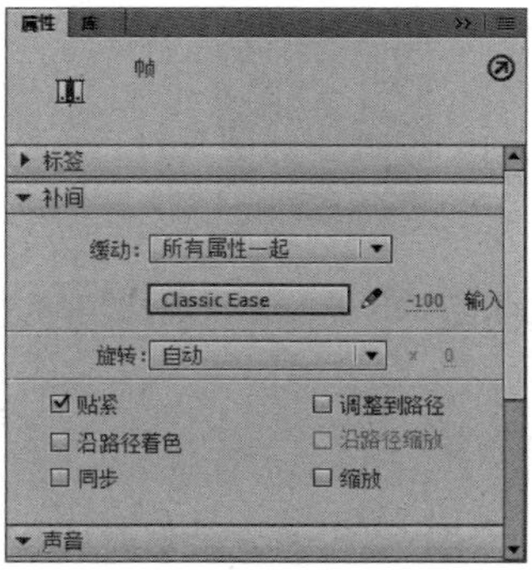

图 6-82　设置补间属性

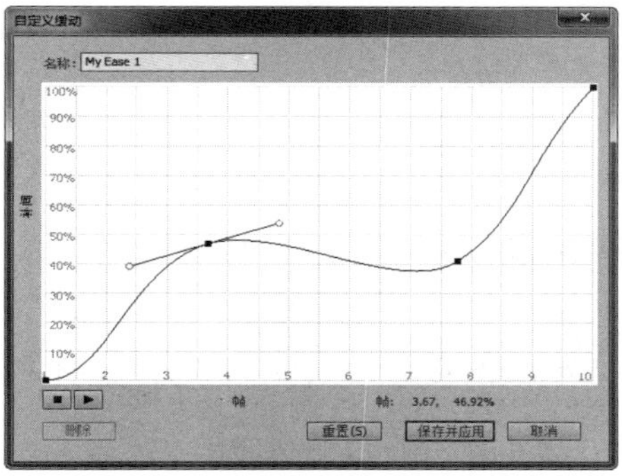

图 6-83　“自定义缓动”对话框

节点：在直线上单击可以为其添加一个节点，拖动节点可以改变线的曲率，以精确地调整动画的变化程度。

重置：单击该按钮，可以将曲线恢复到默认状态。

播放/停止：单击这两个按钮，可以使用自定义的缓入与缓出预览舞台中的动画。

➢ **旋转**：用于设置对象的旋转运动方向及速度。例如，在该下拉列表中选择“逆时针”选项，然后设置旋转次数为 1，则相应的补间动画对象将逆时针旋转一圈。

➢ **贴紧**：选中该复选框，可以使对象沿路径运动时自动捕捉路径。

➢ **调整到路径**：选中该复选框，可以使对象沿着设置的路径运动。

➢ **同步**：选中该复选框，可以对对象进行同步校准。

➢ **缩放**：选中该复选框，可以将对象进行大小缩放。

6.4 制作补间形状动画

补间形状动画只能用于矢量形状，在时间轴中的一个关键帧上绘制一个矢量形状，然后在另一个关键帧上更改该形状或绘制另一个形状，Animate CC 将根据两个关键帧之间的形状，创建一个形状变形为另一个形状的动画，从而实现两个形状之间颜色、形状、大小和位置的相互变化。补间形状动画适用于简单的形状，下面介绍如何制作补间形状动画。

6.4.1 实例：制作补间形状动画

Step 01 新建文件，并将其保存为“补间形状动画.fla”。在“图层_1”和“图层_2”中使用矩形工具制作立方体形状并锁定图层，如图 6-84 所示，然后选择第 100 帧，按【F5】键插入普通帧。

Step 02 新建一个图层并将其重命名为“形状”，然后将其移至底层。使用矩形工具绘制矩形形状，并设置形状填充透明度为 50%，如图 6-85 所示。

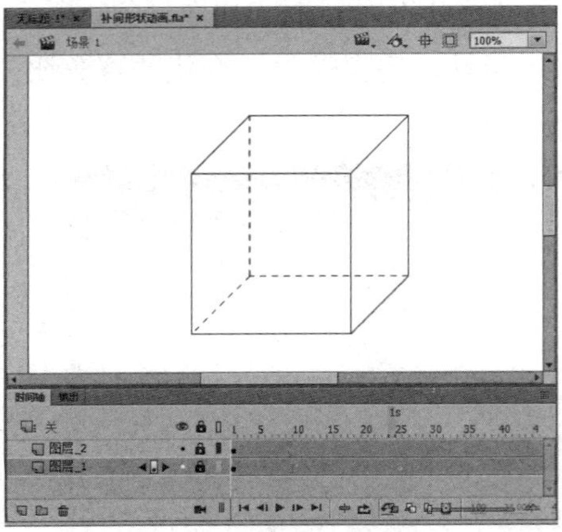

图 6-84 制作立方体形状

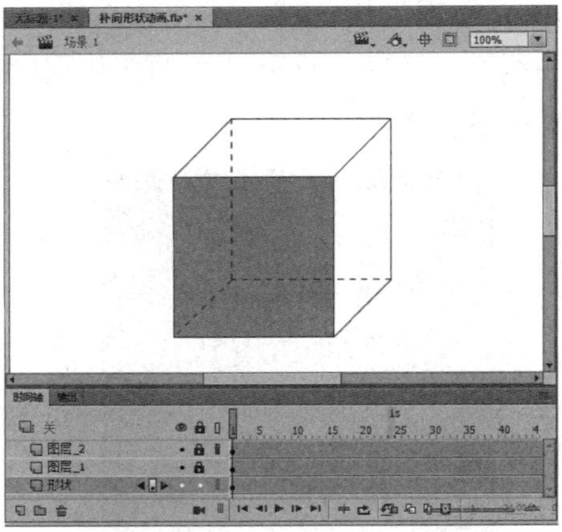

图 6-85 绘制矩形形状

Step 03 使用选择工具调整矩形形状，效果如图 6-86 所示。

Step 04 选择第 20 帧，按【F6】键插入关键帧，然后使用选择工具调整形状，如图 6-87 所示。

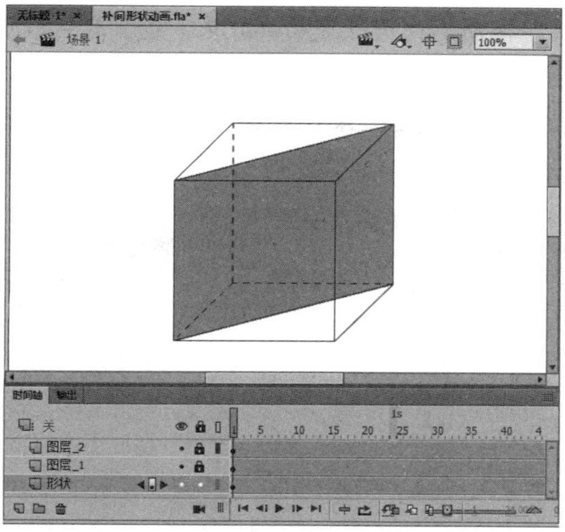

图 6-86 调整矩形形状

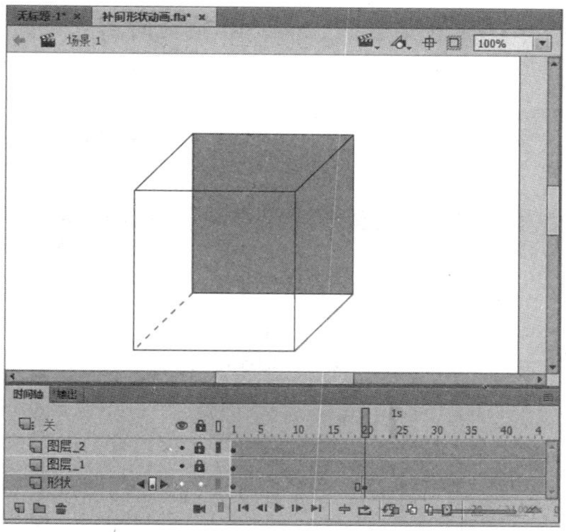

图 6-87 插入关键帧并调整形状

Step 05 选择形状并右击，在弹出的快捷菜单中选择“创建补间形状”命令，如图 6-88 所示。

Step 06 拖动播放头预览动画效果，可以看到形状沿着立方体轨道发生变化，如图 6-89 所示。

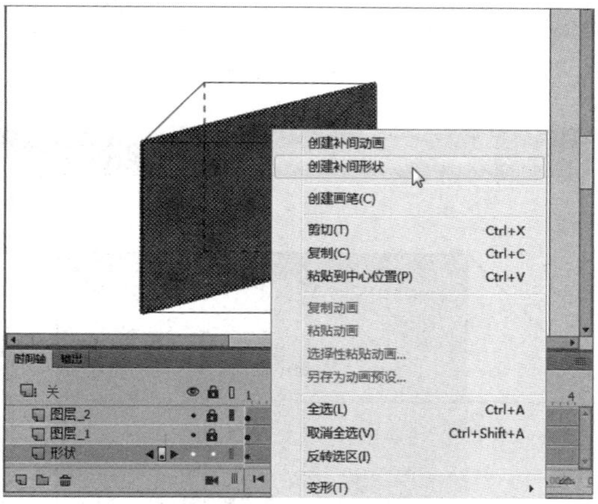

图 6-88 创建补间形状

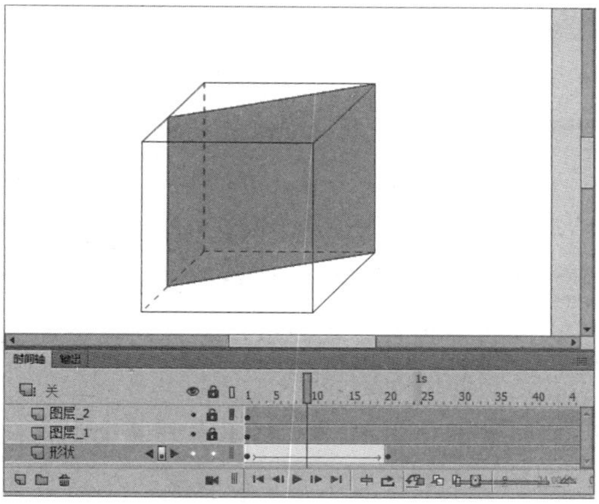

图 6-89 预览动画效果

6.4.2 实例：添加形状提示

若要控制补间形状的变化，可以使用形状提示。形状提示包含从 a 到 z 的字母，用于识别起始形状和结束形状中相对应的点，最多可以使用 26 个形状提示。起始关键帧中的形状提示是黄色的，结束关键帧中的形状提示是绿色的，当不在一条曲线上是红色的。

下面继上一节实例操作介绍如何添加形状提示，具体操作方法如下。

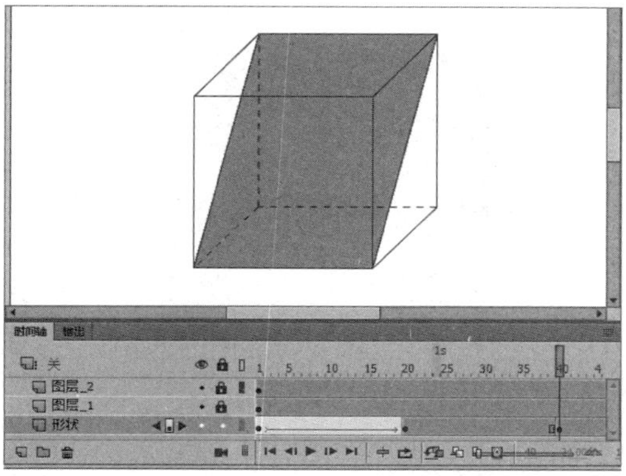

图 6-90 插入关键帧并调整形状

Step 01 选择第 40 帧，按【F6】键插入关键帧，使用选择工具调整形状，如图 6-90 所示。

Step 02 在第 20 帧和第 40 帧之间创建补间形状动画，拖动播放头预览动画效果，可以看到形状发生变化时未按照立方体的轨道运动，如图 6-91 所示。

Step 03 选择第 20 帧，选择“修改”|“形状”|“添加形状提示”命令或按【Ctrl+Shift+H】组合键，添加第一个形状提示，如图 6-92 所示。

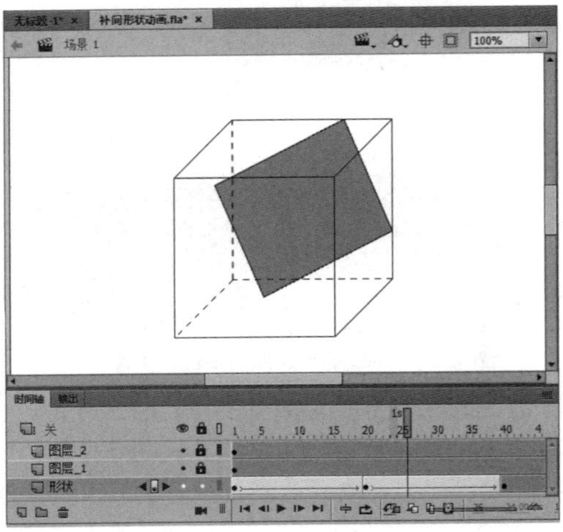

图 6-91　预览动画效果

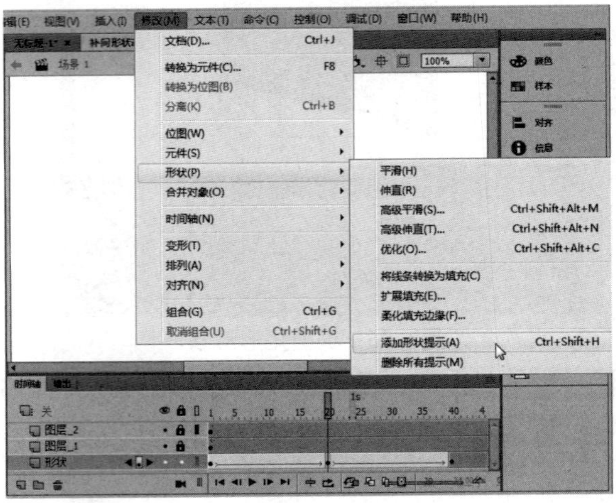

图 6-92　添加形状提示

Step 04 将提示点 a 放在立方体左上角顶点偏右的位置，如图 6-93 所示。若要隐藏提示点，可以按【Ctrl+ Alt+I】组合键。

Step 05 按 3 次【Ctrl+Shift+H】组合键，增加 3 个新的形状提示，并分别调整其位置，如图 6-94 所示。

Step 06 选择第 40 帧，可以看到 4 个形状提示点集中在形状的中心位置，根据需要分别调整形状提示点到合适的位置，如图 6-95 所示。

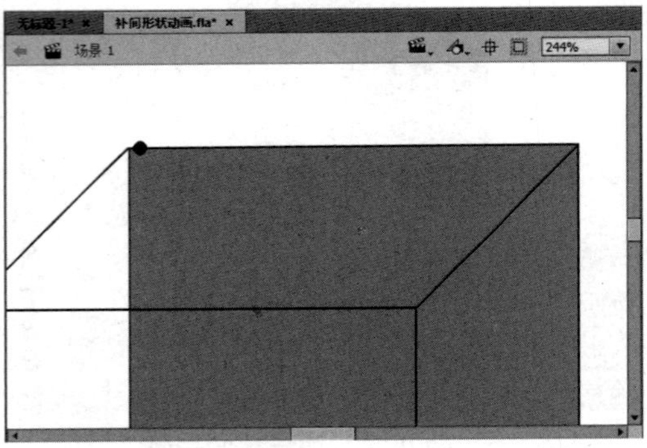

图 6-93　调整形状的提示位置

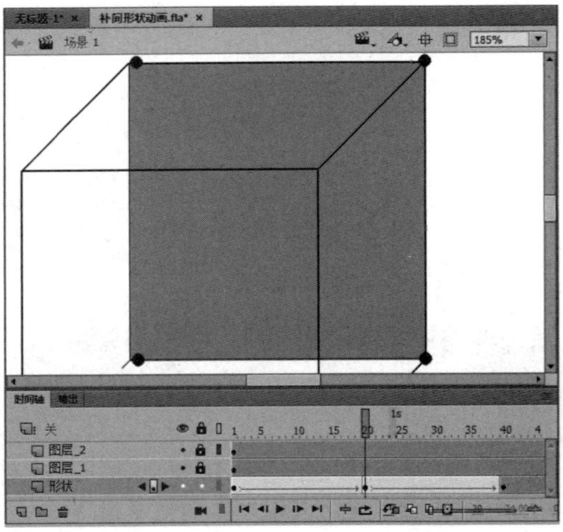

图 6-94　添加形状提示

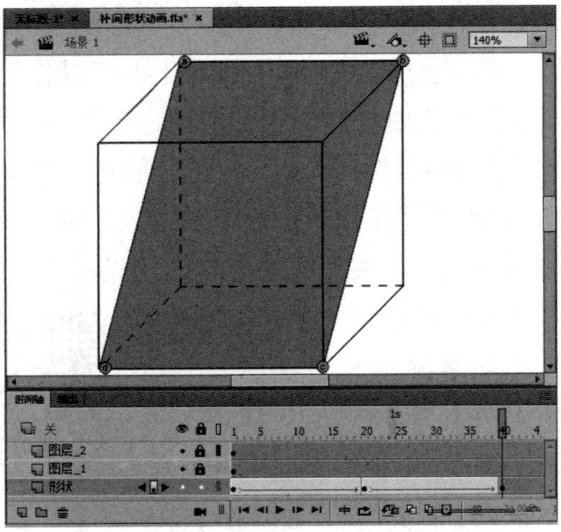

图 6-95　调整形状的提示位置

Step 07 拖动播放头预览动画效果，可以看到形状补间沿着立方体的轨道发生变化，如图 6-96 所示。

Step 08 若要删除形状提示，可以在起始形状上右击提示点，在弹出的快捷菜单中选择“删除提示”命令，如图 6-97 所示。

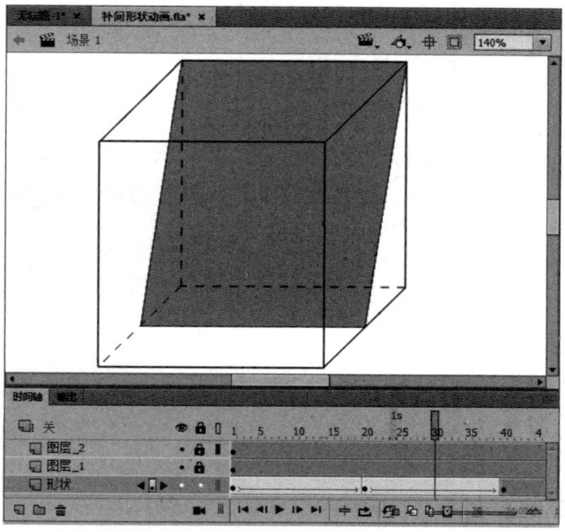

图 6-96　预览补间形状动画

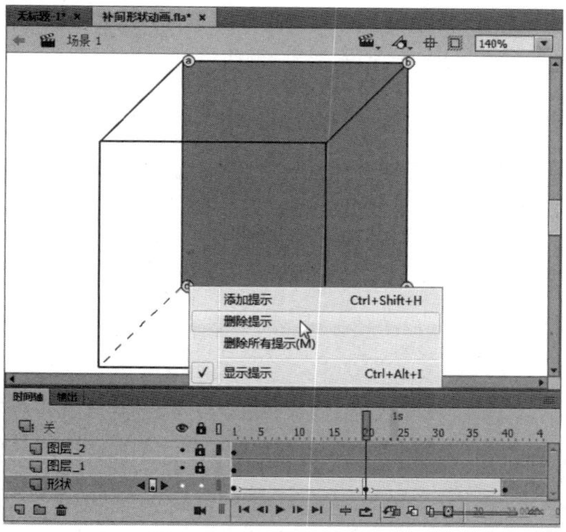

图 6-97　删除形状提示

6.5 制作补间动画

补间动画是通过为不同帧中的对象属性指定不同的值而创建的动画。下面学习如何制作补间动画。

6.5.1 认识补间动画

关于补间动画，首先有必要了解以下几个重要的概念。

➢ **补间范围**：补间范围在时间轴中显示为具有蓝色背景的单个图层中的一组帧，其中的某个对象具有一个或多个随时间变化的属性，可以作为单个对象进行选择，并从时间轴中的一个位置拖到另一个位置，包括拖到另一个图层。在每个补间范围中，只能对舞台中的一个对象进行动画处理，此对象被称为“补间范围的目标对象”。

➢ **属性关键帧**：属性关键帧是在补间范围中为补间目标对象定义一个或多个属性值的帧，这些属性可能包括位置、Alpha（透明度）、色调等。若在单个帧中设置了多个属性，则其中每个属性的属性关键帧会驻留在该帧中。在动画编辑器中可以查看补间范围的每个属性及其属性关键帧，还可以从补间范围快捷菜单中选择可在时间轴中显示的属性关键帧类型。

➢ **运动路径**：若在补间过程中更改补间对象在舞台中的位置，则补间范围具有与之关联的运动路径。此运动路径显示补间对象在舞台中移动时所经过的路径，可以使用选择工具、部分选取工具、转换锚点工具、删除锚点工具和任意变形工具等工具，以及“修改”菜单中的命令来编辑舞台中的运动路径。若不对位置进行补间，则舞台中不显示运动路径。另外，还可以将现有路径应用为运动路径，只需将该路径粘贴到时间轴中的补间范围上即可。

6.5.2 实例：创建补间动画

下面通过实例介绍创建补间动画的方法，并根据需要调整动画的路径与动画缓动，具体操作方法如下。

Step 01 打开“素材文件\第 6 章\补间动画.fla”，新建“图层_2”，将“飞机”元件拖至舞台外，打开“属性”面板，为实例添加“投影”滤镜，如图 6-98 所示。

Step 02 右击飞机实例，在弹出的快捷菜单中选择“创建补间动画”命令，如图 6-99 所示。

图 6-98 添加“投影”滤镜

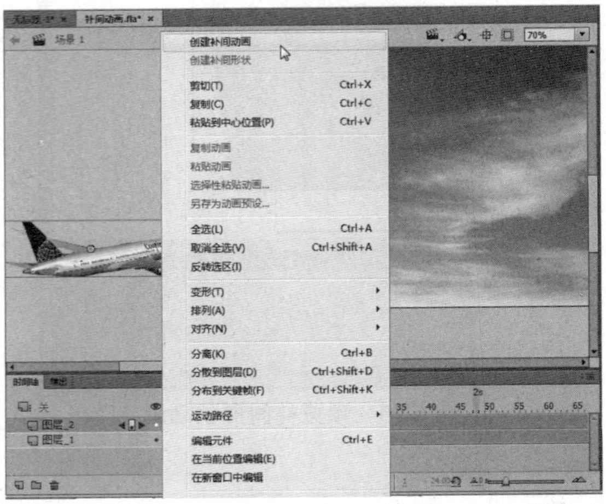

图 6-99 创建补间动画

Step 03 此时会自动出现补间范围，将播放头移至第 70 帧，使用选择工具调整实例的位置，会出现一条运动路径，如图 6-100 所示。

Step 04 使用选择工具在运动路径上单击以选择路径，按住鼠标左键并拖动鼠标指针可以移动动画路径的位置，如图 6-101 所示。

图 6-100 调整实例位置

图 6-101 移动动画路径的位置

Step 05 取消选择路径，将鼠标指针置于路径边缘，当鼠标指针变为样式时，拖动鼠标指针调整动画路径，如图 6-102 所示。

Step 06 使用任意变形工具调整实例的大小，如图 6-103 所示。

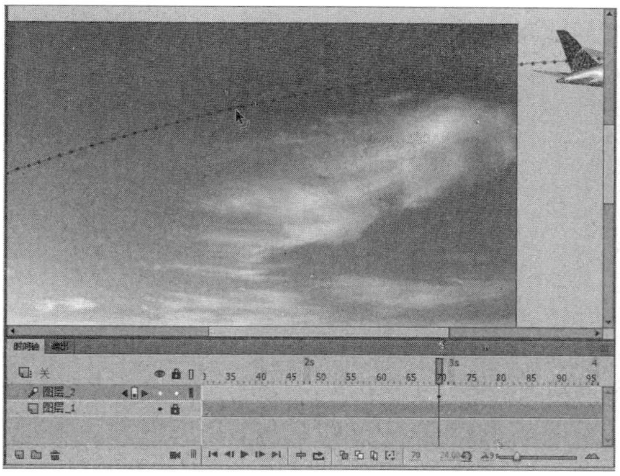

图 6-102 调整动画路径

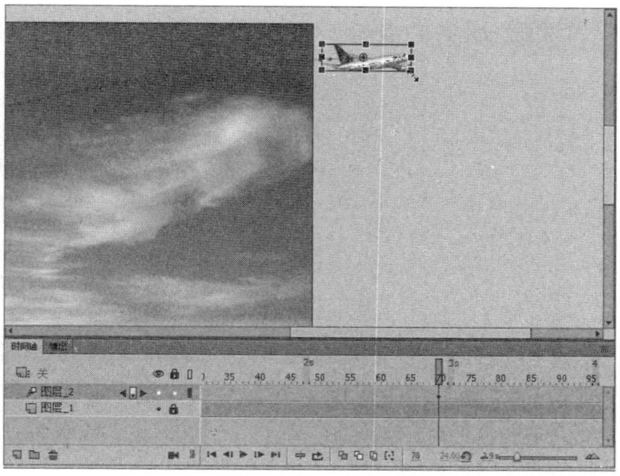

图 6-103 调整实例的大小

Step 07 打开“属性”面板，调整实例的 Alpha 值及“投影”滤镜参数，如图 6-104 所示。

Step 08 在“时间轴”面板中右击补间范围内的任意帧，在弹出的快捷菜单中选择“调整补间”命令，如图 6-105 所示，或直接在补间范围内双击。若要在时间轴中选择补间动画的单个帧，则需按住【Ctrl】键。

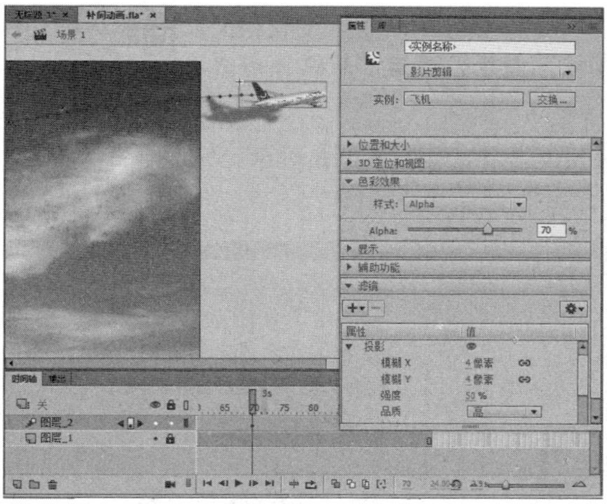

图 6-104 设置实例的属性

图 6-105 选择“调整补间”命令

Step 09 展开补间动画的调整面板，该面板中以图形化的方式显示相应参数的缓动效果。调整“时间轴”面板的宽度，在“位置”下选择“X”选项，单击第 1 帧中的锚点，然后拖动控制柄调整缓动曲线，如图 6-106 所示。

Step 10 单击第 70 帧中的锚点，采用同样的方法调整缓动曲线，如图 6-107 所示。

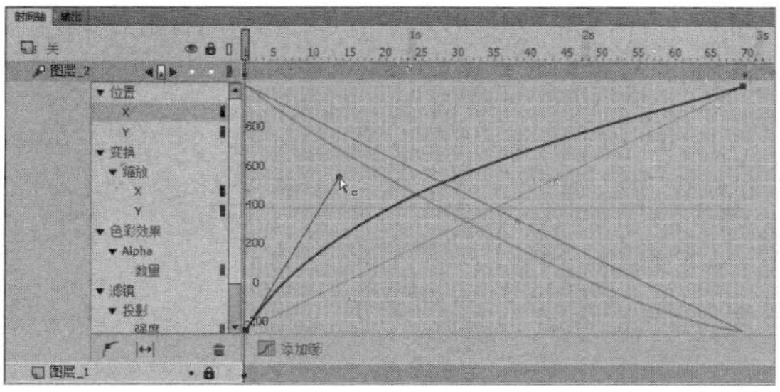

图 6-106 设置第 1 帧的补间属性

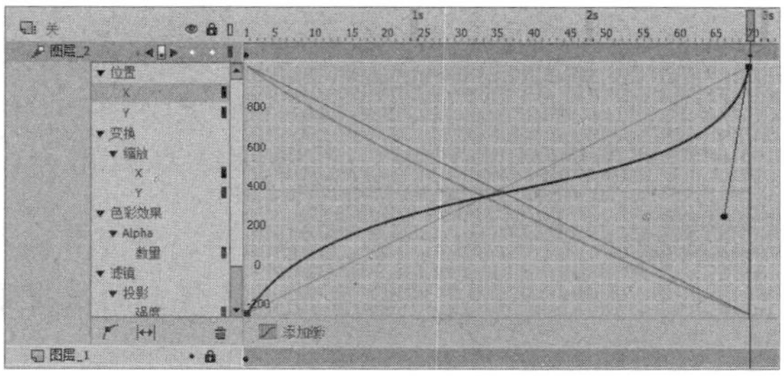

图 6-107 设置第 70 帧的补间属性

Step 11 调整完成后，预览舞台上实例“X 位置”的缓动曲线变化效果，如图 6-108 所示。

图 6-108　预览补间动画效果

6.5.3　使用动画预设

动画预设是 Animate 预配置的补间动画，可以将其应用于舞台中的对象。使用预设可以极大地节省项目设计和开发的生产时间，在制作相似类型的补间动画时特别有用。

1．保存动画预设

若要保存动画预设，具体操作方法如下。

Step 01 选择应用补间动画的实例，打开“动画预设”面板，单击“将选区另存为预设”按钮，如图 6-109 所示。

Step 02 在弹出的“将预设另存为”对话框中输入预设名称，如图 6-110 所示，然后单击“确定”按钮。

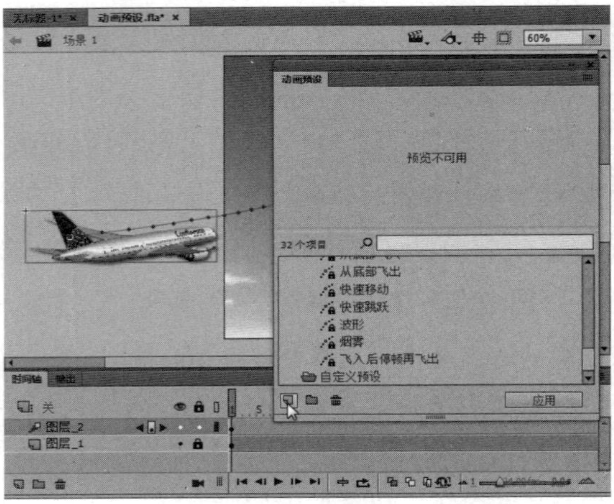

图 6-109　将选区另存为预设

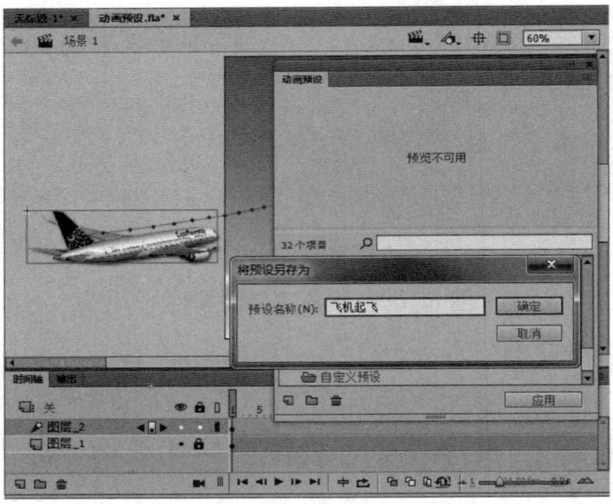

图 6-110　设置预设名称

2．应用动画预设

若要应用动画预设，具体操作方法如下。

Step 01 新建图层，将文字元件拖入舞台中。选择文字实例，在“动画预设”面板中右击预设名称，在弹出的快捷菜单中选择“在当前位置应用”命令，如图 6-111 所示。

Step 02 此时即可将动画预设应用到文字实例上，拖动播放头预览动画效果，如图 6-112 所示。

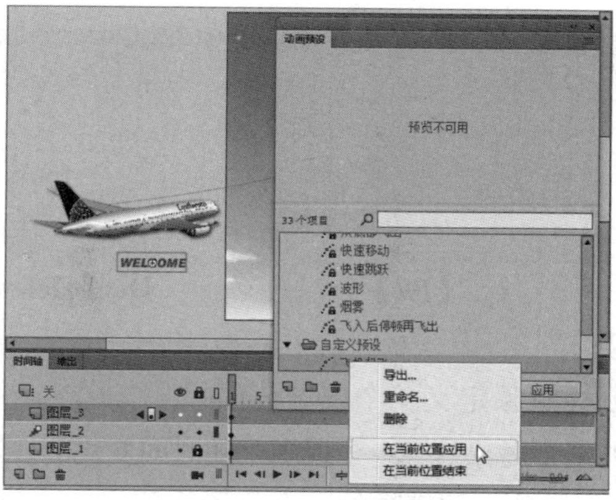

图 6-111　应用动画预设

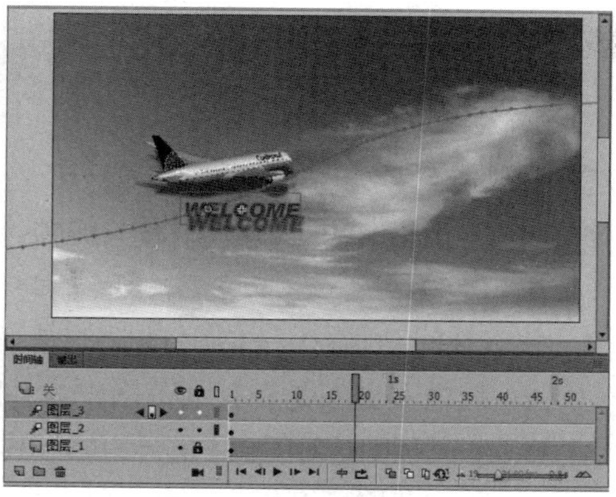

图 6-112　预览动画效果

3．导入与导出动画预设

使用“动画预设”面板可以导入和导出动画预设，这样即可与协作人员共享动画预设。若要导出动画预设，可以右击动画预设，在弹出的快捷菜单中选择“导出...”命令，如图 6-113 所示。若要导入动画预设，可以单击面板菜单按钮▤，在弹出的快捷菜单中选择“导入...”命令，如图 6-114 所示。

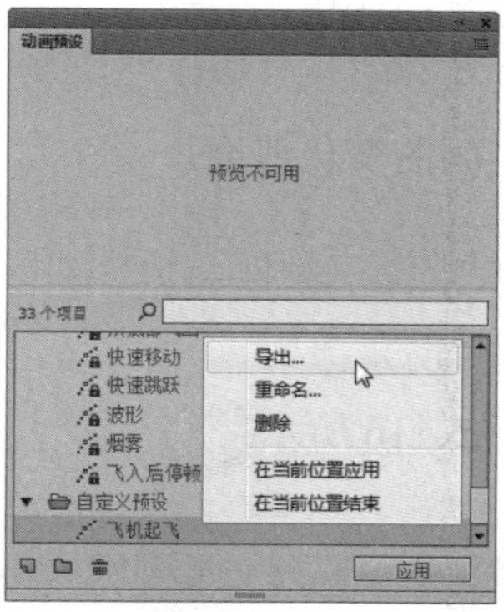

图 6-113　导出动画预设

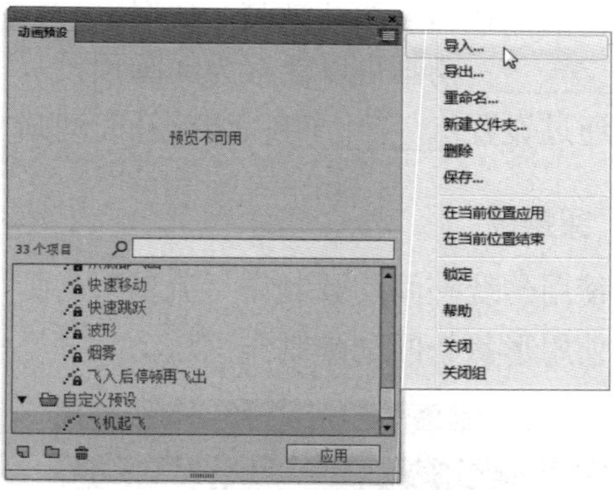

图 6-114　导入动画预设

| 本章小结 |

通过对本章的学习，读者应该掌握以下知识。

（1）在“时间轴”面板中使用帧组织和控制文档的内容，帧主要分为关键帧、普通帧、空白帧、空白关键帧及帧序列。

（2）创建逐帧动画需要添加多个关键帧，并在每个关键帧中创建不同的内容。

（3）通过关键帧中实例属性的变化创建传统补间动画，在动画中只有关键帧是可编辑的。

（4）为简单的形状创建补间形状动画，补间形状只能应用于矢量形状。

（5）通过为不同帧中的对象属性指定不同的值创建补间动画。

（6）使用补间动画的编辑器查看和更改所有补间属性及其属性关键帧。

（7）将补间动画保存为动画预设。

课后习题

一、选择题

1．按（　）键，可以插入空白关键帧。

A．【F5】　　B．【F6】　　C．【F7】　　D．【Delete】

2．关于补间动画，下列描述错误的是（　）。

A．属性关键帧是在补间范围中为补间目标对象定义一个属性值的帧

B．补间范围是时间轴中的一组帧，其中的某个对象具有一个或多个随时间变化的属性

C．补间范围可以作为单个对象进行选择，并从时间轴中的一个位置拖到另一个位置

D．可以使用选择工具、部分选取工具、转换锚点工具、删除锚点工具及任意变形工具调整补间路径

3．通过下列哪种操作可以删除关键帧？（　）

A．清除关键帧　　B．删除帧　　C．清除帧　　D．插入空白关键帧

二、填空题

1．在制作补间形状动画时，使用__________可以控制形状的变化。

2．________动画可以保存为动画预设。

3．通过设置________可以调整补间动画中两个关键帧之间的变化速度。

三、实操题

1．使用传统补间动画制作“流星”动画，效果如图 6-115 所示。

2．使用形状补间动画制作“炫动文字”动画，效果如图 6-116 所示。

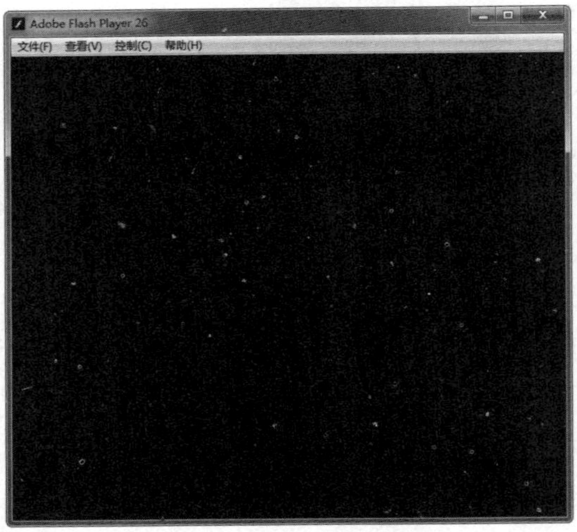

图 6-115 “流星”动画

图 6-116 “炫动文字”动画

操作提示：

（1）将文字分离为图形，然后分散到图层中。

（2）创建圆点图形到文字的补间形状动画，将圆点聚集到一处。

第 7 章
制作 Animate 高级动画

【学习目标】

- 掌握引导动画的制作方法。
- 掌握遮罩动画的制作方法。
- 掌握 3D 动画的制作方法。
- 掌握 IK 骨骼动画的制作方法。
- 掌握摄像头动画的制作方法。
- 掌握多场景动画的制作方法。

本章将学习 Animate 高级动画的制作方法，包括引导动画、遮罩动画、3D 动画、IK 骨骼动画、摄像头动画及多场景动画等，其中引导动画和遮罩动画在 Animate 动画设计中占据着非常重要的地位，是本章中需要重点学习的内容。

7.1 制作引导动画

制作引导动画即为传统补间动画创建运动路径，用户可以使用钢笔工具、铅笔工具、线条工具、圆形工具、矩形工具或刷子工具等绘制所需的引导路径，然后将补间对象贴紧到路径上，使其沿着路径运动。

7.1.1 认识引导动画

“引导动画”是指被引导对象沿着指定的路径进行运动的动画，是由引导层和被引导层组成的。引导层用于绘制对象运动的路径，被引导层用于放置运动的对象，在一个引导层下可以创建一个或多个被引导层。

在绘制引导路径时不能出现中断，也不能出现交叉和重叠。引导路径的转折不能过多或过急，且被引导对象对引导路径的吸附一定要准确。

7.1.2 实例：制作蝴蝶飞行引导动画

下面以制作蝴蝶飞行引导动画为例，介绍如何制作引导动画。具体操作方法如下。

Step 01 打开“素材文件\第 7 章\引导动画.fla”，选择第 220 帧，按【F5】键插入普通帧，如图 7-1 所示。

图 7-1 插入普通帧

Step 02 新建图层并将其重命名为“引导”，使用钢笔工具绘制线条作为引导路径，如图 7-2 所示。

Step 03 右击“引导”图层，在弹出的快捷菜单中选择“引导层”命令，如图 7-3 所示。

图 7-2　绘制引导路径

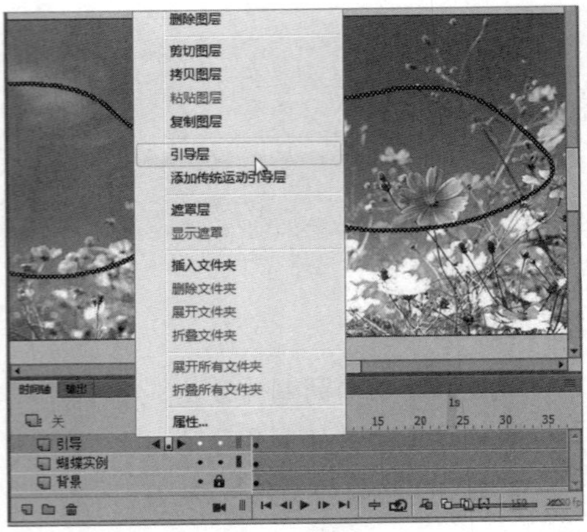

图 7-3　创建引导层

Step 04 此时即可创建引导层，将“蝴蝶实例”图层拖至引导层中，如图 7-4 所示。

Step 05 将播放头移至第 1 帧，在舞台中将蝴蝶实例拖至路径的起点，如图 7-5 所示。

图 7-4　创建引导层

图 7-5　将实例拖至路径的起点

Step 06 在“蝴蝶实例”图层中需要改变实例属性的位置插入关键帧，然后拖动实例到路径的相应位置并调整实例，例如，选择第 116 帧，按【F6】键插入关键帧，然后水平翻转实例，如图 7-6 所示。

图 7-6　插入关键帧并调整实例

Step 07 单击“蝴蝶实例”图层以选择该图层中的所有帧，然后在选择的帧上右击，在弹出的快捷菜单中选择“创建传统补间”命令，如图 7-7 所示。

Step 08 拖动播放头，预览引导效果，可以根据需要调整路径或关键帧的位置，如图 7-8 所示。

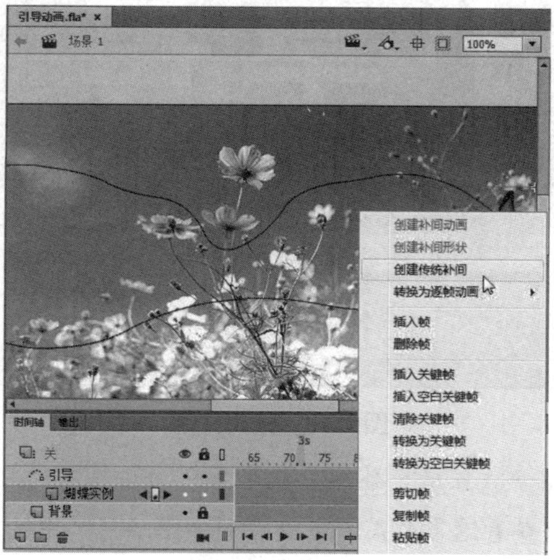

图 7-7　创建传统补间动画

图 7-8　预览引导效果

7.2 制作遮罩动画

遮罩动画由遮罩层和被遮罩层组成，遮罩层用于放置遮罩的形状，被遮罩层用于放置要显示的图像。遮罩动画的制作原理是透过遮罩层中的形状将被遮罩层中的图像显示出来。

7.2.1　认识遮罩层

若要获得聚光灯效果和过渡效果，可以使用遮罩层创建一个孔，通过这个孔可以看到下面图层的内容。遮罩项目可以是填充的形状、文字对象、图形元件的实例或影片剪辑。将多个图层组织在一个遮罩层下，可以创建出复杂的效果。若要创建动态效果，可以让遮罩层动起来。

若要创建遮罩层，可以将遮罩项目放在要用作遮罩的图层中。与填充或笔触不同，遮罩项目就像一个窗口一样，透过它可以看到位于其下面的被遮罩层中的内容。除了透过遮罩项目显示的内容之外，其他内容都会被遮罩层的其余部分隐藏起来。

需要注意的是，一个遮罩层只能包含一个遮罩项目。遮罩层不能在按钮内部，也不能将一个遮罩应用于另一个遮罩。

7.2.2　创建遮罩层

下面介绍如何在 Animate CC 中创建遮罩层，具体操作方法如下。

Step 01 打开“素材文件\第 7 章\遮罩层.fla”，如图 7-9 所示。

Step 02 新建图层，使用文本工具 T 输入文字“小草莓”，然后按【Ctrl+B】组合键将文字分离为图形，如图 7-10 所示。

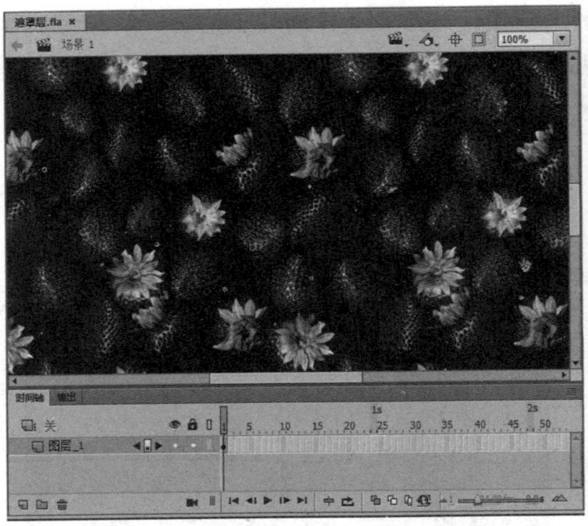

图 7-9　打开素材文件

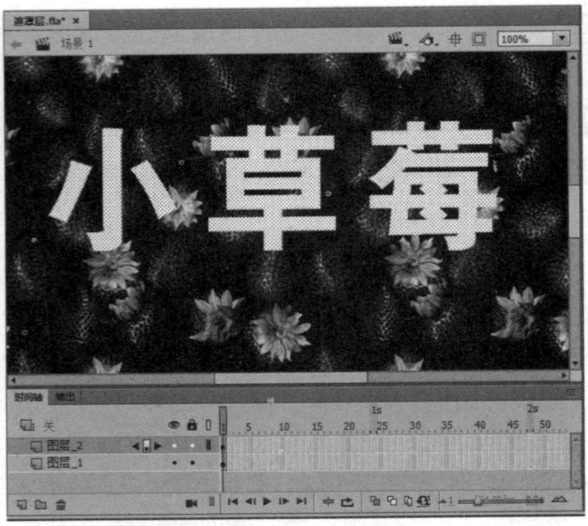

图 7-10　分离文字

Step 03 右击“图层_2”，在弹出的快捷菜单中选择“遮罩层”命令，如图 7-11 所示。

Step 04 此时会自动锁定“图层_1”和“图层_2”以查看遮罩效果，可以看到“图层_1”中的图像透过文字显示出来，而文字外的图像被隐藏，如图 7-12 所示。若要对遮罩层进行编辑，只需解锁图层即可。

图 7-11　选择“遮罩层”命令

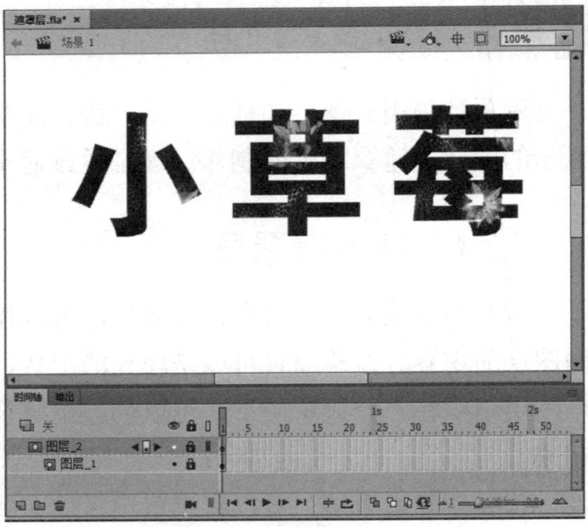

图 7-12　文字遮罩效果

课堂解疑

若要将图层置于遮罩层，必须先在该遮罩层下选择一个图层，然后进行粘贴。不能在遮罩层下粘贴遮罩层、引导层或文件夹图层。

Step 05 在制作过程中若因为遮罩层中的对象挡住下面图层中的图像而无法准确地将其放置到合适的位置，可以单击遮罩层右侧的“显示为轮廓”按钮，然后对遮罩对象的位置进行调整，如图 7-13 所示。

Step 06 也可以右击图层，在弹出的快捷菜单中选择“属性”命令，在弹出的对话框中单击“透明”单选按钮，并设置图层的透明度，如图 7-14 所示。

图 7-13 显示为轮廓

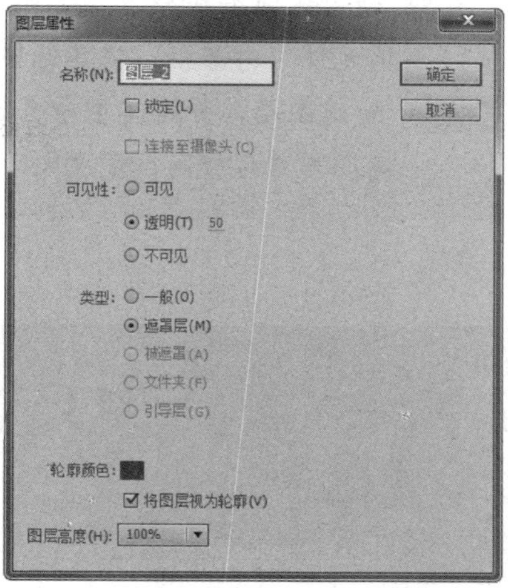

图 7-14 设置图层透明度

7.2.3 实例：创建放大镜效果遮罩动画

下面通过制作一个放大镜效果的动画来介绍如何创建遮罩动画，具体操作方法如下。

Step 01 打开“素材文件\第 7 章\遮罩动画.fla”，如图 7-15 所示。

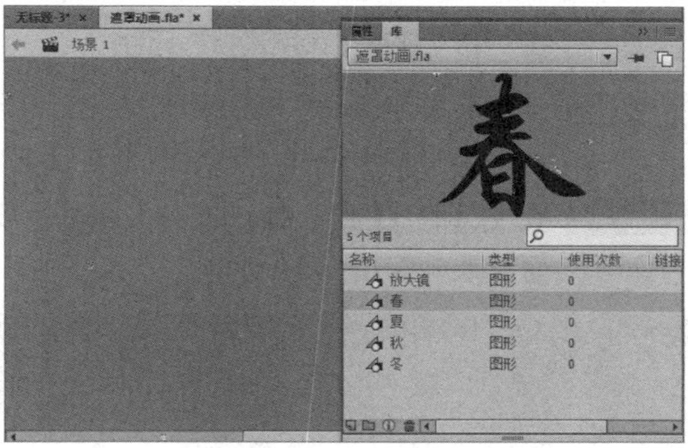

图 7-15 打开素材文件

Step 02 分别将“库”面板中的“春”“夏”“秋”“冬”元件拖至舞台中，并对齐实例，如图 7-16 所示。

Step 03 将“图层_1”重命名为“大字”，并锁定该图层。新建“图层_2”，并将其重命名为“大字遮挡”，如图 7-17 所示。

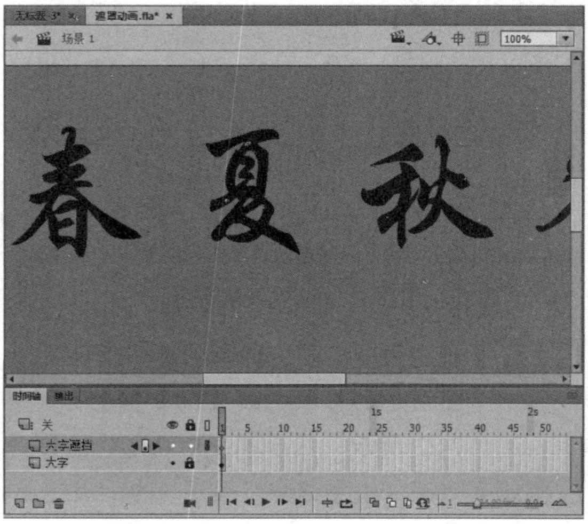

图 7-17 锁定和新建图层

图 7-16 将文字元件拖至舞台中并对齐

Step 04 使用椭圆工具绘制圆形，使其刚好遮挡住文字。选中圆形，按【F8】键打开“转换为元件”对话框，将其转换为图形元件，如图 7-18 所示，然后单击“确定”按钮。

Step 05 新建图层，并将其重命名为“小字遮挡”。使用矩形工具绘制一个矩形形状，使其高度与舞台相同，宽度大于舞台宽度的 2 倍，右侧与舞台的右侧对齐，如图 7-19 所示。

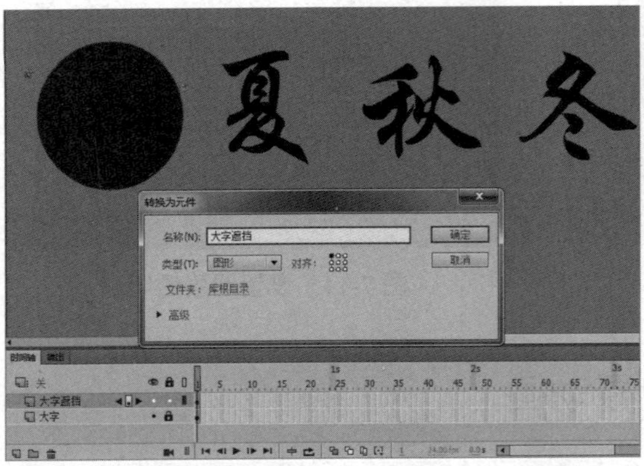

图 7-18 创建“大字遮挡”元件

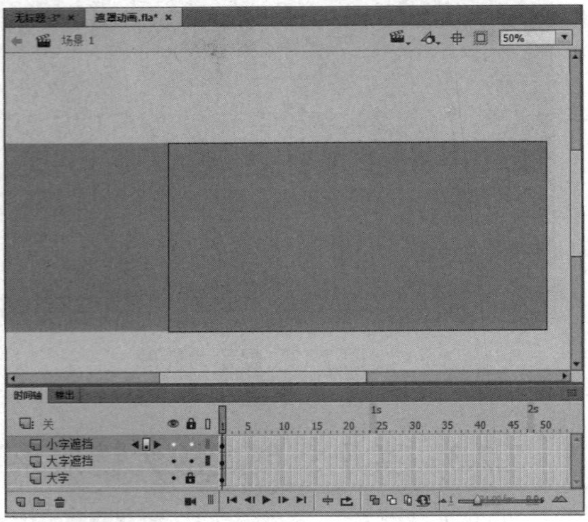

图 7-19 绘制矩形形状并调整宽度

Step 06 复制“大字遮挡”图层中的实例，然后选择“小字遮挡”图层，右击空白位置，在弹出的快捷菜单中选择“粘贴到当前位置”命令，如图 7-20 所示。

Step 07 按【Ctrl+B】组合键，将实例分离为形状，然后按【Delete】键删除形状，制作矩形的镂空效果，如图 7-21 所示。

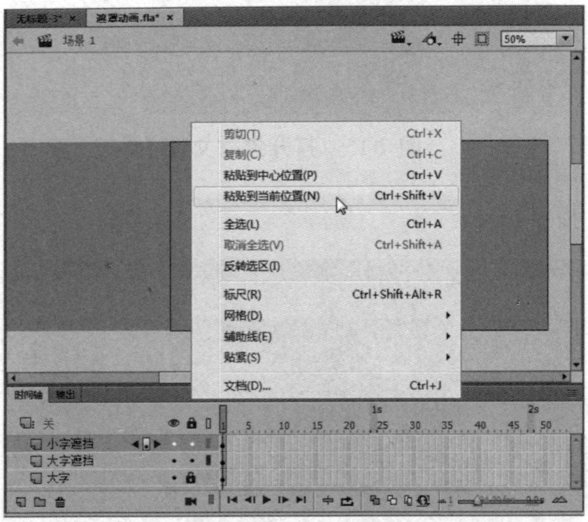

图 7-20 粘贴实例

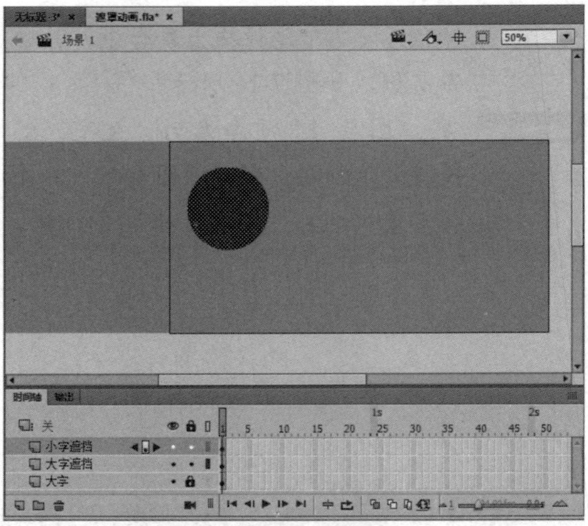

图 7-21 分离并删除实例

Step 08 将“大字遮挡”图层的透明度设置为 50%，即可看到最下层的文字。选择“小字遮挡”图层中的形状，按【F8】键打开“转换为元件”对话框，将其转换为图形元件，如图 7-22 所示，然后单击“确定”按钮。

Step 09 隐藏“小字遮挡”图层，在“大字遮挡”图层的上方新建“小字”图层，然后复制“大字”图层中的文字实例，将其粘贴到“小字”图层中，如图 7-23 所示。

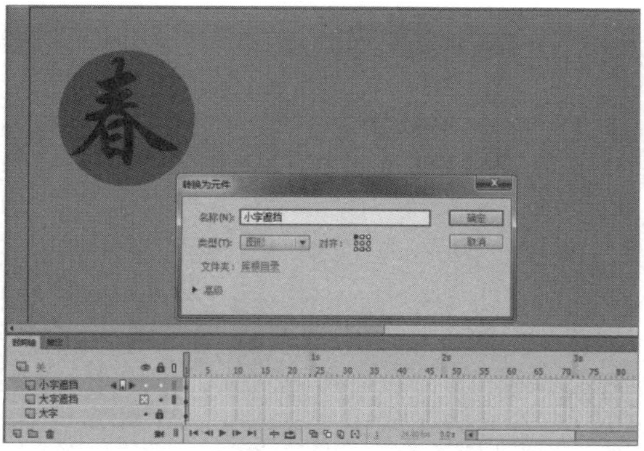

图 7-22 创建“小字遮挡”元件

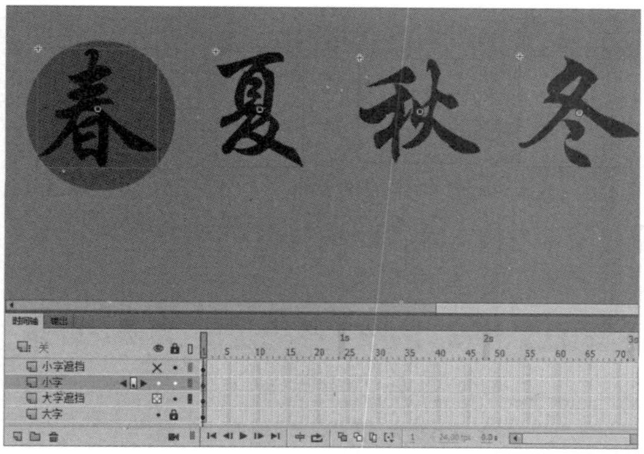

图 7-23 复制文字实例

Step 10 按【Ctrl+T】组合键打开“变形”面板，分别设置各文字实例缩放为 40%，如图 7-24 所示。

Step 11 锁定所有图层，新建图层并将其重命名为“放大镜”，将“库”面板中的放大镜元件拖至舞台中，如图 7-25 所示。

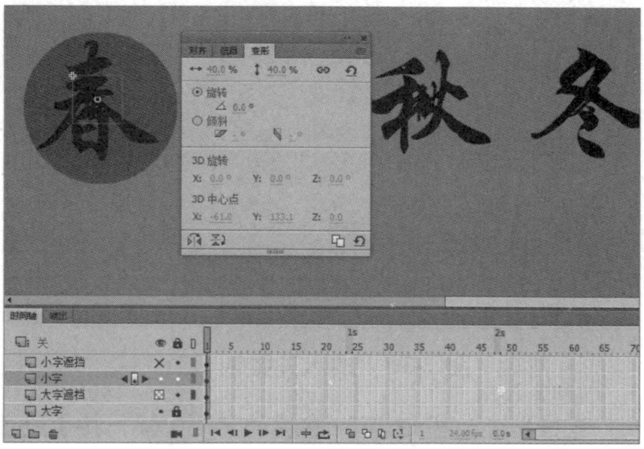

图 7-24 缩小文字实例

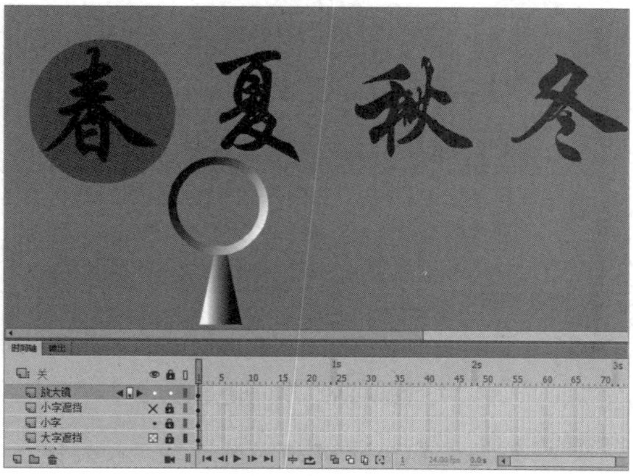

图 7-25 添加放大镜实例

Step 12 调整放大镜实例的大小和方向，使圆形正好位于放大镜的镜片区域，效果如图 7-26 所示。

Step 13 显示“小字遮挡”图层，然后右击该图层，在弹出的快捷菜单中选择“遮罩层”命令，如图 7-27 所示。

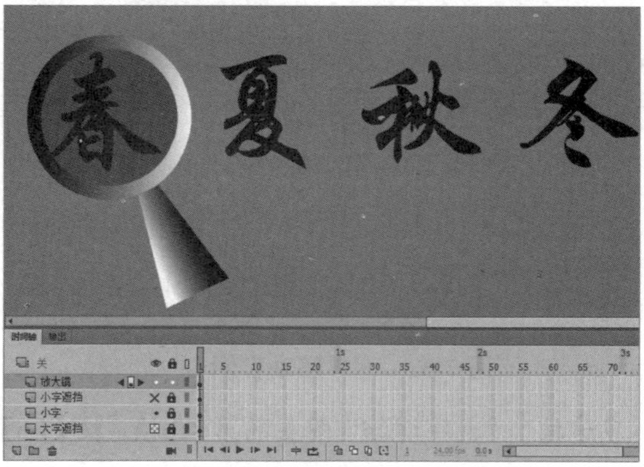

图 7-26 调整放大镜实例的大小和方向

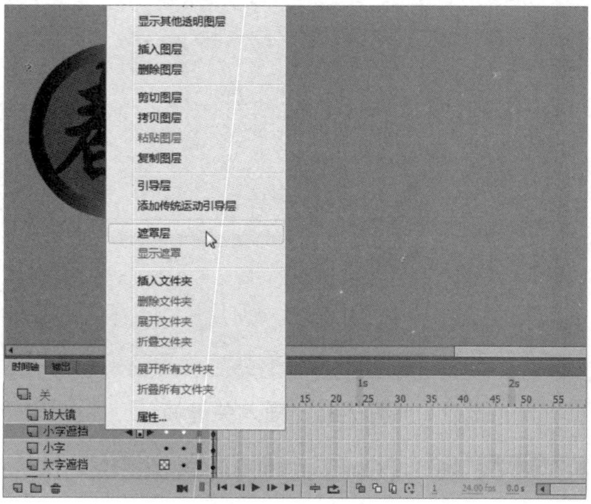

图 7-27 选择“遮罩层”命令

Step 14 采用同样的方法，将“大字遮挡”图层设置为遮罩层，效果如图 7-28 所示。

Step 15 选择各图层的第 80 帧，按【F5】键插入普通帧以延长动画的长度，如图 7-29 所示。

Step 16 锁定“大字”和“小字”图层，解锁其他图层。按住【Ctrl】键的同时选择“放大镜”“小字遮挡”“大字遮挡”图层的第 70 帧，按【F6】键插入关键帧，如图 7-30 所示。

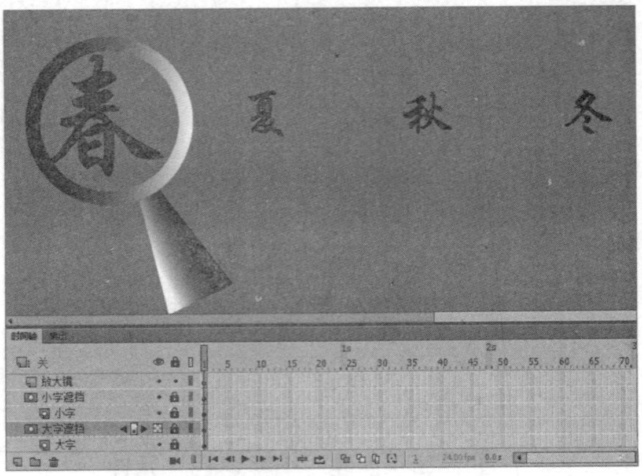

图 7-28 创建遮罩层

图 7-29 插入普通帧

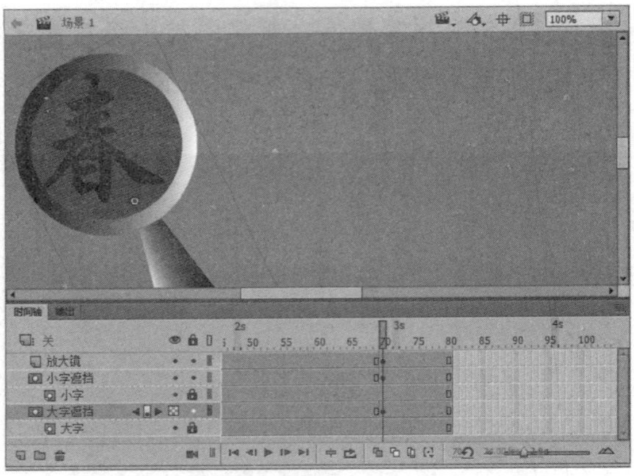

图 7-30 插入关键帧

Step 17 按住【Ctrl】键的同时选择“放大镜”“小字遮挡”“大字遮挡”图层的第 30 帧，按【F6】键插入关键帧，如图 7-31 所示。

Step 18 按住【Shift】键的同时使用选择工具向右沿水平方向拖动选择的 3 个图形，直至出现“冬”字，如图 7-32 所示。

图 7-31 插入关键帧

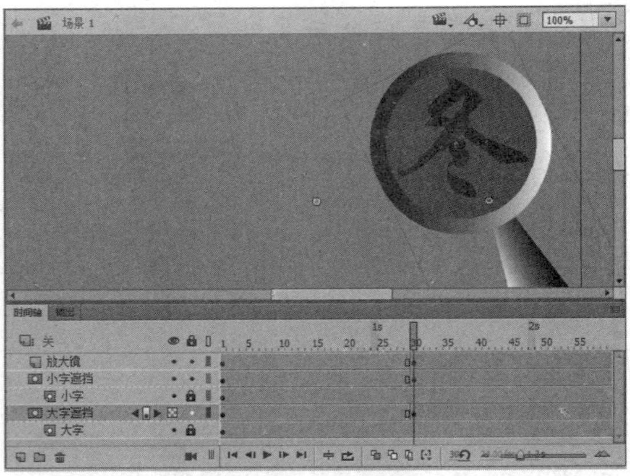

图 7-32 水平移动实例

Step 19 按住【Ctrl】键的同时选择“放大镜”“小字遮挡”“大字遮挡”图层的第 40 帧，按【F6】键插入关键帧，如图 7-33 所示。

Step 20 按住【Ctrl】键的同时选择这 3 个图层的第 1~30 帧之间的任意帧，然后在所选帧上右击，在弹出的快捷菜单中选择“创建传统补间”命令，如图 7-34 所示。

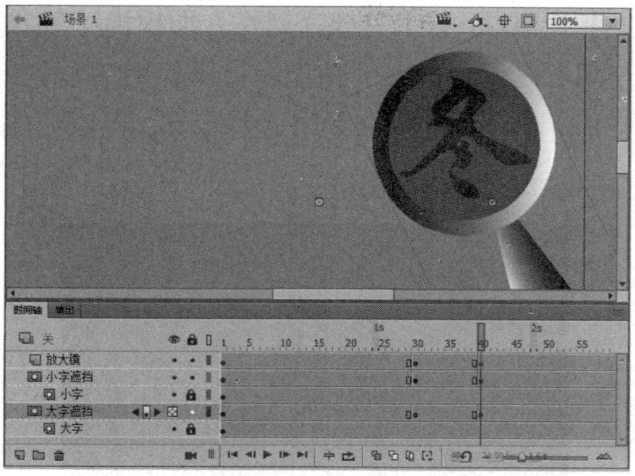

图 7-33 插入关键帧

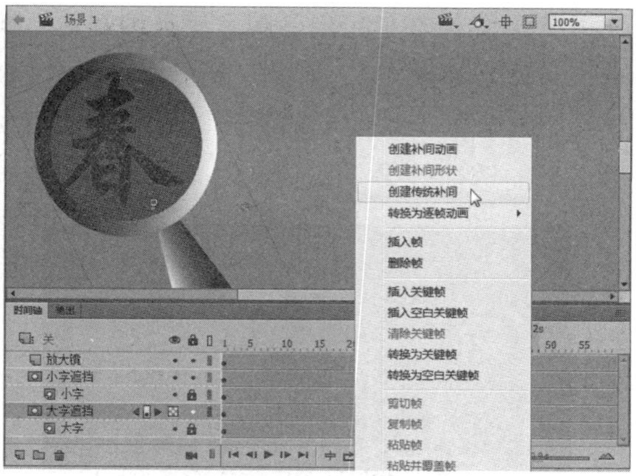

图 7-34 创建传统补间动画

Step 21 采用同样的方法，在这 3 个图层的第 40~70 帧之间创建传统补间动画。拖动播放头，预览动画效果，如图 7-35 所示。

Step 22 按【Ctrl+Enter】组合键，测试动画效果，如图 7-36 所示。

图 7-35 创建传统补间动画

图 7-36 测试动画效果

7.3 制作 3D 动画

在 Animate CC 中，可以使用 3D 平移工具和 3D 旋转工具对影片剪辑实例创建 3D 效果。下面介绍如何在 3D 空间中进行对象操作，以及如何制作 3D 动画。

7.3.1 在 3D 空间中的对象操作

在 3D 空间中的对象操作主要包括在 3D 空间中移动对象、在 3D 空间中旋转对象、调整透视角度，以及调整消失点等。

1. 认识 3D 空间中的对象操作

在 3D 空间中移动对象被称为“平移”，旋转对象被称为“变形”，将这两种效果中的任意一种应用于影片剪辑后，Animate CC 将视其为一个 3D 影片剪辑，当选择该影片剪辑后，将显示一个重叠在其上面的彩轴指示符。

要想使对象看起来离观者更近或更远，可以使用 3D 平移工具或“属性”面板沿 z 轴移动该对象，如图 7-37 所示。要想使对象看起来与观者之间形成某一角度，可以使用 3D 旋转工具绕对象的 x 轴或 y 轴旋转影片剪辑，如图 7-38 所示。通过组合使用这些工具，可以创建出逼真的透视效果。

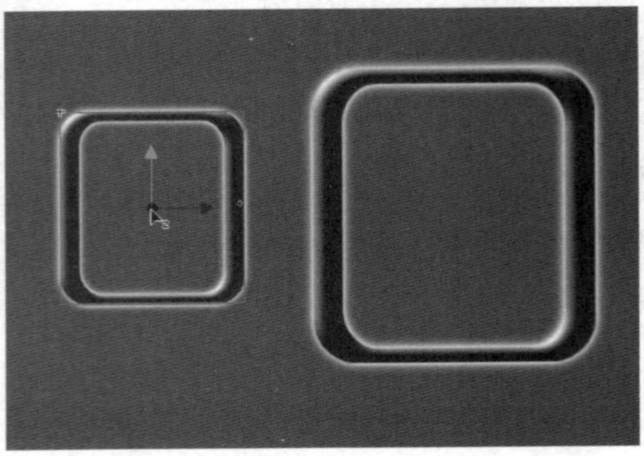

图 7-37　沿 z 轴移动对象

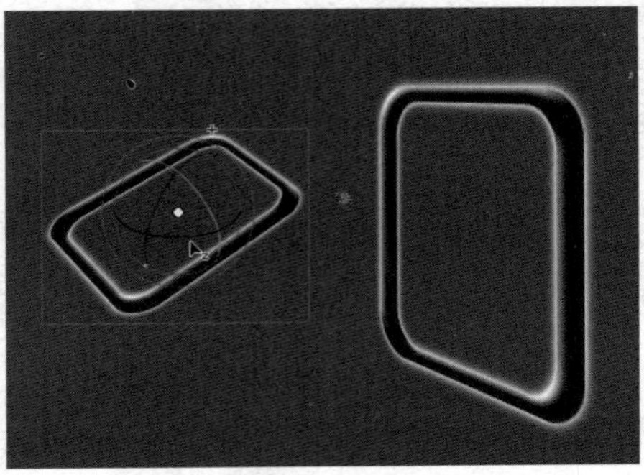

图 7-38　绕 z 轴旋转对象

使用 3D 平移工具和 3D 旋转工具都可以在全局 3D 空间或局部 3D 空间中操作对象。全局 3D 空间即为舞台空间，全局变形和平移与舞台相关，如图 7-39 所示。局部 3D 空间即为影片剪辑空间，局部变形和平移与影片剪辑空间相关。例如，若影片剪辑包含多个嵌套的影片剪辑，则被嵌套的影片剪辑的局部 3D 变形与影片剪辑内的绘图区域相关，如图 7-40 所示。3D 平移工具和 3D 旋转工具的默认模式是全局。若要在局部模式中使用这些工具，可以单击“工具”面板中的“全局”切换按钮。

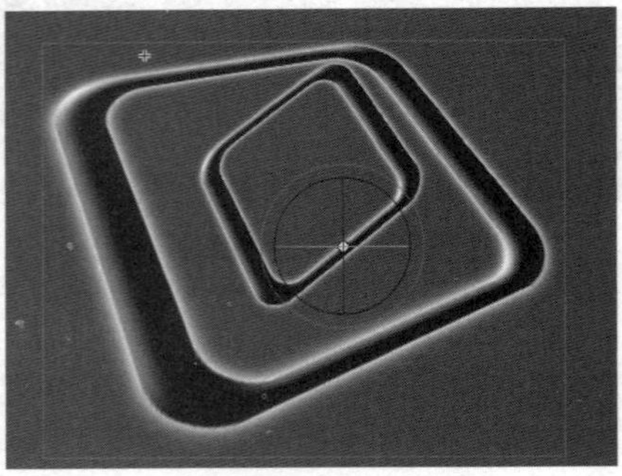

图 7-39　全局变形

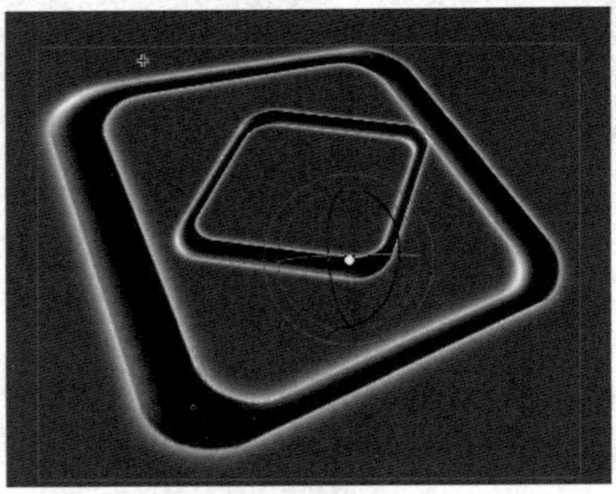

图 7-40　局部变形

若舞台中有多个 3D 对象，可以通过调整 FLA 文件的“透视角度”和“消失点”属性将特定的 3D 效果添加到所有对象。“透视角度”属性具有缩放舞台视图的效果，“消失点”属性具有在舞台中平移 3D 对象的效果，这些设置只影响应用 3D 变形或平移的影片剪辑的外观。FLA 文件的摄像头视图与舞台视图相同。每个 FLA 文件只有一个“透视角度”和“消失点”设置。

2．在 3D 空间中移动对象

使用 3D 平移工具可以在 3D 空间中移动影片剪辑实例。使用该工具选择影片剪辑后，影片剪辑的 x、y 和 z 轴将显示在舞台中对象的顶部，z 轴为红色，y 轴为绿色，z 轴为蓝色，如

图 7-41 所示。若要通过该工具来移动对象，可以将鼠标指针移到 *x*、*y* 或 *z* 轴控件上，然后单击并拖动鼠标指针即可。

3D 平移工具的默认模式是全局，使用 3D 平移工具拖动对象的同时按【D】键，可以临时从全局模式切换到局部模式。

使用“属性”面板可以移动对象，只需在“3D 定位和视图”选项组中输入“*x*”“*y*”“*z*”的值即可，如图 7-42 所示。

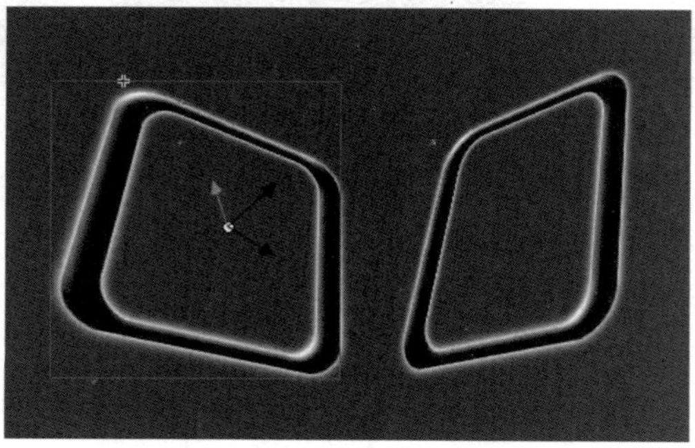

图 7-41　3D 平移

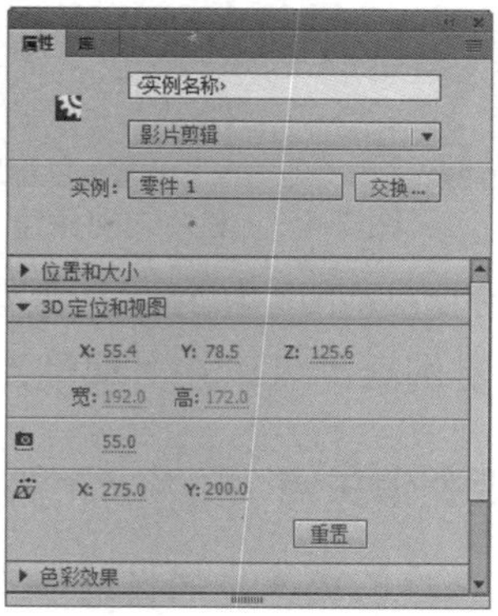

图 7-42　使用“属性”面板定位

使用 3D 平移工具可以移动多个选择对象，在移动多个对象时只显示一个 3D 控件。若要将该控件转移到其他选择的对象上，则在按住【Shift】键的同时连续单击两次该对象即可。

3．在 3D 空间中旋转对象

使用 3D 旋转工具可以在 3D 空间中旋转影片剪辑实例。3D 旋转控件出现在舞台中的选定对象上，*x* 轴为红色，*y* 轴为绿色，*z* 轴为蓝色。使用橙色的自由旋转轴可以同时绕 *x* 轴和 *y* 轴旋转，还可根据需要重新定位 3D 旋转控件的中心点，方法如下。

若要将中心点移到任意位置，可以拖动中心点，如图 7-43 所示。若要将中心点移到一个选定影片剪辑的中心，可以在按住【Shift】键的同时双击该影片剪辑；若要将中心点移到选定影片剪辑组的中心，可以双击该中心点；还可在“变形”面板中进行 3D 旋转及移动 3D 中心点位置的操作，如图 7-44 所示。

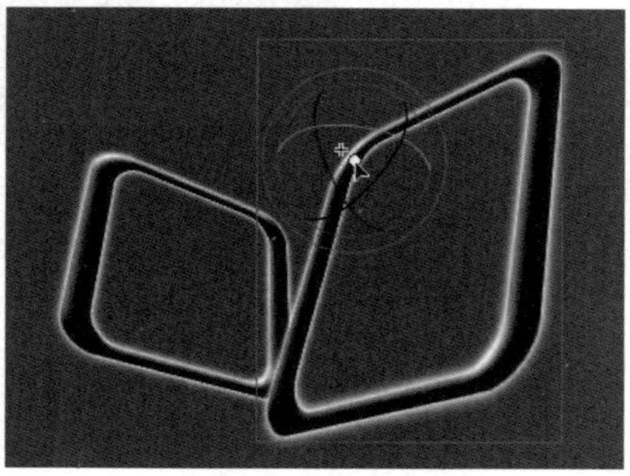

图 7-43　拖动中心点

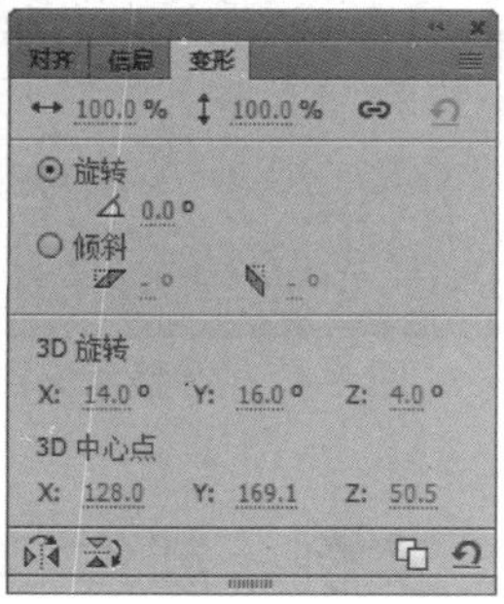

图 7-44　“变形”面板

4．调整透视角度

FLA 文件的透视角度属性控制着 3D 影片剪辑视图在舞台中的外观视角，增大或减小透视角度将影响 3D 影片剪辑的外观尺寸及其相对于舞台边缘的位置。增大透视角度，可以使

3D 对象看起来更接近观者，如图 7-45 所示；减小透视角度，可以使 3D 对象看起来更远，如图 7-46 所示。

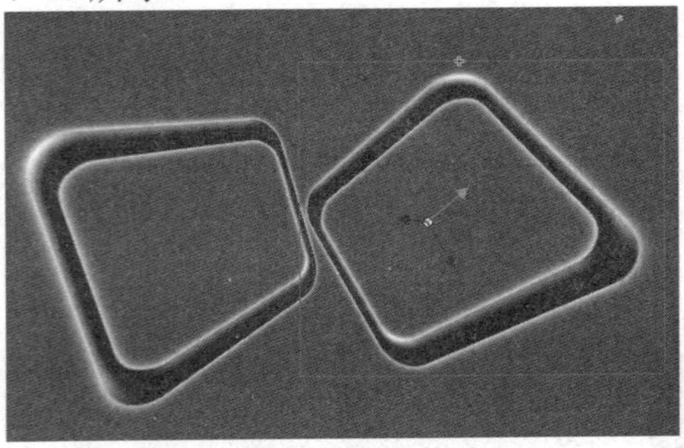

图 7-45　增大透视角度

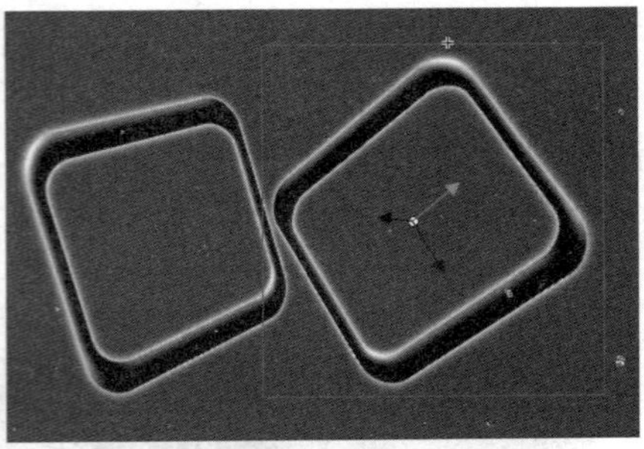

图 7-46　减小透视角度

默认的透视角度为 55°，类似于普通照相机的镜头，视角范围为 1°~180°。选择一个影片剪辑实例后，可以在“属性”面板中更改其透视角度。

5．调整消失点

FLA 文件的消失点属性控制着舞台中 3D 影片剪辑的 z 轴方向。FLA 文件中所有 3D 影片剪辑的 z 轴都朝着消失点后退。通过重新定位消失点，可以更改沿 z 轴平移对象时对象的移动方向。通过调整消失点的位置，可以精确控制舞台中 3D 对象的外观和动画。例如，若将消失点定位在舞台的左上角（0,0），则增大影片剪辑的“Z”属性值，可以使影片剪辑远离观者，并向舞台的左上角方向移动，如图 7-47 所示。

消失点是一个文档属性，它会影响应用了 z 轴平移或旋转的所有影片剪辑。消失点不会影响其他影片剪辑，其默认位置是舞台中心。

在舞台中选择一个 3D 影片剪辑实例，在“属性”面板中可以查看或设置消失点，如图 7-48 所示。

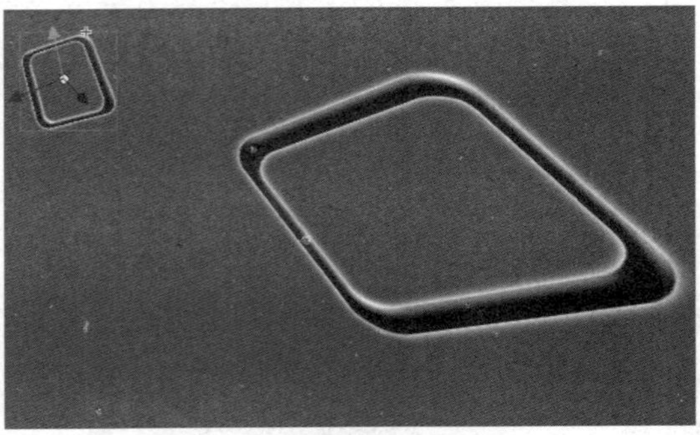

图 7-47　调整消失点的位置

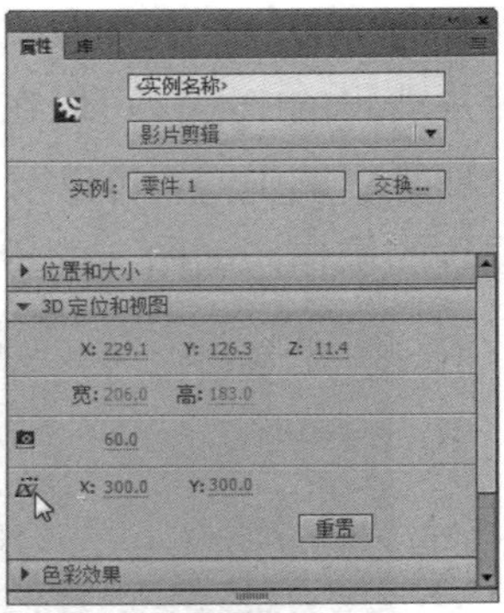

图 7-48　设置消失点

7.3.2　实例：制作 3D 立方体

下面使用 3D 工具制作 3D 立方体，具体操作方法如下。

Step 01 新建“3D 动画.fla”文档，设置舞台大小为 600 × 600 像素。使用矩形工具绘制一个大小为 200 × 200 像素的正方形形状，然后选择形状，按【F8】键将其转换为影片剪辑元件，如图 7-49 所示。

Step 02 选择实例，在“属性”面板中设置 3D 定位，“X”为 200.0，“Y”为 200.0，“Z”为 0.0，将其作为后侧面，如图 7-50 所示。

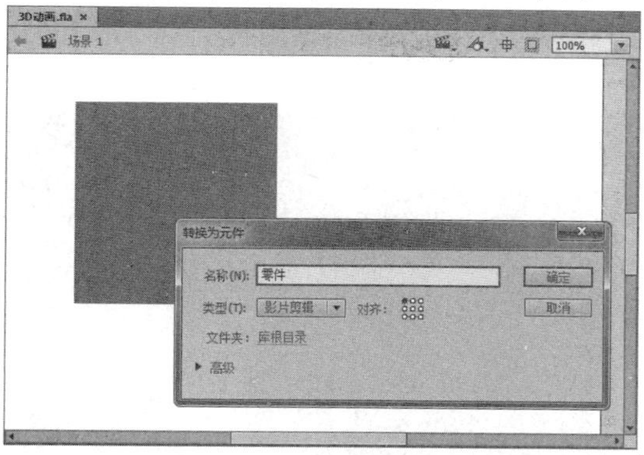

图 7-49 转化为影片剪辑元件

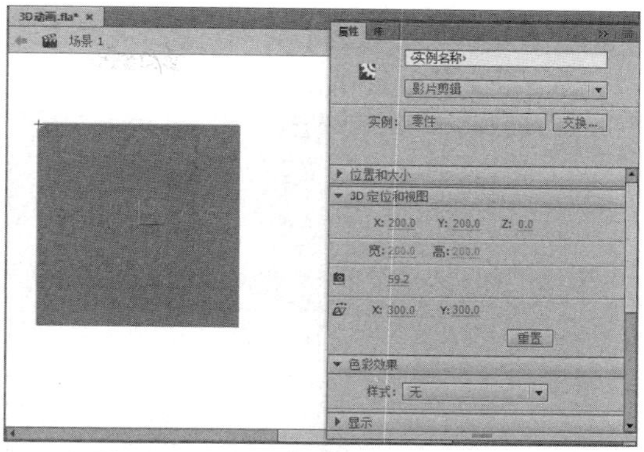

图 7-50 设置后侧面的 3D 定位

Step 03 按住【Alt】键拖动实例以复制出一个实例，在“变形”面板中设置其绕 y 轴旋转-90.0°，将其作为右侧面，如图 7-51 所示。

Step 04 在“属性”面板中设置 3D 定位，“X”为 400.0，“Y”为 200.0，“Z”为-200.0，如图 7-52 所示。

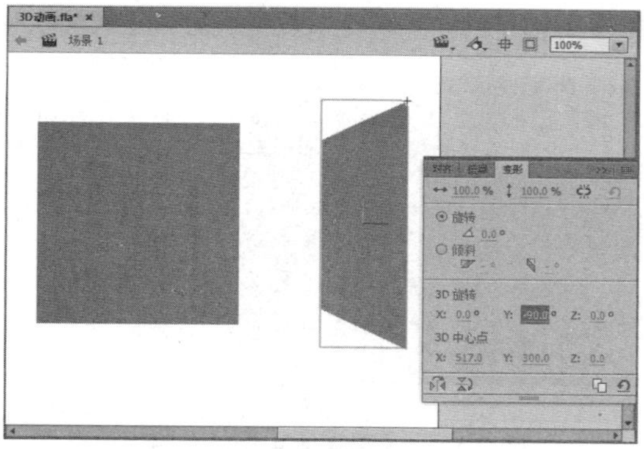

图 7-51 设置右侧面的 3D 旋转

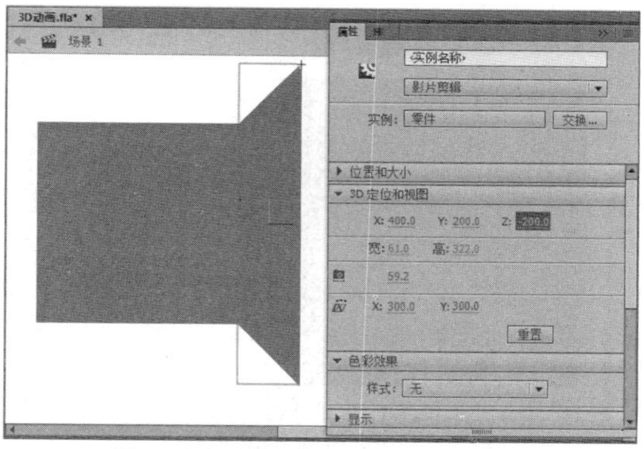

图 7-52 设置右侧面的 3D 定位

Step 05 复制一个右侧面的实例，并将其移至左侧，在“属性”面板中设置 3D 定位，“X”为 200.0，“Y”为 200.0，“Z”为-200.0，将其作为左侧面，如图 7-53 所示。

Step 06 复制一个后侧面的矩形实例，然后在“变形”面板中设置其绕 x 轴旋转-90.0°，将其作为顶面，如图 7-54 所示。

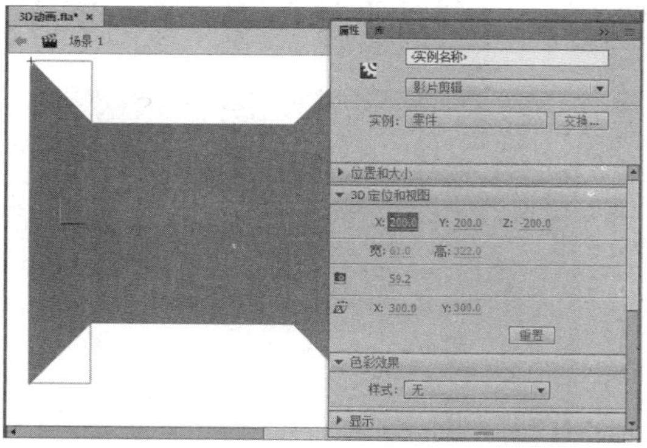

图 7-53 设置左侧面的 3D 定位

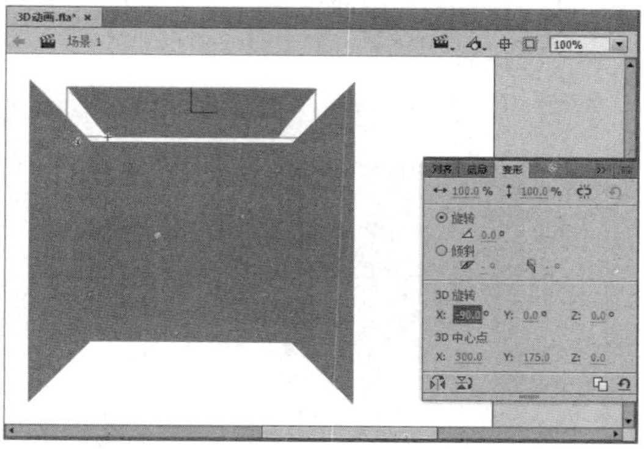

图 7-54 设置顶面的 3D 旋转

Step 07 在“属性”面板中设置 3D 定位，“X”为 200.0，“Y”为 200.0，“Z”为 0.0，如图 7-55 所示。

Step 08 复制一个顶面的实例，并将其移至下方，在“属性”面板中设置 3D 定位，“X”为 200.0，“Y”为 400.0，“Z”为 0.0，如图 7-56 所示。

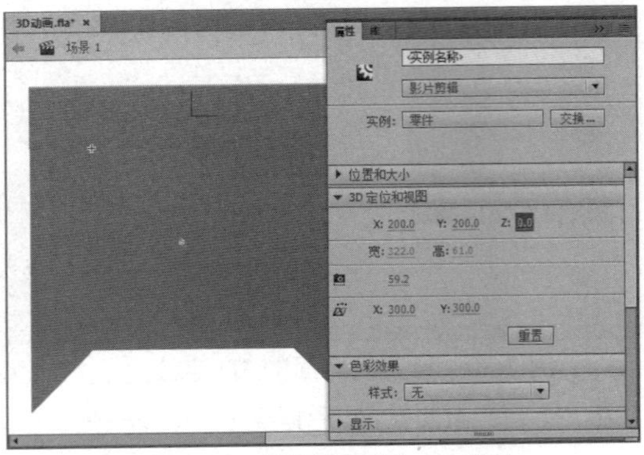

图 7-55　设置顶面的 3D 定位

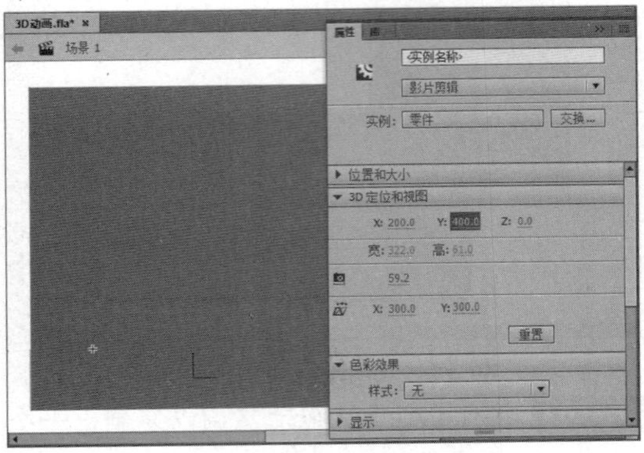

图 7-56　设置底面的 3D 定位

Step 09 在“属性”面板中的“色彩效果”选项组中设置底面实例的色调，如图 7-57 所示。

Step 10 根据需要分别设置其他实例的色调，效果如图 7-58 所示。

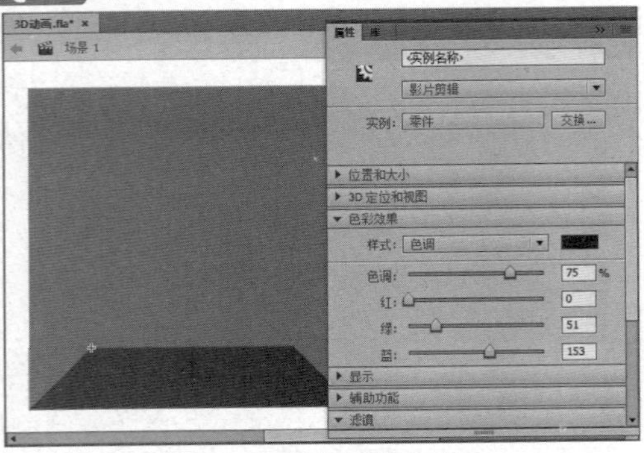

图 7-57　设置实例的色调

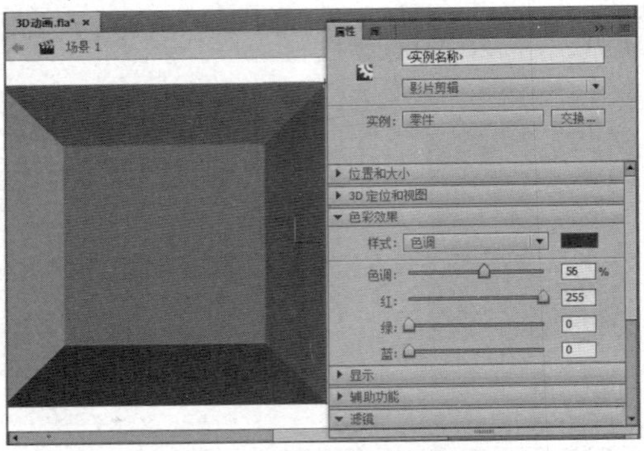

图 7-58　设置其他实例的色调

Step 11 复制一个后侧面的矩形实例，在“属性”面板中设置 3D 定位，“X”为 200.0，“Y”为 200.0，“Z”为 - 200.0，然后设置实例的色调效果，将其作为前侧面，如图 7-59 所示。

Step 12 此时立方体已经组合完成，按【Ctrl+A】组合键全选舞台中的实例，然后按【F8】键将其转换为影片剪辑元件，设置元件的注册点为中心位置，如图 7-60 所示，然后单击“确定”按钮。

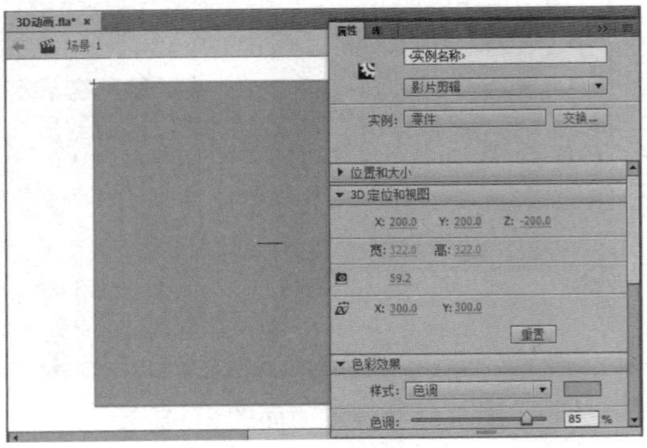

图 7-59　设置前侧面的 3D 定位

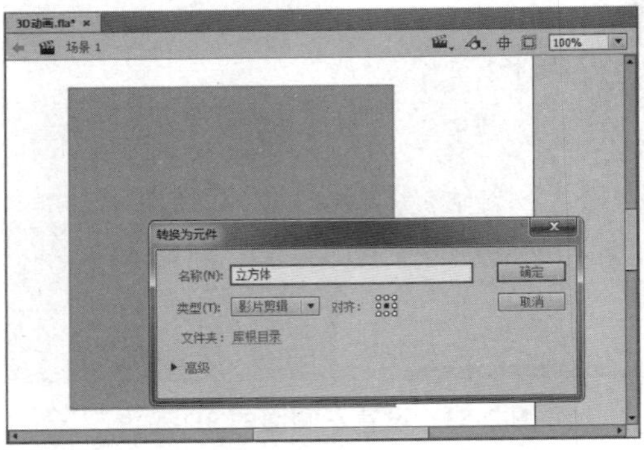

图 7-60　转化为影片剪辑元件

7.3.3　实例：制作 3D 立方体的旋转动画

下面制作 3D 立方体的旋转动画，具体操作方法如下。

Step 01 在舞台中选择立方体实例，在“变形”面板中设置其绕 z 轴旋转 45.0°，如图 7-61 所示。

Step 02 选择第 40 帧，按【F5】键插入普通帧。右击实例，在弹出的快捷菜单中选择“创建补间动画”命令，如图 7-62 所示。

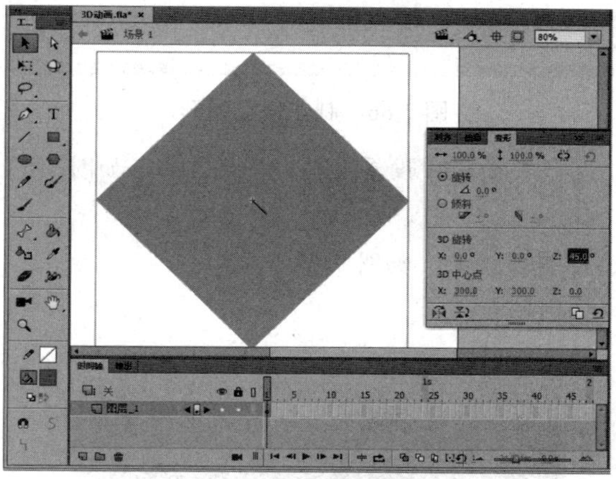

图 7-61　设置 z 轴旋转

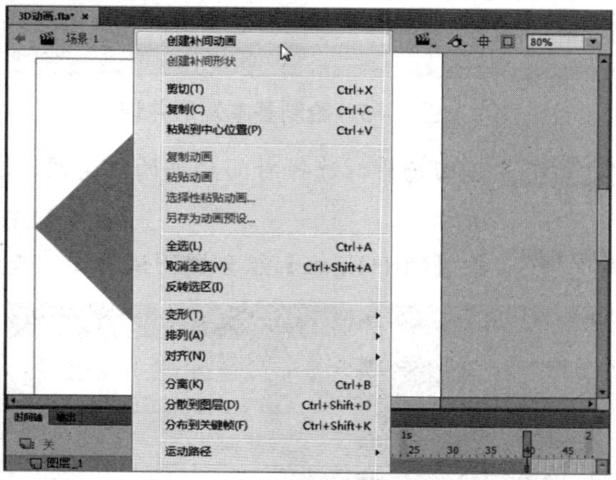

图 7-62　创建补间动画

Step 03 将播放头移至第 40 帧，在“变形”面板中设置立方体实例绕 x 轴和 y 轴各旋转 359.9°，如图 7-63 所示。

Step 04 在“时间轴”面板中拖动播放头，预览 3D 旋转效果，如图 7-64 所示。

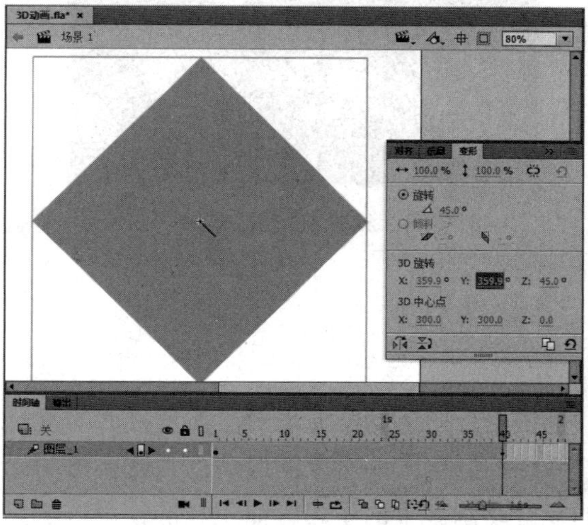

图 7-63　设置 x 轴、y 轴旋转

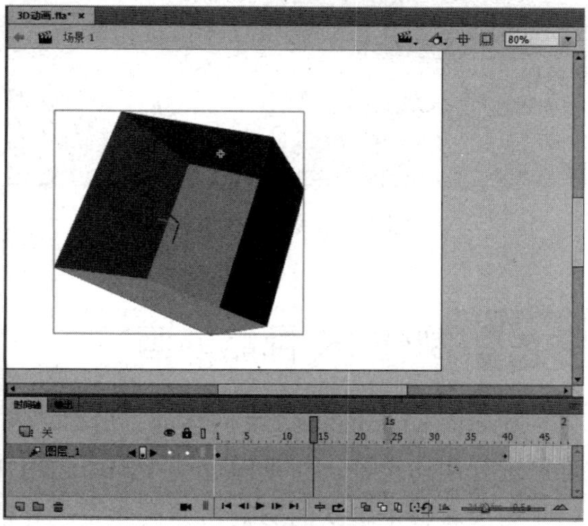

图 7-64　预览旋转效果

Step 05 为了使立体效果更加突出，可以在“库”面板中双击“零件”元件（见上例），在元件编辑窗口中使用基本矩形工具绘制红色矩形形状并调整矩形的边角半径，如图 7-65 所示。

Step 06 按【Ctrl+B】组合键将基本矩形分离为形状，然后按【Delete】键删除该矩形，即可生成镂空的图形效果，如图 7-66 所示。

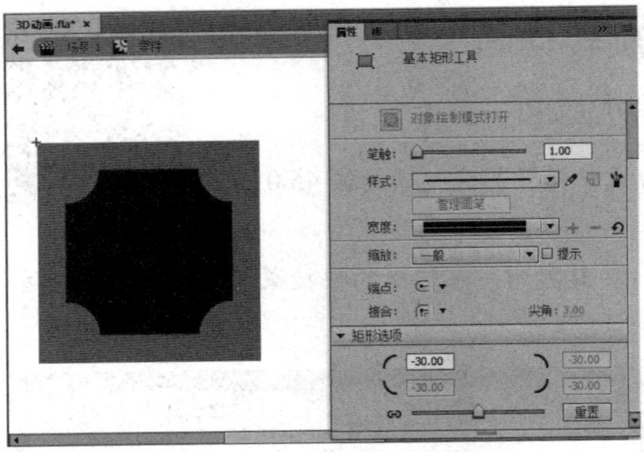

图 7-65 绘制基本矩形并调整

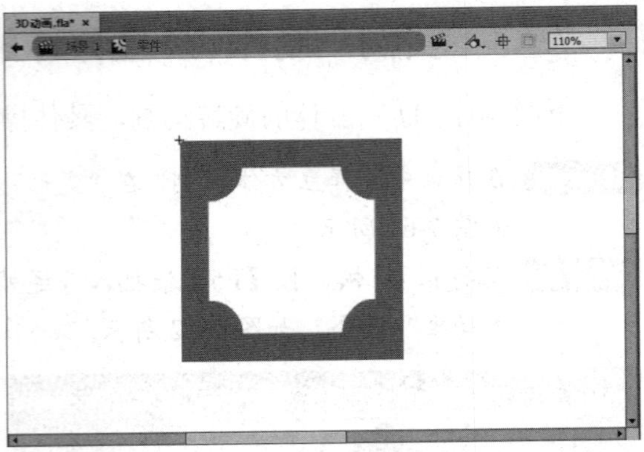

图 7-66 制作镂空图形

Step 07 返回场景，选择补间动画的任意帧，在“属性”面板中设置“缓动”为 100，如图 7-67 所示。

Step 08 按【Ctrl+Enter】组合键测试动画，查看 3D 旋转效果，如图 7-68 所示。

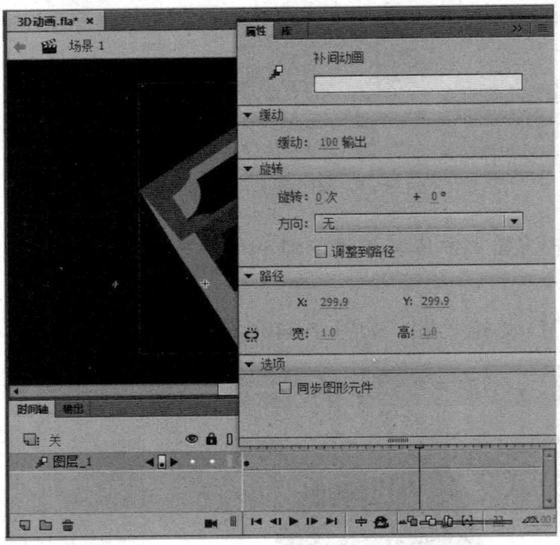

图 7-67 设置补间缓动

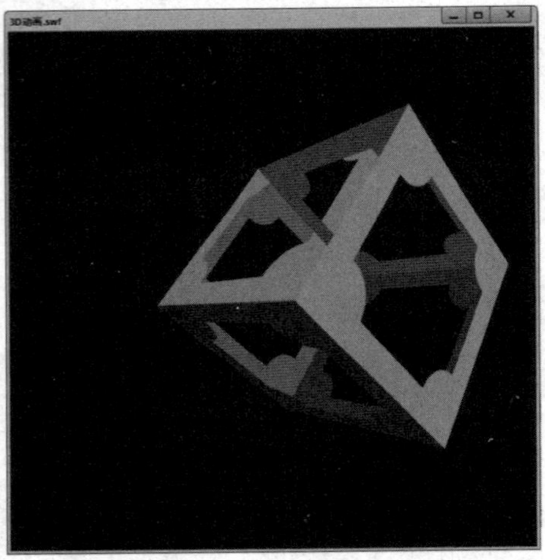

图 7-68 测试 3D 动画效果

7.4 制作 IK 骨骼动画

Inverse Kinematics（反向运动）简称“IK”，是依据反向运动学原理对层次连接后的复合对象进行运动设置。与正向运动不同，运用 IK 系统控制层末端对象的运动，系统将自动计算此变换对整个层次的影响，并据此完成复杂的复合动画。下面学习骨骼工具的使用方法，以及如何制作 IK 动画。

7.4.1 认识反向运动（IK）

反向运动（IK）是一种使用骨骼工具对对象进行动画处理的方式，这些骨骼按父子关系连接成线性或枝状的骨架。当一个骨骼移动时，与其连接的骨骼也会发生相应的移动。

使用反向运动可以方便地创建自然运动，例如，可以更加轻松地创建人物动画，包括手臂、腿部的运动和面部表情等。若要使用反向运动进行动画处理，只需在时间轴上指定骨骼的开始和结束位置，Animate CC 会自动在起始帧和结束帧之间对骨架中骨骼的位置进行内插处理。

在 Animate CC 中，可以通过以下两种方式使用 IK 骨骼。

第一种方式是：通过添加将每个实例与其他实例连接在一起的骨骼，用关节连接一系列的元件实例（注意，每个实例都只有一个骨骼）。例如，通过将躯干、上臂、下臂和手连接在一起，创建出逼真移动的手臂。可以创建一个分支骨架，以包括两支手臂、两条腿和头，如图 7-69 所示。人像的肩部和臀部是骨架中的分支点，默认的变形点是根骨的头部、内关节及分支中最后一个骨骼的尾部。

第二种方式是：使用形状作为多块骨骼的容器，如图 7-70 所示为一个已添加 IK 骨架的形状。例如，可以在蛇的图像中添加骨骼，以使其逼真地爬行。在“对象绘制”模式下可以绘制这些形状，所添加的第一个骨骼（即根骨）的头部有一个圆形标记。

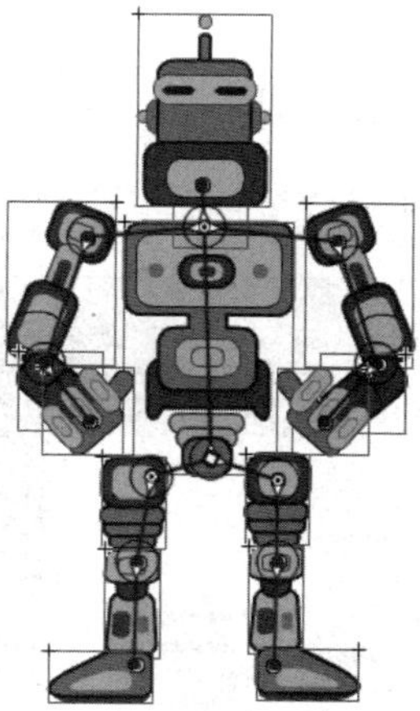

图 7-69 在实例上添加骨骼

图 7-70 在形状中添加骨骼

需要注意的是，若要在 FLA 文件中使用反向运动，必须在“发布设置”对话框的“Animate”选项卡中将“脚本”设置为 ActionScript 3.0。

7.4.2 向元件添加骨骼

用户可以向影片剪辑、图形和按钮实例添加 IK 骨骼。向元件实例添加骨骼时，会创建一个链接实例链，它可以是一个简单的线性链或分支结构。在添加骨骼之前，元件实例可以在不同的图层中，但添加骨骼时，Animate CC 会将它们移至新的姿势图层中。

Step 01 打开“素材文件\第 7 章\兔子.fla”，从“库”面板中将各元件拖至舞台中，组合图形，如图 7-71 所示。

Step 02 使用椭圆工具在舞台的下方绘制一个黑色圆形，按【F8】键将其转换为影片剪辑元件，如图 7-72 所示。

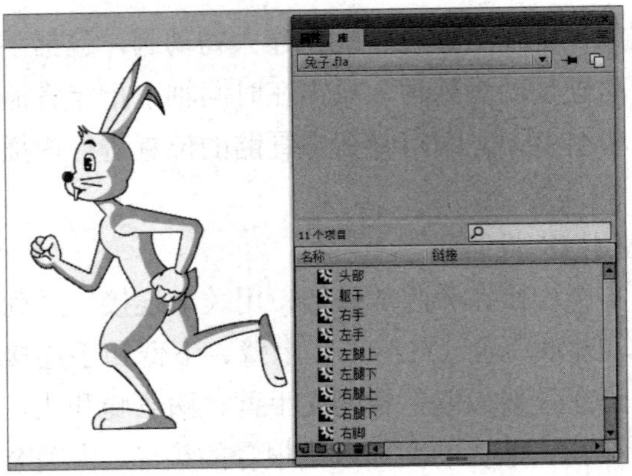

图 7-71　组合图形

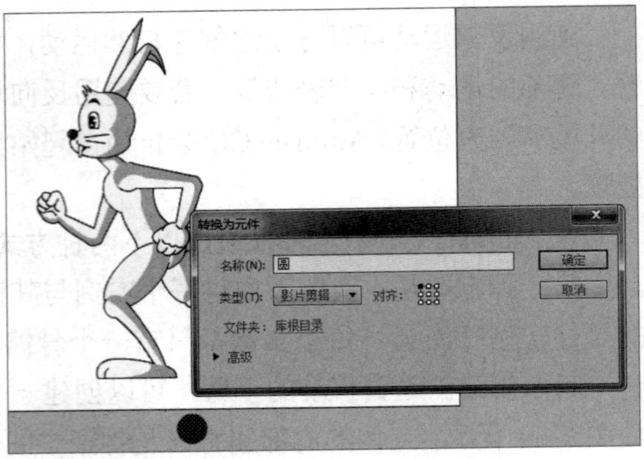

图 7-72　转换为影片剪辑元件

Step 03 按【Ctrl+U】组合键打开“首选参数”对话框，在左侧选择“绘制”选项，在右侧弹出的界面中取消选择“自动设置变形点”复选框，如图 7-73 所示，单击“确定”按钮。此时连接骨骼，骨骼会自动对齐到实例的变形点上。

Step 04 选择“视图”|“贴紧”|“贴紧至对象”命令，取消“贴紧至对象”命令左侧的“✓”，如图 7-74 所示。

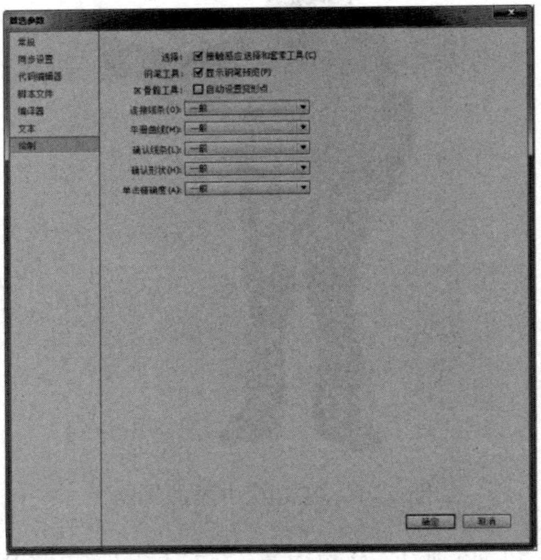

图 7-73　取消自动设置变形点

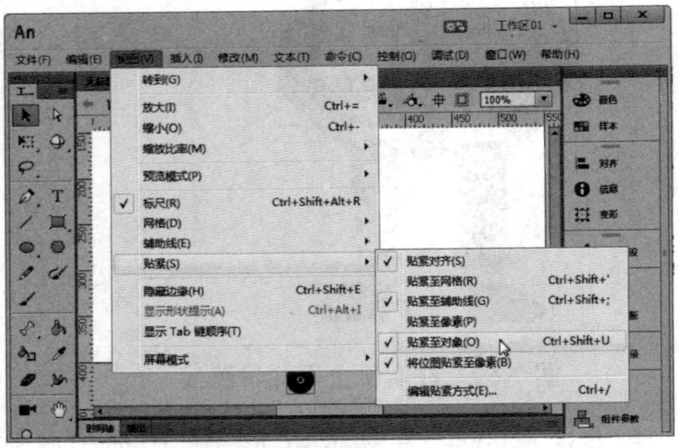

图 7-74　取消贴紧至对象

Step 05 选择任意变形工具，调整图像中各实例变形点的位置，如图 7-75 所示。

图 7-75　调整变形点的位置

Step 06 按【M】键调用骨骼工具，单击舞台下方的圆点实例，将其拖动到兔子左腿上的变形点处以创建连接，然后从第一个骨骼的尾部拖动到骨架的下一个元件实例以添加其他骨骼，如图 7-76 所示。默认情况下，Animate CC 将每个元件实例的变形点移至由每个骨骼连接构成的连接位置。

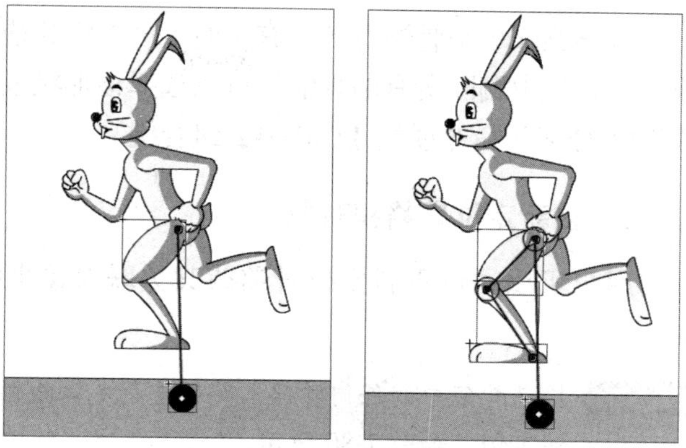

图 7-76　添加骨骼

在向实例添加骨骼时，Animate CC 将每个实例移至时间轴中的新图层，即姿势图层。与给定骨架关联的所有骨骼和元件实例都驻留在姿势图层中。每个姿势图层只能包含一个骨架。

创建 IK 骨架后，可以在骨架中拖动骨骼或元件实例以重新定位实例。拖动骨骼会移动其关联的实例，但不允许它相对于其骨骼旋转。拖动实例允许它移动以及相对于其骨骼旋转。拖动分支中间的实例可导致父级骨骼通过连接旋转而相连。子级骨骼在移动时没有连接旋转。

7.4.3 编辑骨骼和对象

创建骨骼后，可以通过多种方法对其进行编辑，例如，可以重新定位骨骼及其关联的对象、在对象内移动骨骼、更改骨骼的长度、删除骨骼，以及编辑包含骨骼的对象等。

1. 选择骨骼及其关联对象

若要对骨骼及其关联对象进行编辑，首先要将其选中。使用选择工具单击骨骼，即可将其选中，在其“属性”面板中单击“父级”或“子级”按钮，即可选择与其关联的骨骼，如图 7-77 所示。按住【Shift】键的同时使用选择工具单击骨骼，可以选择多个骨骼。双击骨骼，即可选择全部骨骼，如图 7-78 所示。若要选择 IK 形状或元件实例，只需使用选择工具单击即可，如图 7-79 所示。

图 7-77　选择子级或父级骨骼

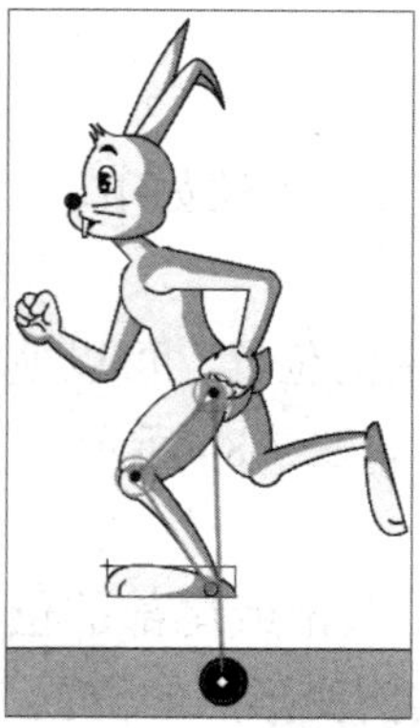

图 7-78　选择全部骨骼

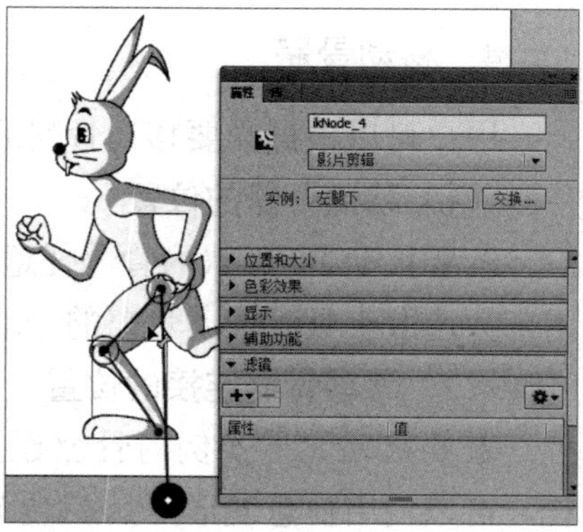

图 7-79　选择元件实例

2. 删除骨骼

若要删除单个骨骼及其所有子级，可以将其选中后按【Delete】键。若要从某个 IK 形状或元件骨架中删除所有的骨骼，可以选择该形状或该骨架中的任何元件实例，然后选择“修改”|“分离”命令或按【Ctrl+B】组合键。

3. 重新定位骨骼和对象

用户可以通过重新定位骨骼或其关联对象来编辑骨骼，具体操作方法如下。

Step 01 拖动骨架中的任何骨骼，即可重新定位线性骨骼。若骨架已经连接到元件实例，还可拖动实例，如图 7-80 所示。

Step 02 若要重新定位骨架的某个分支，可以拖动该分支中的任何骨骼，该分支中的所有骨骼都会移动，但骨架的其他分支中的骨骼不会移动，如图 7-81 所示。

Step 03 若要将某个骨骼与其子级骨骼一起旋转而不移动父级骨骼，可以按住【Shift】键并拖动该骨骼，如图 7-82 所示。

图 7-80　重新定位骨骼

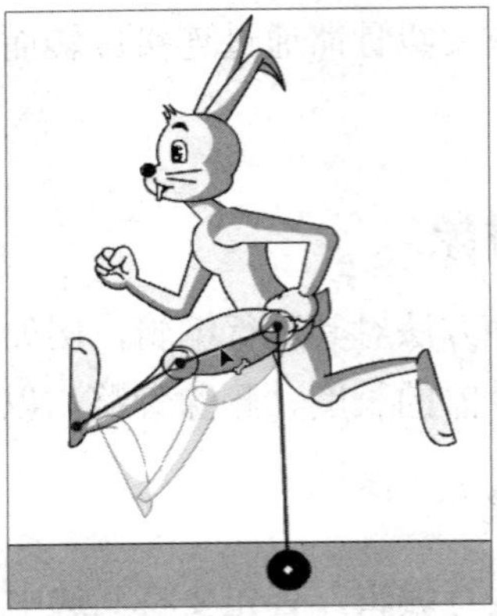

图 7-81　定位骨架分支

图 7-82　旋转子级骨骼

Step 04 若要将骨骼对象移至舞台中的新位置，可以在“属性”面板中选择该对象，并更改其“X”和“Y”属性，如图 7-83 所示。

图 7-83　移动骨骼对象位置

4. 移动骨骼

用户可以根据需要移动骨骼的位置，方法如下。

（1）移动骨骼的位置

若要移动 IK 形状内骨骼任意一端的位置，可以使用部分选取工具拖动骨骼的一端，如图 7-84 所示。

（2）移动骨骼连接的位置

若要移动元件实例内骨骼连接、头部或尾部的位置，可以使用任意变形工具调节实例变形点的位置，这时骨骼将随中心点移动，如图 7-85 所示。

（3）移动单个实例

若要移动单个元件实例而不移动任何其他骨骼连接的实例，可以在按住【Alt】键的同时拖动该实例，如图 7-86 所示，或使用任意变形工具拖动它。连接到实例的骨骼将变长或变短，以适应实例的新位置。

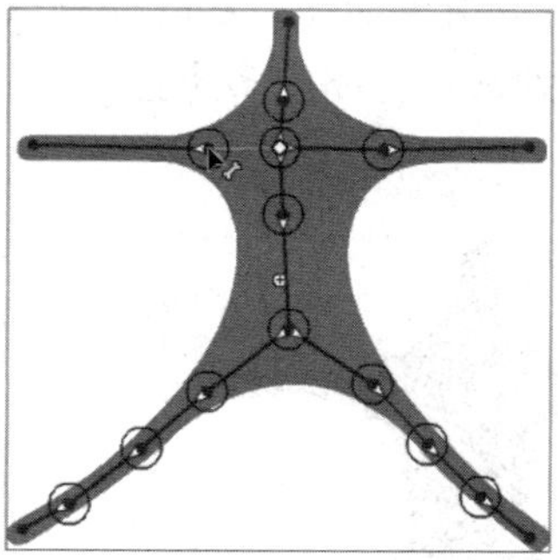

图 7-84 移动骨骼的位置

图 7-85 移动骨骼连接的位置

图 7-86 移动单个实例

5．编辑 IK 形状

使用部分选取工具可以在 IK 形状中添加、删除和编辑轮廓的控制点。

（1）添加控制点

选择部分选取工具，若要显示 IK 形状边界的控制点，可以单击形状的边界；若要添加新的控制点，可以单击笔触上没有任何控制点的部分，如图 7-87 所示。

（2）修改形状

若要修改控制点的位置，可以拖动该控制点。若要删除现有的控制点，可以通过单击选择控制点后按【Delete】键。若要修改形状，可以调整控制点的位置及曲率，如图 7-88 所示。

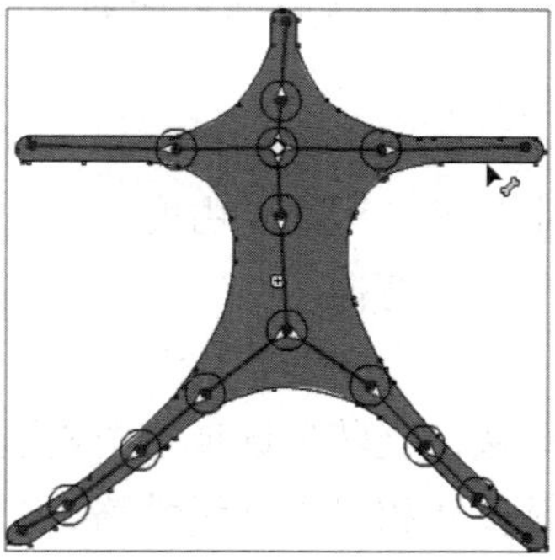

图 7-87 添加形状的控制点

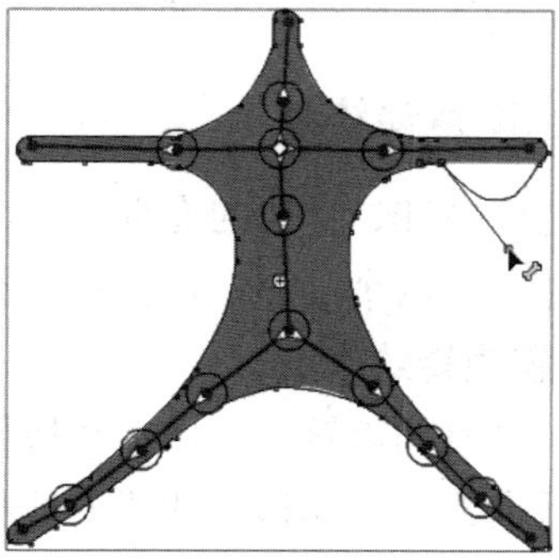

图 7-88 修改形状

6．绑定骨骼到形状的控制点

默认情况下，形状的控制点连接到离它们最近的骨骼。在移动 IK 形状骨架时，形状的笔触并不会按令人满意的方式扭曲，这时可以使用绑定工具编辑单个骨骼和形状控制点之间的连接，这样就可以控制在每个骨骼移动时笔触扭曲的方式，以获得更加满意的结果。

用户可将多个控制点绑定到一个骨骼，以及将多个骨骼绑定到一个控制点。使用绑定工具单击控制点或骨骼，将显示骨骼和控制点之间的连接，然后可以按照各种方式更改连接。

（1）**加亮控制点**

若要加亮显示已连接到骨骼的控制点，可以在骨骼工具组中选择绑定工具，单击该骨骼即可加亮控制点，如图 7-89 所示。

（2）**添加控制点**

若要向选定的骨骼添加控制点，可以在按住【Shift】键的同时单击未加亮显示的控制点，还可以通过在按住【Shift】键的同时拖动鼠标指针来选择要添加到选定骨骼的多个控制点，如图 7-90 所示。

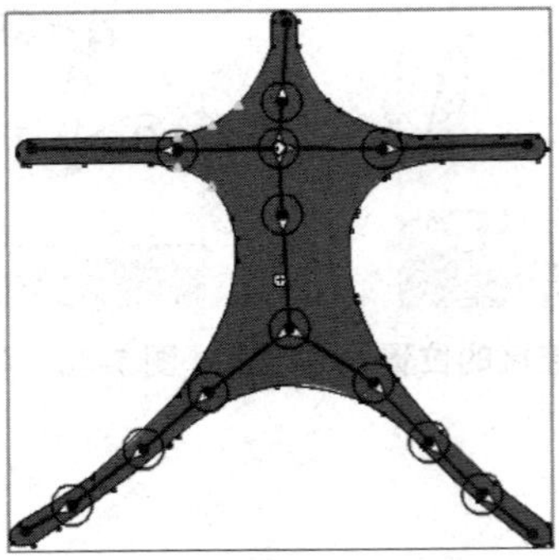

图 7-89　加亮控制点

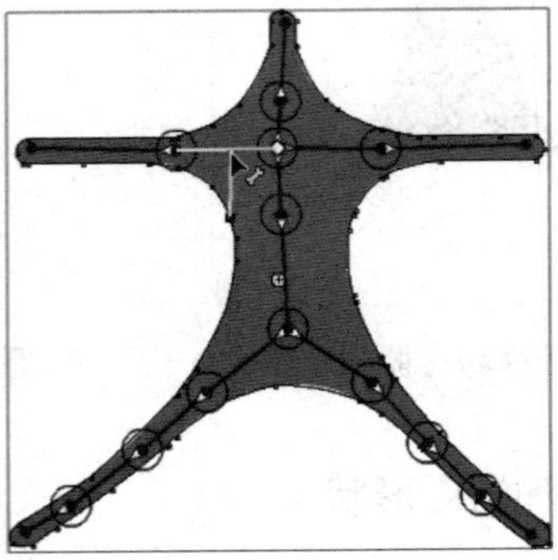

图 7-90　添加骨骼控制点

（3）**删除控制点**

若要从骨骼中删除控制点，可以在按住【Ctrl】键的同时单击以黄色加亮显示的控制点；若要向选定的控制点添加其他骨骼，可以在按住【Shift】键的同时单击骨骼。

7.4.4　编辑 IK 动画的骨骼属性

在反向运动中，还可为骨骼添加约束、弹簧和缓动属性，以实现更加逼真的动画效果。

1．设置 IK 运动约束

若要创建更多 IK 骨架的逼真运动，可以控制特定骨骼的运动自由度。例如，可以约束作为手臂一部分的两个骨骼，以使肘部无法按照错误的方向弯曲。

（1）**设置旋转约束**

若要约束骨骼的旋转，可以在“属性”面板的“联接：旋转”选项组中先选中“约束”复选框，然后设置“左偏移”和“右偏移”度数。旋转度数相对于父级骨骼。在骨骼连接的顶部将显示一个指示旋转自由度的弧形，如图 7-91 所示。

（2）**启用骨骼移动**

若要使选定的骨骼沿 x 轴或 y 轴移动，并更改其父级骨骼的长度，可以在“属性”面板的“联接：x 平移”或“联接：y 平移”选项组中选中“启用”复选框，这时会显示一个垂直于连接上骨骼的双向箭头，指示已启用 x 轴运动；显示一个平行于连接上骨骼的双向箭头，指示已启用 y 轴运动，如图 7-92 所示。若对骨骼同时启用了“X 平移”和“Y 平移”，则对该骨骼禁用旋转时定位它会更加容易。

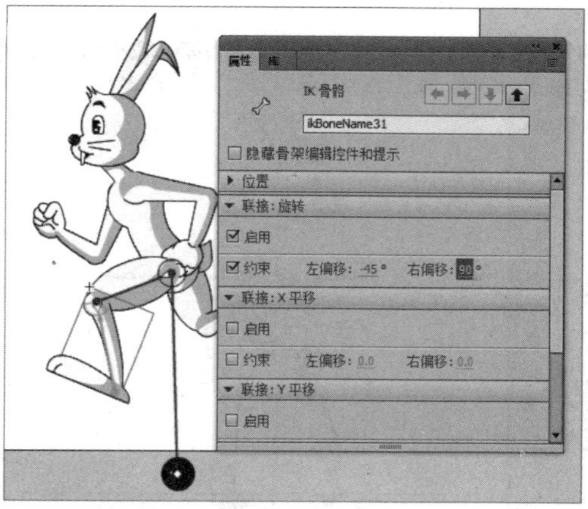

图 7-91　设置旋转约束

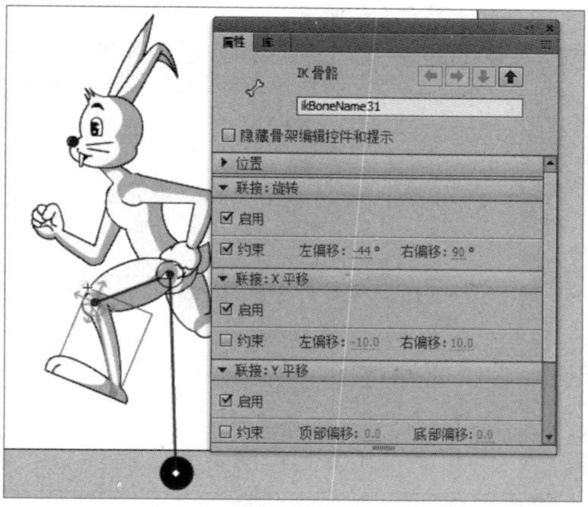

图 7-92　启用骨骼移动

（3）设置移动约束

若要限制沿 x 轴或 y 轴启用的运动量，可以在“属性”面板的“联接：x 平移”或“联接：y 平移”选项组中选中“约束”复选框，然后设置骨骼可以行进的最小距离和最大距离，如图 7-93 所示。

（4）固定骨骼

若要固定某个骨骼使其不再运动，可以在“属性”面板的“位置”选项组中选中“固定”复选框；若要限制选定骨骼的运动速度，可以在“属性”面板的“位置”选项组中设置速度（最大值 100%表示对速度没有限制），如图 7-94 所示。

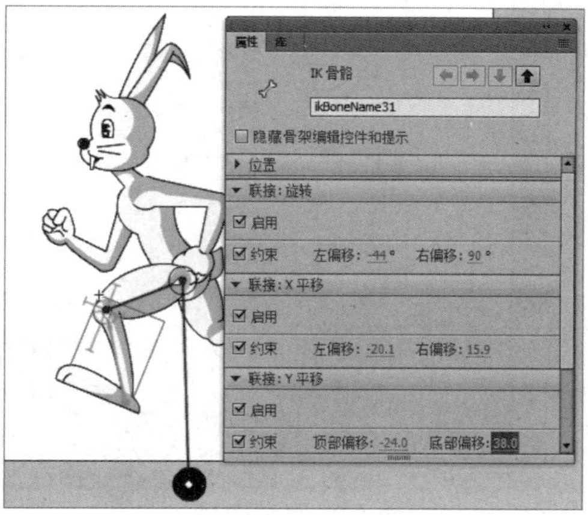

图 7-93　设置移动约束

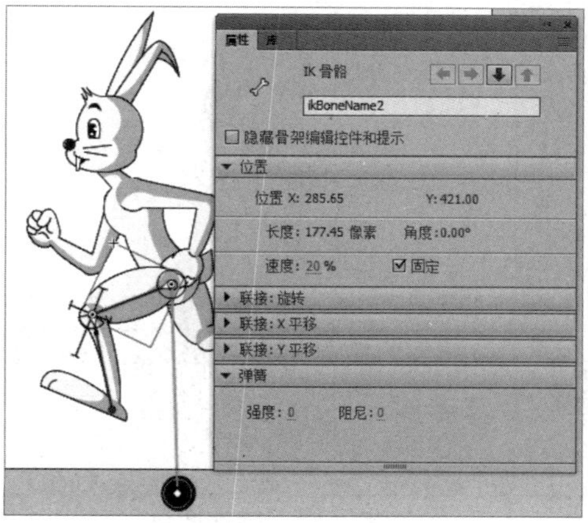

图 7-94　固定骨骼

2．对骨架进行动画处理

对 IK 骨架进行动画处理的方式为向姿势图层（图中显示为“骨架_21”图层）中添加帧（姿势图层中的关键帧被称为“姿势”），并在舞台中重新定位骨架。具体操作方法如下。

Step 01 要在骨架图层中添加帧，只需将鼠标指针置于骨架图层中的最后一帧上，当鼠标指针变为双向箭头时向右拖动鼠标指针即可，如图 7-95 所示。

Step 02 要添加姿势，只需将播放头定位到要添加姿势的帧上，然后在舞台中重新定位骨架即可，如图 7-96 所示。

图 7-95　添加帧

图 7-96　添加姿势

Step 03 采用相同的方法，继续在第 15 帧、第 20 帧添加姿势，如图 7-97 所示。

Step 04 右击骨架图层的第 1 帧，在弹出的快捷菜单中选择“复制姿势”命令，如图 7-98 所示。

图 7-97　添加姿势

图 7-98　复制姿势

Step 05 右击骨架图层的第 30 帧，在弹出的快捷菜单中选择“粘贴姿势”命令，如图 7-99 所示。

Step 06 选择两个姿势之间的任意帧，打开“属性”面板，在“类型”下拉列表中选择所需的缓动类型，然后设置缓动强度，如图 7-100 所示。

课堂解疑

“简单”缓动会降低上一个姿势帧之后的帧中运动的加速度，或下一个姿势帧之前的帧中运动的加速度；“停止并启动”缓动将减缓上一个姿势帧后面的运动，以及相邻图层中下一个姿势帧之前的帧中的运动。

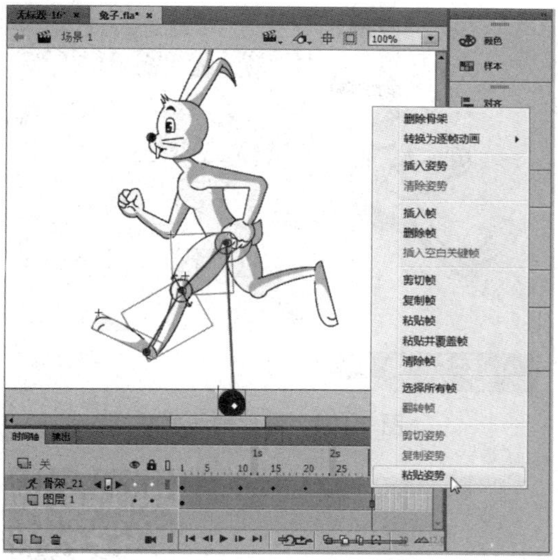

图 7-99　粘贴姿势

图 7-100　添加缓动

3．为 IK 运动添加弹簧属性

为 IK 骨骼添加弹簧属性，可以使其体现真实的物理移动效果。要为 IK 运动添加弹簧属性，需要在 IK 骨架“属性”面板的“弹簧”选项组中选中“启用”复选框，如图 7-101 所示。选择要添加弹簧属性的骨骼，在“属性”面板中设置弹簧的“强度”和“阻尼”参数，如图 7-102 所示。

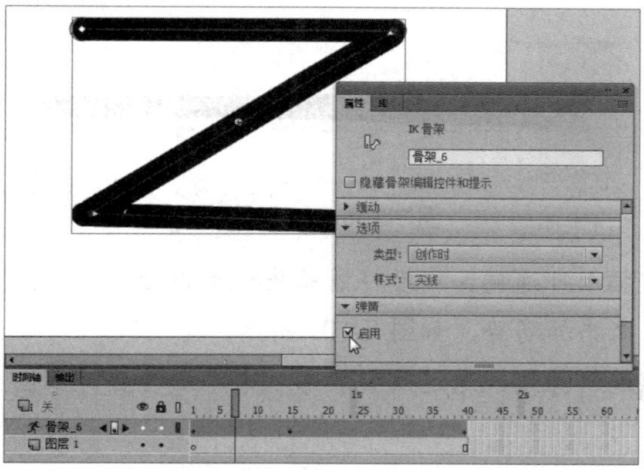

图 7-101　添加弹簧属性

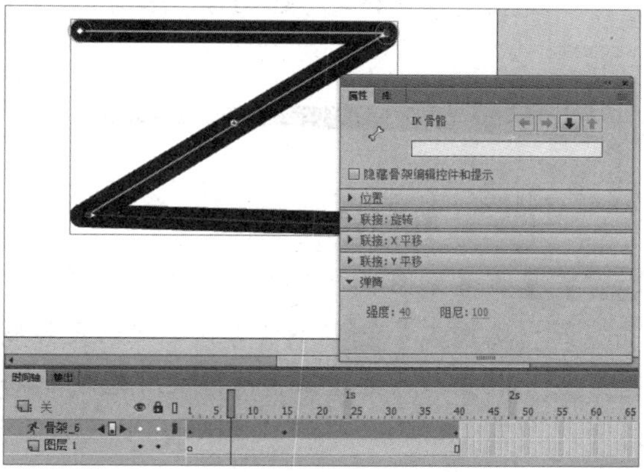

图 7-102　设置骨骼的弹簧属性

在弹簧属性中，“强度”表示弹簧强度，该数值越高，创建的弹簧效果就越强；“阻尼”表示弹簧效果的衰减速率，该数值越高，弹簧属性减小得就越快。

4．更改骨骼样式

在 IK 骨架属性中，用户可以根据需要选择以下样式在舞台中绘制骨骼。

- **实线**：默认样式。
- **线框**：以线框的形式显示骨骼，如图 7-103 所示。
- **线**：对于较小的骨架很有用，如图 7-104 所示。
- **无**：隐藏骨骼，仅显示骨骼下面的实例或形状。

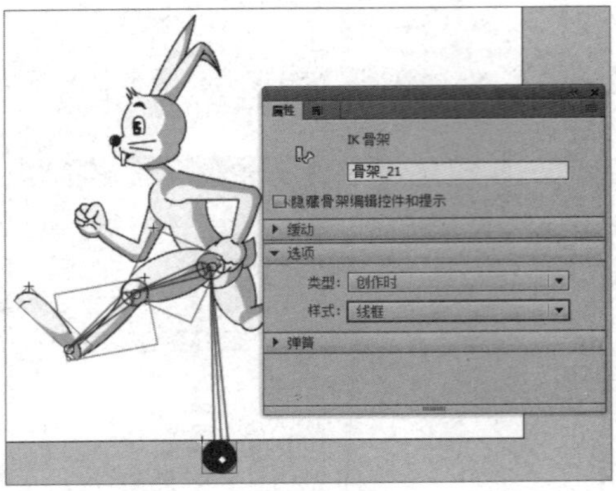

图 7-103　骨架的线框样式

图 7-104　骨架的线样式

7.4.5　实例：制作 IK 形状动画

下面通过实例介绍如何制作 IK 形状动画，具体操作方法如下。

Step 01 新建 Animate 文档，并将其保存为“IK 形状动画.fla”，设置舞台大小为 800 × 600 像素。使用画笔工具绘制形状，然后使用选择工具调整形状，效果如图 7-105 所示。

Step 02 选择骨骼工具，自形状的左端开始在形状的内部单击并向右拖动绘制根骨骼，然后依次绘制其他子级骨骼。在绘制骨骼的过程中，建议将骨骼长度逐渐变短，这样才能创建出更加切合实际的动作，如图 7-106 所示。

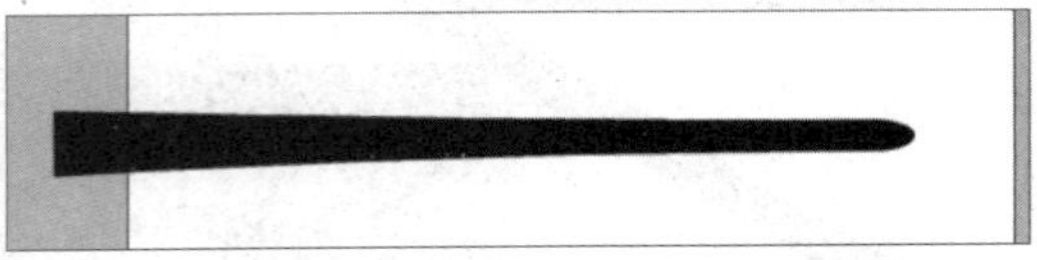

图 7-105　绘制并调整形状

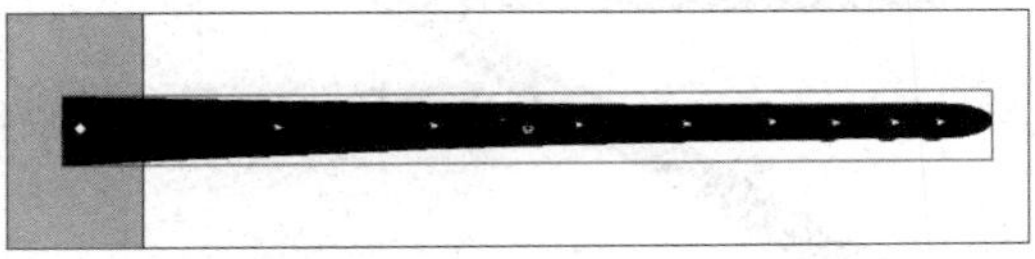

图 7-106　绘制骨骼

Step 03 在骨架图层中选择第 80 帧，按【F5】键插入普通帧，然后将播放头移至第 20 帧，使用选择工具编辑骨架，通过改变其形状来添加姿势，如图 7-107 所示。

Step 04 将播放头置于第 1 帧，使用选择工具编辑骨架，通过改变其形状来添加姿势，如图 7-108 所示。

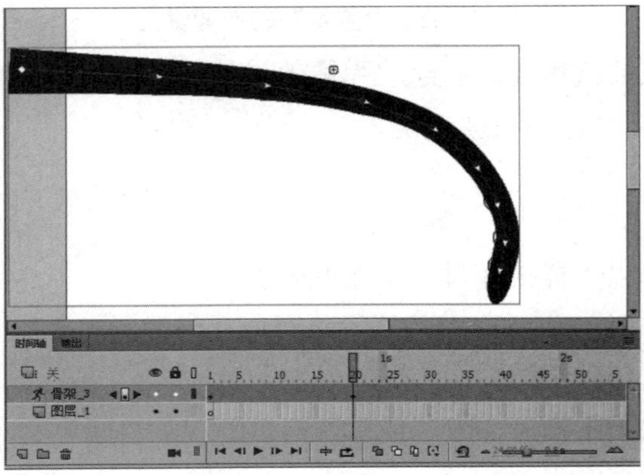

图 7-107　添加第 20 帧姿势

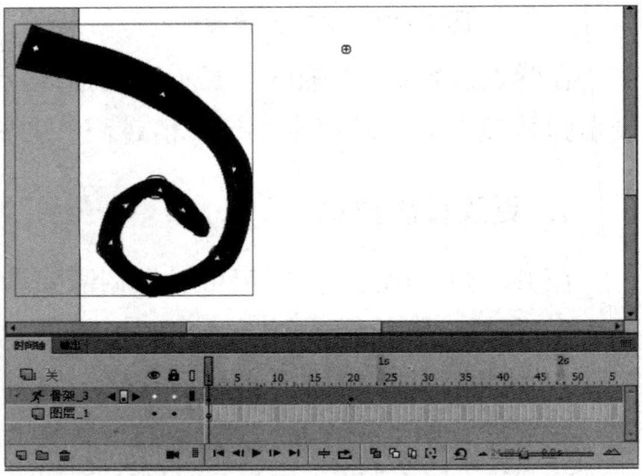

图 7-108　添加第 1 帧姿势

Step 05 将播放头置于第 40 帧，使用选择工具编辑骨架，通过改变其形状来添加姿势，如图 7-109 所示。

Step 06 右击第 20 帧，在弹出的快捷菜单中选择“复制姿势”命令，如图 7-110 所示。

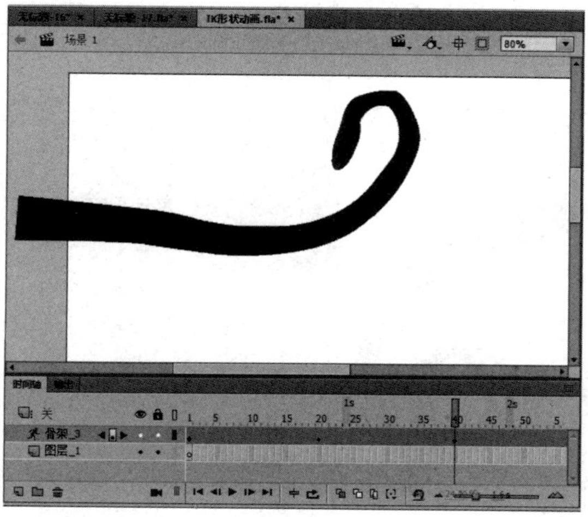

图 7-109 添加第 40 帧姿势

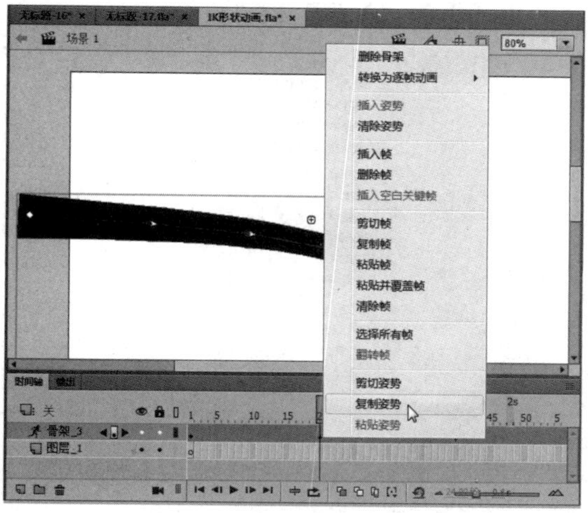

图 7-110 复制姿势

Step 07 右击第 60 帧，在弹出的快捷菜单中选择“粘贴姿势”命令，如图 7-111 所示。采用同样的方法，将第 1 帧中的姿势粘贴到第 80 帧中。

Step 08 选择第 20~40 帧之间的任意一帧，打开“属性”面板，设置缓动类型为“简单（慢）”，“强度”为 100，如图 7-112 所示。

Step 09 双击骨架图层中的帧，将其全部选中并右击，在弹出的快捷菜单中选择“复制帧”命令，如图 7-113 所示。

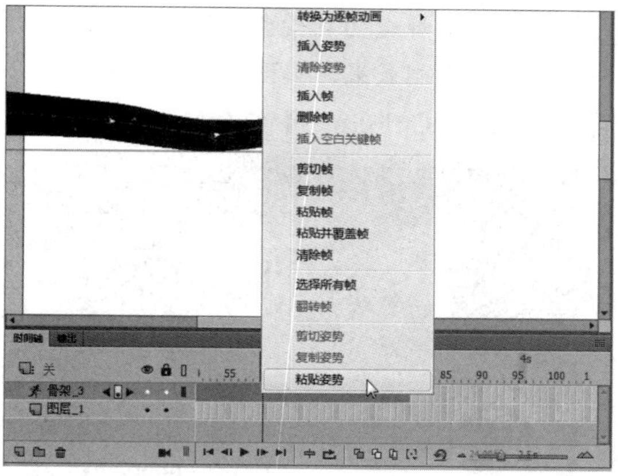

图 7-111 粘贴姿势

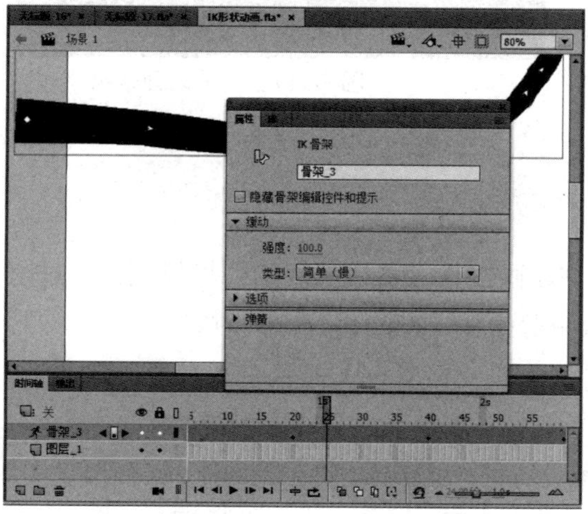

图 7-112 添加动画缓动

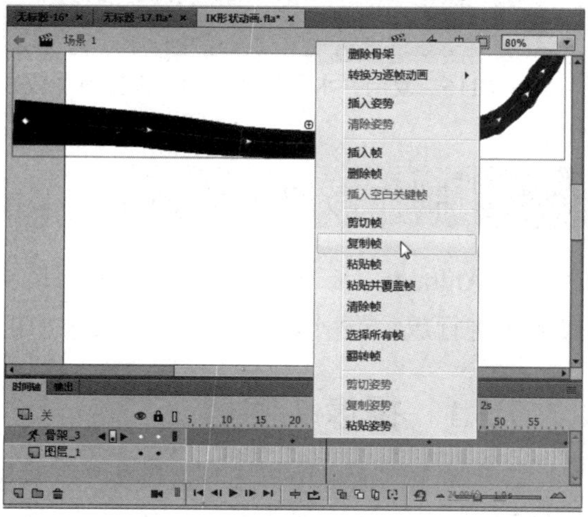

图 7-113 复制帧

Step 10 按【Ctrl+F8】组合键，新建“IK 动画”影片剪辑元件。右击第 1 帧，在弹出的快捷菜单中选择“粘贴帧”命令，如图 7-114 所示。

Step 11 返回场景，将“IK 动画”元件从“库”面板中拖至舞台中，在“属性”面板中为实例添加“斜角”和“发光”滤镜，并设置滤镜参数，“斜角”参数设置如图 7-115 所示。

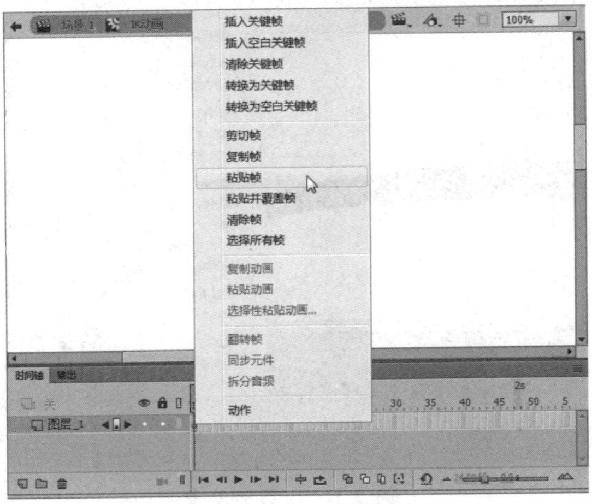

图 7-114　粘贴帧

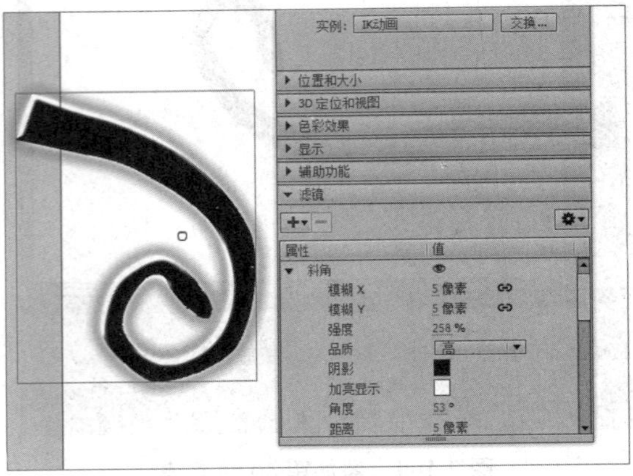

图 7-115　添加滤镜

Step 12 设置舞台的背景色为黑色，复制实例并进行水平翻转，然后在“属性”面板中为实例设置色彩效果，如图 7-116 所示。

Step 13 按【Ctrl+Enter】组合键，测试 IK 形状动画效果，如图 7-117 所示。

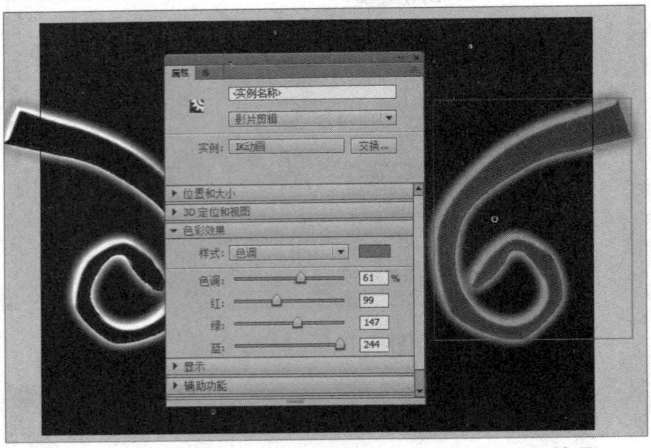

图 7-116　复制并水平翻转实例及设置色彩效果

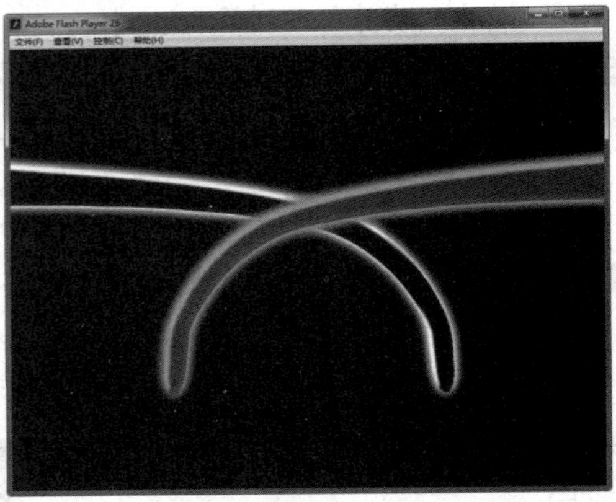

图 7-117　测试动画效果

7.5 制作摄像头动画

在 Animate CC 中提供了摄像头工具，它允许动画制作人员模拟真实的摄像机，通过对摄像头进行放大/缩小、旋转、平移及添加色彩效果等操作，控制舞台中的对象。

7.5.1 摄像头图层

在“工具”面板中单击“摄像头”工具按钮或单击“时间轴”面板中的“添加摄像头”按钮，即可在“时间轴”面板的顶部添加一个摄像头图层——“Camera”图层，如图 7-118 所示。

图 7-118 添加摄像头图层

摄像头图层的操作方式不同于普通图层，其主要特点如下。

➢ 舞台的大小变为摄像头视角的框架。

➢ 只能有一个摄像头图层，且始终位于所有其他图层的顶部。

➢ 无法重命名摄像头图层。

➢ 无法在摄像头图层中添加或绘制对象，但可以向图层内添加传统补间动画或补间动画，这样即可为摄像头运动和摄像头滤镜设置动画。

➢ 当摄像头图层处于活动状态时，无法移动或编辑其他图层中的对象。

7.5.2 摄像头操作

用户可以对舞台中的摄像头进行缩放、旋转、平移及设置色彩效果等操作，下面分别对其进行介绍。

1. 缩放摄像头

使用舞台中的缩放控件可以缩放对象，或在“属性”面板中设置摄像头的“缩放”值，如图 7-119 所示。若要放大对象，可以在“属性”面板中增大“缩放”值；或者单击舞台中的缩放按钮后向右拖动滑块，释放鼠标后滑块会回到中心，允许用户继续放大，如图 7-120 所示。

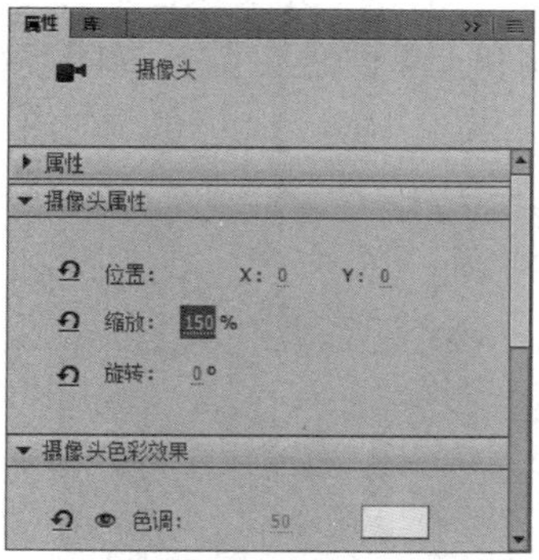

图 7-119 设置缩放比例

图 7-120 拖动滑块缩放对象

2. 旋转摄像头

若要旋转舞台中的对象，可以调整摄像头“属性”面板中的“旋转”值，如图 7-121 所示；或者单击舞台中的旋转按钮，然后拖动滑块旋转对象，如图 7-122 所示。

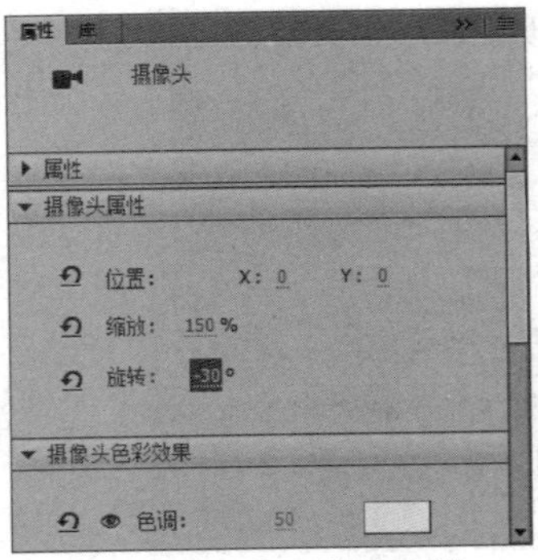

图 7-121　设置旋转度数

图 7-122　拖动滑块旋转对象

3．平移摄像头

通过设置摄像头“属性”面板中的“X”和“Y”摄像头坐标值，可以精确地平移摄像头，如图 7-123 所示。在摄像头定界框内拖动鼠标指针，也可平移摄像头，如图 7-124 所示。若要水平或垂直平移摄像头，可以在按住【Shift】键的同时拖动鼠标指针。

图 7-123　设置摄像头的坐标值

图 7-124　平移摄像头

4．设置摄像头的色彩效果

通过为摄像头设置色彩效果，可以更改整个视图的对比度、饱和度、亮度及色调等效果。方法为：在摄像头“属性”面板中单击按钮，然后设置色调和调整颜色参数，如图 7-125 所示。设置完成后查看效果，如图 7-126 所示。

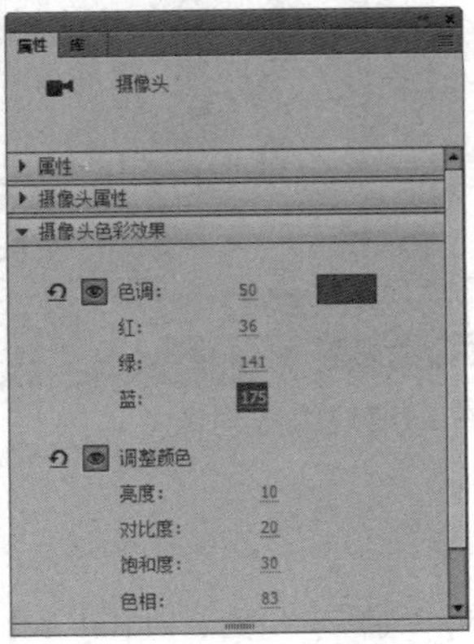

图 7-125　设置色彩效果

图 7-126　应用色彩效果

7.5.3　实例：制作摄像头动画

下面通过实例介绍如何制作摄像头动画，具体操作方法如下。

Step 01 从“库”面板中将图片拖至舞台中，并调整图片的位置。选择“图层 1”的第 120 帧，按【F5】键插入普通帧，如图 7-127 所示。

Step 02 在“时间轴”面板的下方单击“添加摄像头”按钮，创建“Camera”图层。选择图层中的任意帧，选择“插入”|“补间动画”命令，如图 7-128 所示。

图 7-127　插入普通帧

图 7-128　插入补间动画

Step 03 将播放头移至第 20 帧，按【C】键调用摄像头工具，在舞台中按住【Shift】键的同时向右拖动平移摄像头，以显示图片的右上部分，如图 7-129 所示。

Step 04 采用同样的方法，分别将播放头移至第 40 帧、第 60 帧，并分别向下和向左平移摄像头；将播放头移至第 80 帧，使摄像头平移到图片的中心位置，如图 7-130 所示。

图 7-129　向右平移摄像头

图 7-130　平移摄像头

Step 05 选择第 81 帧，按【F6】键插入关键帧，然后将播放头移至第 100 帧，缩放摄像头以缩小图片，使舞台显示整个图片，如图 7-131 所示。

Step 06 将播放头移至第 120 帧，打开“属性”面板，设置摄像头的位置和缩放比例，如图 7-132 所示。

图 7-131　缩放摄像头

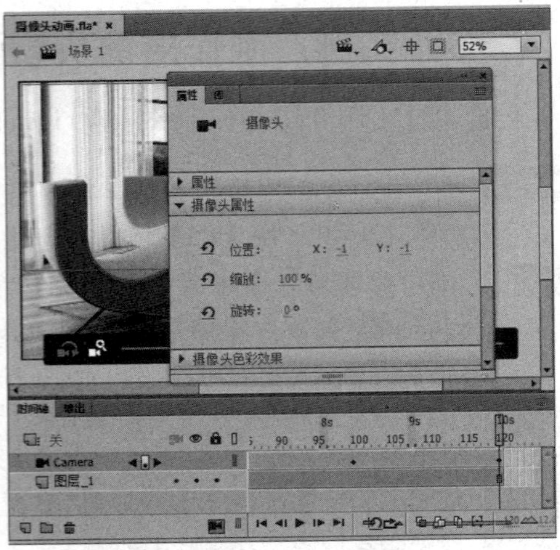

图 7-132　设置摄像头的属性

Step 07 为了使动画画面在播放时平缓、连贯，按【V】键调用选择工具，然后按【Ctrl+F3】组合键打开“属性”面板，选中“缩放帧间距”复选框，然后增大帧频，如图 7-133 所示。

Step 08 按【Ctrl+Enter】组合键测试动画，预览摄像头动画效果，如图 7-134 所示。

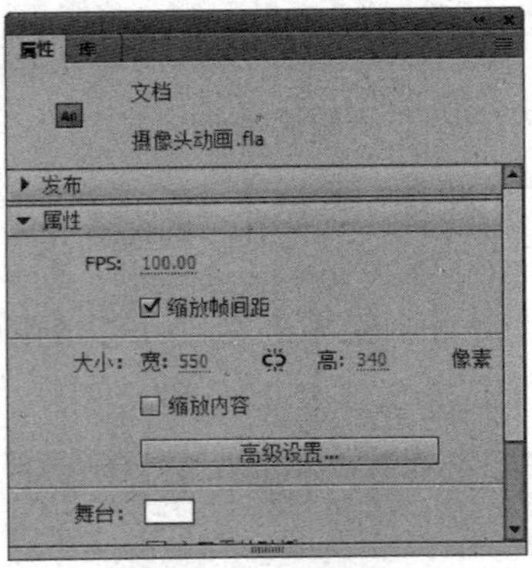

图 7-133　设置帧频

图 7-134　测试动画效果

7.6 制作多场景动画

使用场景可以按主题组织 Animate 文档，如使用单独的场景分别制作长篇幅动画的不同部分。多场景动画类似于使用几个 FLA 文件一起创建一个较大的演示文稿。下面介绍如何使用多场景编辑动画。

7.6.1 编辑场景

Animate CC 默认使用单场景组织动画，用户可根据需要添加多个场景来丰富动画内容，每个场景都有自己的时间轴，在其中制作动画的方法是一样的。下面介绍场景的编辑方法。

➢ **显示“场景”面板**：选择“窗口”|“场景”命令，即可打开“场景”面板，如图 7-135 所示。

➢ **添加场景**：选择“插入”|“场景”命令，或在“场景”面板中单击“添加场景”按钮，即可添加场景，如图 7-136 所示。

图 7-135 “场景”面板

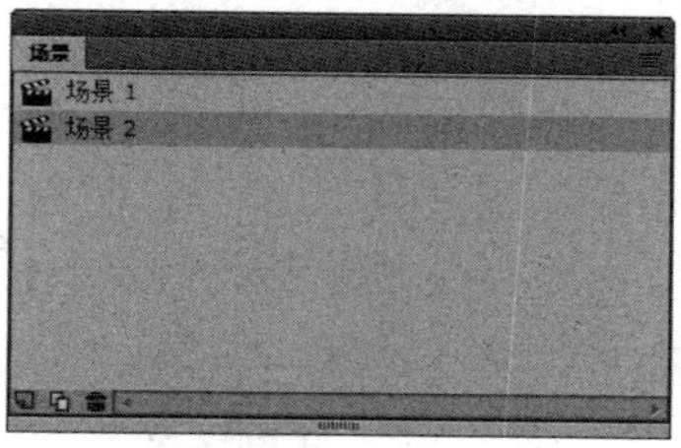

图 7-136 添加场景

➢ **删除场景**：单击“场景”面板中的“删除场景”按钮，即可删除场景。

➢ **更改场景名称**：在“场景”面板中双击场景名称，然后输入新名称，即可更改场景名称，如图 7-137 所示。

➢ **复制场景**：单击“场景”面板中的“重制场景”按钮，即可复制场景。

➢ **更改场景顺序**：在“场景”面板中将场景名称拖到不同的位置，即可更改场景顺序，如图 7-138 所示。

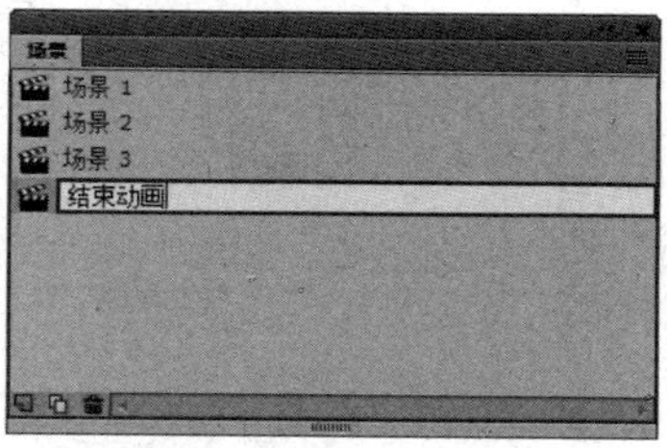

图 7-137 重命名场景

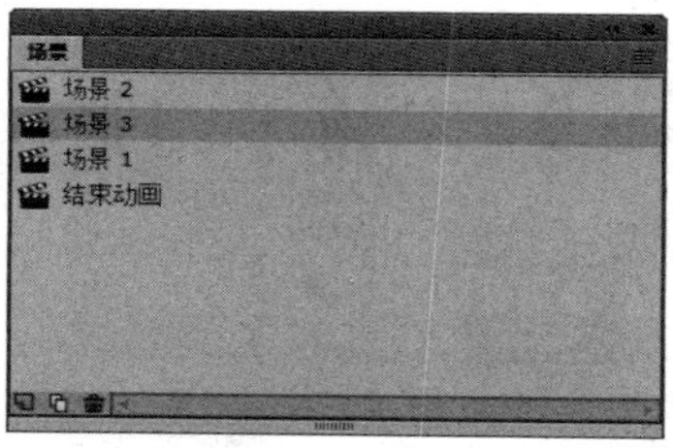

图 7-138 更改场景顺序

➢ **查看特定场景**：选择“视图”|“转到”命令，然后从其子菜单中选择场景名称，即可查看该场景，如图 7-139 所示；还可单击文档窗口右上方的“编辑场景”下拉按钮，在弹出的下拉列表中选择场景名称来查看某个场景，如图 7-140 所示。

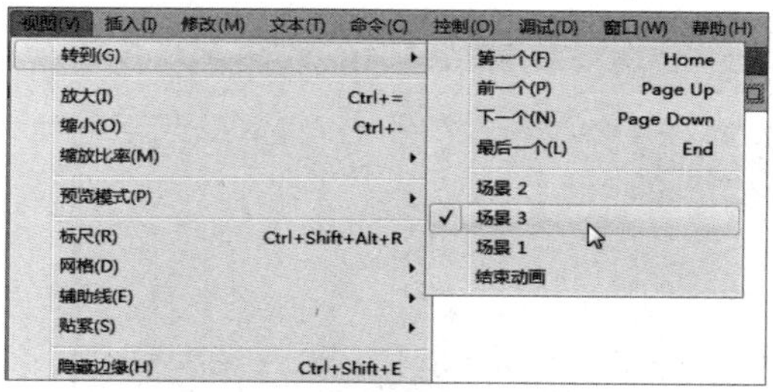

图 7-139 通过菜单转换场景

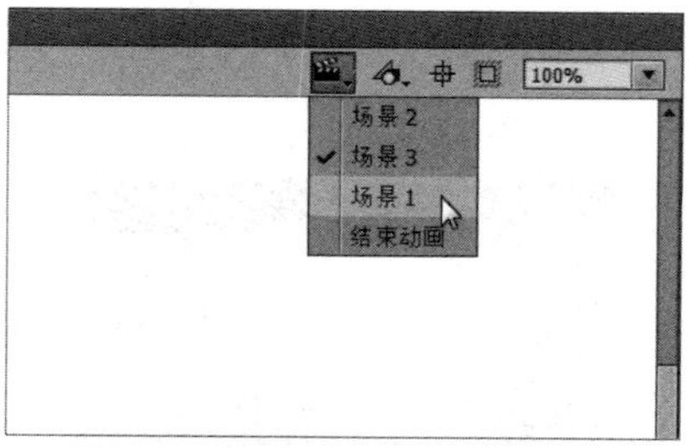

图 7-140 选择场景名称

7.6.2 实例：制作多场景动画

下面以摄像头动画为基础制作一个简单的多场景动画，具体操作方法如下。

Step 01 复制“摄像头动画.fla”文件，并将其重命名为“多场景动画.fla”。打开文件，按【Shift+F2】组合键打开“场景”面板，单击“重制场景”按钮，如图 7-141 所示。

Step 02 将复制的场景分别重命名为“场景 2”和“场景 3”，如图 7-142 所示。

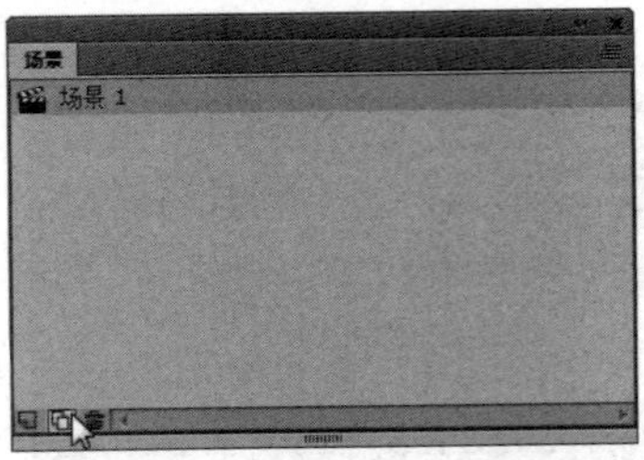

图 7-141　重制场景

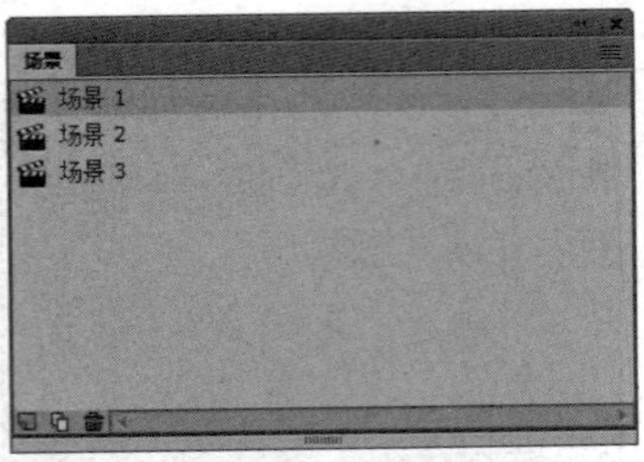

图 7-142　重命名场景

Step 03 选择“文件”|“导入”|“导入到库”命令，在弹出的对话框中选择图片，然后单击“打开”按钮，如图 7-143 所示。

Step 04 在“场景”面板中选择“场景 2”，然后使用选择工具选择舞台中的图片，如图 7-144 所示。

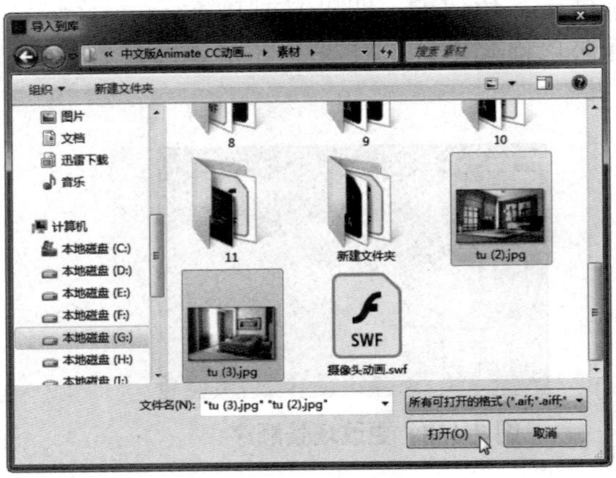

图 7-143　导入图片

图 7-144　选择图片

Step 05 按【Ctrl+F3】组合键打开“属性”面板，单击“交换...”按钮，如图 7-145 所示。

Step 06 弹出“交换位图”对话框，选择图片，然后单击“确定”按钮，如图 7-146 所示。

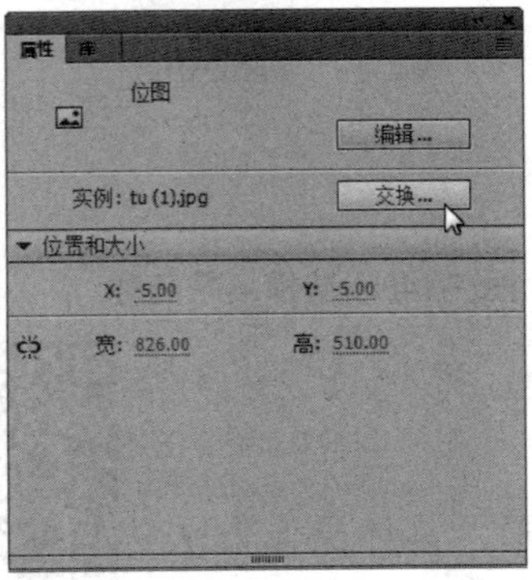

图 7-145　单击“交换...”按钮

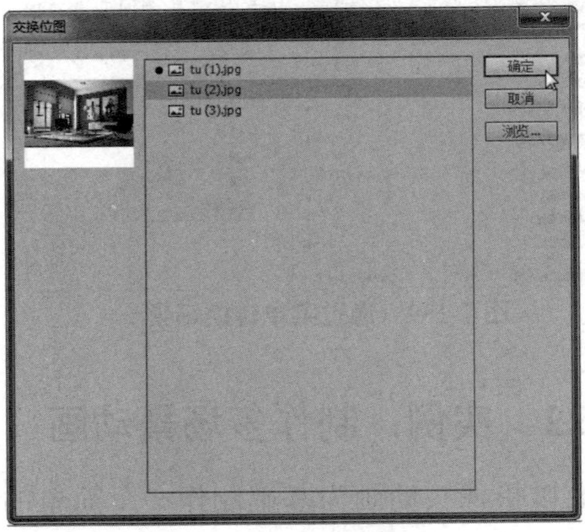

图 7-146　“交换位图”对话框

Step 07 采用同样的方法，交换“场景 3”中的图片，然后在“场景”面板中调整场景顺序，如图 7-147 所示。

Step 08 按【Ctrl+Enter】组合键测试动画，每个场景中的动画依次播放，如图 7-148 所示。

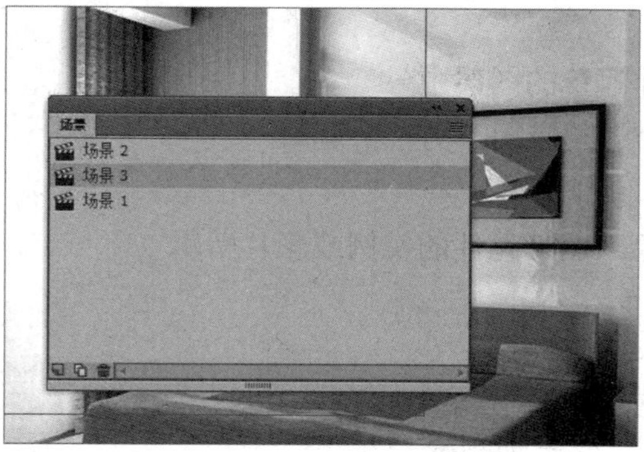

图 7-147 调整场景顺序

图 7-148 测试场景动画效果

本章小结

通过对本章的学习，读者应该掌握以下知识。

（1）创建引导动画，在引导层中绘制运动路径，在被引导层中放置要运动的对象，可以将多个图层链接到一个引导层中。

（2）在创建遮罩层时，可以将任何填充形状用作遮罩对象，如文本和元件，透过遮罩层中的对象看到被遮罩层中的内容。

（3）通过使遮罩层或被遮罩层动起来创建遮罩动画。

（4）使用 3D 平移工具和 3D 旋转工具在舞台的 3D 空间中移动和旋转影片剪辑实例。

（5）在创建 IK 骨架时，可以使用形状作为多块骨骼的容器或将影片剪辑实例连接起来。

（6）当向影片剪辑实例或形状添加骨骼时，Animate CC 将在“时间轴”面板中自动创建姿势图层，通过编辑骨骼定位姿势，并制作 IK 骨骼动画。在创建骨架之后，仍然可以向该骨架添加来自不同图层的新实例。

（7）利用摄像头工具制作模拟摄像机运动的动画。

（8）在 Animate 文档中添加多个场景，以组织一个动画的多个部分。

课后习题

一、选择题

1．摄像头工具不能进行下列哪项操作？（ ）

A．缩放　　B．旋转　　C．平移　　D．绘制

2．关于引导动画，下列说法错误的是（ ）。

A．引导线不能出现中断

B．被引导对象对引导线的吸附不一定要准确

C．引导线的转折不能过多或过急

D．引导线不能出现交叉和重叠

3．关于遮罩层，下列说法错误的是（　）。

A．若要创建遮罩层，遮罩项目要放在用作遮罩的图层中

B．遮罩层不能在按钮内部，也不能将一个遮罩应用于另一个遮罩

C．一个遮罩层只能包含一个被遮罩层

D．遮罩项目可以是填充的形状、文字对象、图形元件的实例或影片剪辑

二、填空题

1．使用_______工具和_______工具控制 3D 对象。

2．使用骨骼工具可以在__________和_________上添加骨骼。

3．在 Animate 文档中可以插入多个场景，需要在________面板中进行操作。

三、实操题

1．利用遮罩动画制作闪光文字的动画效果，如图 7-149 所示。

2．利用 IK 骨骼动画制作“跳舞的机器人”动画，如图 7-150 所示。

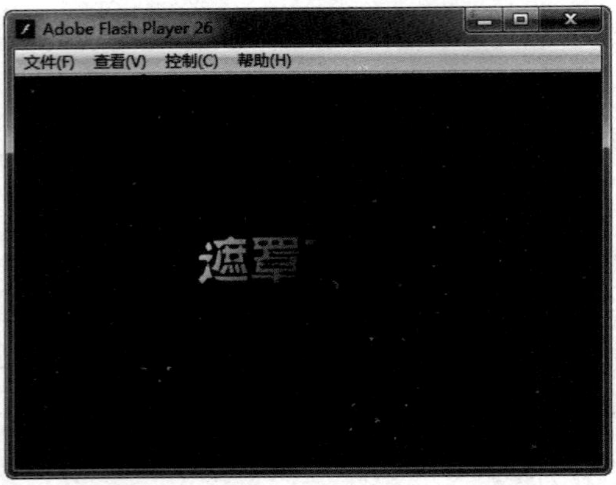

图 7-149　闪光文字动画

图 7-150　“跳舞的机器人”动画

第 8 章
为动画添加声音和视频

【学习目标】

- 掌握为动画添加声音的方法。
- 熟悉编辑和压缩声音的方法。
- 掌握为动画添加视频的方法。

在 Animate 动画中通过添加声音和视频文件可以丰富动画的内容，增强动画的效果，帮助渲染动画，使其更加生动、有趣。本章学习如何在 Animate CC 中为动画添加声音和视频。

8.1 在动画中添加声音

声音是动画的重要组成部分，在动画中添加声音会使动画更加生动、有趣。在 Animate CC 中，既可为整个动画添加声音，也可单独为动画中的某个元件添加声音。此外，在 Animate CC 中还可对导入的声音文件进行编辑，制作出满足用户需要的声音效果。下面详细介绍如何为动画添加声音，以及如何对音频文件进行编辑等知识。

8.1.1 为动画添加声音

下面介绍如何为动画添加声音，具体操作方法如下。

Step 01 打开“素材文件\第 8 章\海浪.fla”，选择“文件”|“导入”|“导入到库...”命令，如图 8-1 所示。

Step 02 弹出“导入到库”对话框，选择音频文件，然后单击“打开”按钮，如图 8-2 所示。

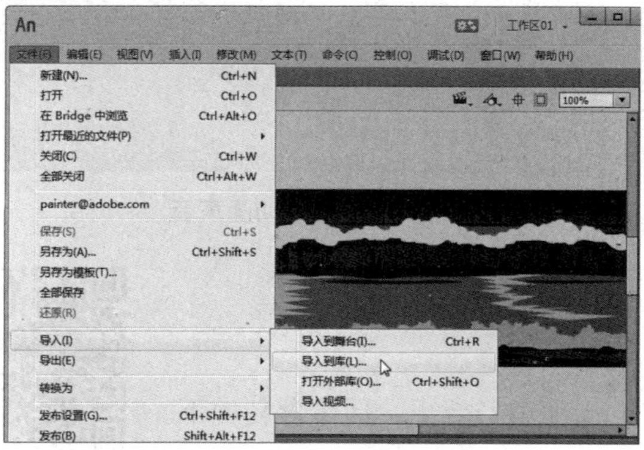

图 8-1 执行“导入到库...”命令

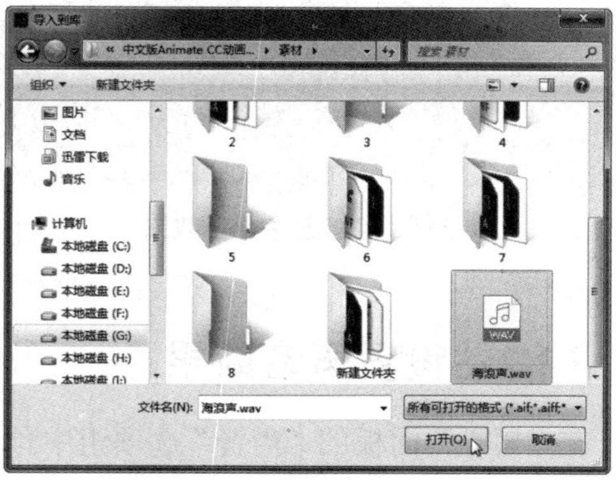

图 8-2 选择音频文件

Step 03 新建“图层_2”，打开“库”面板，将音频文件拖至舞台中，如图 8-3 所示。

课堂解疑

为动画添加声音时，一次只能添加一个音频文件，但可以根据需要在关键帧上添加多个音频文件。

Step 04 此时即可在“图层_2”中添加音频对象，如图 8-4 所示。要预览声音效果，可以在声音所在的关键帧上按【Enter】键播放动画。若要将声音与动画同步，可以在关键帧处设置开始播放和停止播放声音。

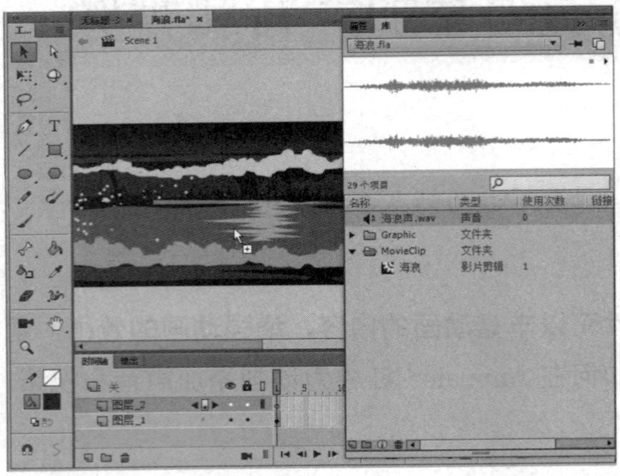

图 8-3　将音频文件拖至舞台中

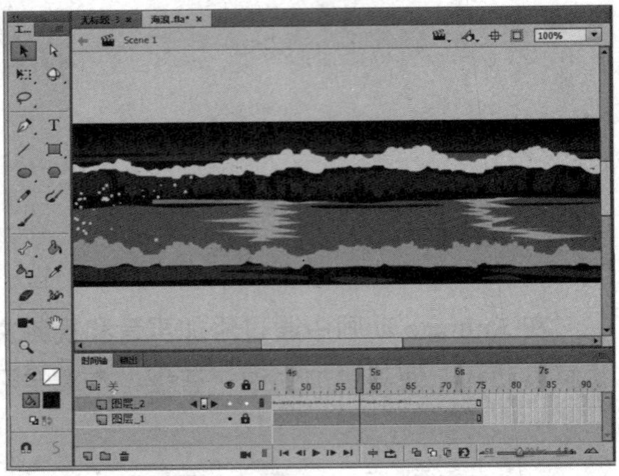

图 8-4　添加音频对象

Step 05 选择“图层_2”中的任意一帧，在“属性”面板的“声音”选项组中单击“效果”右侧的下拉按钮，在弹出的下拉列表中选择需要的声音效果，如图 8-5 所示。

Step 06 若要删除音频文件，可以在“属性”面板中单击“名称”右侧的下拉按钮，在弹出的下拉列表中选择“无”选项，如图 8-6 所示。

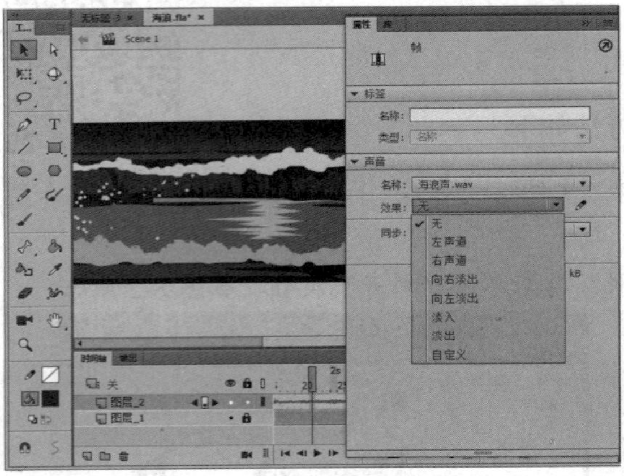

图 8-5　选择声音效果

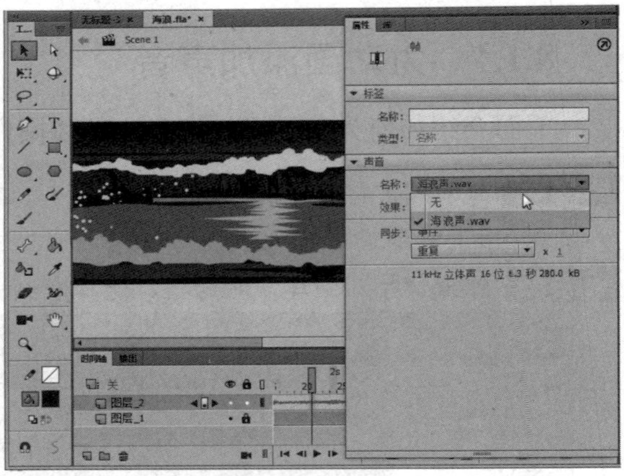

图 8-6　删除动画声音

8.1.2　设置声音效果

在“属性”面板的“声音”选项组中预设了几种声音效果，具体含义如下。

- **无**：不对声音文件应用效果。选择此选项，将删除已经应用的效果。
- **左声道/右声道**：只在左声道或右声道中播放声音。
- **向右淡出/向左淡出**：将声音从一个声道切换到另一个声道。
- **淡入**：随着声音的播放逐渐增加音量。
- **淡出**：随着声音的播放逐渐减小音量。

除了可以使用预设的声音效果外，也可以根据需要自定义声音的起始点，或在播放时控制声音的音量，还可以改变声音开始播放和停止播放的位置。具体操作方法如下。

Step 01 在“效果”下拉列表中选择“自定义”选项，或单击“效果”下拉列表框右侧的“编辑声音封套”按钮，弹出“编辑封套”对话框，拖动“开始时间”和“停止时间”控件，改变声音的起始点和终止点，如图 8-7 所示。

Step 02 封套线显示声音播放时的音量，若要更改声音封套，可以拖动封套手柄来改变声音中不同点处的级别，如图 8-8 所示。单击封套线，可以创建其他封套手柄（最多 8 个）；将封套手柄拖出窗口，可以删除封套手柄。

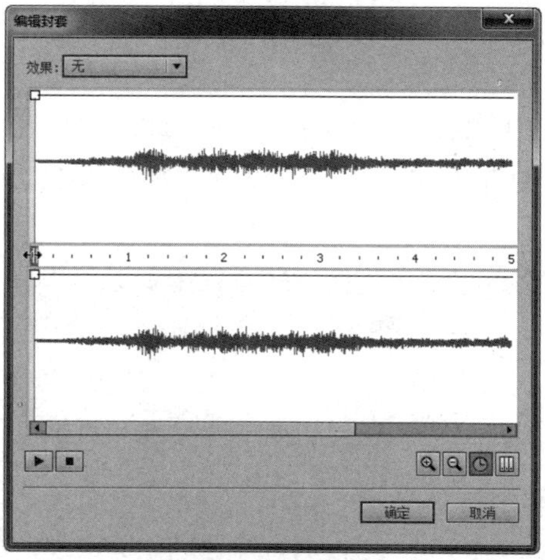

图 8-7　改变声音的起始点和终止点

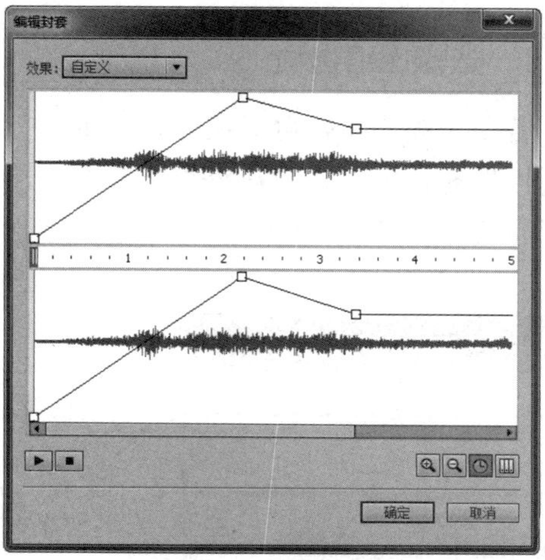

图 8-8　自定义声音效果

8.1.3　设置声音同步选项

在“属性”面板的“声音”选项组中单击“同步”右侧的下拉按钮，在弹出的下拉列表中可以选择所需的选项，如图 8-9 所示。

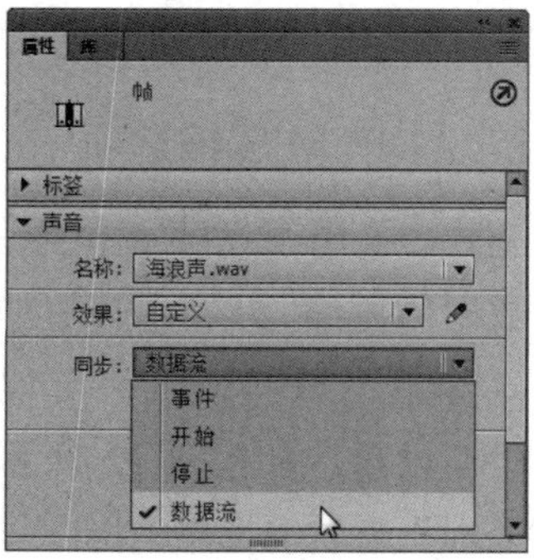

图 8-9　设置“同步”选项

其中，各个选项的含义如下。

➢ **事件**：将声音和一个事件的发生过程同步。事件声音（如单击按钮时播放的声音）在显示其起始关键帧时开始播放，并独立于时间轴完整播放，即使 SWF 文件停止播放也会继续。当播放发布的 SWF 文件时，事件声音会混合在一起。若事件声音正在播放，而声音再次被实例化（如再次单击按钮），则第一个声音实例继续播放，另一个声音实例同时开始播放。

➢ **开始**：与“事件”选项的功能相近，但是若已经在播放声音，则新声音实例不会播放。

➢ **停止**：使指定的声音静音。

➢ **数据流**：将同步声音，以便在网页上播放。Animate CC 强制动画和音频流同步，与事件声音不同，音频流随着 SWF 文件的停止而停止，而且音频流的播放时间绝对不会比帧的播放时间长。

➢ **重复**：输入一个值，以指定声音应循环的次数。要连续播放，可输入一个足够大的值，以便在扩展持续时间内播放声音。

➢ **循环**：连续重复播放声音。不建议循环播放音频流，若将音频流设置为循环播放，则帧会被添加到文件中，文件的大小会根据声音循环播放的次数而倍增。

8.1.4 声音的压缩

若在 Animate CC 动画中导入的声音文件很大，则有必要将其在 Animate CC 中进行压缩，以减小动画的大小。

1．选择压缩选项

若要压缩声音，可以在“库”面板中双击音频图标，如图 8-10 所示，此时会弹出“声音属性”对话框，在“压缩”下拉列表中选择所需的选项并进行参数设置，如图 8-11 所示。设置完成后，单击“测试”按钮进行播放即可。

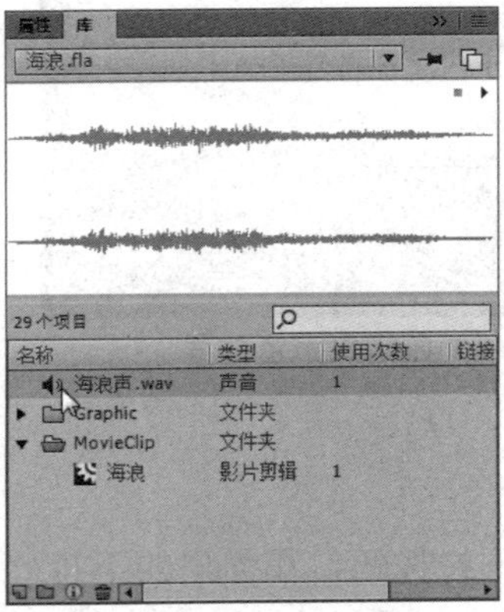

图 8-10 双击音频图标

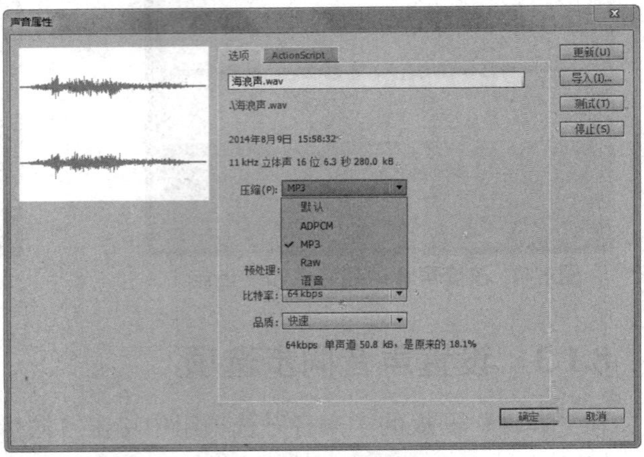

图 8-11 “声音属性”对话框

2．ADPCM 压缩选项

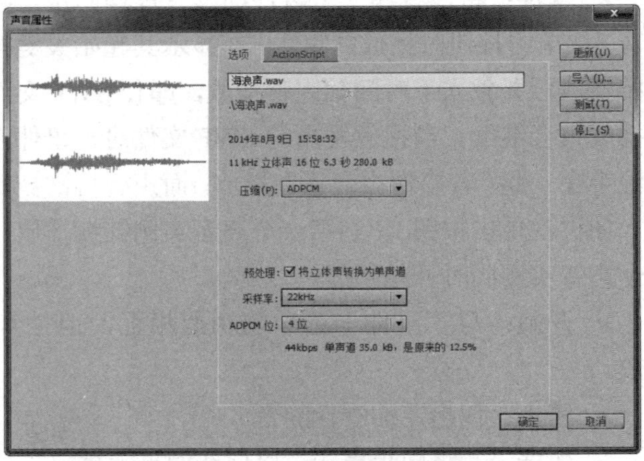

图 8-12 ADPCM 压缩选项

ADPCM 用于设置 8 位或 16 位声音数据的压缩。在导出较短的事件声音（如单击按钮）时，可以使用 ADPCM 设置，如图 8-12 所示。在“预处理”选项中选中“将立体声转换为单声道”复选框，即可将混合立体声转换为单声道。

“采样率”用于控制声音保真度和文件大小。较低的采样率会减小文件大小，但也会降低声音的品质。

“采样率”各选项的含义如下。

➢ 5 kHz：对于语音来说，这是最低可接受标准。

> 11 kHz：对于音乐短片段来说，这是建议的最低声音品质，是标准 CD 音频比率的 1/4。
> 22 kHz：这是用于 Web 播放的常用选择，是标准 CD 音频比率的 1/2。
> 44 kHz：这是标准的 CD 音频比率。

“ADPCM 位”用于指定声音压缩的位深度。位深度越高，生成的声音的品质就越高。

3. MP3 压缩选项

MP3 压缩可以以 MP3 压缩格式导出声音。若要导出乐曲这样较长的音频流，可以选择使用 MP3 格式。若要导出一个以 MP3 格式导入的文件，导出时可以使用该文件导入时的相同设置。若要使用导入的 MP3 品质的默认设置，可以选中“使用导入的 MP3 品质”复选框；若取消选择该复选框，可以进行“比特率”和“品质”的参数设置，如图 8-13 所示。

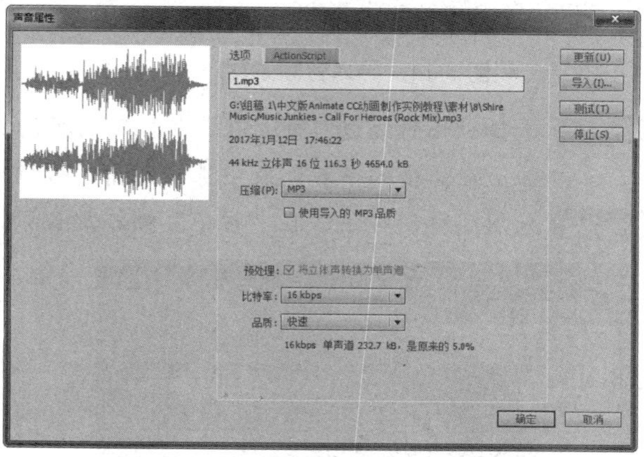

图 8-13 MP3 压缩选项

“比特率”用于确定已导出声音文件中每秒的位数。在导出音乐时，为了获得最佳效果，应将“比特率”设置为 16 kbps 或更高。

“品质”决定了压缩速度和声音品质，其中各选项的含义如下。

> **快速**：此选项的压缩速度较快，但声音品质较低。
> **中**：此选项的压缩速度较慢，但声音品质较高。
> **最佳**：此选项的压缩速度最慢，但声音品质最高。

4. Raw 和语音压缩选项

Raw 即原始压缩选项，可以根据需要选择所需的采样率。语音压缩选项适合以语音的压缩方式导出声音，建议使用 11kHz 比率。

课堂解疑

在“时间轴”面板中右击音频，在弹出的快捷菜单中选择“拆分音频”命令，即可对音频进行分割，以在需要时暂停音频，然后在“时间轴”面板右侧的位置再从停止点恢复音频播放。

8.1.5 为按钮添加音效

下面介绍如何为按钮添加音效，具体操作方法如下。

Step 01 打开“素材文件\第 8 章\按钮.fla”，将所需的音频素材导入“库”面板中，如图 8-14 所示。

Step 02 新建“图层_2”，然后分别在“指针经过”帧和“按下”帧处按【F7】键插入空白关键帧，如图 8-15 所示。

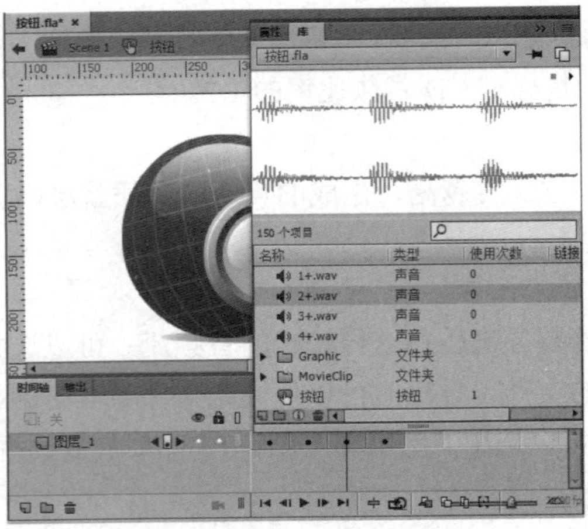

图 8-14　导入音频素材

图 8-15　插入空白关键帧

Step 03 选择“指针经过”帧，在“属性”面板的“声音”选项组中单击“名称”右侧的下拉按钮，在弹出的下拉列表中选择所需的音频文件，如图 8-16 所示。

Step 04 采用同样的方法，在“按下”帧添加音频文件，如图 8-17 所示。

图 8-16　设置“指针经过”帧的声音

图 8-17　设置“按下”帧的声音

8.2 在动画中添加视频

在 Animate CC 中可以插入指定格式的视频文件，视频文件的格式包括 FLV、F4V 和 MPEG。若要添加其他格式的视频文件，应在插入前转换视频格式。下面介绍如何在动画中添加视频。

8.2.1 导入本地视频文件

在 Animate CC 中使用 FLVPlayback 视频播放器组件来播放视频文件，在动画中可以导入本地计算机中的视频文件。具体操作方法如下。

Step 01 选择“文件”|“导入”|“导入视频...”命令，如图 8-18 所示。

Step 02 弹出“导入视频”对话框，单击“在您的计算机上：”单选按钮，然后单击“使用播放组件加载外部视频”单选按钮，单击“浏览”按钮，如图 8-19 所示。

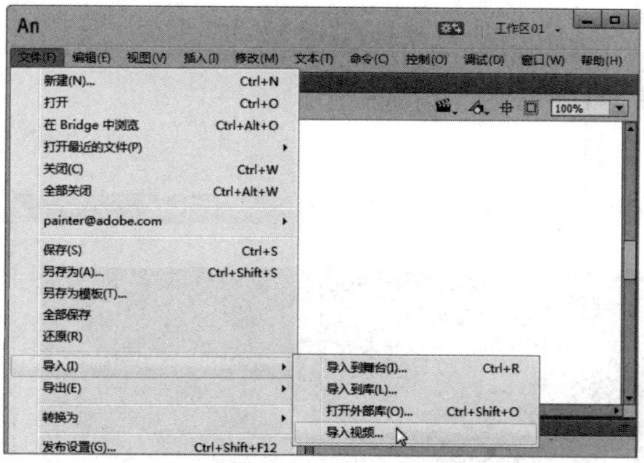

图 8-18　执行“导入视频...”命令

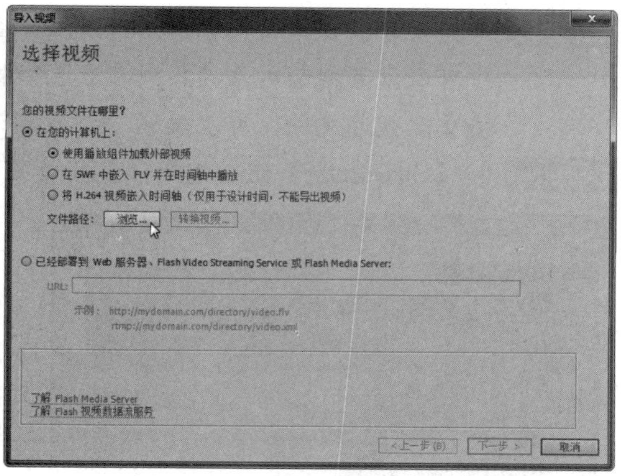

图 8-19　设置导入视频选项

Step 03 弹出“打开”对话框，选择视频文件，如图 8-20 所示，然后单击“打开”按钮。

Step 04 返回“导入视频”对话框，查看视频文件的路径，然后单击“下一步”按钮，如图 8-21 所示。

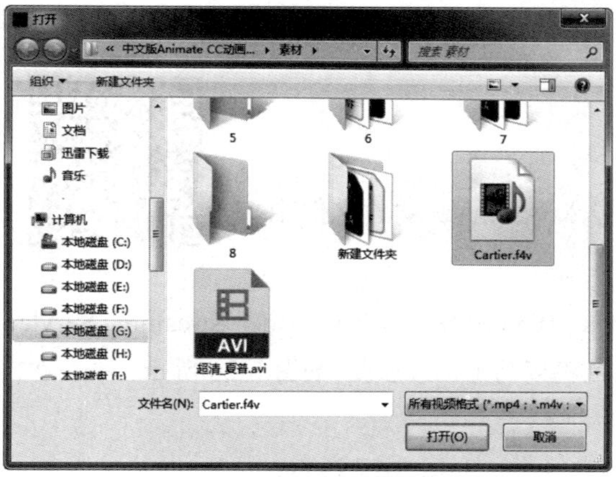

图 8-20　选择视频文件

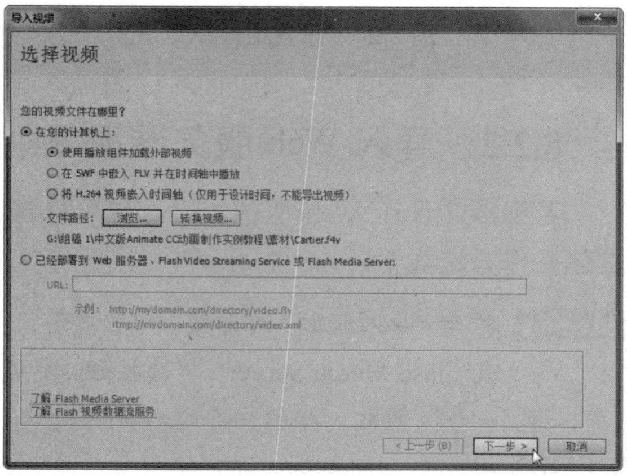

图 8-21　查看视频文件的路径

Step 05 进入“设定外观”界面，单击“外观”右侧的下拉按钮，在弹出的下拉列表中选择播放器外观，如图 8-22 所示，然后单击“下一步”按钮。

Step 06 进入“完成视频导入”界面，如图 8-23 所示，单击“完成”按钮。

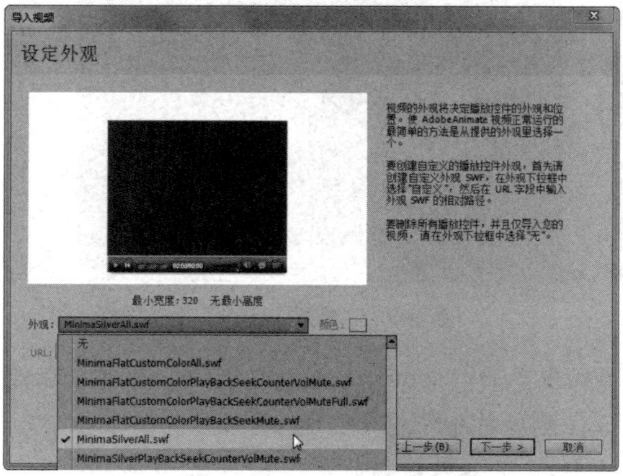

图 8-22　选择播放器外观

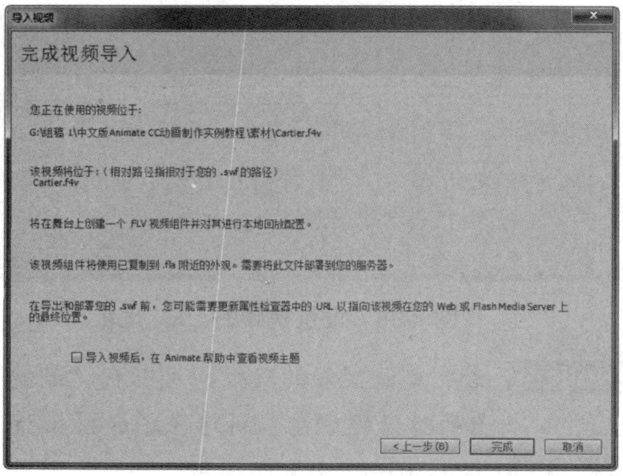

图 8-23　完成视频导入

Step 07 此时即可将视频文件添加到计算机桌面上。选择视频对象，打开“组件参数”面板，从中可以设置视频对象的各项参数（如取消选择“autoPlay”复选框，可以禁止自动播放；要更改视频文件，可以设置“source”属性），如图 8-24 所示。

Step 08 按【Ctrl+Enter】组合键测试视频效果，如图 8-25 所示。

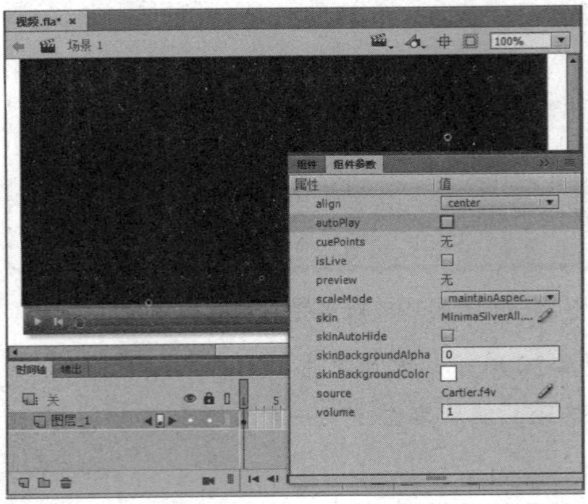

图 8-24 设置组件参数

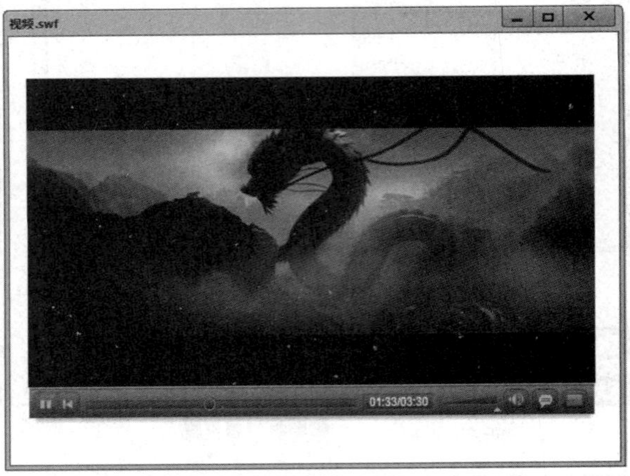

图 8-25 测试视频效果

8.2.2 导入 Web 服务器视频

若视频文件在 Web 服务器上，也可以将其导入 Animate 动画文件中。具体操作方法如下。

Step 01 打开“导入视频”对话框，单击“已经部署到 Web 服务器、Flash Video Streaming Service 或 Flash Media Server”单选按钮，然后输入视频的 URL 地址，如图 8-26 所示，单击“下一步”按钮，根据向导进行操作。

Step 02 视频导入完成后，即可将视频对象添加到舞台中，如图 8-27 所示。

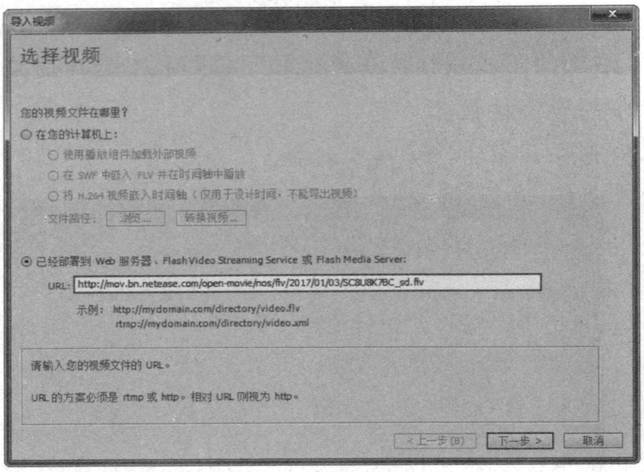

图 8-26 设置视频的 URL 地址

图 8-27 导入 Web 服务器视频

Step 03 若要更改视频的路径，可以在“属性”面板中单击“source”属性右侧的按钮，在弹出的对话框中输入新路径，如图 8-28 所示，然后单击“确定”按钮。

Step 04 按【Ctrl+Enter】组合键，即可测试导入的 Web 服务器视频效果，如图 8-29 所示。

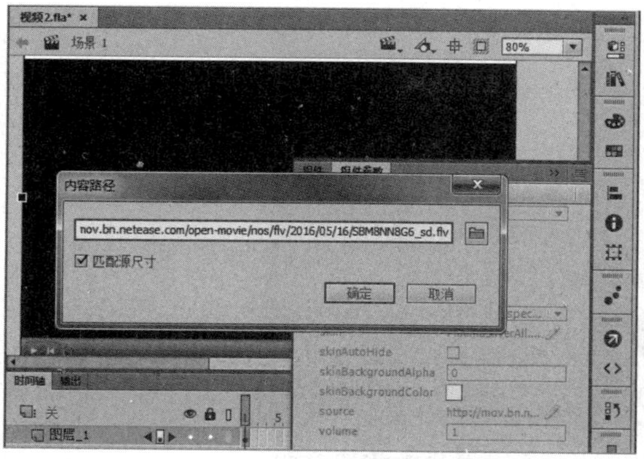

图 8-28　更改视频的路径

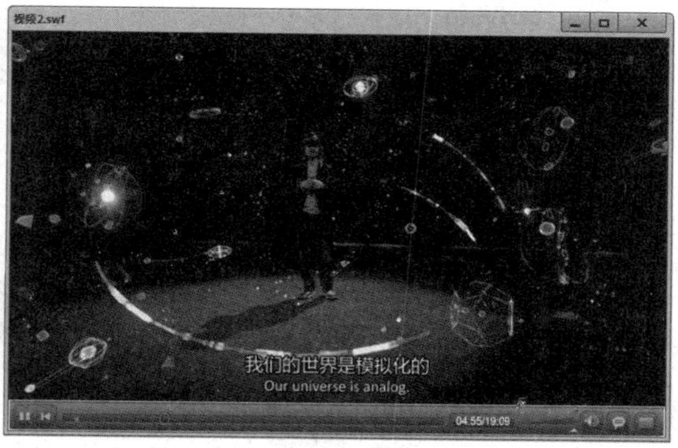

图 8-29　测试视频效果

本章小结

通过对本章的学习，读者应该掌握以下知识。

（1）在库中导入音频文件，将音频文件添加到时间轴。

（2）设置声音效果和声音同步选项，对音频进行压缩。

（3）为按钮元件的关键帧添加音效。

（4）在舞台中导入本地视频文件和网络视频文件，并设置视频组件参数。

课后习题

一、选择题

1．下列哪项操作不可以删除在时间轴中添加的声音？（　）

A．按【Delete】键　　B．在“属性”面板的“名称”菜单中选择“无”命令

C．清除帧　　D．设置声音效果

2．关于添加声音，下列说法错误的是（　）。

A．一次可以向动画中添加多个音频文件

B．根据需要可以将多个声音添加到不同的关键帧中

C．要预览声音效果，可以在声音所在的关键帧上按【Enter】键播放动画

D．可以将声音和一个按钮元件的不同状态关联起来

3．Animate CC 支持的视频格式不包括（　）。

A．FLV　　B．F4V　　C．MPEG　　D．AVI

二、填空题

1．若要将声音与动画同步，可以____________________。

2．在 Animate CC 中，利用________组件可以控制视频的播放，利用________属性可以指定视频文件。

三、实操题

1．为补间动画添加声音，如图 8-30 所示。

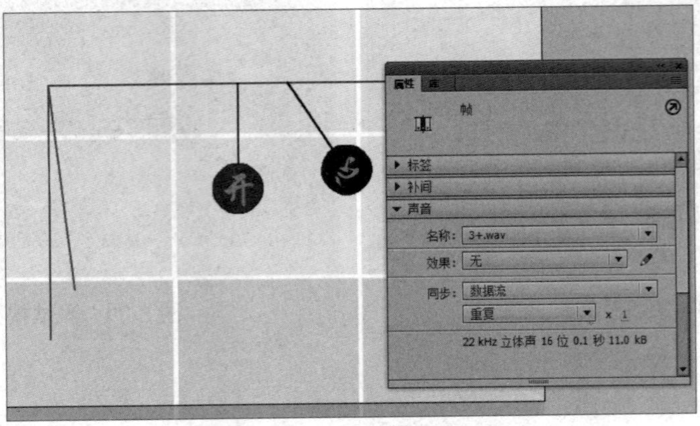

图 8-30　为补间动画添加声音

操作提示：

（1）选择补间动画的任意一帧。

（2）在“属性”面板的“声音”选项组中选择音频文件，然后在“同步”下拉列表中选择“数据流”选项。

2．调整视频文件的色调，如图 8-31 所示。

图 8-31　调整视频文件的色调

操作提示：

（1）将视频文件转换为影片剪辑元件。

（2）在“属性”面板中设置实例的高级色调。

第 9 章
使用 ActionScript 语言制作动画

【学习目标】

- 了解 ActionScript 语言的基础知识。
- 熟悉“动作”面板、“脚本”窗口、“编译器错误”面板、“代码片断”面板等。
- 掌握 ActionScript 的语言格式。
- 学会使用 ActionScript 进行简单编程。

ActionScript 是 Animate CC 中的脚本撰写语言。使用 ActionScript 可以让应用程序以非线性方式播放，并添加无法在时间轴中表示的有趣或复杂的功能。本章将学习 ActionScript 语言的基础知识，主要包括 ActionScript 语法、面向对象编程等内容。

9.1 ActionScript 3.0 快速入门

ActionScript 包含一个很大的内置类库，可以帮助用户通过创建对象来执行许多有用的任务。用户可以使用“动作”面板、“脚本”窗口或外部编辑器在创作环境内添加 ActionScript。下面介绍 ActionScript 3.0 及其相关面板和窗口的操作。

9.1.1 了解 ActionScript 3.0

ActionScript 3.0 的执行速度极快。与之前的 ActionScript 版本相比，此版本要求开发人员对面向对象的编程概念有更深入的了解。ActionScript 3.0 完全符合 ECMAScript 规范，提供了更出色的 XML 处理、一个改进的事件模型以及一个用于处理屏幕元素的改进的体系结构。例如，使用 ActionScript 3.0 以前的版本可以将代码写在实例上，而 ActionScript 3.0 则取消了这种书写方式，它只允许将代码写在关键帧上，并在专门的文档中编辑。

为了便于学习 ActionScript 3.0，首先要对程序的概念及其用途有一个概念性的认识。关于计算机程序，主要包括两个方面。

- 计算机程序是计算机执行的一系列指令或步骤。
- 每一步最终都涉及对某一段信息或数据的处理。

计算机程序是用户提供给计算机并让它逐步执行的指令列表，每个单独的指令都被称为“语句”。在 ActionScript 中，编写的每个语句的末尾都有一个分号。

实质上，在程序中给定指令所执行的全部操作就是处理存储在计算机内存中的一些数据位。例如，计算机将两个数字相加并将结果存储在计算机的内存中。再如，在屏幕中绘制一个矩形，编写一个程序将它移到屏幕中的其他位置，计算机会跟踪该矩形的某些信息，矩形所在位置的 x、y 坐标，矩形的宽度、高度，以及颜色等，这些信息位中的每一位都被存储在计算机内存中的某个位置；为了将矩形移到其他位置，程序会采取类似于“将 x 坐标改为 500；将 y 坐标改为 200”的步骤，即为 x 和 y 坐标指定新值。

9.1.2 变量

与其他任何程序语言一样，ActionScript 也有变量的定义，它存在于程序的方方面面，是开发应用程序的基础。

1．什么是变量

编程主要涉及更改计算机内存中的信息，因此，在程序中需要使用一种方法来表示单条信息。“变量”是一个名称，它代表计算机内存中的值。

在编写语句来处理值时，编写变量名来代替值；只要计算机识别到程序中的变量名，就会查看自己的内存并使用在内存中找到的值。例如，如果两个名为 value1 和 value2 的变量都包含一个数字，则可以编写如下语句以将这两个数字相加。

```
value1+value2
```

2．变量赋值

变量可以用于存储在程序中使用的值。在 ActionScript 3.0 中，一个变量实际包含 3 个不同部分。

- 变量名。
- 可以存储在变量中的数据的类型。
- 存储在计算机内存中的实际值。

在 ActionScript 中创建变量时，应指定该变量将保存的数据的特定类型，此后程序的指令只能在该变量中存储此类型的数据。要声明变量，必须将 var 语句和变量名结合使用。例如，下面的 ActionScript 行声明一个名为 v1 的变量。

```
var v1;
```

要将变量与一个数据类型相关联，则必须在声明变量时进行如上操作。在声明变量时不指定变量的类型是合法的，但这在严格模式下将产生编译器警告。用户可通过在变量名后面追加一个后跟变量类型的冒号（:）来指定变量类型。例如，下面的示例声明一个 int 类型的变量 v1。

```
var v1:int;
```

在上例中，指示计算机创建一个名为 v1 的变量，该变量仅保存 int 数据（int 是在 ActionScript 中定义的整数类型）。用户可以使用赋值运算符（=）为变量赋值。例如，下面的代码声明一个变量 v1 并将值 10 赋给它。

```
var v1:int;
v1 = 10;
```

也可以在声明变量时为变量赋值，这样更加方便，如下面的示例。

```
var i:int = 10;
```

在声明变量的同时为变量赋值的方法不仅在赋予基元值（如整数和字符串）时很常用，而且在创建数组或实例化类的实例时也很常用。下面的示例显示了一个使用一行代码声明和赋值的数组。

```
var numArray:Array = ["zero", "one", "two"];
```

用户可以使用 new 运算符来创建类的实例。下面的示例创建了一个名为 CustomClass 的实例，并向名为 customItem 的变量赋予对该实例的引用。

```
var customItem:CustomClass = new CustomClass();
```

如果要声明多个变量，可以使用逗号运算符（,）来分隔变量，从而在一行代码中声明所有这些变量。例如，下面的示例在一行代码中声明了 a、b、c 这 3 个变量。

```
var a:int, b:int, c:int;
```

也可以在同一行代码中为其中的每个变量赋值。例如，下面的示例声明了 a、b、c 这 3 个变量并为每个变量赋值。

```
var a:int = 10, b:int = 20, c:int = 30;
```

需要注意的是，使用逗号运算符将各个变量的声明组合到一条语句中，可能会降低代码的可读性。

在 Animate CC 中，还包含另外一种变量声明方法。在将一个影片剪辑元件、按钮元件或文本字段放置在舞台中时，可以在“属性”面板中为它指定一个实例名称。Animate CC 在后台将创建一个与该实例名称同名的变量，用户可以在 ActionScript 代码中使用该变量来引用该舞台中的项目。例如，将一个影片剪辑元件放在舞台中并为它指定了实例名称 yunduo，那么，只要在 ActionScript 代码中使用变量 yunduo，实际上就是在处理该影片剪辑。

3．变量的作用域

“变量的作用域”是指可在其中通过引用词汇来访问变量的代码区域。变量分为全局变量和局部变量。“全局变量”是指在代码的所有区域中定义的变量；“局部变量”是指仅在代码的某个部分定义的变量。在 ActionScript 3.0 中，始终为变量分配声明它们的函数或类的作用域。全局变量是在任何函数或类定义的外部定义的变量。例如，下面的代码通过在任何函数的外部声明一个名为 strGlobal 的全局变量来创建该变量。从该示例可看出，全局变量在函数定义的内部和外部均可用。

```
var strGlobal:String = "Global";
function scopeTest()
{
trace(strGlobal);    //全局
}
scopeTest();
trace(strGlobal);    //全局
```

用户可以通过在函数内部声明变量来将它声明为局部变量（可定义局部变量的最小代码区域就是函数定义）。在函数内部声明的局部变量仅存在于该函数中。例如，如果在名为 localScope()的函数中声明一个名为 strLocal 的变量，该变量在该函数的外部将不可用。

```
function localScope()
{
var strLocal:String = "local";
}
localScope();
trace(strLocal);    //出错，因为未在全局定义 strLocal
```

如果用于局部变量的变量名已经被声明为全局变量，那么当局部变量在作用域的内部时，局部定义会隐藏（或遮蔽）全局定义，全局变量在该函数的外部仍然存在。例如，下面的代码创建了一个名为 str1 的全局字符串变量，然后在 scopeTest()函数的内部创建了一个同名的局部变量。该函数中的 trace 语句输出该变量的局部值，而函数外部的 trace 语句则输出该变量的全局值。

```
var str1:String = "Global";
function scopeTest ()
{
var str1:String = "Local";
trace(str1);          //本地
}
scopeTest();
trace(str1);          //全局
```

4．默认值

默认值是在设置变量值之前变量中包含的值。首次设置变量的值，实际上就是初始化变量。如果声明了一个变量而没有设置它的值，则该变量处于未初始化状态。未初始化的变量的值取决于它的数据类型。表 9-1 说明了变量的默认值，并按数据类型对这些值进行了组织。

表 9-1　变量的数据类型和默认值

数据类型	默认值
Boolean	false
int	0
Number	NaN
Object	null
String	null
uint	0
未声明（与类型注释 * 等效）	undefined
其他所有类（包括用户定义的类）	null

对于 Number 类型的变量，默认值是 NaN。NaN 是一个由 IEEE-754 标准定义的特殊值，它表示非数字的某个值。

如果声明了某个变量而未声明它的数据类型，则将应用默认数据类型（*），表示该变量是无类型变量。如果没有用值初始化无类型变量，则该变量的默认值是 undefined。

对于 Boolean、Number、int 或 uint 类型的变量，null 不是有效值。若尝试将值 null 赋予这样的变量，则该值会转换为数据类型的默认值。对于 Object 类型的变量，可以赋予 null 值。若尝试将值 undefined 赋予 Object 类型的变量，则该值会转换为 null。对于 Number 类型的变量，有一个名为 isNaN()的特殊的顶级函数。如果变量不是数字，则该函数将返回布尔值 true，否则将返回 false。

9.1.3 数据类型

数据类型在数据结构中的定义是一个值的集合及定义在这个值集上的一组操作。变量的数据类型决定了如何将代表这些值的位存储到计算机的内存中。所有变量都具有数据类型，以决定能够存储哪种数据。

1. 数据类型的分类

在 ActionScript 中，可以将很多数据类型用作所创建的变量的数据类型。其中的某些数据类型可以被看作是“简单”或“基本”的数据类型（也可称这些数据类型为“基元值”)。

- String：一个文本值。例如，一个名称或书中某一章的文字。
- Numeric：对于 Numeric 型数据，ActionScript 3.0 包含 3 种特定的数据类型。
  Number：任何数值，包括有小数部分或没有小数部分的数值。
  Int：一个整数（不带小数部分的整数)。
  Uint：一个“无符号”整数，即不能为负数的整数。
- Boolean：一个 true 或 false 值。例如，开关是否开启或两个值是否相等。

简单数据类型表示单条信息（如单个数字或单个文本序列)，然而，在 ActionScript 中定义的大部分数据类型都可以被描述为复杂数据类型，因为它们表示组合在一起的一组值。例如，数据类型为 Date 的变量表示单个值（时间中的某个片刻)，但该日期值实际上表示为几个值，即年、月、日、时、分、秒等，它们都是单独的数字，因此，虽然认为日期是单个值（可以通过创建一个 Date 变量将日期作为单个值来对待)，而在计算机内部却认为日期是组合在一起、共同定义单个日期的一组值。

“复杂值”是指基元值以外的值。定义复杂值的集合的数据类型包括 Array、Date、Error、Function、RegExp、XML 和 XMLList。

ActionScript 3.0 中的所有值均是对象，而与它们是基元值还是复杂值无关。所有基元数据类型和复杂数据类型都是由 ActionScript 3.0 的核心类定义的，通过 ActionScript 3.0 的核心类可以使用字面值（而非 new 运算符）创建对象。例如，可以使用字面值或 Array 类的构造函数来创建数组。

```
var someArray:Array = [1, 2, 3];            //字面值
var someArray:Array = new Array(1,2,3);  //Array 构造函数
```

2. 数据类型的说明

下面对各种数据类型分别进行介绍。

（1）Boolean 数据类型

Boolean 数据类型包含两个值：true 和 false。对于 Boolean 数据类型的变量，其他任何值都是无效的。已经声明但尚未初始化的 Boolean 变量的默认值是 false。

（2）int 数据类型

int 数据类型在程序内部存储为 32 位整数，它包含一组介于 - 2 147 483 648（ - 2^{31}）和 2 147 483 647（2^{31} - 1）之间的整数（包括-2 147 483 648 和 2 147 483 647)。在 ActionScript 3.0 中，可以访问 32 位带符号整数和无符号整数的低位机器类型。对于小于 int 的最小值或大于

int 的最大值的整数值，应使用 Number 数据类型。Number 数据类型可以处理 - 9 007 199 254 740 992 和 9 007 199 254 740 992（53 位整数值）之间的值。int 数据类型的变量的默认值是 0。

（3）uint 数据类型

uint 数据类型在程序内部存储为 32 位无符号整数，它包含一组介于 0 和 4 294 967 295（2^{32} - 1）之间的整数（包括 0 和 4 294 967 295）。uint 数据类型可用于要求非负整数的特殊情形。例如，必须使用 uint 数据类型来表示像素颜色值，因为 int 数据类型有一个内部符号位，该符号位并不适合处理颜色值。对于大于 uint 的最大值的整数值，应使用 Number 数据类型，该数据类型可以处理 53 位整数值。uint 数据类型的变量的默认值是 0。

（4）Number 数据类型

在 ActionScript 3.0 中，Number 数据类型可以表示整数、无符号整数和浮点数。但是，为了尽可能提高性能，应将 Number 数据类型仅用于浮点数，或用于 int 和 uint 数据类型可以存储的、大于 32 位的整数值。若要存储浮点数，数字中应包括一个小数点。如果省略了小数点，数字将被存储为整数。

（5）String 数据类型

String 数据类型表示一个 16 位字符的序列。字符串在程序内部存储为 Unicode 字符，并使用 UTF-16 格式。字符串是不可改变的值，对字符串值执行运算会返回字符串的一个新实例。使用 String 数据类型声明的变量的默认值是 null。虽然 null 值与空字符串（""）均表示没有任何字符，但两者并不相同。

（6）Null 数据类型

Null 数据类型仅包含一个值：null。这是 String 数据类型和用于定义复杂数据类型的所有类（包括 Object 类）的默认值。其他基元数据类型（如 Boolean、Number、int 和 uint）均不包含 null 值。如果尝试向 Boolean、Number、int 或 uint 数据类型的变量赋予 null 值，则 Flash Player 会将 null 值转换为相应的默认值。不能将 Null 数据类型用作类型注释。

Flash Player 不但将 NaN 值用作 Number 数据类型的变量的默认值，还将其用作应返回数字却没有返回数字的任何运算的结果。例如，尝试计算负数的平方根，结果将是 NaN。其他特殊的 Number 值包括“正无穷大”和“负无穷大”。

（7）void 数据类型

void 数据类型仅包含一个值：undefined。只能为无类型变量赋予 undefined 值。“无类型变量”是指缺乏类型注释或使用星号（*）作为类型注释的变量。只能将 void 用作返回类型注释。

（8）Object 数据类型

Object 数据类型是由 Object 类定义的。Object 类用作 ActionScript 中所有类定义的基类。

3．数据类型的转换

将某个值转换为其他数据类型的值，即发生了数据类型的转换。要将对象转换为另一数据类型，应用小括号括起对象名并在它前面加上新数据类型的名称。

例如，下面的代码提取了一个布尔值并将它转换为一个整数。

```
var myBoolean:Boolean = true;
```

```
var myINT:int = int(myBoolean);
trace(myINT); //1
```

9.1.4 “动作”面板

ActionScript 3.0 的代码主要书写在“动作”面板中。用户可以根据实际动画的需要，通过该面板为关键帧书写相应的代码，以控制实例或调用外部脚本文件。

选择“窗口”|“动作”命令或按【F9】键，即可打开“动作”面板，左侧为脚本导航器，右侧为脚本窗格，如图 9-1 所示。

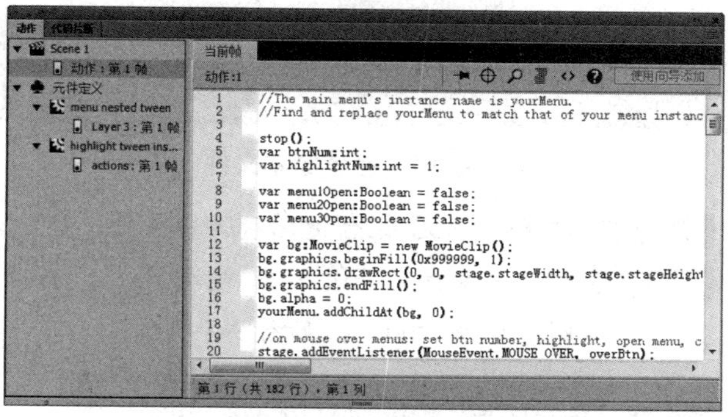

图 9-1 “动作”面板

1. 脚本导航器

单击脚本导航器中的某一项目；与该项目关联的脚本将显示在脚本窗格中，并且播放头将移到时间轴上的相应位置。

2. 使用脚本窗格

脚本窗格用于键入脚本代码。使用“动作”面板和“脚本”窗口的工具栏可以查看代码帮助功能，这些功能有助于简化在 ActionScript 中进行的编码工作。

- **固定脚本**：将脚本固定到脚本窗格中。如果使用多个脚本，可以将脚本固定，以保留代码在“动作”面板中的打开位置，然后在各个打开的不同脚本中切换，本功能在调试时很有用。
- **插入实例路径和名称**：设置脚本中某个动作的绝对或相对目标路径。
- **查找**：查找并替换脚本中的文本。
- **设置代码格式**：帮助设置代码格式。
- **代码片断**：打开“代码片断”面板，其中显示代码片断示例。
- **使用向导添加**：单击此按钮，可使用简单易用的向导添加动作，而无需编写代码（仅用于 HTML5 画布文件类型）。
- **帮助**：显示脚本窗格中所选 ActionScript 元素的参考信息。例如，如果执行 import 语句，再执行“帮助”，则“帮助”面板中将显示 import 的参考信息。

9.1.5 “脚本”窗口

除了使用“动作”面板为动画添加代码，还可通过建立专门的 ActionScript 文档为其添加代码。需要注意的是，在脚本文档中输入代码后，该脚本文档并不能直接发挥作用，需要在关键帧中调用它才行。下面通过实例进行介绍，具体操作方法如下。

Step 01 按【Ctrl+N】组合键打开“新建文档”对话框，选择“ActionScript 文件”选项，如图 9-2 所示，然后单击“确定”按钮。

Step 02 新建一个脚本文档，输入需要的脚本代码，此代码的作用为“拖放”对象，如图 9-3 所示。

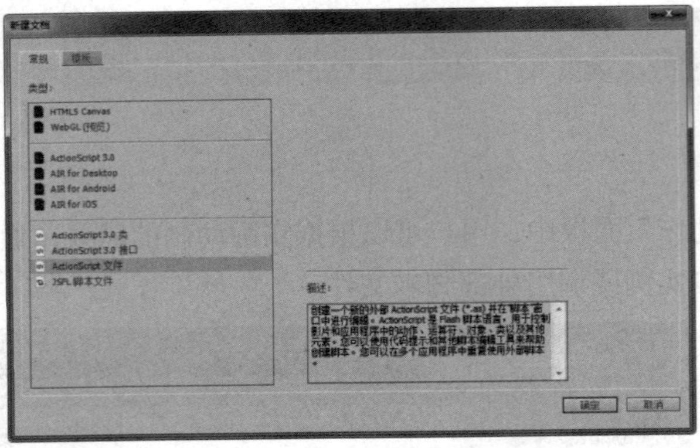

图 9-2　新建脚本文件

图 9-3　输入脚本代码

Step 03 按【Ctrl+S】组合键保存脚本文件，输入名称，如图 9-4 所示，然后单击“保存”按钮。

Step 04 打开“素材文件\第 9 章\蝴蝶.fla”，选择舞台中的实例文件，在“属性”面板中设置实例名称为“hd”，如图 9-5 所示。

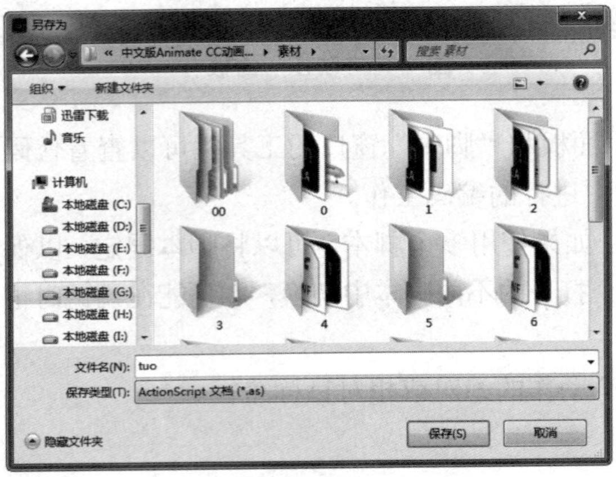

图 9-4　保存脚本文件

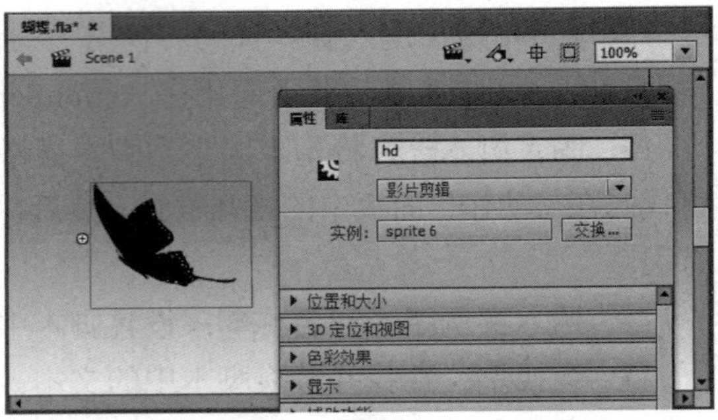

图 9-5　设置实例名称

Step 05 选择“图层_3”中的第 1 帧，按【F9】键打开“动作”面板，输入代码“include"tuo.as";”，如图 9-6 所示。

Step 06 按【Ctrl+Enter】组合键测试动画效果，使用鼠标指针拖动实例，如图 9-7 所示。

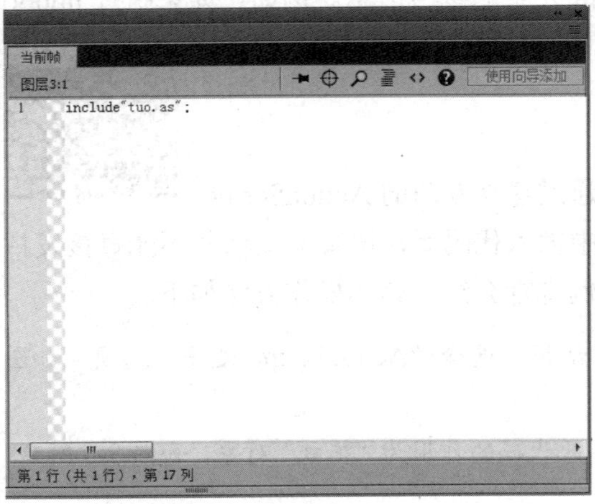

图 9-6　添加代码

图 9-7　测试动画效果

9.1.6 “编译器错误”面板

“编辑器错误”面板是 Animate CC 中一个非常重要的信息输入工具，可以输出动画中的错误提示信息，如图 9-8 所示。

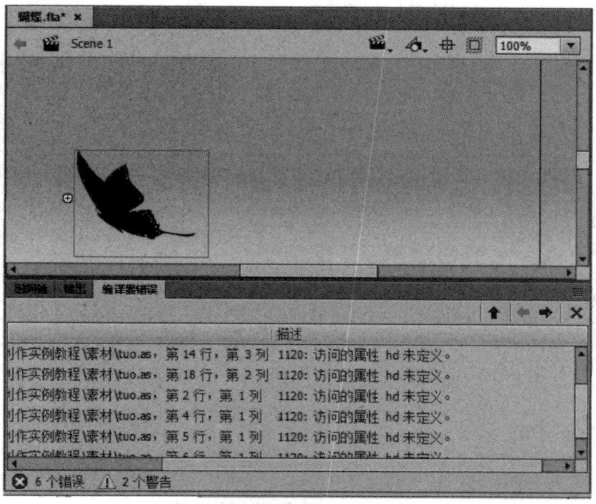

图 9-8 “编译器错误”面板

用户可以根据“编译器错误”面板中的提示信息，修改脚本中的错误。但“编译器错误”面板中的提示信息主要是脚本的格式错误、语法错误等，编译器并不能检测脚本的合理性等问题。因此，程序设计师在编写脚本时应养成良好的编程习惯，严格按照正确的格式进行编写，不应将纠错寄托于程序本身的自动检测。

9.1.7 “代码片断”面板

非程序设计师通过使用“代码片段”面板也能使用简单的 ActionScript 3.0，将 ActionScript 3.0 程序代码添加到 FLA 文档中，进而实现常见功能。

1. 准备事项

在使用“代码片断”面板前，应理解其基本规则。

➢ 许多代码片断都要求打开“动作”面板，并对代码中的几项进行自定义。每个代码片断都包含对此任务的具体说明。

➢ 所有代码片断都是基于 ActionScript 3.0，它与 ActionScript 2.0 不兼容。

➢ 有些代码片断会影响对象的行为，允许对象被执行或导致对象移动或消失。用户可以将这些代码片断应用到舞台中的对象。

➢ 当播放头进入包含该代码片断的帧时会引起某个动作发生，可以将这些代码片断应用到时间轴中的帧上。

➢ 当应用代码片断时，代码会被添加到时间轴中“动作”图层的当前帧上。如果尚未创建“动作”图层，Animate CC 将在时间轴的顶部图层之上添加一个“动作”图层。

➢ 为了使 ActionScript 能够控制舞台中的对象，必须在“属性”面板中为该对象设置实例名称。

➢ 每个代码片断都有描述片断功能的工具提示。

2. 添加代码片断

要为舞台中的对象添加代码片断，需要将该对象转换为影片剪辑实例，并自定义实例名称。下面以改变鼠标光标为例进行介绍，具体操作方法如下。

Step 01 从“库”面板中将实例移至舞台的外部，在“属性”面板中设置实例名称为“hd2”，如图 9-9 所示。

Step 02 打开“代码片断”面板，选择要应用代码的实例，然后双击“自定义鼠标光标”选项，如图 9-10 所示。

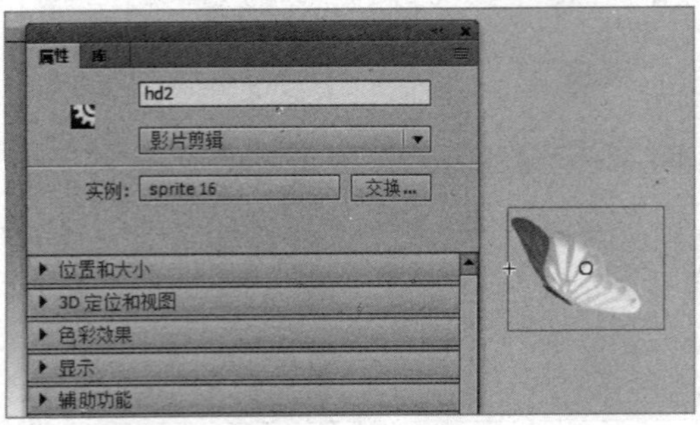

图 9-9 设置实例名称

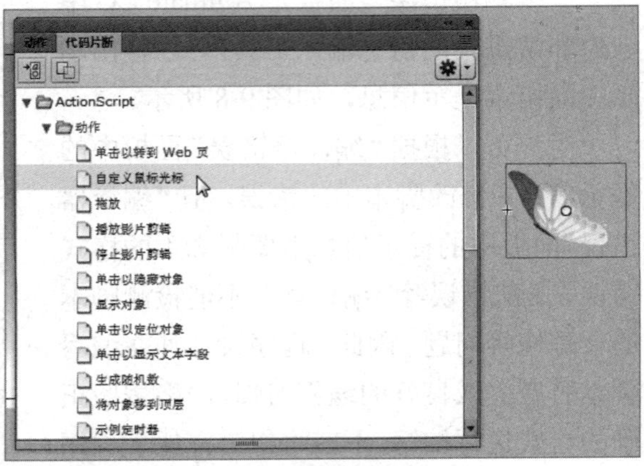

图 9-10 双击代码片断

Step 03 此时会自动新建“Actions”图层，并打开“动作”面板，查看“自定义鼠标光标”代码，如图 9-11 所示。

Step 04 按【Ctrl+Enter】组合键测试动画效果，可以看到鼠标指针变为 hd2 实例，如图 9-12 所示。

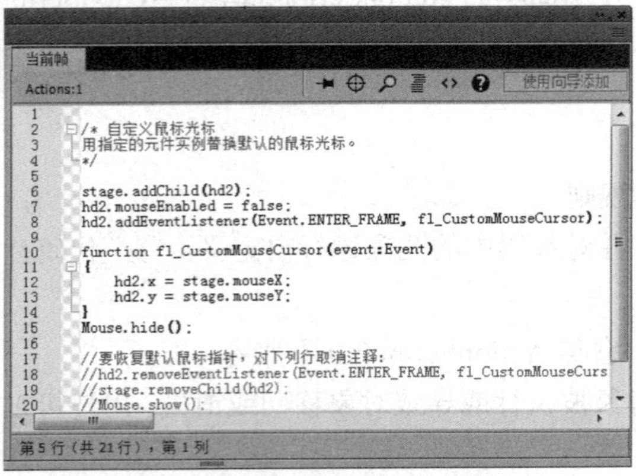

图 9-11 查看添加的代码

图 9-12 测试动画效果

9.2 ActionScript 语言及其语法

下面简要介绍 ActionScript 核心语言及其语法，使读者对如何处理数据类型和变量、如何使用正确的语法，以及如何控制程序中的数据流等有一个基本的了解。

9.2.1 ActionScript 语法

语法定义了一组在编写可执行代码时必须遵循的规则，具体语法规则如下。

1. 区分大小写

ActionScript 3.0 是一种区分大小写的语言，只是大小写不同的标识符会被视为不同。例如，下面的代码创建了两个不同的变量。

```
var a1:int;
var A1:int;
```

2. 点语法

用户可以通过点运算符（.）来访问对象的属性和方法。点语法可以使用后跟点运算符和属性名（或方法名）的实例名来引用类的属性或方法。以下面的类定义为例。

```
class DotExample
{
public var prop1:String;
public function method1():void {}
}
```

借助于点语法，可以使用在如下代码中创建的实例名来访问 prop1 属性和 method1()方法。

```
var myDotEx:DotExample = new DotExample();
myDotEx.prop1 = "hello";
myDotEx.method1();
```

在定义包时，可以使用点语法。可以使用点运算符来引用嵌套包。例如，EventDispatcher 类位于一个名为 events 的包中，该包嵌套在名为 Animate 的包中。可以使用下面的表达式来引用 events 包。

```
Animate.events
```

还可以使用此表达式来引用 EventDispatcher 类。

```
Animate.events.EventDispatcher
```

3. 分号

用户可以使用分号字符（;）来终止语句。如果省略分号字符，则编译器将假设每一行代码代表一条语句。使用分号终止语句可以在一行中放置多个语句，但这样会使代码变得难以阅读。

4. 注释

ActionScript 3.0 代码支持两种类型的注释：单行注释和多行注释。编译器将忽略标记为注释的文本。

单行注释以两个正斜杠字符（//）开头并持续到该行的末尾。例如，下面的代码包含一个单行注释。

```
var someNumber:Number = 3; //单行注释
```

多行注释以一个正斜杠和一个星号（/*）开头，以一个星号和一个正斜杠（*/）结尾。

```
/* 这是一个可以跨多行代码的多行注释。 */
```

5. 斜杠语法

在早期的 ActionScript 版本中，斜杠语法用于指示影片剪辑或变量的路径，但在 ActionScript 3.0 中不支持斜杠语法。

6．字面值

“字面值”是指直接出现在代码中的值。下面的示例都是字面值。

```
17、"hello"、-3、9.4、null、undefined、true、false
```

字面值还可以组合起来构成复合字面值。数组文本括在中括号字符（[]）中，各数组元素之间用逗号隔开。

数组文本可用于初始化数组。下面的几个示例显示了两个使用数组文本初始化的数组。用户可以使用 new 语句将复合字面值作为参数传递给 Array 类构造函数，还可以在实例化下面的 ActionScript 核心类的实例时直接赋予字面值：Object、Array、String、Number、int、uint、XML、XMLList 和 Boolean。

```
//使用 new 语句
var myStrings:Array = new Array(["alpha", "beta", "gamma"]);
var myNums:Array = new Array([1,2,3,5,8]);
//直接赋予字面值
var myStrings:Array = ["alpha", "beta", "gamma"];
var myNums:Array = [1,2,3,5,8];
```

字面值还可用于初始化通用对象。通用对象是 Object 类的一个实例。对象字面值括在大括号（{}）中，各对象属性之间用逗号隔开。每个属性都用冒号字符（:）进行声明，冒号用于分隔属性名和属性值。

使用 new 语句可以创建一个通用对象，并将该对象的字面值作为参数传递给 Object 类构造函数，也可在声明实例时直接将对象字面值赋给实例。下面的示例为创建一个新的通用对象，并将 3 个值分别设置为 1、2 和 3 的属性（propA、propB 和 propC）初始化该对象。

```
//使用 new 语句
var myObject:Object = new Object({propA:1, propB:2, propC:3});
//直接赋予字面值
var myObject:Object = {propA:1, propB:2, propC:3};
```

7．小括号

在 ActionScript 3.0 中，可以通过以下 3 种方式来使用小括号“()”。

方式 1：可以使用小括号来更改表达式中的运算顺序。组合到小括号中的运算总是最先执行。例如，小括号可用于改变如下代码中的运算顺序。

```
trace(2 +3 * 4);              //14
trace( (2+3) * 4);            //20
```

方式 2：可以结合使用小括号和逗号运算符（,）来计算一系列表达式并返回最后一个表达式的结果，如下面的示例。

```
var a:int = 2;
var b:int = 3;
trace((a ++, b+, a+b));       //7
```

方式 3：可以使用小括号来向函数或方法传递一个或多个参数，如下面的示例表示向 trace()函数传递一个字符串值。

```
trace("hello");               //hello
```

8．保留字

保留字是一些单词，因为这些单词是保留给 ActionScript 使用的，所以不能在代码中将它们用作标识符。保留字包括 3 类：词汇关键字、句法关键字和供将来使用的保留字。

➢ **词汇关键字：**编译器将词汇关键字从程序的命名空间中删除。若用户将词汇关键字用作标识符，则编译器会报告一个错误。下面列出了 ActionScript 3.0 的词汇关键字。

as	break	case	catch	class	const	continue	default
delete	do	else	extends	false	finally	for	function
if	implements	import	in	instanceof	interface	internal	is
native	new	null	package	private	protected	public	return
super	switch	this	throw	to	true	try	typeof
use	var	void	while	with			

➢ **句法关键字：**这些关键字可用作标识符，但在某些上下文中具有特殊的含义。

each	get	set	namespace	include
dynamic	final	native	override	static

➢ **供将来使用的保留字：**这些标识符不是为 ActionScript 3.0 保留的，但其中的一些可能会被采用 ActionScript 3.0 的软件视为关键字。用户可以在自己的代码中使用其中的一些标识符，但不建议这样使用，因为它们可能会在以后的 ActionScript 版本中作为关键字出现。

abstract	boolean	byte	cast	char	debugger	double	enum
export	float	goto	intrinsic	long	prototype	short	synchronized
throws	to	transient	type	virtual	volatil		

9．常量

ActionScript 3.0 支持 const 语句，该语句可以用于创建常量。“常量”是指具有无法改变的固定值的属性。只能为常量赋值一次，且必须在最接近常量声明的位置赋值。例如，如果将常量声明为类的成员，则只能在声明过程中或在类构造函数中为常量赋值。

下面的代码声明两个常量：第一个常量 MINIMUM 是在声明语句中赋值的；第二个常量 MAXIMUM 是在构造函数中赋值的。

```
class A
{
public const MINIMUM:int = 0;
public const MAXIMUM:int;
public function A()
{
MAXIMUM = 10;
}
}
var a:A = new A();
```

```
trace(a.MINIMUM);          //0
trace(a.MAXIMUM);          //10
```

如果尝试以其他任何方法向常量赋予初始值，则会出现错误。例如，在类的外部设置 MAXIMUM 的初始值，将会出现运行时错误。

```
class A
{
public const MINIMUM:int = 0;
public const MAXIMUM:int;
}
var a:A = new A();
a["MAXIMUM"] = 10;      //运行时错误
```

Flash Player API 定义了一组广泛的常量供用户使用。按照惯例，ActionScript 中的常量全部使用大写字母，各个单词之间用下划线字符（_）分隔。例如，MouseEvent 类定义将此命名惯例用于其常量，其中每个常量都表示一个与鼠标输入有关的事件。

```
package Animate.events
{
public class MouseEvent extends Event
{
public static const CLICK:String = "click";
public static const DOUBLE_CLICK:String = "doubleClick";
public static const MOUSE_DOWN:String = "mouseDown";
public static const MOUSE_MOVE:String = "mouseMove";
...
}
}
```

9.2.2 运算符

运算符是一种特殊的函数，它们具有一个或多个操作数并返回相应的值。操作数被运算符用作输入的值，通常是字面值、变量或表达式。例如，在下面的代码中，将加法运算符（+）和乘法运算符（*）与 3 个字面值操作数（1、2 和 4）结合使用返回一个值，赋值运算符（=）随后将所返回的值 9 赋给变量 sumNumber。

```
var sumNumber:uint = 1+2 * 4; //sumNumber = 9
```

1．了解运算符

运算符可以是一元、二元或三元的。一元运算符有 1 个操作数，例如，递增运算符（++）只有 1 个操作数；二元运算符有两个操作数，例如，除法运算符（/）有两个操作数；三元运算符有 3 个操作数，例如，条件运算符（?:）有 3 个操作数。

有些运算符是重载的，这意味着它们的行为因传递给它们的操作数的类型或数量而异，例如，加法运算符（+）就是一个重载运算符，其行为因操作数的数据类型而异。如果两个操作数都是数字，则加法运算符会返回这些值的和；如果两个操作数都是字符串，则加法运算符会返回这两个操作数连接后的结果。

下面的示例说明运算符的行为如何因操作数的数据类型而异。

```
trace(5+5);                                //10
trace("5"+"5");                            //55
```

运算符的行为还可能因所提供的操作数的数量而异。减法运算符（-）既是一元运算符又是二元运算符。对于减法运算符，如果只提供 1 个操作数，则该运算符会对操作数求反并返回结果；如果提供两个操作数，则减法运算符返回这两个操作数的差。

下面的示例说明首先将减法运算符用作一元运算符，再将其用作二元运算符。

```
trace(-3);                                 //-3
trace(7-2);                                //5
```

2．运算符的优先级和结合律

运算符的优先级和结合律决定了运算符的处理顺序。虽然对于熟悉算术的人来说，编译器先处理乘法运算符（*）再处理加法运算符（+）似乎是自然而然的事情，但实际上编译器要求显式指定先处理哪些运算符。此类指令被统称为“运算符优先级”。

ActionScript 定义了一个默认的运算符优先级，但用户可以使用小括号运算符“()”来改变它。例如，下面的运算顺序是强制编译器先处理加法运算符，再处理乘法运算符。

```
var sumNumber:uint = (1+2) * 3;        //sumNumber=12
```

在同一个表达式中若出现两个或更多个具有相同优先级的运算符，编译器会使用结合律的规则来确定先处理哪个运算符。除了赋值运算符之外，所有二进制运算符都是左结合的，也就是说，先处理左边的运算符，再处理右边的运算符；赋值运算符和条件运算符（?:）都是右结合的，也就是说，先处理右边的运算符，再处理左边的运算符。

例如，小于运算符（<）和大于运算符（>）具有相同的优先级。如果将这两个运算符用于同一个表达式中，那么由于这两个运算符都是左结合的，编译器会先处理左边的运算符。也就是说，以下两个语句将生成相同的输出结果。

```
trace(3 > 2 < 1);                          //false
trace((3 > 2) < 1);                        //false
```

具体运算步骤为：首先处理大于运算符，这会生成值 true，因为操作数 3 大于操作数 2；随后，将值 true 与操作数 1 一起传递给小于运算符。下面的代码表示此中间状态。

```
trace((true) < 1);
```

小于运算符将值 true 转换为数值 1，然后将该数值与第二个操作数 1 进行比较，这将返回值 false（因为值 1 不小于 1）。

```
trace(1 < 1);                              //false
```

用户可以用括号运算符来改变默认的左结合律。通过用小括号括起小于运算符及其操作数来命令编译器先处理小于运算符。下面的示例使用的是与上一个示例相同的数，但因为使用了小括号运算符，所以生成不同的输出结果。

```
trace(3 > (2 < 1));                        //true
```

首先处理小于运算符，这会生成值 false，因为操作数 2 不小于操作数 1；值 false 随后与操作数 3 一起传递给大于运算符。下面的代码表示此中间状态。

```
trace(3 > (false));
```

大于运算符将值 false 转换为数值 0，然后将该数值与另一个操作数 3 进行比较，这将返回 true（因为 3 大于 0）。

```
trace(3 > 0);                              //true
```

表 9-2 按优先级递减的顺序列出了 ActionScript 3.0 中的运算符。该表内同一行中的运算符具有相同的优先级。在该表中，每行运算符都比位于其下方的运算符的优先级高。

表 9-2　运算符的优先级

<table>
<tr><th>组</th><th>运算符</th></tr>
<tr><td>主要</td><td>[] {x:y} () f(x) new x.y x[y] <></> @ :: ..</td></tr>
<tr><td>后缀</td><td>x++ x--</td></tr>
<tr><td>一元</td><td>++x --x +-~ ! delete typeof void</td></tr>
<tr><td>乘法</td><td>* / %</td></tr>
<tr><td>加法</td><td>+-</td></tr>
<tr><td>按位移位</td><td><< >> >>></td></tr>
<tr><td>关系</td><td>< > <= >= as in instanceof is</td></tr>
<tr><td>等于</td><td>== != === !==</td></tr>
<tr><td>按位“与”</td><td>&</td></tr>
<tr><td>按位“异或”</td><td>^</td></tr>
<tr><td>按位“或”</td><td>|</td></tr>
<tr><td>逻辑“与”</td><td>&&</td></tr>
<tr><td>逻辑“或”</td><td>||</td></tr>
<tr><td>条件</td><td>?:</td></tr>
<tr><td>赋值</td><td>= *= /= %= += -= <<= >>= >>>= &= ^= |=</td></tr>
<tr><td>逗号</td><td>,</td></tr>
</table>

3．运算符的简要说明

下面对 ActionScript 3.0 中的运算符按其优先级的顺序进行简要说明。

（1）主要运算符

主要运算符包括用于创建 Array 和 Object 字面值、对表达式进行分组、调用函数、实例化类实例及访问属性的运算符。表 9-3 列出了所有的主要运算符，它们具有相同的优先级。

表 9-3　主要运算符

运算符	执行的运算
[]	初始化数组
{x:y}	初始化对象
()	对表达式进行分组

（续表）

运算符	执行的运算
f(x)	调用函数
new	调用构造函数
x.y x[y]	访问属性
<></>	初始化 XMLList 对象（E4X）
@	访问属性（E4X）
::	限定名称（E4X）
..	访问子级 XML 元素（E4X）

（2）后缀运算符

后缀运算符只有一个操作数，它递增或递减该操作数的值。虽然这些运算符是一元运算符，但它们有别于其他一元运算符，被单独划归到了一个类别，因为它们具有更高的优先级和特殊的行为。在将后缀运算符用作较长表达式的一部分时，会在处理后缀运算符之前返回表达式的值。例如，下面的代码说明如何在递增值之前返回表达式 xNum++的值。

```
var xNum:Number = 0;
trace(xNum++);          //0
trace(xNum);            //1
```

表 9-4 列出了所有的后缀运算符，它们具有相同的优先级。

表 9-4　后缀运算符

运算符	执行的运算
++	递增（后缀）
--	递减（后缀）

（3）一元运算符

一元运算符只有一个操作数。这一组中的递增运算符（++）和递减运算符（--）是前缀运算符，这意味着它们在表达式中出现在操作数的前面。前缀运算符与它们对应的后缀运算符不同，因为递增或递减操作是在返回整个表达式的值之前完成的。例如，下面的代码说明如何在递增值之后返回表达式++xNum 的值。

```
var xNum:Number = 0;
trace(++xNum);          //1
trace(xNum);            //1
```

表 9-5 列出了所有的一元运算符，它们具有相同的优先级。

表 9-5　一元运算符

运算符	执行的运算
++	递增（前缀）
--	递减（前缀）

（续表）

运算符	执行的运算
+	一元+
–	一元-（非）
!	逻辑“非”
~	按位“非”
Delete	删除属性
Typeof	返回类型信息
Void	返回 undefined 值

（4）乘法运算符

乘法运算符有两个操作数，它执行乘、除或求模计算。表 9-6 列出了所有的乘法运算符，它们具有相同的优先级。

表 9-6　乘法运算符

运算符	执行的运算
*	乘法
/	除法
%	求模

（5）加法运算符

加法运算符有两个操作数，它执行加法或减法计算。表 9-7 列出了所有的加法运算符，它们具有相同的优先级。

表 9-7　加法运算符

运算符	执行的运算
+	加法
–	减法

（6）按位移位运算符

按位移位运算符有两个操作数，它将第一个操作数的各位按第二个操作数指定的长度移位。表 9-8 列出了所有的按位移位运算符，它们具有相同的优先级。

表 9-8　按位移位运算符

运算符	执行的运算
<<	按位向左移位
>>	按位向右移位
>>>	按位无符号向右移位

（7）关系运算符

关系运算符有两个操作数，它比较两个操作数的值，然后返回一个布尔值。表 9-9 列出了所有的关系运算符，它们具有相同的优先级。

表 9-9 关系运算符

运算符	执行的运算
<	小于
>	大于
<=	小于或等于
>=	大于或等于
as	检查数据类型
in	检查对象属性
instanceof	检查原型链
is	检查数据类型

（8）等于运算符

等于运算符有两个操作数，它比较两个操作数的值，然后返回一个布尔值。表 9-10 列出了所有的等于运算符，它们具有相同的优先级。

表 9-10 等于运算符

运 算 符	执行的运算
==	等于
!=	不等于
===	严格等于
!==	严格不等于

（9）按位逻辑运算符

按位逻辑运算符有两个操作数，它执行位级别的逻辑运算。按位逻辑运算符具有不同的优先级。表 9-11 按优先级递减的顺序列出了按位逻辑运算符。

表 9-11 按位逻辑运算符

运 算 符	执行的运算
&	按位“与”
^	按位“异或”
|	按位“或”

（10）逻辑运算符

逻辑运算符有两个操作数，它返回布尔结果。逻辑运算符具有不同的优先级。表 9-12 按优先级递减的顺序列出了逻辑运算符。

表 9-12 逻辑运算符

运 算 符	执行的运算
&&	逻辑“与”
||	逻辑“或”

（11）条件运算符

条件运算符是一个三元运算符，也就是说，它有 3 个操作数。条件运算符是应用 if...else 条件语句的一种简便方法。表 9-13 列出了条件运算符。

表 9-13 条件运算符

运算符	执行的运算
?:	条件

（12）赋值运算符

赋值运算符有两个操作数，它根据一个操作数的值对另一个操作数进行赋值。表 9-14 列出了所有的赋值运算符，它们具有相同的优先级。

表 9-14 赋值运算符

运算符	执行的运算
=	赋值
*=	乘法赋值
/=	除法赋值
%=	求模赋值
+=	加法赋值
−=	减法赋值
<<=	按位向左移位赋值
>>=	按位向右移位赋值
>>>=	按位无符号向右移位赋值
&=	按位“与”赋值
^=	按位“异或”赋值
|=	按位“或”赋值

9.2.3 条件语句

ActionScript 3.0 提供了 3 个可以用于控制程序流的基本条件语句，分别是 if...else，if...else if，以及 switch 语句。

1．if...else 语句

if...else 条件语句用于测试一个条件，如果该条件存在，则执行一个代码块，否则执行替代代码块。例如，下面的代码测试 a1 的值是否超过 10，如果是，则生成一个 trace()函数，否则生成另一个 trace()函数。

```
if (a1 > 10)
{
trace("a1 is > 10");
}
else
{
trace("a1 is <= 10");
}
```

如果不想执行替代代码块，可以仅使用 if 语句，而不使用 else 语句。

2．if...else if 语句

使用 if...else if 条件语句可以测试多个条件，例如，下面的代码不仅测试 a1 的值是否超过 10，还测试 a1 的值是否为负数。

```
if (a1 > 10)
{
trace("a1 is > 10");
}
else if (a1 < 0)
{
trace("a1 is negative");
}
```

3．switch 语句

如果多个执行路径依赖于同一个条件表达式，则 switch 语句非常有用。它的功能大致相当于一系列 if...else if 语句，但是它更便于阅读。switch 语句不是对条件进行测试以获得布尔值，而是对表达式进行求值并使用计算结果来确定要执行的代码块。代码块以 case 语句开头，以 break 语句结尾。

例如，下面的 switch 语句基于由 Date.getDay()方法返回的日期值输出星期几。

```
var someDate:Date = new Date();
var dayNum:uint = someDate.getDay();
switch(dayNum)
{
case 0:
trace("Sunday");
break;
case 1:
trace("Monday");
break;
case 2:
trace("Tuesday");
break;
case 3:
trace("Wednesday");
break;
```

```
case 4:
trace("Thursday");
break;
case 5:
trace("Friday");
break;
case 6:
trace("Saturday");
break;
default:
trace("Out of range");
break;
}
```

9.2.4 循环语句

循环语句允许使用一系列值或变量来反复执行一个特定的代码块。用户应使用大括号“{}”括起代码块。

1．for

for 循环用于循环访问某个变量以获得特定范围的值。必须在 for 语句中提供 3 个表达式：一个设置了初始值的变量，一个用于确定循环何时结束的条件语句，一个在每次循环中都更改变量值的表达式。例如，下面的代码循环 5 次，变量 i 的值从 0 开始到 4 结束，输出结果是从 0 到 4 的 5 个数字，每个数字各占 1 行。

```
var i:int;
for (i = 0; i < 5; i++)
{
trace(i);
}
```

2．for...in

for…in 循环用于循环访问对象的属性或数组元素。例如，用户可以使用 for...in 循环来循环访问通用对象的属性（不按任何特定的顺序来保存对象的属性，所以属性可能以看似随机的顺序出现）。

```
var myObj:Object = {x:20, y:30};
for (var i:String in myObj)
{
trace(i + ": " + myObj[i]);
}
//输出：
//x: 20
//y: 30
```

还可以循环访问数组中的元素，如下面的示例。

```
var myArray:Array = ["one", "two", "three"];
for (var i:String in myArray)
{
```

```
trace(myArray[i]);
}
//输出：
//one
//two
//three
```

3．for each…in

for each...in 循环用于循环访问集合中的项目，它可以是 XML 或 XMLList 对象中的标签、对象属性保存的值或数组元素。例如，下面的代码可以使用 for each...in 循环来循环访问通用对象的属性。与 for…in 循环不同的是，for each...in 循环中的迭代变量包含属性所保存的值，而不包含属性的名称。

```
var myObj:Object = {x:20, y:30};
for each (var num in myObj)
{
trace(num);
}
//输出：
//20
//30
```

可以循环访问 XML 或 XMLList 对象，如下面的示例。

```
var myXML:XML = <users>
<fname>Jane</fname>
<fname>Susan</fname>
<fname>John</fname>
</users>;
for each (var item in myXML.fname)
{
trace(item);
}
/* 输出
Jane
Susan
John
*/
```

还可以循环访问数组中的元素，如下面的示例。

```
var myArray:Array = ["one", "two", "three"];
for each (var item in myArray)
{
trace(item);
}
//输出：
//one
//two
//three
```

如果对象是密封类的实例，则无法循环访问该对象的属性。即使对象是动态类的实例，也无法循环访问任何固定属性（即作为类定义的一部分定义的属性）。

4．while

while 循环与 if 语句相似，只要条件为 true，则反复执行。例如，下面的代码与 for 循环示例生成的输出结果相同。

```
var i:int = 0;
while (i < 5)
{
trace(i);
i++;
}
```

使用 while 循环的一个缺点是，编写的 while 循环中更容易出现无限循环。如果省略了用于递增计数器变量的表达式，则 for 循环示例代码将无法编译，而 while 循环示例代码仍然能够编译。如果没有用于递增 i 的表达式，循环将成为无限循环。

5．do…while

do...while 循环是一种 while 循环，它保证至少执行一次代码块，这是因为在执行代码块后才会检查条件。下面的代码是 do...while 循环的一个简单示例，即使条件不满足，该示例也会生成输出结果。

```
var i:int = 5;
do
{
trace(i);
i++;
} while (i < 5);
//输出： 5
```

9.2.5 函数

函数是执行特定任务并可以在程序中重用的代码块。ActionScript 3.0 中有两类函数：方法和函数闭包。将函数称为方法还是函数闭包取决于定义函数的上下文：如果将函数定义为类的一部分或将它附加到对象的实例，则该函数被称为“方法”；如果以其他任何方式定义函数，则该函数被称为“函数闭包”。

1．函数的基本概念

下面介绍基本的函数定义和调用方法。

（1）调用函数

用户可以通过在函数名称后跟小括号运算符“()”的函数标识符来调用函数，要发送给函数的任何函数参数都括在小括号中。例如，trace()函数是 Flash Player API 中的顶级函数。

```
trace("Use trace to help debug your script");
```

如果要调用没有参数的函数，则必须使用一对空的小括号。例如，可以使用没有参数的 Math.random()方法来生成一个随机数。

```
var randomNum:Number = Math.random();
```

（2）自定义函数

在 ActionScript 3.0 中可以通过两种方法来定义函数：使用函数语句和使用函数表达式。用户可以根据自己的编程风格来选择相应的方法。如果倾向于采用静态或严格模式的编程风格，应使用函数语句来定义函数。函数表达式更多地用在动态编程或标准模式编程中，在此不再赘述。

（3）函数语句

函数语句是在严格模式下定义函数的首选方法。函数语句以 function 关键字开头，后跟以下内容。

- 函数名。
- 用小括号括起来的逗号分隔参数列表。
- 用大括号括起来的函数体（即在调用函数时要执行的 ActionScript 代码）。

例如，利用下面的代码创建一个定义一个参数的函数，然后将字符串 hello 用作参数值来调用该函数。

```
function traceParameter(aParam:String)
{
trace(aParam);
}
traceParameter("hello"); //hello
```

（4）从函数中返回值

要从函数中返回值，需使用后跟要返回的表达式或字面值的 return 语句。例如，下面的代码返回一个表示参数的表达式。

```
function doubleNum(baseNum:int):int
{
return (baseNum * 2);
}
```

需要注意的是，return 语句会终止该函数，因此，不会执行位于 return 语句下面的任何语句，如下面的示例。

```
function doubleNum(baseNum:int):int {
return (baseNum * 2);
trace("after return");                    //不会执行这条 trace 语句
}
```

（5）嵌套函数

嵌套函数意味着函数可以在其他函数内部声明。除非将对嵌套函数的引用传递给外部代码，否则嵌套函数仅在其父函数内可用。例如，下面的代码在 getNameAndVersion()函数内部声明两个嵌套函数。

```
function getNameAndVersion():String
{
function getVersion():String
{
return "11";
}
function getProductName():String
```

```
{
return " Flash Player";
}
return (getProductName()+" " + getVersion());
}
trace(getNameAndVersion());                // Flash Player 11
```

2. 函数参数

ActionScript 3.0 为函数参数提供了一些功能，这些功能对于那些刚接触 ActionScript 语言的程序员来说可能是很陌生的。

（1）按值或按引用传递参数

在许多编程语言中，一定要了解按值传递参数与按引用传递参数之间的区别，两者之间的区别会影响代码的设计方式。

“按值传递”意味着将参数的值复制到局部变量中以便在函数内部使用。“按引用传递”意味着只传递对参数的引用而不传递实际值，这种方式的传递不会创建实际参数的任何副本，只会创建一个对变量的引用并将它作为参数传递，且会将它赋给局部变量以便在函数内部使用。

在 ActionScript 3.0 中，所有的参数均按引用传递，因为所有的值都被存储为对象。但是，属于基元数据类型（包括 Boolean、Number、int、uint 和 String）的对象具有一些特殊运算符，这使它们可以像按值传递一样工作。

例如，下面的代码创建了一个名为 passPrimitives()的函数。该函数定义了两个类型均为 int、名称分别为 xParam 和 yParam 的参数，这些参数与在 passPrimitives()函数体内声明的局部变量类似。当使用 xValue 和 yValue 参数调用函数时，xParam 和 yParam 参数将用对 int 对象的引用进行初始化，int 对象由 xValue 和 yValue 表示。因为参数是基元值，所以它们像按值传递一样工作。尽管 xParam 和 yParam 最初仅包含对 xValue 和 yValue 对象的引用，但对函数体内的变量的任何更改都会导致在内存中生成这些值的新副本。

```
function passPrimitives(xParam:int, yParam:int):void
{
xParam++;
yParam++;
trace(xParam, yParam);
}
var xValue:int = 10;
var yValue:int = 15;
trace(xValue, yValue);                //10 15
passPrimitives(xValue, yValue);       //11 16
trace(xValue, yValue);                //10 15
```

在 passPrimitives()函数内部，xParam 和 yParam 的值递增，但这不会影响 xValue 和 yValue 的值，如上一条 trace 语句。即使参数的命名与 xValue 和 yValue 变量的命名完全相同也是如此，因为函数内部的 xValue 和 yValue 将指向内存中的新位置，这些位置不同于函数外部同名的变量所在的位置。

其他所有对象（即不属于基元数据类型的对象）始终按引用传递，这样就可以更改初始变量的值。例如，下面的代码创建了一个名为 objVar 的对象，该对象具有两个属性（即 x 和 y），并作为参数传递给 passByRef()函数。因为该对象不是基元类型，所以它不但按引用传递，而且还保持一个引用，这意味着对函数内部参数的更改将会影响到函数外部的对象属性。

```
function passByRef(objParam:Object):void
{
objParam.x++;
objParam.y++;
trace(objParam.x, objParam.y);
}
var objVar:Object = {x:10, y:15};
trace(objVar.x, objVar.y);                //10 15
passByRef(objVar); // 11 16
trace(objVar.x, objVar.y);                //11 16
```

objParam 参数与全局 objVar 变量引用相同的对象。正如在本示例的 trace 语句中所看到的一样，对 objParam 对象的 x 和 y 属性所进行的更改将反映在 objVar 对象中。

（2）默认参数值

在 ActionScript 3.0 中新增了为函数声明"默认参数值"的功能。如果在调用具有默认参数值的函数时省略了具有默认值的参数，那么将使用在函数定义中为该参数指定的值。所有具有默认值的参数都必须放在参数列表的末尾。指定为默认值的值必须是编译时常量。如果某个参数存在默认值，则会有效地使该参数成为"可选参数"，没有默认值的参数被视为"必需的参数"。

例如，下面的代码创建了一个具有 3 个参数的函数，其中的两个参数具有默认值。当仅用一个参数调用该函数时，将使用这些参数的默认值。

```
function defaultValues(x:int, y:int = 3, z:int = 5):void
{
trace(x, y, z);
}
defaultValues(1);                //1 3 5
```

3．函数作为对象

ActionScript 3.0 中的函数是对象。当创建函数时，就是在创建对象。该对象不仅可以作为参数传递给另一个函数，而且还可以有附加的属性和方法。作为参数传递给另一个函数的函数是按引用传递的。在将某个函数作为参数传递时，只能使用标识符，而不能使用在调用方法时所用的小括号运算符。例如，下面的代码将名为 clickListener()的函数作为参数传递给 addEventListener()方法。

```
addEventListener(MouseEvent.CLICK, clickListener);
```

用户可以定义自己的函数属性，方法是在函数体外部定义它们。函数属性可以作为准静态属性，用于保存与该函数有关的变量的状态。例如，可能希望跟踪对特定函数的调用次数。如果正在编写游戏，并且希望跟踪用户使用特定命令的次数，则这样的功能会非常有用。下面的代码在函数声明的外部创建了一个函数属性，在每次调用该函数时都递增此属性。

```
someFunction.counter = 0;
```

```
function someFunction():void
{
someFunction.counter++;
}
someFunction();
someFunction();
trace(someFunction.counter);          //2
```

4. 函数作用域

函数的作用域不但决定了可以在程序中的什么位置调用函数，还决定了函数可以访问哪些定义。适用于变量标识符的作用域规则同样也适用于函数标识符。在全局作用域中声明的函数在整个代码中都可用。例如，ActionScript 3.0 包含可在代码中的任意位置使用的全局函数，如 isNaN()和 parseInt()。嵌套函数（即在另一个函数中声明的函数）可以用在声明它的函数中的任意位置。

（1）作用域链

无论何时开始执行函数，都会创建许多对象和属性。首先，会创建一个被称为“激活对象”的特殊对象，该对象用于存储在函数体内声明的参数以及任何局部变量或函数。激活对象属于内部机制，因此，无法直接访问它。之后，会创建一个“作用域链”，其中包含由 Flash Player 检查标识符声明的对象的有序列表。所执行的每个函数都有一个存储在内部属性中的作用域链。对于嵌套函数，作用域链始于其自己的激活对象，后跟其父函数的激活对象。作用域链以这种方式延伸，直到到达全局对象。全局对象是在 ActionScript 程序开始时创建的，其中包含所有的全局变量和函数。

（2）函数闭包

函数闭包是一个对象，其中包含函数的快照及其“词汇环境”。函数的词汇环境包括函数作用域链中的所有变量、属性、方法、对象及它们的值。无论何时，在对象或类之外的位置执行函数都会创建函数闭包。函数闭包保留定义它们的作用域，这样在将函数作为参数或返回值传递给另一个作用域时，就会产生有趣的结果。

例如，下面的代码创建了两个函数：foo()，返回一个用于计算矩形面积的嵌套函数 rectArea()；bar()，调用 foo()并将返回的函数闭包存储在名为 myProduct 的变量中。即使 bar()函数定义了自己的局部变量 x（值为 2），当调用函数闭包 myProduct()时，该函数闭包仍保留在函数 foo()中定义的变量 x（值为 40）。因此，bar()函数将返回值 160，而不是 8。

```
function foo():Function
{
var x:int = 40;
function rectArea(y:int):int          //定义函数闭包
{
return x * y
}
return rectArea;
}
function bar():void
{
var x:int = 2;
```

```
var y:int = 4;
var myProduct:Function = foo();
trace(myProduct(4));                //调用函数闭包
}
bar();                              //160
```

方法的行为与函数闭包类似，因为方法也保留有关创建它们的词汇环境的信息。当方法提取自它的实例（这会创建绑定方法）时，此特征尤为突出。函数闭包与绑定方法之间的主要区别在于，绑定方法中 this 关键字的值始终引用它最初附加到的实例，而函数闭包中 this 关键字的值可以改变。

9.2.6 类和对象

在 ActionScript 3.0 中，每个对象都是由类定义的。可将类视为某一类对象的模板或蓝图。ActionScript 中包含许多属于核心语言的内置类，其中的某些内置类（如 Number、Boolean 和 String）表示 ActionScript 中可用的基元值，其他类（如 Array、Math 和 XML）定义属于 ECMAScript 标准的更复杂的对象。

所有的类（无论是内置类还是用户定义的类）都是从 Object 类派生的。在 ActionScript 3.0 中引入了“无类型变量”这一概念，这一类变量可以通过以下两种方法来指定。

```
var someObj:*;
var someObj;
```

无类型变量与 Object 类型的变量不同，两者的主要区别在于无类型变量可以保存特殊值 undefined，而 Object 类型的变量则不能保存该值。

1. 类定义

类定义的语法为：class 关键字后跟类名。类体（详见后页）要放在大括号“{}”内，且放在类名后面。例如，以下代码创建了名为 Shape 的类，其中包含名为 visible 的变量。

```
public class Shape
{
var visible:Boolean = true;
}
```

对于包中的类定义，有一项重要的语法更改。在 ActionScript 2.0 中，如果类在包中，则在类声明中必须包含包名称。在 ActionScript 3.0 中引入了 package 语句，包名称必须包含在包声明中，而不是包含在类声明中。例如，以下类声明说明如何在 ActionScript 2.0 和 ActionScript 3.0 中定义 BitmapData 类（该类是 Animate.display 包的一部分）。

```
//ActionScript 2.0
class Animate.display.BitmapData {}
//ActionScript 3.0
package Animate.display
{
public class BitmapData {}
}
```

2．类属性

在 ActionScript 3.0 中，可使用表 9-15 中的 4 个属性之一来修改类定义。

表 9-15 类属性

属性	定义
dynamic（动态）	允许在运行时向实例添加属性
final （不可扩展）	不得由其他类扩展
internal（默认）	对当前包内的引用可见
public（公共）	对所有位置的引用可见

使用 internal 以外的每个属性时，必须显式包含该属性才能获得相关的行为。例如，如果定义类时未包含 dynamic 属性（attribute），则不能在运行时向类实例中添加属性（property）。通过在类定义的开始处放置属性，可以显式地分配属性，如下面的示例。

```
dynamic class Shape {}
```

3．类体

类体放在大括号内，用于定义类的变量、常量和方法。下面的示例显 Flash Player API 中 Accessibility 类的声明。

```
public final class Accessibility
{
public static function get active():Boolean;
public static function updateProperties():void;
}
```

ActionScript 3.0 不但允许在类体中包括定义，而且允许包括语句。如果语句在类体中而在方法定义之外，则这些语句只在第一次遇到类定义并且创建了相关的类对象时执行一次。下面的示例包括一个对 hello()外部函数的调用和一个 trace 语句，该语句在定义类时输出确认消息。

```
function hello():String
{
trace("hola");
}
class SampleClass
{
hello();
trace("class created");
}
//创建类时输出
hola
class created
```

9.2.7 包和命名空间

包和命名空间是两个相关的概念。使用包可以通过有利于共享代码并尽可能减少命名冲突的方式将多个类定义捆绑在一起；使用命名空间可以控制标识符（如属性名和方法名）的可见性。无论命名空间位于包的内部还是外部，都可以应用于代码。

1．包

在 ActionScript 3.0 中，包是用命名空间实现的，但包和命名空间并不同义。在声明包时，可以隐式创建一个特殊类型的命名空间并保证它在编译时是已知的；显式创建的命名空间在编译时不必是已知的。下面的示例使用 package 指令来创建一个包含单个类的简单包。

```
package samples
{
public class SampleCode
{
public var sampleGreeting:String;
public function sampleFunction()
{
trace(sampleGreeting + " from sampleFunction()");
}
}
```

在本示例中，该类的名称是 SampleCode。由于该类位于 samples 包中，编译器在编译时会自动将其类名称限定为完全限定名称：samples.SampleCode。编译器还限定任何属性或方法的名称，以便 sampleGreeting 和 sampleFunction()分别变成 samples.SampleCode.sampleGreeting 和 samples.SampleCode.sampleFunction()。

使用包还有助于确保所使用的标识符的名称是唯一的，且不与其他标识符的名称冲突。例如，假设两个希望相互共享代码的程序员各创建了一个名为 SampleCode 的类，如果没有包就会造成名称冲突，唯一的解决方法是重命名其中的一个类；如果使用包则可以将其中的一个类放在具有唯一名称的包中，从而轻松地避免了名称冲突。

（1）创建包

ActionScript 3.0 在包、类和源文件的组织方式上具有很大的灵活性。它允许在一个源文件中包括多个类，但每个文件中只有一个类可供该文件外部的代码使用。也就是说，每个文件中只有一个类可以在包声明中进行声明。用户必须在包定义的外部声明其他任何类，以使这些类对于该源文件外部的代码不可见。在包定义内部声明的类的名称必须与源文件的名称匹配。

ActionScript 3.0 在包的声明方式上也具有很大的灵活性。它使用 package 语句声明包，这意味着用户还可在包的顶级声明变量、函数和命名空间，甚至可以在包的顶级包括可执行语句。

（2）导入包

如果希望使用位于某个包内部的特定类，则必须导入该包或该类。以前面的 SampleCode 类示例为例。如果该类位于名为 samples 的包中，那么在使用 SampleCode 类之前必须使用下列导入语句：

```
import samples.*;
```

或

```
import samples.SampleCode;
```

通常情况下，import 语句越具体越好。如果只打算使用 samples 包中的 SampleCode 类，则应只导入 SampleCode 类，而不应导入该类所属的整个包，因为导入整个包可能会导致意外的名称冲突。用户还必须将定义包或类的源代码放在类路径的内部。类路径是用户定义的本地目录路径列表，它决定了编译器将在何处搜索导入的包和类。在正确地导入包或类之后，可以使用类的完全限定的名称（samples.SampleCode），也可以只使用类名称本身（SampleCode）。

当同名的类、方法或属性会导致代码不明确时，完全限定的名称非常有用，但如果将它用于所有的标识符，则会使代码变得难以管理。例如，在实例化 SampleCode 类的实例时，使用完全限定的名称会导致代码冗长。

```
var mySample:samples.SampleCode=new samples.SampleCode();
```

在创建包时，该包的所有成员的默认访问说明符是 internal，这意味着默认情况下包成员仅对其所在包的其他成员可见。如果希望某个类对包外部的代码可用，则必须将该类声明为 public。例如，下面的包包含 SampleCode 和 CodeFormatter 两个类。

```
//SampleCode.as 文件
package samples
{
public class SampleCode {}
}
//CodeFormatter.as 文件
package samples
{
class CodeFormatter {}
}
```

SampleCode 类在包的外部可见，因为它被声明为 public 类。但是，CodeFormatter 类仅在 samples 包的内部可见。如果尝试访问位于 samples 包外部的 CodeFormatter 类，则会产生一个错误，如下面的示例。

```
import samples.SampleCode;
import samples.CodeFormatter;
var mySample:SampleCode = new SampleCode();            //正确，public 类
var myFormatter:CodeFormatter = new CodeFormatter();   //错误
```

完全限定的名称可用于解决在使用包时可能发生的名称冲突。如果导入两个包，但它们使用同一个标识符来定义类，就有可能会发生名称冲突。例如，下面示例的包中也有一个名为 SampleCode 的类。

```
package langref.samples
{
public class SampleCode {}
}
```

如果按以下方式导入两个类，在引用 SampleCode 类时将会发生名称冲突。

```
import samples.SampleCode;
import langref.samples.SampleCode;
var mySample:SampleCode = new SampleCode();            //名称冲突
```

编译器无法确定要使用哪个 SampleCode 类。要解决此冲突，必须使用每个类的完全限定名称。示例如下。

```
var sample1:samples.SampleCode = new samples.SampleCode();
var sample2:langref.samples.SampleCode = new langref.samples.SampleCode();
```

2．命名空间

通过命名空间可以控制所创建的属性和方法的可见性。用户可以将 public、private、protected 和 internal 访问控制说明符视为内置的命名空间。如果这些预定义的访问控制说明符无法满足要求，则可以创建自己的命名空间。

（1）基本步骤

在使用命名空间时，应遵循以下 3 个基本步骤。

第一，必须使用 namespace 关键字来定义命名空间。例如，下面的代码定义 version1 命名空间。

```
namespace version1;
```

第二，在属性或方法声明中，使用命名空间（而非访问控制说明符）来应用命名空间。下面的示例将一个名为 myFunction()的函数放在 version1 命名空间中。

```
version1 function myFunction() {}
```

第三，在应用了该命名空间后，可以使用 use 指令引用它，也可以使用该命名空间来限定标识符的名称。下面的示例通过 use 指令来引用 myFunction()函数。

```
use namespace version1;
myFunction();
```

还可以使用限定名称来引用 myFunction()函数，如下面的示例。

```
version1::myFunction();
```

（2）定义命名空间

命名空间中包含一个名为统一资源标识符（URI）的值，使用 URI 可确保命名空间定义的唯一性。可以通过使用以下两种方法来声明命名空间的定义，以创建命名空间。

方法 1：像定义 XML 命名空间那样使用显式 URI 定义命名空间。

方法 2：省略 URI。

下面的示例说明如何使用 URI 来定义命名空间。

```
namespace Animate_proxy = "http://www.adobe.com/Animate/proxy";
```

URI 用作该命名空间的唯一标识字符串。如果省略 URI（如下面的示例），则编译器将创建一个唯一的内部标识字符串来代替 URI。对于这个内部标识字符串，用户不具有访问权限。

```
namespace Animate_proxy;
```

在定义了命名空间后，就不能在同一个作用域内重新定义该命名空间。如果尝试定义的命名空间以前在同一个作用域内定义过，则将生成编译器错误。

如果在某个包或类中定义了一个命名空间，则该命名空间可能对于此包或类外部的代码不可见，除非使用了相应的访问控制说明符。例如，下面的代码显示了在 Animate.utils 包中定义的 Animate_proxy 命名空间，其中缺乏访问控制说明符意味着 Animate_proxy 命名空间将仅对于 Animate.utils 包内部的代码可见，而对于该包外部的任何代码都不可见。

```
package Animate.utils
{
namespace Animate_proxy;
}
```

下面的代码使用 public 属性使 Animate_proxy 命名空间对该包外部的代码可见。

```
package Animate.utils
{
public namespace Animate_proxy;
}
```

（3）应用命名空间

应用命名空间意味着在命名空间中放置定义。可以放在命名空间中的定义包括函数、变量和常量。例如，一个使用 public 访问控制命名空间声明的函数。在函数的定义中使用 public 属性会将该函数放在 public 命名空间中，从而使该函数对于所有的代码都可用。在定义了某个命名空间之后，可以按照与使用 public 属性相同的方式来使用所定义的命名空间，该定义将对于可以引用的自定义命名空间的代码可用。例如，如果定义一个名为 example1 的命名空间，则可以添加一个名为 myFunction()的方法并将 example1 用作属性，如下面的示例。

```
namespace example1;
class someClass
{
example1 myFunction() {}
}
```

在声明 myFunction()方法时将 example1 命名空间用作属性，意味着该方法属于 example1 命名空间。

在应用命名空间时，应切记以下几点：

➢ 对于每个声明只能应用一个命名空间。

➢ 不能一次将同一个命名空间属性应用于多个定义。换言之，如果希望将自己的命名空间应用于 10 个不同的函数，则必须将该命名空间作为属性分别添加到这 10 个函数的定义中。

➢ 如果应用了命名空间，则不能同时指定访问控制说明符，因为命名空间和访问控制说明符是互斥的。如果应用了命名空间，就不能将函数或属性声明为 public、private、protected 或 internal。

（4）引用命名空间

对于自定义的命名空间，若要使用其中的方法或属性，则必须引用该命名空间。可以用 use namespace 指令来引用命名空间，也可以使用名称限定符（::）来以命名空间限定名称。用 use namespace 指令引用命名空间会打开该命名空间，这样它便可以应用于任何未限定的标识符。例如，如果已经定义了 example1 命名空间，则可以通过使用 use namespace example1 来访问该命名空间中的名称。

```
use namespace example1;
myFunction();
```

用户可以一次打开多个命名空间。在使用 use namespace 打开某个命名空间之后，它会在打开它的整个代码块中保持打开状态。不能显式关闭命名空间。但是，如果同时打开多个命名空间，则会增加发生名称冲突的可能性。

如果不愿意打开命名空间，则可以使用命名空间和名称限定符来限定方法或属性名，从而避免使用 use namespace 指令。例如，下面的代码说明如何使用 example1 命名空间来限定 myFunction()名称。

```
example1::myFunction();
```

课堂解疑

只要定义不以命名空间属性开头，就会用默认 internal 命名空间限定其名称，这意味着它们仅对同一个包中的调用方法可见。为了确保标识符可以在任何位置使用，必须在标识符名称的前面明确添加 public 属性。

9.3 面向对象编程

ActionScript 是一种面向对象的编程语言。面向对象的编程仅仅是一种编程方法，它与使用对象来组织程序中的代码的方法没有什么差别。下面介绍如何使用 ActionScript 进行面向对象的编程。

9.3.1 了解面向对象的编程

面向对象的编程（OOP）是一种组织程序代码的方法，它将代码划分为对象，即包含信息（数据值）和功能的单个元素。通过使用面向对象的方法来组织程序，可以将特定信息（例如，唱片标题、音轨标题或歌手名字等音乐信息）及其关联的通用功能或动作（如“在播放列表中添加音轨”或“播放此歌手的所有歌曲”）组合在一起。这些项目会合并为一个项目，即对象（如“唱片”或“音轨”）。将这些值和功能捆绑在一起会带来很多好处，如只需跟踪单个变量而非多个变量，将相关功能组织在一起，以及能够以更接近实际情况的方式构建程序。

9.3.2 处理对象

前面讲解过将计算机程序定义为计算机执行的一系列步骤或指令，从概念上讲，人们可能认为计算机程序只是一个很长的指令列表，然而在面向对象的编程中，程序指令被划分到不同的对象中——代码构成功能块，因此，相关类型的功能或相关的信息会被组合到一个容器中。

事实上，人们在处理元件的过程中已经是在处理对象了。例如，创建了一个影片剪辑元件（假设它是一幅矩形图画），并且将它的一个副本放在了舞台中。从严格意义上而言，该影片剪辑元件也是 ActionScript 中的一个对象，即 MovieClip 类的一个实例。

用户可以修改该影片剪辑的不同特征。例如，当选中该影片剪辑时，可以在“属性”面板中更改许多值（如它的 *x* 坐标、宽度），进行各种颜色调整（如更改它的 Alpha 值），或对它应用滤镜（如投影）；还可以使用其他 Animate 工具进行更多更改，例如，使用任意变形工具旋转该矩形。

在 ActionScript 面向对象的编程中，任何类都可以包含 3 种类型的特性，即属性、方法和事件。这些元素共同用于管理程序使用的数据块，并用于确定执行哪些动作，以及动作的执行顺序。

1．属性

“属性”是指某个对象中绑定在一起的若干数据块中的一个。例如，Song 对象可能具有名为 artist 和 title 的属性；MovieClip 类可能具有 rotation、x、width 和 alpha 等属性。用户可以将属性视为包含在对象中的“子”变量，像处理单个变量那样处理属性。例如，处理一个名为 square 的影片剪辑。

以下代码将名为 square 的影片剪辑移到 100 像素的 *x* 坐标处。

```
square.x = 100;
```

以下代码使用 rotation 属性旋转 square，以便与 triangle 的旋转相匹配。

```
square.rotation = triangle.rotation;
```

以下代码更改 square 的水平缩放比例，以使其宽度为原始宽度的 1.5 倍。

```
square.scaleX = 1.5;
```

通过以上示例可以看出其通用结构为：变量名.属性名。

将变量（square 和 triangle）用作对象的名称，后跟一个句点（.）和属性名（x、rotation 和 scaleX）。

2. 方法

“方法”是指可以由对象执行的操作。例如，如果在 Animate 中为影片剪辑元件制作了一个简单的运动动画，则可以播放或停止该影片剪辑，或指示它将播放头移到特定的帧。

下面的代码指示名为 shortFilm 的影片剪辑元件开始播放。

```
shortFilm.play();
```

下面的代码使 shortFilm 停止播放（播放头停在原地，就像暂停播放视频一样）。

```
shortFilm.stop();
```

下面的代码将 shortFilm 的播放头移到第 1 帧，然后停止播放（就像后退视频一样）。

```
shortFilm.gotoAndStop(1);
```

通过以上示例可以看出，可以通过依次写下对象名（变量）、句点、方法名和小括号来访问方法，这与属性类似。小括号是指示要“调用”某个方法（即指示对象执行动作）的方式。有时为了传递执行动作所需的额外信息，会将值（或变量）放入小括号中，这些值被称为方法“参数”。例如，gotoAndStop()方法需要知道应转到哪一帧，所以要求小括号中有一个参数。有些方法（如 play()和 stop()）自身的意义已非常明确，所以不需要额外信息，但书写时仍然带有小括号。

与属性（和变量）不同的是，方法不能用作值占位符。然而，一些方法可以执行计算并返回可以像变量一样使用的结果。例如，Number 类的 toString()方法将数值转换为文本表示形式。

```
var numericData:Number = 9;
var textData:String = numericData.toString();
```

如果希望在屏幕中的文本字段中显示 Number 变量的值，应使用 toString()方法。

TextField 类的 text 属性（表示实际在屏幕中显示的文本内容）被定义为 String，所以它只能包含文本值。下面的一行代码将变量 numericData 中的数值转换为文本，然后使这些文本显示在屏幕中名为 calculatorDisplay 的 TextField 对象中。

```
calculatorDisplay.text = numericData.toString();
```

3．事件

“事件”是指所发生的、ActionScript 能够识别并可响应的事情。ActionScript 程序可以保持运行、等待用户输入或等待其他事件发生。

许多事件与用户交互有关。例如，用户单击按钮，或按键盘上的键。当然，也有许多其他类型的事件。例如，如果使用 ActionScript 加载外部图像，有一个事件可让用户知道图像何时加载完毕。当 ActionScript 程序正在运行时，Flash Player 只是坐等某些事件的发生，当这些事件发生时，Flash Player 将运行用户为这些事件指定的特定的 ActionScript 代码。

指定为响应特定事件而应执行的某些动作的技术被称为“事件处理”。在编写执行事件处理的 ActionScript 代码时，需要识别以下 3 个重要元素。

➢ **事件源**：发生该事件的是哪个对象，例如，哪个按钮会被单击，或哪个 Loader 对象正在加载图像。事件源也被称为“事件目标”，因为 Flash Player 会将此对象（实际在其中发生的事件）作为事件的目标。

➢ **事件**：将要发生什么事情，以及用户希望响应什么事情。识别事件是非常重要的，因为许多对象都会触发多个事件。

➢ **响应**：当事件发生时，希望执行哪些步骤。

在编写处理事件的 ActionScript 代码时，都会包含以上 3 个元素，并且代码遵循以下基本结构（以粗体显示的元素是针对具体情况填写的占位符）。

```
function eventResponse(eventObject:EventType):void
{
//此处是为响应事件而执行的动作
}
eventTarget.addEventListener(EventType.EVENT_NAME,eventResponse);
```

此代码执行两个操作。首先，定义一个函数，这是指定为响应事件而要执行的动作的方法。其次，调用源对象的 addEventListener()方法，实际上是为指定事件“订阅”该函数，以便当该事件发生时，执行该函数的动作。

函数提供一种将若干个动作组合在一起、用类似于快捷名称的单个名称来执行这些动作的方法。函数与方法完全相同，只是不必与特定类关联（事实上，方法可以被定义为与特定类关联的函数）。在创建事件处理函数时，必须选择函数名称（本例中为 eventResponse），还必须指定一个参数（本例中的名称为 eventObject）。指定函数参数类似于声明变量，所以还必须指明参数的数据类型。为每个事件定义一个 ActionScript 类，并且为函数参数指定的数据类型始终是与要响应的特定事件关联的类。最后，在左大括号与右大括号之间({...})编写希望计算机在事件发生时执行的指令。

一旦编写了事件处理函数，就需要通知事件源对象（发生事件的对象，如按钮）在该事件发生时调用函数。可通过调用该对象的 addEventListener()方法来实现此目的（所有具有事件的对象都同时具有 addEventListener()方法）。

addEventListener()方法有以下两个参数。

➢ 第一个参数是希望响应的特定事件的名称。每个事件都与一个特定类关联，而该类将为每个事件预定义一个特殊值，类似于事件自己的唯一名称（应将其用于第一个参数）。

➢ 第二个参数是事件响应函数的名称。请注意，如果将函数名称作为参数进行传递，则在写入函数名称时不使用括号。

4. 创建对象实例

在 ActionScript 中使用对象之前，该对象必须存在。创建对象的步骤之一是声明变量。然而，声明变量仅仅是在计算机的内存中创建一个空位置，所以必须为变量指定实际值，即创建一个对象并将它存储在该变量中，再尝试使用或处理该变量。创建对象的过程被称为对象“实例化”，也就是说，创建特定类的实例。

有一种创建对象实例的简单方法，完全不必涉及 ActionScript。在 Animate CC 中，当将一个影片剪辑元件、按钮元件或文本字段放置在舞台中，并在“属性”面板中为它指定实例名时，Animate CC 会自动声明一个拥有该实例名的变量，创建一个对象实例并将该对象存储在该变量中。用户还可通过几种方法来仅使用 ActionScript 创建对象实例。首先，可以使用文本表达式（直接写入 ActionScript 代码的值）创建一个实例，举例如下。

➢ 文本数字值（直接输入数字）

```
var someNumber:Number = 13.78;
var someNegativeInteger:int = -67;
var someUint:uint = 22;
```

➢ 文本字符串值（用双引号将文本引起来）

```
var firstName:String = "White";
var soliloquy:String = "No pains, no gains.";
```

➢ 文本布尔值（使用字面值 true 或 false）

```
var niceWeather:Boolean = true;
var playingOutside:Boolean = false;
```

➢ 文本 XML 值（直接输入 XML）

```
var employee:XML = <employee>
<firstName>Harold</firstName>
<lastName>Webster</lastName>
</employee>;
```

对于其他任何数据类型而言，要创建一个对象实例，应将 new 运算符与类名一起使用，示例如下。

```
var raceCar:MovieClip = new MovieClip();
var birthday:Date = new Date(2012, 3, 9);
```

通常，将使用 new 运算符创建对象称为“调用类的构造函数”。构造函数是一种特殊方法，在创建类实例的过程中会调用该方法。请注意，当以此方法创建实例时，应在类名后加上小括号，有时还可以指定参数值。

熟悉使用 new ClassName()创建对象的方法是非常重要的，如果需要创建无可视化表示形式的 ActionScript 数据类型的一个实例（无法通过将项目放置在 Animate 舞台中来创建，也无法在 Flex Builder MXML 编辑器的设计模式下创建），则只能通过使用 new 运算符在 ActionScript 中直接创建对象来实现。

课堂解疑

在 ActionScript 3.0 中，当以编程方式创建影片剪辑（或任何其他显示对象）实例时，只有通过对显示对象容器调用 addChild()或 addChildAt()方法将该实例添加到显示列表中后，才能在屏幕中看到该实例。

9.3.3 实例：制作简单交互动画

下面制作一个简单的交互动画，为一个线性动画添加启动动画并导航到单独的网页，具体操作方法如下。

Step 01 打开“素材文件\第 9 章\简单交互.fla”，在舞台中选择 Play 按钮实例，在“属性”面板中设置实例名称为“playbutton”，如图 9-13 所示。

Step 02 采用同样的方法，设置另一个按钮的实例名称为“homebutton”，如图 9-14 所示。

图 9-13　设置实例名称

图 9-14　设置实例名称

Step 03 新建图层并将其命名为“Actions”，该图层用于添加 ActionScript 代码，如图 9-15 所示。

Step 04 选择“Actions”图层的第 1 帧，按【F9】键打开“动作”面板，输入停止代码“stop();”，如图 9-16 所示。该代码用于一旦 SWF 文件开始加载（当播放头进入第 1 帧时）就停止播放。

图 9-15　新建代码图层

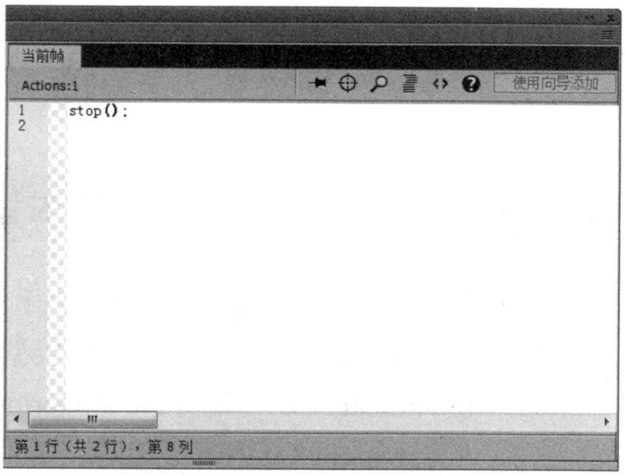

图 9-16　输入停止代码

Step 05 在“动作”面板中向下插入一个空行，并输入代码，如图 9-17 所示。该代码用于定义一个名为 startMovie()的函数。调用 startMovie()时，该函数会使时间轴开始播放动画。

Step 06 按【Enter】键，继续输入代码，如图 9-18 所示。该代码将 startMovie()函数注册为 playbutton 的 click 事件的侦听器。也就是说，只要单击名为 playbutton 的按钮，就会调用 startMovie()函数。

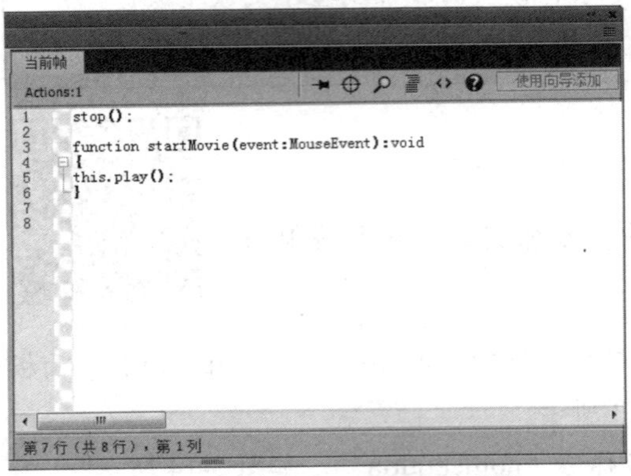

图 9-17　定义 startMovie()函数

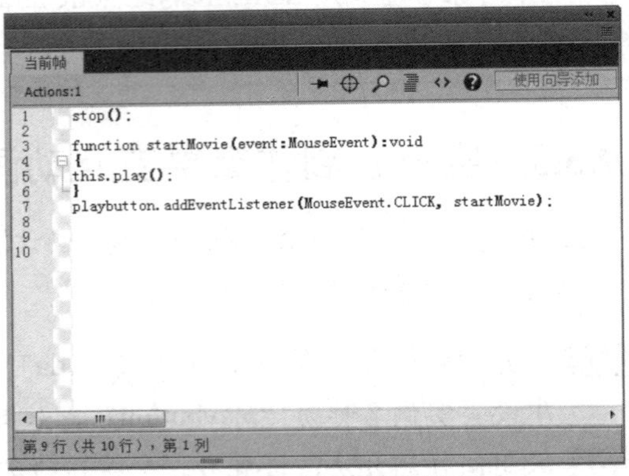

图 9-18　输入事件代码

Step 07 继续输入代码，定义 gotohomePage 函数，并设置侦听事件，如图 9-19 所示。gotohomePage()函数首先创建一个代表主页地址“http://taobao.com/”的 URLRequest 实例；然后将该地址传递给 navigateToURL()函数，使用户浏览器打开该 URL；再将 gotohomePage()函数注册为 homebutton 的 click 事件的侦听器。

Step 08 按【Ctrl+Enter】组合键测试动画，单击“Play”按钮将运行动画，单击“Home”按钮将打开指定的网页，如图 9-20 所示。

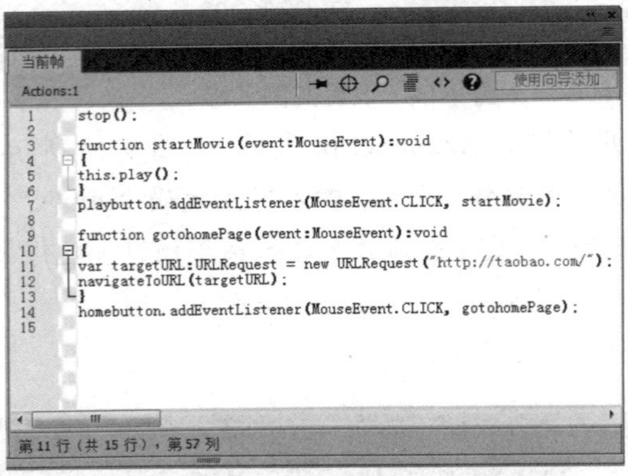

图 9-19　输入代码

图 9-20　测试动画效果

本章小结

通过对本章的学习，读者应该掌握以下知识。

（1）ActionScript 3.0 的变量和数据类型。

（2）在 Animate CC 中编写 ActionScript 代码。

（3）ActionScript 3.0 的语法规则。

（4）在 ActionScript 3.0 中使用运算符、条件语句、循环语句、函数、类和对象，以及包和命名空间。

（5）使用 ActionScript 进行面向对象的编程，制作简单交互动画。

课后习题

一、选择题

1．下面哪项数据类型不属于简单数据类型？（　）

A．Date　　B．Boolean　　C．Number　　D．String

2．下列哪个符号不能用于在 ActionScript 代码中添加注释？（　）

A．//　　B．\\　　C．/*　　D．*/

3．关于包和命名空间，下列说法错误的是（　）。

A．包是用命名空间实现的

B．包可用于组织类文件，命名空间可用于管理各个属性和方法的可见性

C．同一个命名空间属性可以一次应用于多个定义

D．对于每个声明只能应用一个命名空间

二、填空题

1．在 Animate CC 中，可以在____________面板和__________窗口中输入 ActionScript 3.0 代码。

2．在 ActionScript 中，使用________结束语句，使用_________语句导入包。

3．在 ActionScript 面向对象的编程中，任何类都可以包含_______、_______和_______3 种类型。

三、实操题

1．利用 ActionScript 代码为一个翻书动画添加“再看一次”功能，如图 9-21 所示。

2．利用 ActionScript 代码为一个 3D 动画添加“播放”和“暂停”功能，如图 9-22 所示。

图 9-21　添加“再看一次”功能

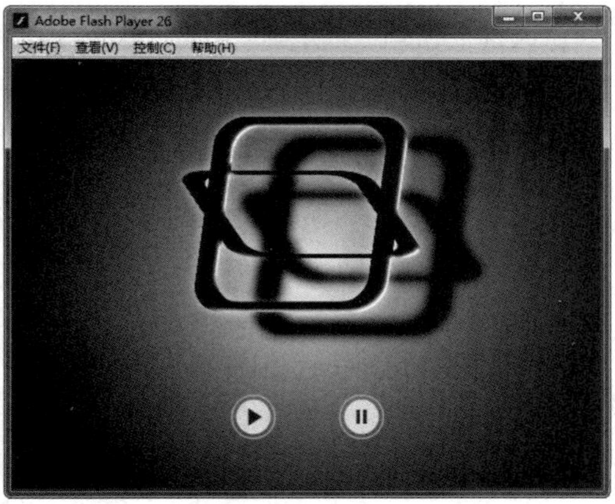

图 9-22　添加“播放”和“暂停”功能

操作提示：

（1）定义 startzhuan()和 stopzhuan()函数。

（2）将这两个函数注册为播放和暂停按钮的 click 事件的侦听器。

第 10 章
应用 Animate 组件

【学习目标】

- 掌握添加/删除组件的方法。
- 掌握设置组件参数的方法。
- 掌握编辑组件外观的方法。
- 掌握使用组件处理事件的方法。
- 掌握 User Interface 组件的应用方法。

组件是带有参数的影片剪辑，使用它可以将应用程序的设计过程和编码过程分开，方便构建功能强大且具有一致外观和行为的应用程序。本章将学习 Animate CC 组件中 User Interface 组件参数及组件应用等知识。

10.1 Animate 组件的基本操作

下面学习 Animate 组件的基础知识，其中包括 Animate 组件的类型，添加与删除组件，编辑组件的外观、大小和参数，以及处理事件等。

10.1.1 Animate 组件的类型

在安装 Animate CC 时会同时安装 Animate 组件，下面首先了解 Animate 组件的类型。Animate 组件主要分为 User Interface（用户界面）和 video 组件，其中 video 组件是一个视频播放器，用于播放视频文件。

执行“窗口”|“组件”命令或按【Ctrl+F7】组合键，即可打开“组件”面板。双击“User Interface”文件夹，即可查看 Animate CC 中的 User Interface 组件。单击“组件”面板右上方的面板菜单按钮▤，在弹出的面板菜单中可以设置重新加载组件，如图 10-1 所示。

图 10-1 设置重新加载组件

在 Animate CC 中，User Interface 组件位于 C:\Program Files\Adobe\Adobe Animate CC 2018\Common\Configuration\Components\User Interface.fla。User Interface 组件包括以下组件。

Button	List	TextArea
CheckBox	NumericStepper	TextInput
ColorPicker	RadioButton	TileList
ComboBox	ProgressBar	UILoader
DataGrid	ScrollPane	UIScrollBar
Label	Slider	

每个 ActionScript 3.0 组件都是基于一个 ActionScript 3.0 类构建的，该类位于一个包中，其名称格式为 fl.packagename.classname。例如，Button 组件是 Button 类的实例，其包名称为 fl.controls.Button。将组件类导入应用程序中时，必须引用包名称。可以用以下语句导入 Button 类。

```
import fl.controls.Button;
```

组件的类定义了一些方法、属性、事件和样式，使用它们可以在应用程序中与该组件进行交互。

10.1.2　在文档中添加组件

用户可以通过两种方法在 Animate 文档中添加组件，下面以添加按钮组件为例进行讲解。

1．使用“组建”面板在创作时添加组件

通过从“组件”面板拖动组件至舞台中或双击组件，可以将组件添加到 Animate 文档中。在“组件参数”面板中可以设置组件每个实例的属性。

打开“组件”面板，展开“User Interface”文件夹，双击“Button”组件或将其拖至舞台中，如图 10-2 所示。选择添加的按钮组件，打开“属性”面板，从中可以设置组件的实例名称，如图 10-3 所示。

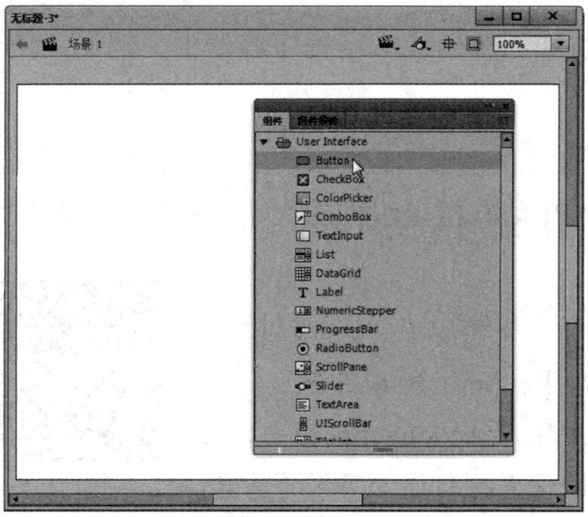

图 10-2　双击“Button”组件

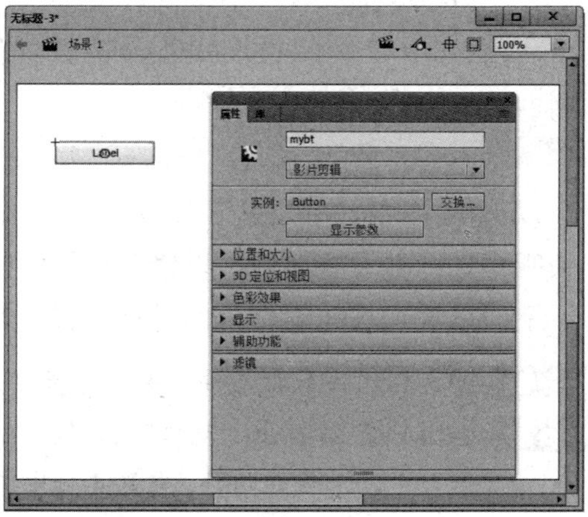

图 10-3　设置实例名称

打开“库”面板，查看其中的按钮组件，如图 10-4 所示。可以看到，在“库”面板中除

了有一个 Button 组件外，Animate CC 还导入了其资源的文件夹，该文件夹包含该组件在不同状态下的外观。例如，在“ButtonSkins”文件夹中，Button_disabledSkin 提供了组件处于禁用状态时的图形表示形式，Button_downSkin 提供了组件在按下状态时的图形表示形式，如图 10-5 所示。

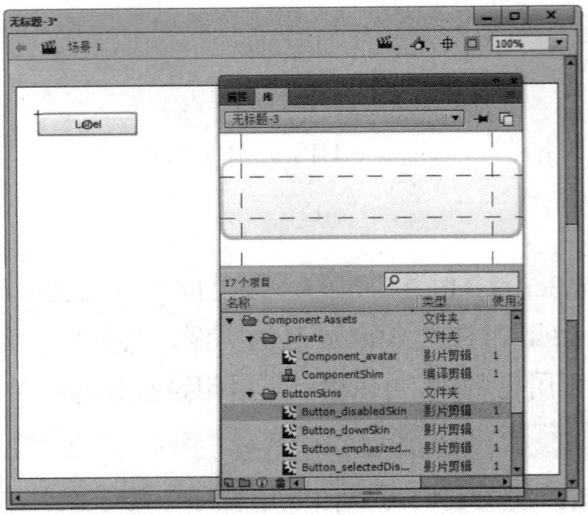

图 10-4　查看“库”面板中的组件资源

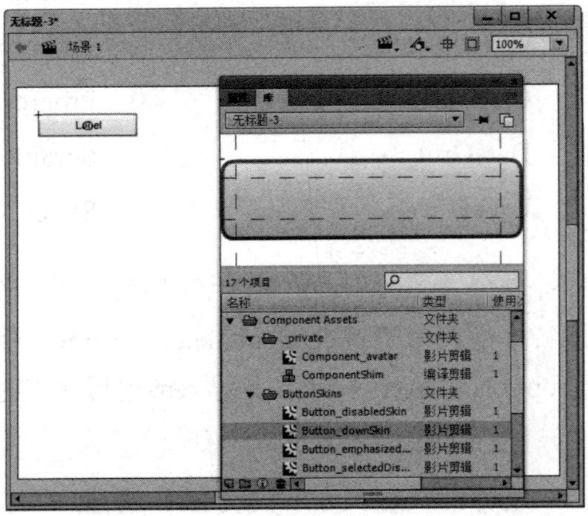

图 10-5　查看组件外观

2．使用 ActionScript 在运行时添加组件

在运行时添加组件即在 Flash Player 中运行代码时添加组件，需要使用 ActionScript 代码将组件添加到文档中，步骤如下。

（1）将组件从“组件”面板拖到“库”面板中。

（2）使用 import 语句指定包名称和类名称。例如，使用下面的语句导入 Button 类。

```
import fl.controls.Button;
```

（3）使用组件的 ActionScript 构造函数方法创建组件的一个实例。例如，使用下面的语句创建一个名为 aButton 的 Button 实例。

```
var aButton:Button = new Button();
```

（4）使用静态的 addChild()方法将组件实例添加到舞台或应用程序容器中。例如，使用下面的语句添加 aButton 实例。

```
addChild(aButton);
```

以上操作执行完成后，用户可以使用组件的 API 动态指定组件的大小、在舞台中的位置和侦听事件，并设置属性，以修改组件的行为。

下面以添加按钮组件为例进行讲解，具体操作方法如下。

Step 01 将按钮组件从“组件”面板拖至“库”面板中，如图 10-6 所示。

Step 02 按【F9】键打开“动作”面板，在前 3 行中输入 ActionScript 语句，在舞台中添加按钮组件，在第 4 行中输入代码，设置按钮组件实例的位置，如图 10-7 所示。

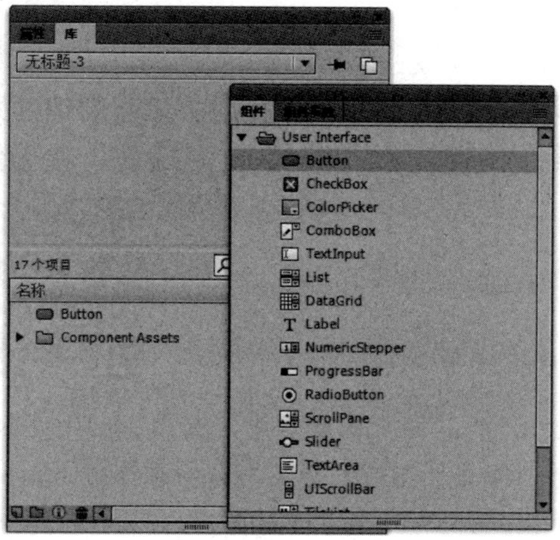

图 10-6 向“库”面板中添加组件

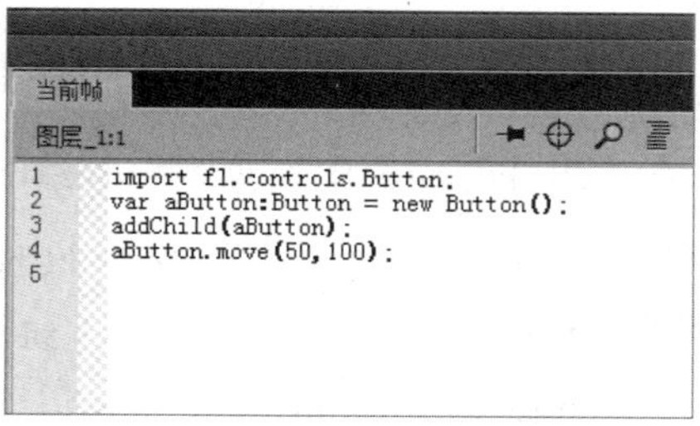

图 10-7 添加代码

Step 03 按【Ctrl+Enter】组合键测试动画效果，如图 10-8 所示。

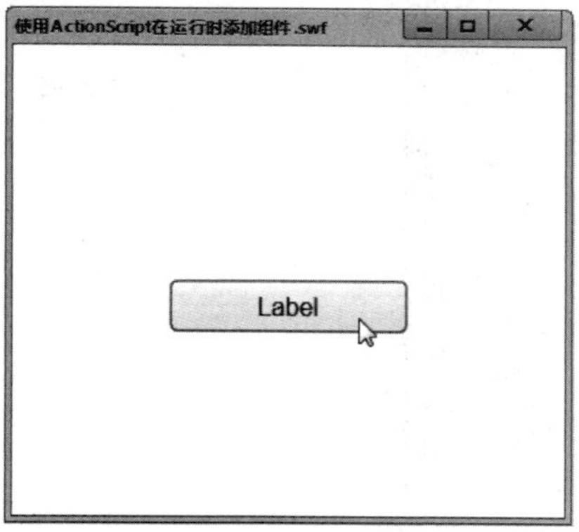

图 10-8 测试动画效果

10.1.3 删除组件

若要从舞台中删除组件实例，只需选择该组件，然后按【Delete】键即可。若要从 Animate 文档中删除组件，则必须从“库”面板中删除组件以及与其关联的资源，如图 10-9 所示。

图 10-9 删除组件

10.1.4 设置组件参数

每个组件都带有参数，通过设置这些参数可以更改组件的外观和行为。最常用的参数可以在与其对应的“属性”面板中找到，其他参数则必须使用 ActionScript 来设置。在创作时设置的所有参数都可以使用 ActionScript 来设置。

1. 在“组件”面板中设置组件参数

在“组件”面板中设置组件参数的具体操作方法如下。

Step 01 打开“组件”面板，双击“CheckBox”组件，将其添加到舞台中，如图 10-10 所示。

Step 02 在舞台中选择“CheckBox”组件实例，打开“属性”面板，设置其实例名称为“mych”，如图 10-11 所示。

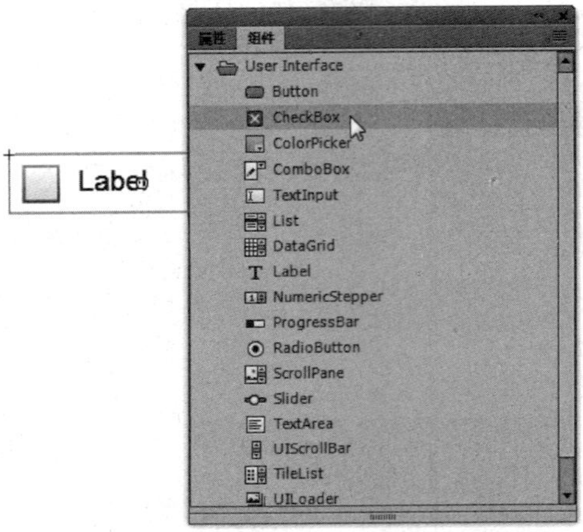

图 10-10　添加组件

图 10-11　设置实例名称

Step 03 在“组件参数”选项区中设置 CheckBox 组件的各项属性，如图 10-12 所示。在为组件实例命名时，建议使用用于指示组件类型的后缀名，这样可以使 ActionScript 代码更加易读。

Step 04 打开“库”面板，查看组件所属类，如图 10-13 所示。

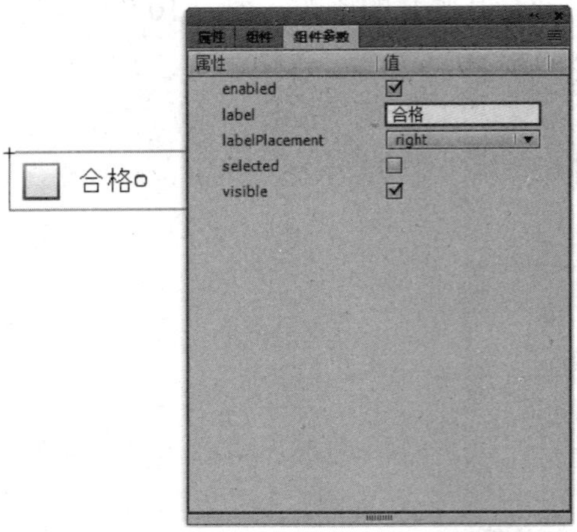

图 10-12　设置组件参数

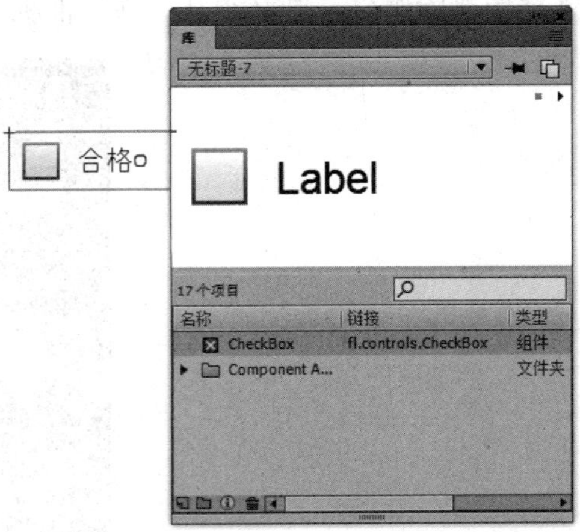

图 10-13　查看组件所属类

2．在 ActionScript 中设置组件属性

在 ActionScript 中，可以使用点（.）运算符（点语法）访问属于舞台中的对象或实例的属性或方法。点语法表达式以实例的名称开头，后面跟着一个点，最后以要指定的属性结尾。例如，以下 ActionScript 代码用于设置 CheckBox 实例 mych 的 width 属性，使其宽度为 60 像素。

```
mych.width = 60;
```

下面的 if 语句检查用户是否已选中 mych 实例复选框。

```
if (mych.selected == true) {
displayImg(plane);
}
```

10.1.5　调整组件的大小

用户可以通过以下 3 种方法来调整组件的大小，具体如下。

1．通过“属性”面板调整组件的大小

选择组件实例后，在“属性”面板中调整组件的大小，如图 10-14 所示。

2．使用工具调整组件的大小

在工具栏中选择任意变形工具，使用它调整组件的大小，如图 10-15 所示。

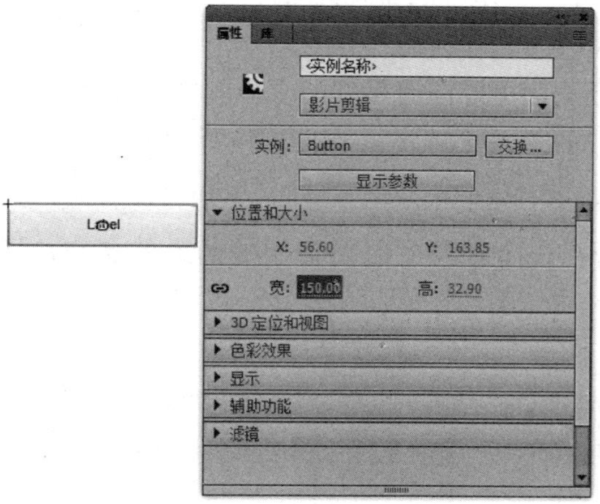

图 10-14　在“属性”面板中设置组件的大小

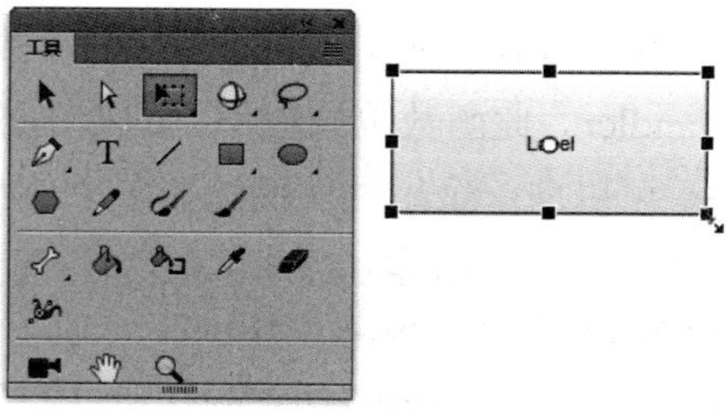

图 10-15　使用任意变形工具调整组件的大小

3．使用 setSize()方法调整组件的大小

将按钮添加到舞台中，设置按钮的实例名称为“mybt”，按【F9】键打开“动作”面板，输入代码“mybt.setSize(100,100);”以设置按钮的大小。若要设置 label 的大小，需导入 fl.managers 包中的 StyleManager，输入所需的代码，如图 10-16 所示。按【Ctrl+Enter】组合键，查看组件实例的大小，如图 10-17 所示。

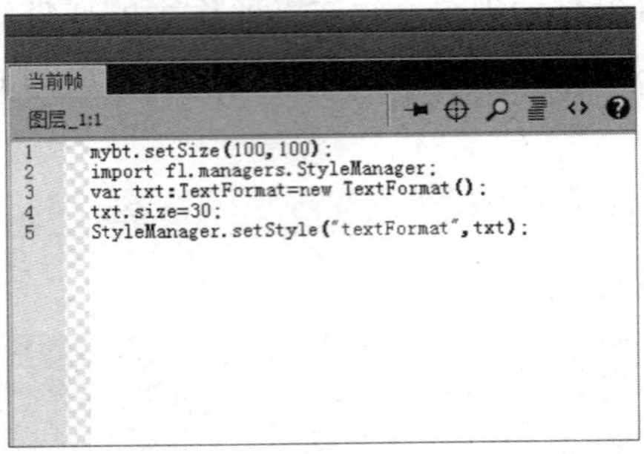

图 10-16　输入代码

图 10-17　测试组件的效果

10.1.6　处理事件

每一个组件在用户与其交互时都会广播事件。例如，当单击一个 Button 时，它会调度 MouseEvent.CLICK 事件；当选择 List 中的一个项目时，List 会调度 Event.CHANGE 事件；当 UILoader 实例完成内容加载时会生成一个 Event.COMPLETE 事件。若要处理事件，需要编写在该事件被触发时所要执行的 ActionScript 代码。

1. 关于事件侦听器

关于事件侦听器，以下要点适用于 ActionScript 3.0 组件的事件处理。

➢ 所有事件均由组件类的实例广播，组件实例为“广播器”。

➢ 通过调用组件实例的 addEventListener()方法，可以注册事件的“侦听器”。例如，下面这行代码向 Button 实例 aButton 添加了一个 MouseEvent.CLICK 事件的侦听器。

```
aButton.addEventListener(MouseEvent.CLICK, clickHandler);
```

addEventListener()方法的第二个参数是注册在该事件发生时要调用的函数的名称，即 clickHandler。此函数也被称作“回调函数”。

➢ 可以向一个组件实例注册多个侦听器。

```
aButton.addEventListener(MouseEvent.CLICK, clickHandler1);
aButton.addEventListener(MouseEvent.CLICK, clickHandler2);
```

➢ 也可以向多个组件实例注册一个侦听器。

```
aButton.addEventListener(MouseEvent.CLICK, clickHandler1);
bButton.addEventListener(MouseEvent.CLICK, clickHandler1);
```

➢ 事件侦听器会将一个事件对象传递给该事件的处理函数，这个对象包含有关该事件类型和广播该事件的实例的信息。

➢ 在应用程序终止或使用 removeEventListener()删除侦听器之前，侦听器会一直保持活动状态。例如，下面这行代码的作用为删除 aButton 上 MouseEvent.CLICK 事件的侦听器。

```
aButton.removeEventListener(MouseEvent.CLICK, clickHandler);
```

2. 关于事件对象

事件对象继承自 Event 对象类，它的一些属性包含了有关所发生事件的信息，其中包括提供事件基本信息的 type 和 target 属性。

➢ type：表示事件类型的字符串。

➢ target：对广播事件的组件实例的引用。

事件对象是自动生成的，当事件发生时会将其传递给事件处理函数。用户可以在该函数内使用事件对象来访问所广播的事件的名称，或访问广播该事件的组件的实例名称。通过该实例名称，可以访问其他组件属性。例如，下面示例中的代码使用 evtObj 事件对象的 target 属性来访问 aButton 的 label 属性，并将其显示在“输出”面板中，具体操作方法如下。

Step 01 将按钮组件从“组件”面板拖入“库”面板中，如图 10-18 所示；也可先将组件添加到舞台中，再从舞台中删除。

Step 02 选择“时间轴”面板中的的第 1 帧，按【F9】键打开“动作”面板，输入代码，如图 10-19 所示。

图 10-18 将组件拖入“库”面板中

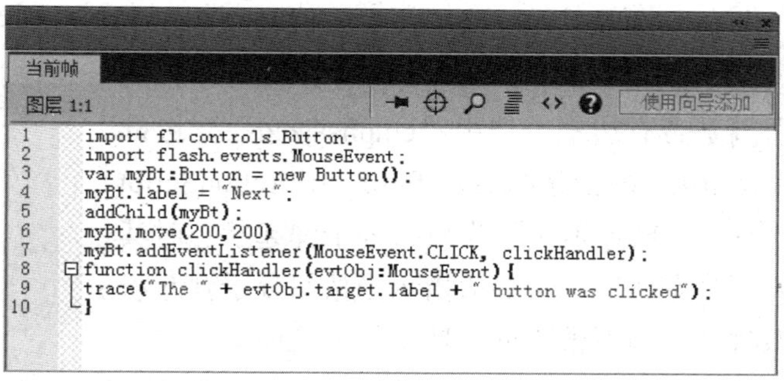

图 10-19 输入代码

Step 03 按【Ctrl+Enter】组合键测试动画，单击“Next”按钮，如图 10-20 所示。

Step 04 在“输出”面板中显示输出信息，如图 10-21 所示。

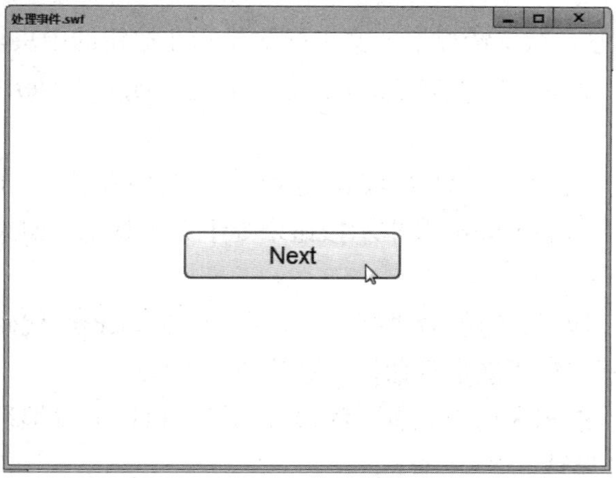

图 10-20 测试效果

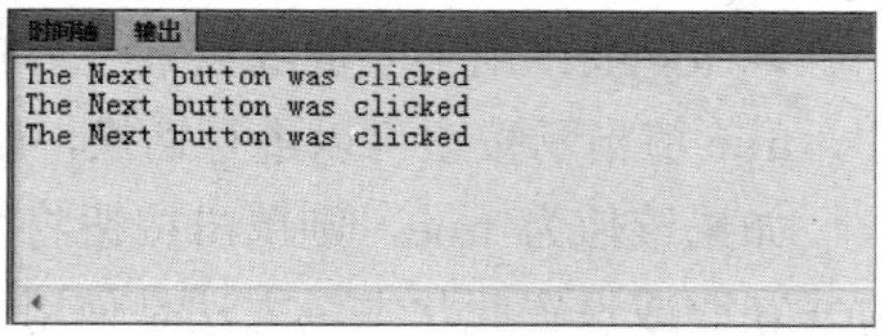

图 10-21 查看输出信息

10.2 User Interface 组件详解及应用

虽然可以使用 ActionScript 代码设置组件的属性，但对于初学 ActionScript 代码的人来说难免有些困难。User Interface（简称“UI”）组件的常用参数在与其所对应的“属性”面板中已列出，可以通过“属性”面板很方便地设置组件参数。下面对常用的 UI 组件的属性参数进行详细介绍。

10.2.1 Button 组件

Button 组件表示常用的矩形按钮，它可以显示文本标签、图标，或同时显示文本标签和图标。用户可以通过鼠标或空格键按下该按钮，以在应用程序中启动操作。

Button 组件通常与事件处理函数方法关联，该方法将侦听 click 事件，并在 click 事件被调度后执行指定任务。当单击启用的按钮时，该按钮调度 click 和 buttonDown 事件。即使按钮尚未启用，它也可调度其他事件，其中包括 mouseMove、mouseOver、mouseOut、rollOver、rollOut、mouseDown 和 mouseUp 等。在“属性”面板中，其组件参数如图 10-22 所示。

Button 组件各项参数的含义如下。

➢ emphasized：用于获取或设置一个布尔值，指示当按钮处于弹起状态时 Button 组件的周围是否有边框。选中“emphasized”复选框表示 true，取消选择表示 false。在 ActionScript 代码中，true 值指示当按钮处于弹起状态时其周围带有边框；false 值指示当按钮处于弹起状态时其周围不带边框。默认值为 false。

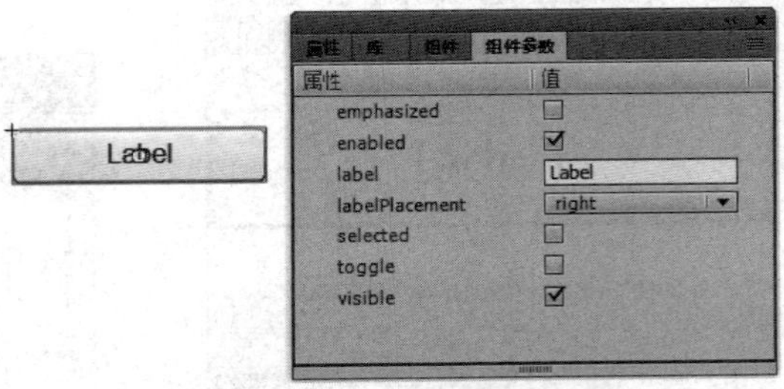

图 10-22　Button 组件参数

➢ enabled：用于获取或设置一个值，该值指示组件是否可以接受用户交互。在 ActionScript 代码中，true 值指示组件可以接受用户交互；false 值指示组件无法接受用户交互。默认值为 true。

如果将 enabled 属性值设置为 false，则容器的颜色会变暗，并且禁止用户输入（Label 和 ProgressBar 组件除外）。

➢ label：用于获取或设置组件的文本标签。默认情况下，文本标签显示在按钮的中央。

➢ labelPlacement：用于获取或设置文本标签相对于指定图标的位置，有“right”“left”“bottom”“top”几个选项。

➢ selected：用于获取或设置一个布尔值，指示切换按钮是否处于选中状态。在 ActionScript 代码中，true 值指示按钮处于选中状态；false 值指示按钮未处于选中状态。如果 toggle 属性未设置为 true，则此属性无效。

➢ toggle：用于获取或设置一个布尔值，指示按钮能否进行切换。在 ActionScript 代码中，true 值指示按钮可以进行切换，false 指示按钮不能进行切换。默认值为 false。

如果该值为 true，则单击按钮将在选中状态和未选中状态之间进行切换。可以通过编程方式获取或设置此状态，方法是使用 selected 属性。

如果该值为 false，则释放按钮后它不再保持按下状态。在这种情况下，它的 selected 属性始终为 false。

➢ visible：用于获取或设置一个值，该值指示当前组件实例是否可见。在 ActionScript 代码中，true 值指示当前组件可见，false 值指示其不可见，默认值为 true。该属性设置为 true 时，对象将调度 show 事件；该属性设置为 false 时，对象将调度 hide 事件。

10.2.2　CheckBox 组件

CheckBox 组件是一个可以选中或取消选中的方框。当它被选中后，框中会出现一个复选标记。CheckBox 组件为响应鼠标单击将更改其状态，或从选中状态变为取消选中状态，或从取消选中状态变为选中状态。

在 ActionScript 代码中，CheckBox 组件包含一组非相互排斥的 true 或 false 值，在“属性”面板中其组件参数与 Button 组件参数基本相同，如图 10-23 所示，在此不再赘述。

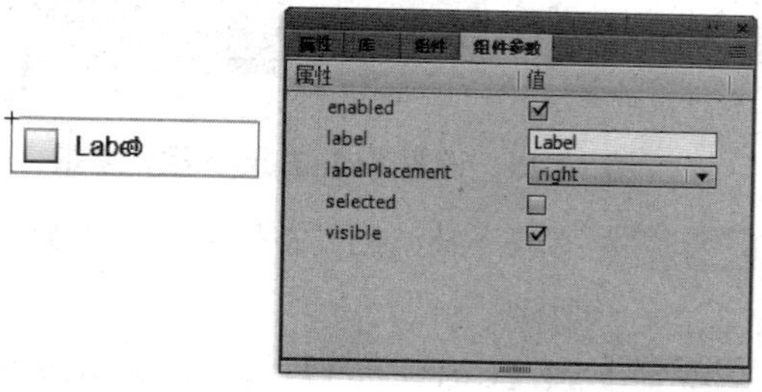

图 10-23　CheckBox 组件参数

下面制作一个示例，使用 CheckBox 组件和 RadioButton 组件询问用户是否同意协议，具体操作方法如下。

Step 01 将 CheckBox 组件从“组件”面板拖至舞台中，在“组件参数”面板中设置 label 值为“是否同意此协议”，如图 10-24 所示。

Step 02 在“属性”面板中设置实例名称为“aCh”，如图 10-25 所示。

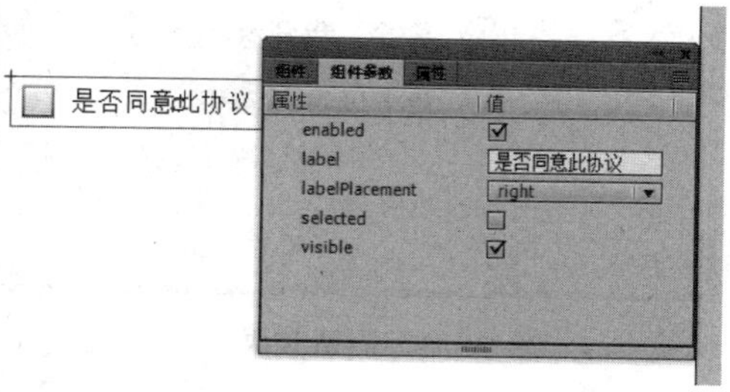

图 10-24　设置 CheckBox 组件参数

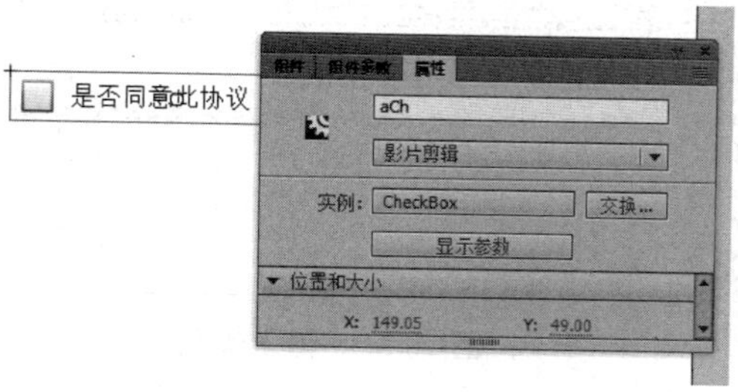

图 10-25　设置 CheckBox 实例名称

Step 03 将 RadioButton 组件从“组件”面板拖至舞台中，在“组件参数”面板中设置 label 值为“是的，我同意”，enabled 值为 false（即不选中该复选框），groupName 值为“xyGrp”，如图 10-26 所示。

Step 04 在“属性”面板中设置该组件实例名称为“yesRb”，如图 10-27 所示。

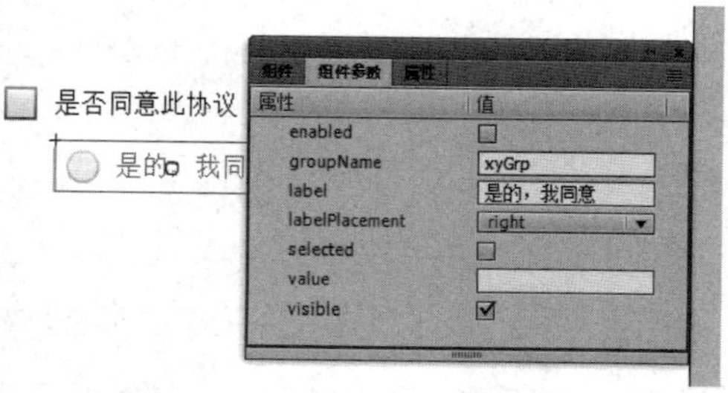

图 10-26　设置 RadioButton 组件参数

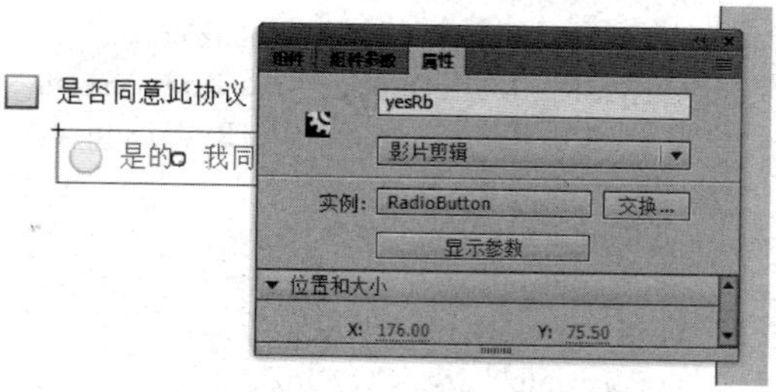

图 10-27　设置 RadioButton 实例名称

Step 05 复制 RadioButton 实例，在“组件参数”面板中设置 label 值为“我不同意”，enabled 值为 false，groupName 值为“xyGrp”，如图 10-28 所示。

Step 06 在“属性”面板中设置实例名称为“noRb”，如图 10-29 所示。

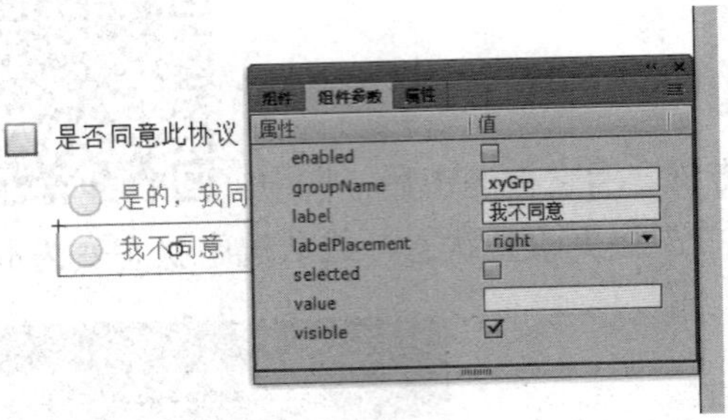

图 10-28 设置 RadioButton 组件参数

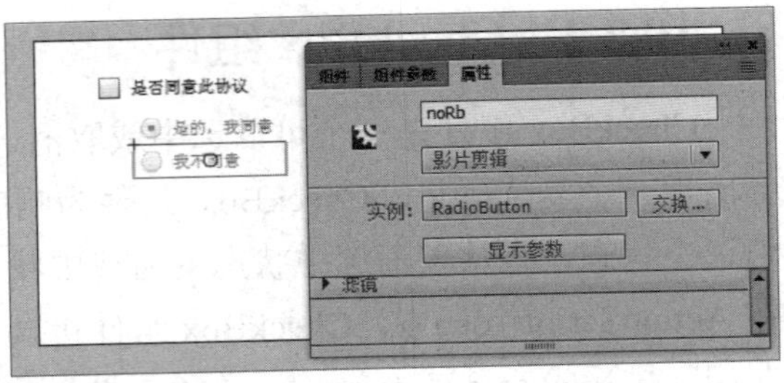

图 10-29 设置 RadioButton 实例名称

Step 07 选择“时间轴”面板中的第 1 帧，按【F9】键打开“动作”面板，输入代码，如图 10-30 所示。

Step 08 按【Ctrl+Enter】组合键测试组件功能。当选中复选框时，下面的单选按钮变得可用，如图 10-31 所示。

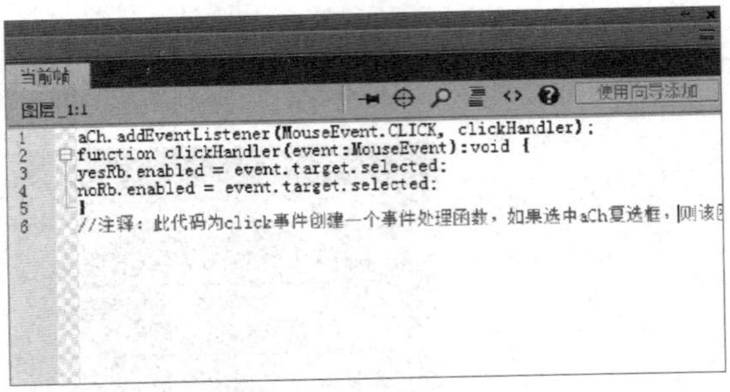

图 10-30 输入代码

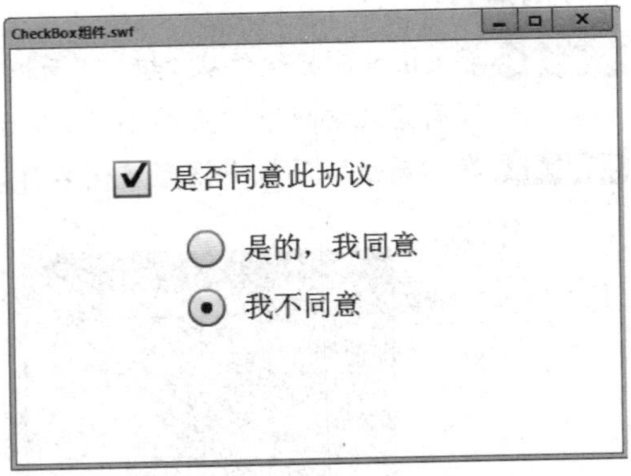

图 10-31 测试效果

下面介绍如何在运行动画时使用 ActionScript 创建 CheckBox 和 RadioButton 组件，以达到和上述同样的功能。

新建文件，将 CheckBox 组件和 RadioButton 组件放入“库”面板中，然后打开“动作”面板，并输入以下代码即可。

```
import fl.controls.CheckBox;
import fl.controls.RadioButton;
var aCh: CheckBox = new CheckBox();
var yesRb: RadioButton = new RadioButton();
var noRb: RadioButton = new RadioButton();
addChild(aCh);
addChild(yesRb);
addChild(noRb);
yesRb.groupName = "xyGrp";
noRb.groupName = "xyGrp";
aCh.move(150, 50);
aCh.width = 120;
```

```
aCh.label = "是否同意此协议？ ";
yesRb.move(170, 80);
yesRb.enabled = false;
yesRb.width = 120;
yesRb.label = "是的，我同意";
noRb.move(170, 100);
noRb.enabled = false;
noRb.width = 120;
noRb.label = "我不同意";
aCh.addEventListener(MouseEvent.CLICK, clickHandler);
function clickHandler(event: MouseEvent): void {
    yesRb.enabled = event.target.selected;
    noRb.enabled = event.target.selected;
}
```

10.2.3 ColorPicker 组件

ColorPicker 组件允许用户从样本列表中选择颜色。ColorPicker 的默认模式是在方形按钮中显示单一颜色。用户单击按钮时，样本面板中将出现可用的颜色列表，同时出现一个文本字段，显示当前所选颜色的十六进制值。在“属性”面板中，其组件参数如图 10-32 所示。

图 10-32　ColorPicker 组件参数

ColorPicker 组件参数的含义如下。

- enabled：用于设置组件是否可以接受用户交互。
- selectedColor：用于获取或设置在 ColorPicker 组件的调色板中当前加亮显示的样本，默认值为 0x000000。
- showTextField：用于获取或设置一个布尔值，指示是否显示 ColorPicker 组件的内部文本字段。在 ActionScript 代码中，true 值指示显示内部文本字段，false 值指示不显示内部文本字段，默认值为 true。
- visible：用于设置当前组件实例是否可见。

下面制作一个示例，当在 ColorPicker 中更改颜色时，TextArea 的 text 属性（即其中的文本）颜色将随之改变，具体操作方法如下。

Step 01 将 ColorPicker 组件添加到舞台中，在“属性”面板中设置实例名称，如图 10-33 所示。

Step 02 将 TextArea 组件添加到舞台中，在“属性”面板中设置实例名称，如图 10-34 所示。

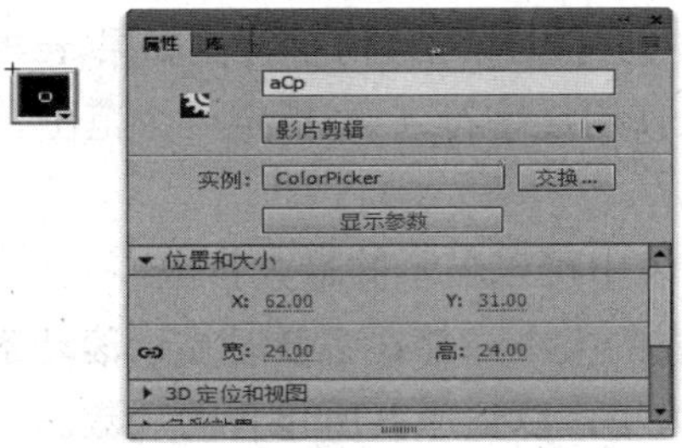

图 10-33　设置 ColorPicker 实例名称

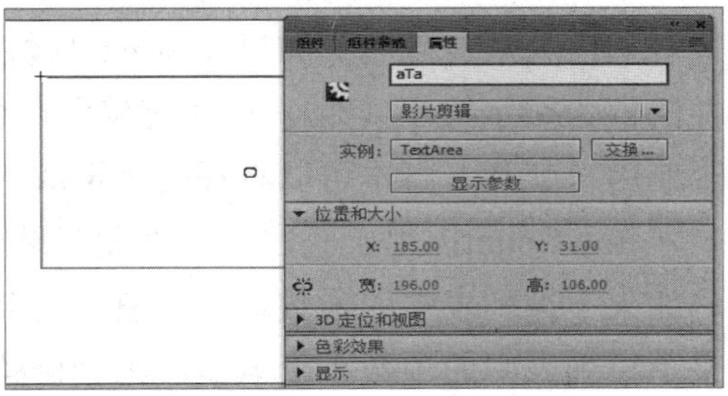

图 10-34　设置 TextArea 实例名称

Step 03 按【F9】键打开“动作”面板，输入代码，如图 10-35 所示。

Step 04 按【Ctrl+Enter】组合键测试效果，在 ColorPicker 组件的调色板中选择一种颜色后，文字的颜色将变为相同的颜色，如图 10-36 所示。

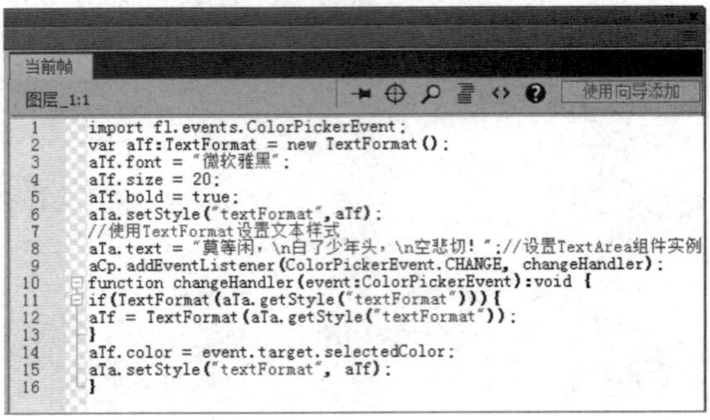

图 10-35　输入代码

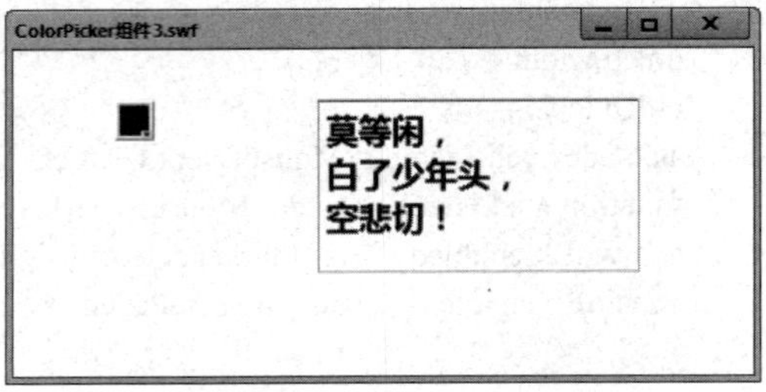

图 10-36　测试效果

10.2.4　ComboBox 组件

ComboBox 组件包含一个下拉列表，用户可以从该下拉列表中选择单个值，其功能与 HTML 中的 SELECT 表单元素的功能相似。在“属性”面板中，其组件参数如图 10-37 所示。

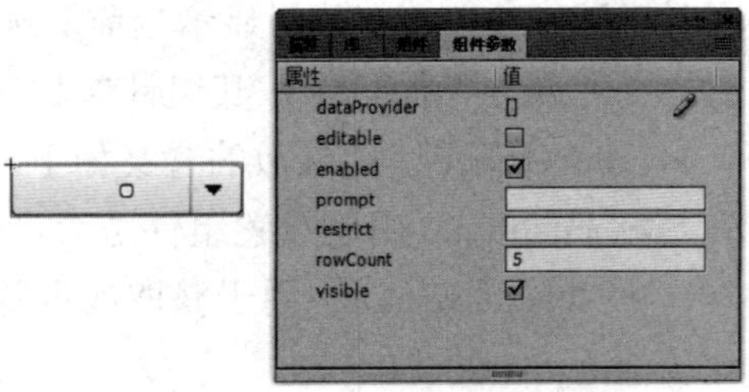

图 10-37　ComboBox 组件参数

ComboBox 组件参数的含义如下。

➢ dataProvider：用于获取或设置要查看的项目列表的数据模型。数据提供者可以由多个基于列表的组件共享。对数据提供者所进行的更改会立即应用于将其用作数据源的所有组件。

➢ editable：用于获取或设置一个布尔值，该值指示 ComboBox 组件为可编辑还是只读。在 ActionScript 代码中，true 值指示 ComboBox 组件可编辑，false 值指示该组件不可编辑。在可编辑 ComboBox 组件中，可以在文本框中输入下拉列表中未显示的值。

➢ enabled：用于获取或设置一个值，该值指示组件是否可以接受用户交互。

➢ prompt：用于获取或设置对 ComboBox 组件的提示。如果未设置提示，则 ComboBox 组件将在 dataProvider 属性中显示第一个项目。

➢ restrict：用于获取或设置可以在文本字段中输入的字符。

如果 restrict 属性的值为一串字符，则只能在文本字段中输入该字符串中的字符。字符串的读取顺序为从左到右；如果 restrict 属性的值为 null，则可以输入任何字符；如果 restrict 属性的值为空字符串（""），则不能输入任何字符，可以使用连字符（-）指定一个范围。它只限制用户交互，脚本可以将任何字符放入文本字段中。

➢ rowCount：用于获取或设置没有滚动条的下拉列表中可以显示的最大行数。

如果下拉列表中的项数超过该值，则会调整下拉列表的大小，并在必要时显示滚动条；如果下拉列表中的项数小于该值，则会调整下拉列表的大小，以适应其所包含的项数。

➢ visible：用于获取或设置一个值，该值指示当前组件实例是否可见。

下面制作一个网址导航，使用 ComboBox 组件选择网站，使用 TextArea 组件显示网址，使用 Button 组件打开网站，具体操作方法如下。

Step 01 将 ComboBox 组件添加到舞台中，在“属性”面板中设置组件的实例名称，如图 10-38 所示。

Step 02 打开“组件参数”面板，在“prompt”文本框中输入“网址导航”，单击 dataProvider 选项右侧的“编辑”按钮，如图 10-39 所示。

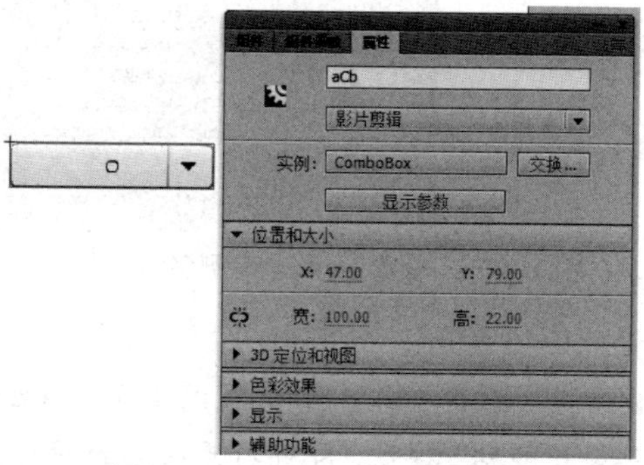

图 10-38　设置 ComboBox 实例名称

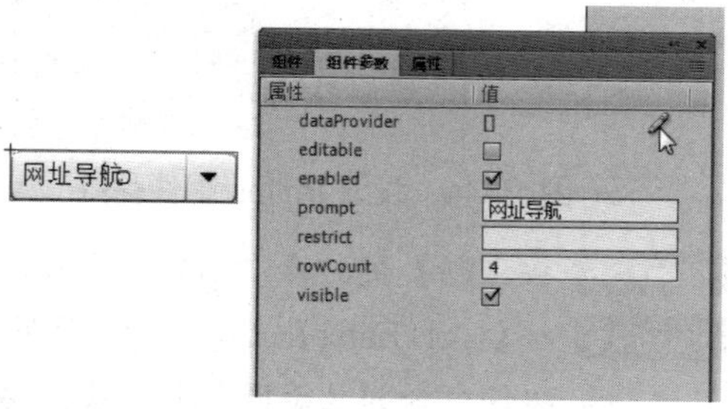

图 10-39　设置 ComboBox 组件参数

Step 03 在弹出的“值”对话框中单击“添加”按钮，设置 label 值为“腾讯网”，设置 data 值为与其对应的网址，如图 10-40 所示。

Step 04 采用同样的方法，继续添加其他项目，如图 10-41 所示，然后单击“确定”按钮。

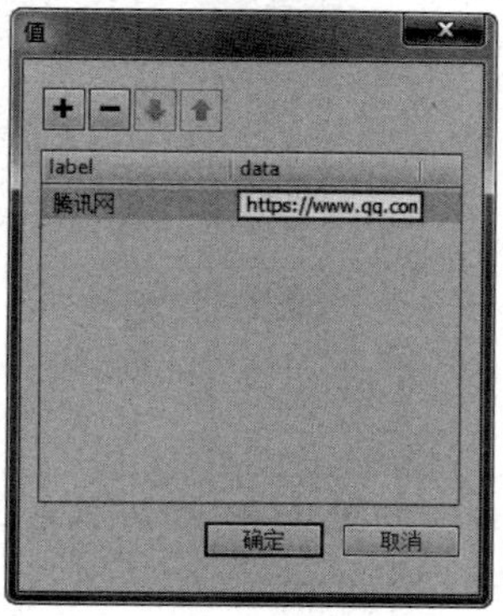

图 10-40　设置项目参数

图 10-41　添加其他项目

Step 05 在舞台中添加两个 TextArea 组件实例，在“属性”面板中设置实例名称分别为“aTa”（如图 10-42 所示）和“bTa”。

Step 06 打开“组件参数”面板，分别设置 text 值为“网站名称”（如图 10-43 所示）和“网站地址”。

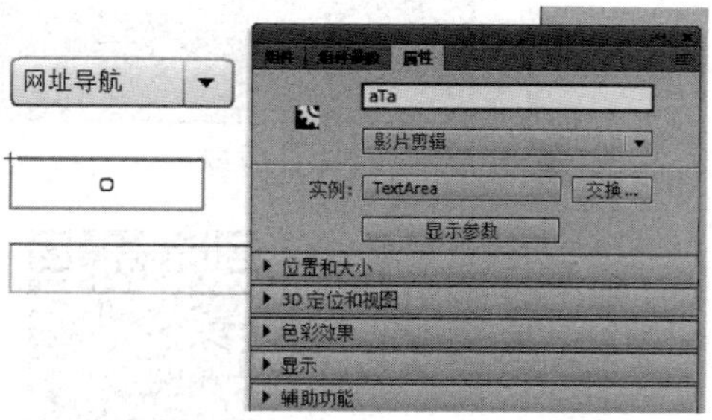

图 10-42　设置 TextArea 实例名称

图 10-43　设置 TextArea 组件参数

Step 07 将 Button 组件添加到舞台中，在“组件参数”面板中设置 label 值为“登录此网站”，如图 10-44 所示。

Step 08 打开“属性”面板，设置实例名称为“myBt”，如图 10-45 所示。

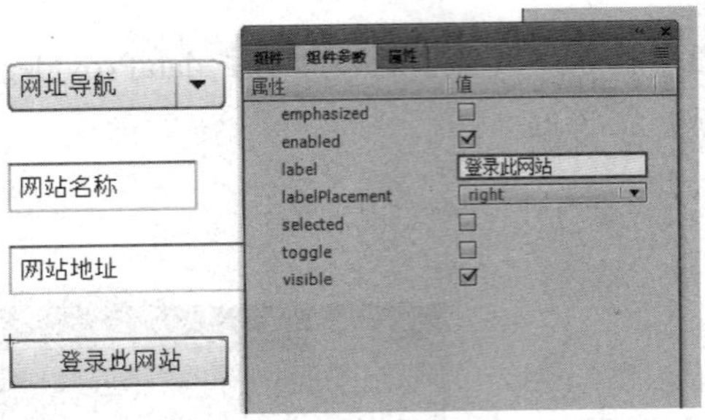

图 10-44　设置 Button 组件参数

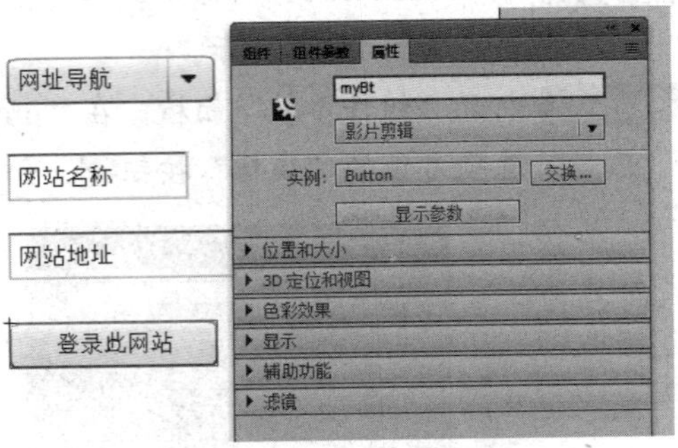

图 10-45　设置 Button 实例名称

Step 09 按【F9】键打开“动作”面板，输入代码，如图 10-46 所示。

Step 10 按【Ctrl+Enter】组合键测试效果，在 ComboBox 组件中选择“淘宝网”，在两个 TextArea 组件中分别显示网站名称及网站地址，单击“登录此网站”按钮，即可打开相应的网页，如图 10-47 所示。

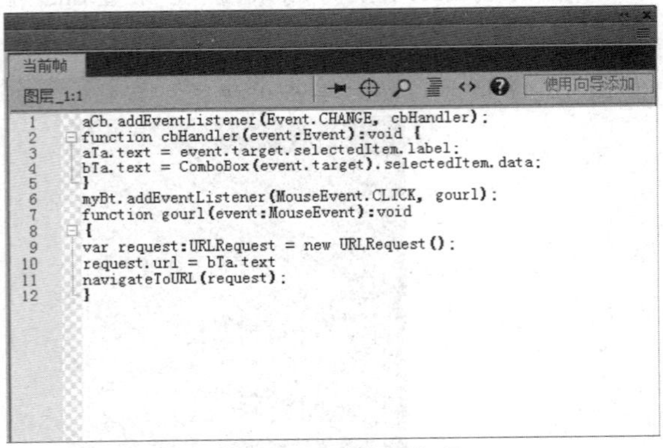


```
aCb.addEventListener(Event.CHANGE, cbHandler);
function cbHandler(event:Event):void {
aTa.text = event.target.selectedItem.label;
bTa.text = ComboBox(event.target).selectedItem.data;
}
myBt.addEventListener(MouseEvent.CLICK, gourl);
function gourl(event:MouseEvent):void
{
var request:URLRequest = new URLRequest();
request.url = bTa.text
navigateToURL(request);
}
```

图 10-46　输入代码

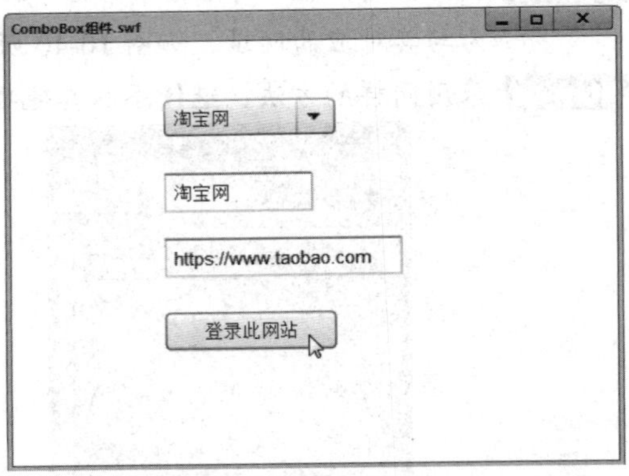

图 10-47　测试效果

10.2.5　List 组件

List 组件是一个可滚动的单选或多选列表框，该列表框还可显示图形及其他组件。在单击标签或数据参数字段时会出现“值”对话框，通过该对话框可以添加显示在列表中的项。在“属性”面板中，其组件参数如图 10-48 所示。

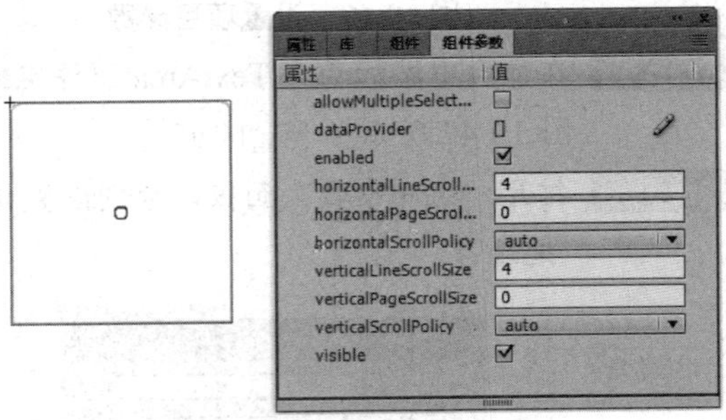

图 10-48　List 组件参数

下面制作一个列表框，当选择 List 中的汽车型号时，在其下方使用输入文本实例显示相应的价格，具体操作方法如下。

Step 01 将 List 组件添加到舞台中，在“属性”面板中设置实例名称，如图 10-49 所示。

Step 02 打开“组件参数”面板，单击 dataProvider 选项右侧的“编辑”按钮，如图 10-50 所示。

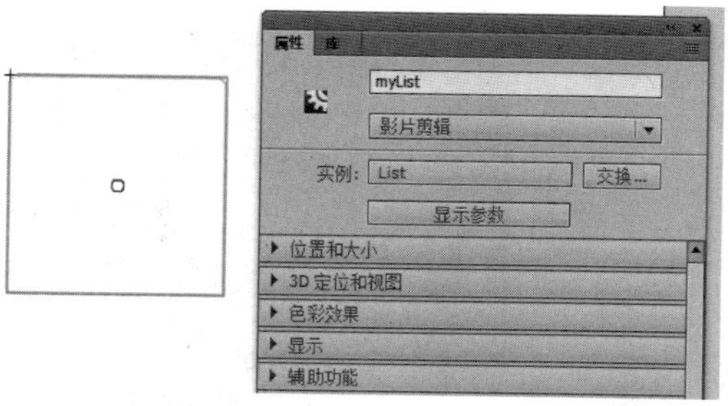

图 10-49　设置 List 实例名称

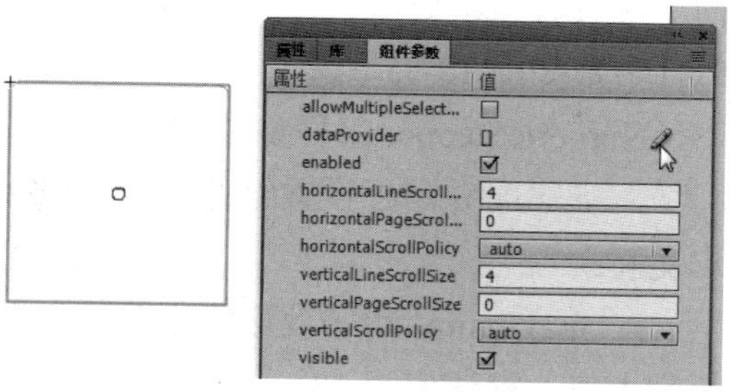

图 10-50　设置 List 组件参数

Step 03 弹出“值”对话框，单击“添加”按钮添加项目，并设置 label 值和 data 值，如图 10-51 所示。

Step 04 选择文本工具T，在“属性”面板中设置文本类型为输入文本并设置字符属性，在舞台中绘制文本框，在“属性”面板中设置实例名称，如图 10-52 所示。

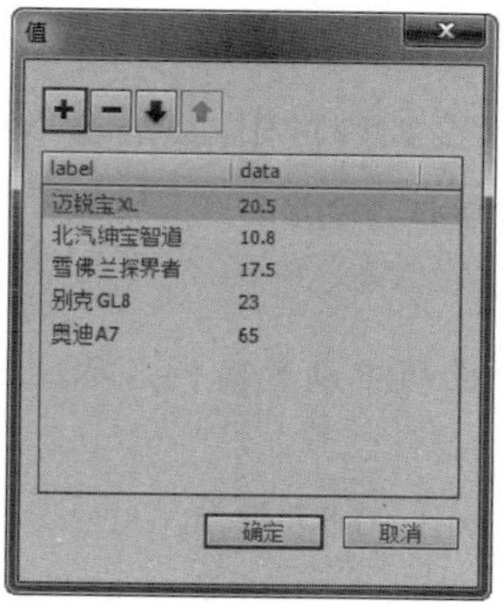

图 10-51　添加项目

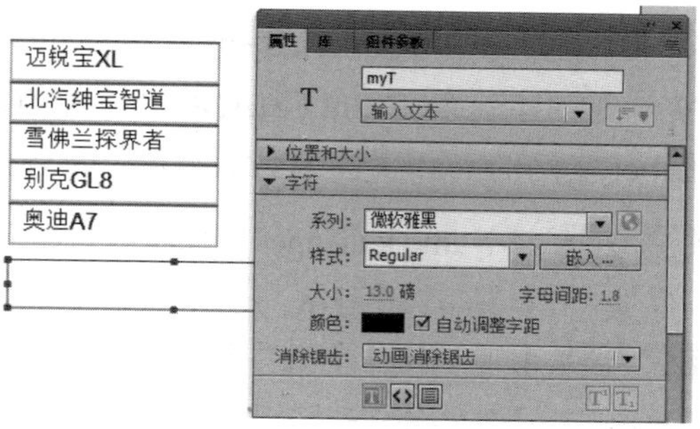

图 10-52　设置输入文本实例名称

Step 05 按【F9】键打开“动作”面板，输入代码，如图 10-53 所示。

Step 06 按【Ctrl+Enter】组合键测试效果，在列表框中选择一个项目后，在下方将显示与其对应的价格，如图 10-54 所示。

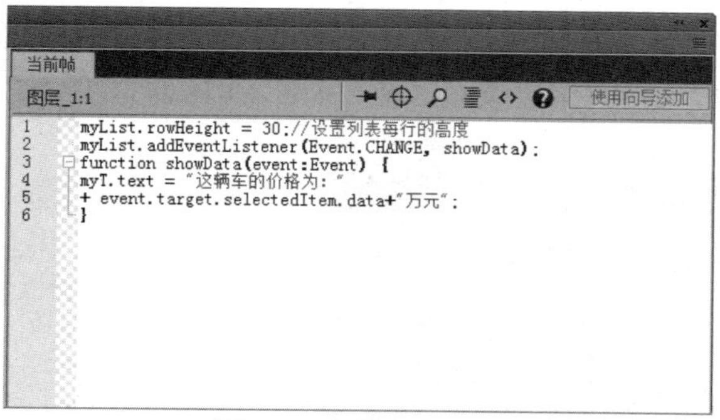

图 10-53　输入代码

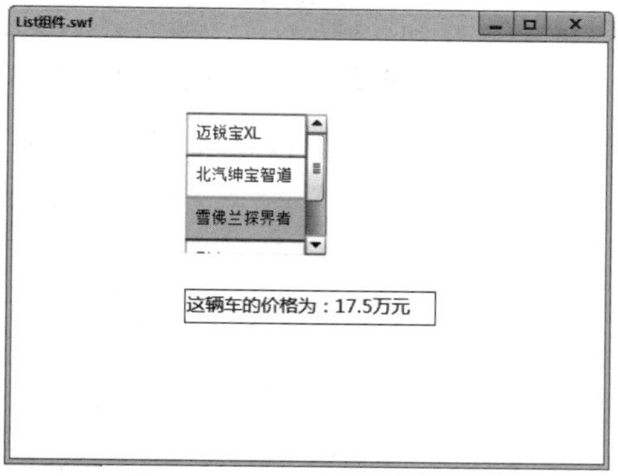

图 10-54　测试效果

10.2.6　NumericStepper 组件

NumericStepper 组件显示一组已排序的数字，可以从中进行选择。此组件包括一个单行字段和一对箭头按钮，前者用于输入文本，后者用于单步调试该组数值，也可使用向上键和向下键查看该组数值。在“属性”面板中，其组件参数如图 10-55 所示。

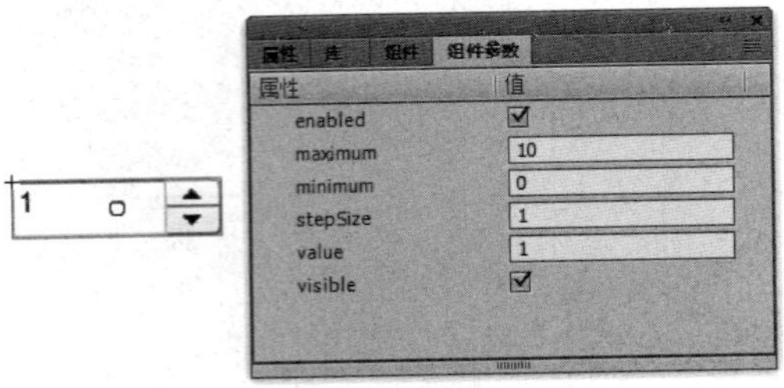

图 10-55 NumericStepper 组件参数

NumericStepper 组件参数的含义如下。

- enabled：用于设置组件是否可以接受用户交互。
- maximum：用于获取或设置数值序列中的最大值，默认值为 10。
- minimum：用于获取或设置数值序列中的最小值，默认值为 0。
- stepSize：用于获取或设置一个非零数值，该值描述值与值之间的变化单位。value 属性是该数值的倍数减去最小值。NumericStepper 组件将结果值舍入为最接近的步长大小，默认值为 1。
- value：用于获取或设置 NumericStepper 组件的当前值，默认值为 1。

下面将一个 NumericStepper 组件和一个 Label 组件放置到舞台中，然后在 NumericStepper 实例上创建一个 Event.CHANGE 事件的侦听器，当 NumericStepper 中的值更改时，就会在 Label 实例的 text 属性中显示新值，具体操作方法如下。

Step 01 将 NumericStepper 组件添加到舞台中，在“属性”面板中设置实例名称，如图 10-56 所示。

Step 02 打开“组件参数”面板，设置组件的各项参数，如图 10-57 所示。

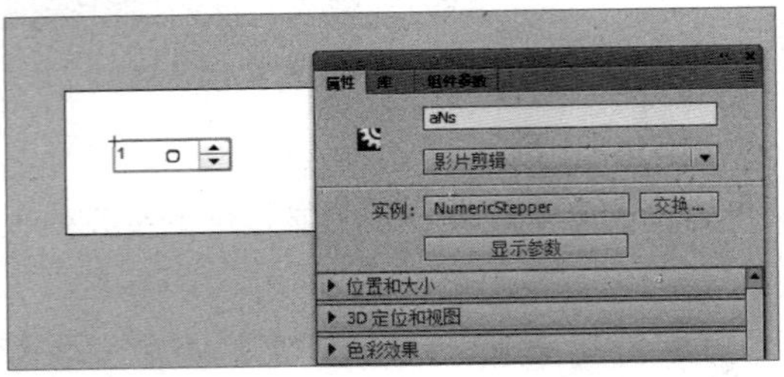

图 10-56 设置 NumericStepper 实例名称

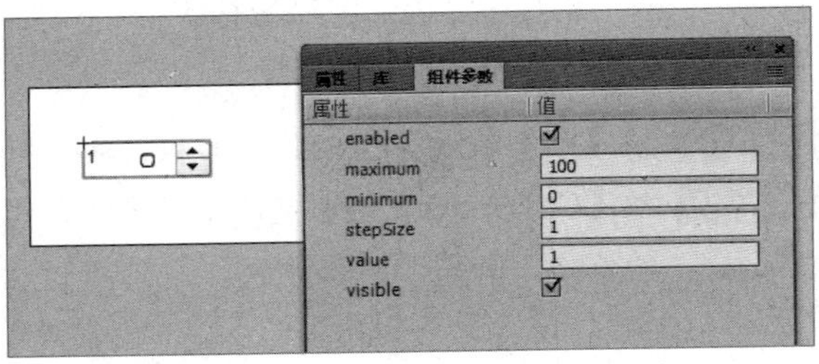

图 10-57 设置 NumericStepper 组件参数

Step 03 将 Label 组件添加到舞台中，在“属性”面板中设置实例名称，如图 10-58 所示。

图 10-58 设置 Label 实例名称

Step 04 按【F9】键打开“动作”面板，输入代码，如图 10-59 所示。

Step 05 按【Ctrl+Enter】组合键测试效果，当 NumericStepper 组件中的值改变时，value 值也会随之更改，如图 10-60 所示。

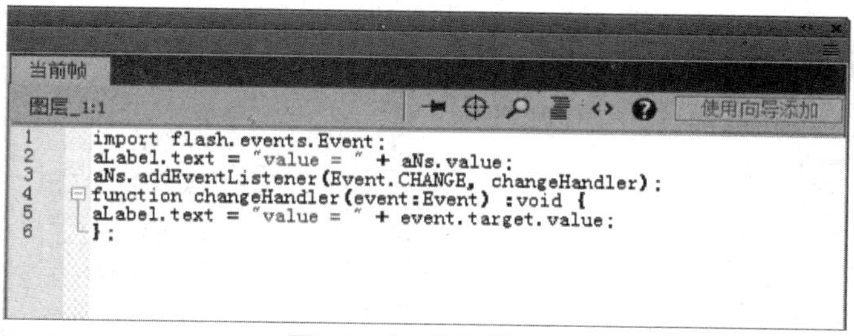

图 10-59　输入代码

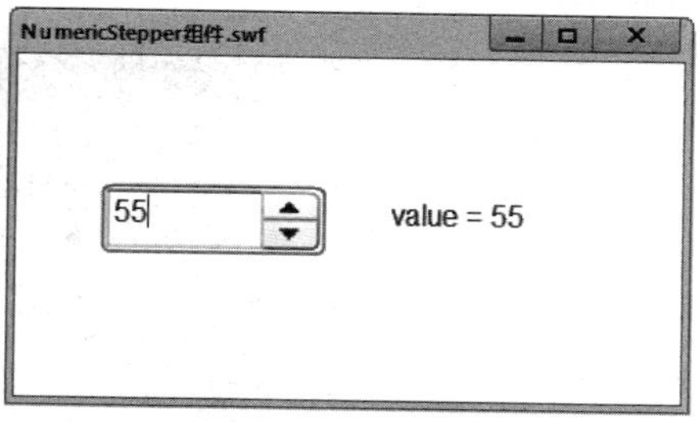

图 10-60　测试效果

10.2.7　RadioButton 组件

使用 RadioButton 组件可以强制用户只能从一组选项中选择一项。该组件必须用于至少有两个 RadioButton 实例的组。在“属性”面板中，其组件参数如图 10-61 所示。

RadioButton 组件各项参数的含义如下。

➢ groupName：用于设置单选按钮实例或组的组名，可以使用此属性来获取或设置单选按钮实例或单选按钮组的组名，默认值为 RadioButtonGroup。

➢ selected：用于指示单选按钮当前处于选中状态，还是取消选中状态。

➢ value：用于设置与单选按钮关联的用户定义值。

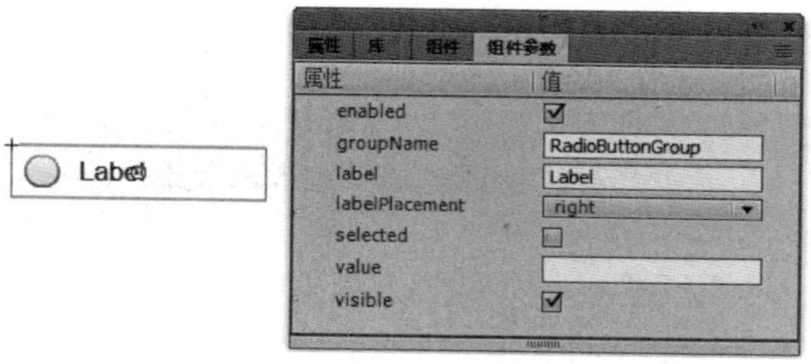

图 10-61　RadioButton 组件参数

下面使用 RadioButton 组件制作一个示例，通过单击表示颜色的单选按钮，生成相应颜色的矩形。每个 RadioButton 的 value 属性指定与按钮关联的颜色的十六进制值，当单击按钮时，clickHandler()函数调用 drawBox()，同时传递此 RadioButton 的 value 属性中的颜色值来为矩形着色。具体操作方法如下。

Step 01 在舞台中添加 3 个 RadioButton 实例，在“属性”面板中分别设置实例名称为“redRb”（如图 10-62 所示）、“blueRb”和“greenRb”。

Step 02 选择第一个 RadioButton 实例，在“组件参数”面板中设置各项参数，如图 10-63 所示。

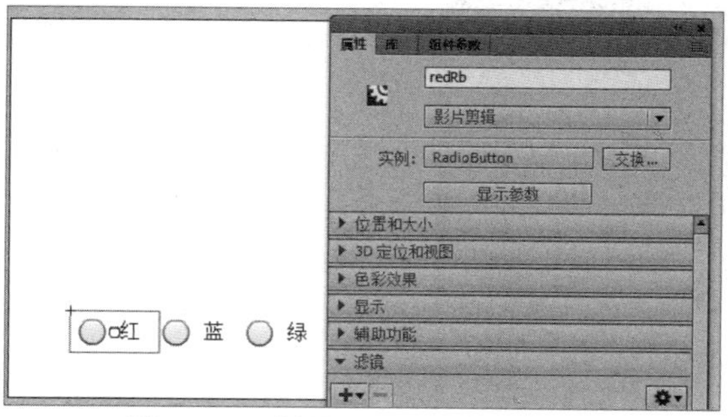

图 10-62　设置 RadioButton 实例名称

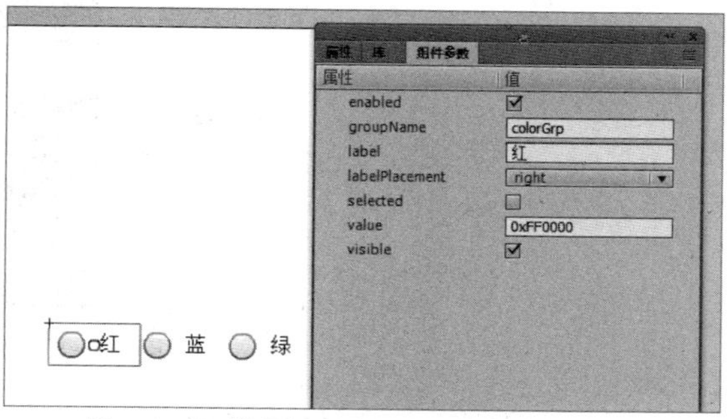

图 10-63　设置 RadioButton 组件参数

Step 03 选择第二个 RadioButton 实例，在“组件参数”面板中设置各项参数，如图 10-64 所示。

Step 04 选择第三个 RadioButton 实例，在“组件参数”面板中设置各项参数，如图 10-65 所示。

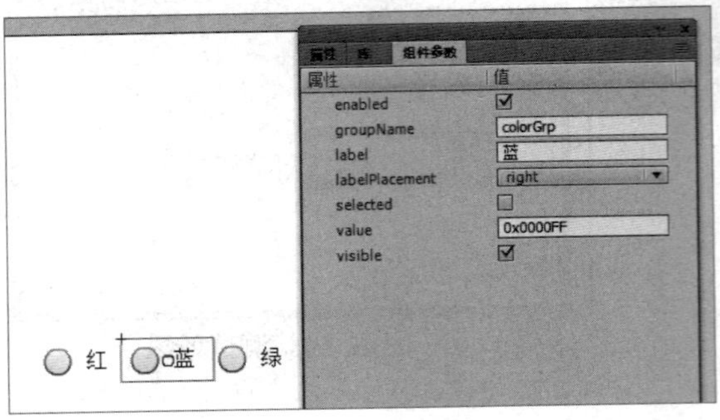

图 10-64 设置 RadioButton 组件参数

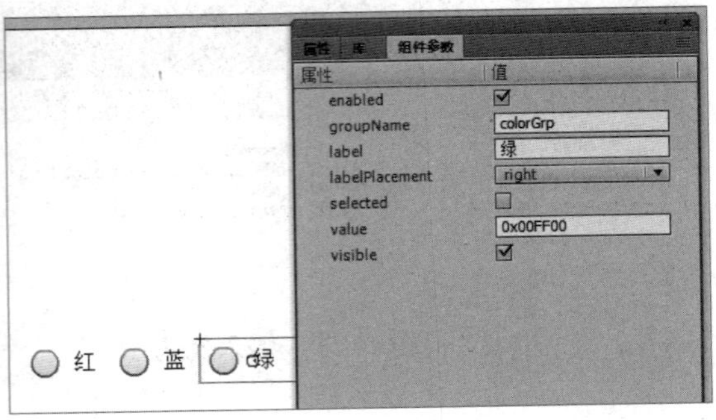

图 10-65 设置 RadioButton 组件参数

Step 05 按【F9】键打开“动作”面板，输入代码，如图 10-66 所示。

Step 06 按【Ctrl+Enter】组合键测试效果，在单击某个单选按钮后，矩形的颜色也随之改变，如图 10-67 所示。

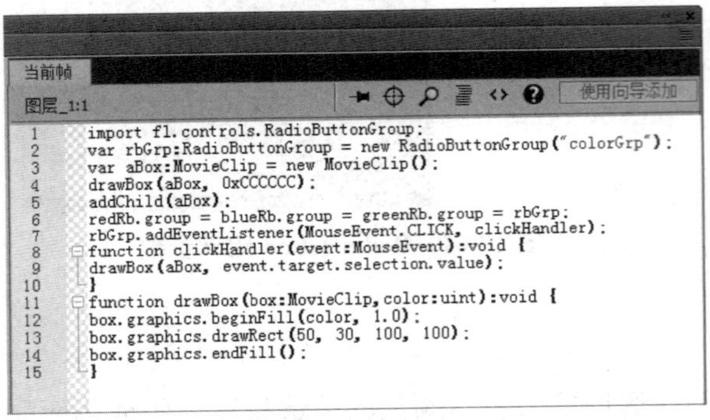

```
import fl.controls.RadioButtonGroup;
var rbGrp:RadioButtonGroup = new RadioButtonGroup("colorGrp");
var aBox:MovieClip = new MovieClip();
drawBox(aBox, 0xCCCCCC);
addChild(aBox);
redRb.group = blueRb.group = greenRb.group = rbGrp;
rbGrp.addEventListener(MouseEvent.CLICK, clickHandler);
function clickHandler(event:MouseEvent):void {
drawBox(aBox, event.target.selection.value);
}
function drawBox(box:MovieClip,color:uint):void {
box.graphics.beginFill(color, 1.0);
box.graphics.drawRect(50, 30, 100, 100);
box.graphics.endFill();
}
```

图 10-66 输入代码

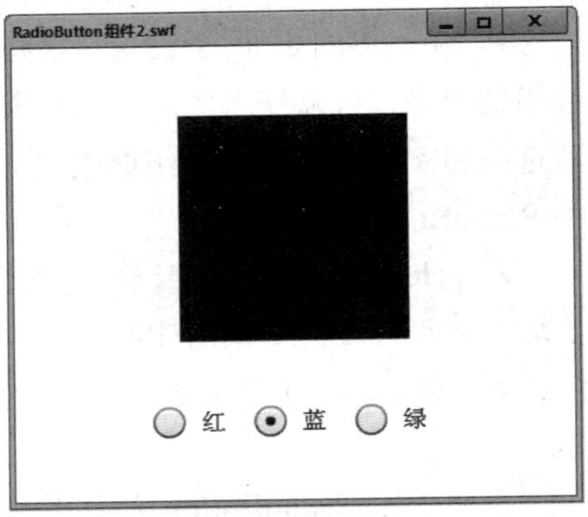

图 10-67 测试效果

10.2.8 Slider 组件

使用 Slider 组件可以在滑块轨道的端点之间通过移动滑块来选择值。Slider 组件的当前值由滑块端点之间滑块的相对位置确定，端点对应于 Slider 组件的 minimum 和 maximum 值。在“属性”面板中，其组件参数如图 10-68 所示。

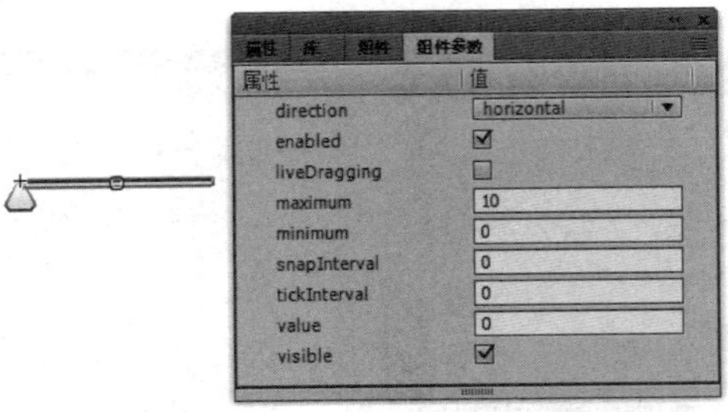

图 10-68 Slider 组件参数

Slider 组件各项参数的含义如下。

➢ direction：用于设置滑块的方向。在 ActionScript 代码中，可接受的值为 SliderDirection.horizontal（水平的）和 SliderDirection.vertical（垂直的）。

➢ liveDragging：用于获取或设置一个布尔值，该值指示在移动滑块时是否持续调度 SliderEvent.CHANGE 事件。在 ActionScript 代码中，如果 liveDragging 属性为 false，则在释放滑块时调度 SliderEvent.CHANGE 事件。

➢ maximum：用于设置 Slider 组件实例所允许的最大值，默认值为 10。

➢ minimum：用于设置 Slider 组件实例所允许的最小值，默认值为 0。

➢ snapInterval：用于设置获取值时或设置用户移动滑块时值增加或减小的量。例如，如果将此属性设置为 2，minimum 值为 0，maximum 值为 10，则滑块的位置将始终为 0、2、4、6、8 或 10；如果将此属性设置为 0，则滑块将在 minimum 和 maximum 值之间连续移动。

➢ tickInterval：用于设置相对于组件最大值的刻度线间距。只要将 tickInterval 属性设置为非零值，Slider 组件就会显示刻度线。

➢ value：用于获取或设置 Slider 组件的当前值，该值由 minimum 值和 maximum 值之间的滑块位置来确定。

下面使用 Slider 组件制作一个示例，当拖动 Slider 滑块时，使用 Label 组件显示用户满意程度，具体操作方法如下。

Step 01 在舞台中添加两个 Label 实例，在“组件参数”面板中分别设置它们的 text 属性，如图 10-69 所示。

Step 02 选择第一个 Label 实例，在“属性”面板中设置实例名称，如图 10-70 所示。

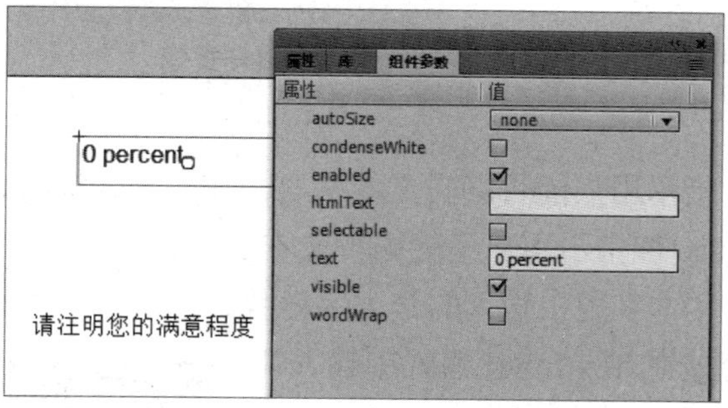

图 10-69 设置 Label 组件参数

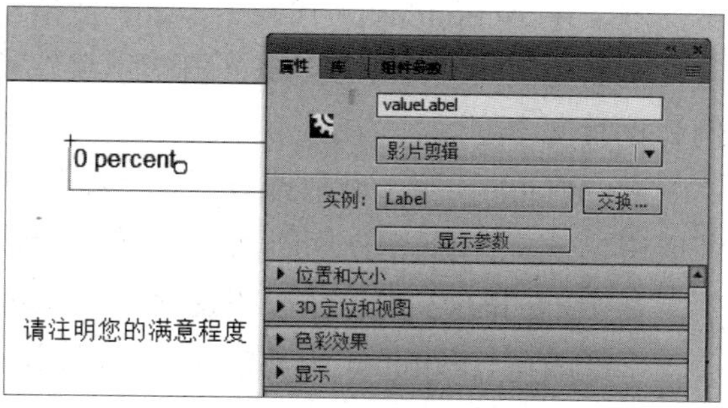

图 10-70 设置 Label 实例名称

Step 03 将 Slider 组件添加到舞台中，在“属性”面板中设置实例名称，如图 10-71 所示。

Step 04 打开“组件参数”面板，设置各项参数，如图 10-72 所示。

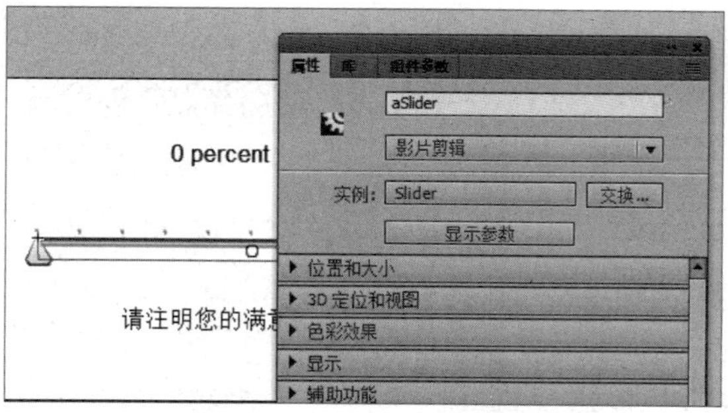

图 10-71 设置 Slider 实例名称

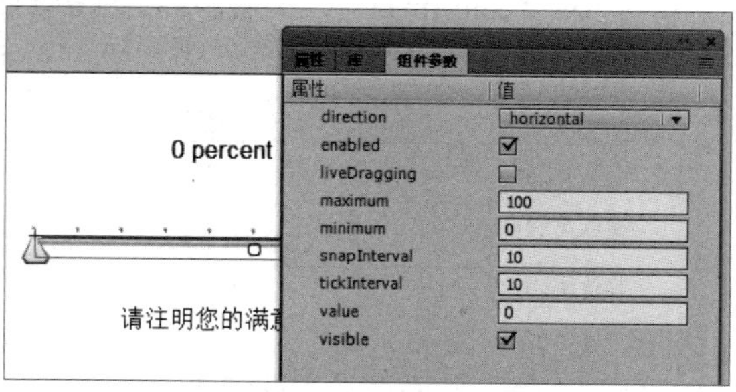

图 10-72 设置 Slider 组件参数

Step 05 按【F9】键打开“动作”面板，输入代码，如图 10-73 所示。

Step 06 按【Ctrl+Enter】组合键测试效果，拖动滑块在 Label 组件中显示相应的百分比，如图 10-74 所示。

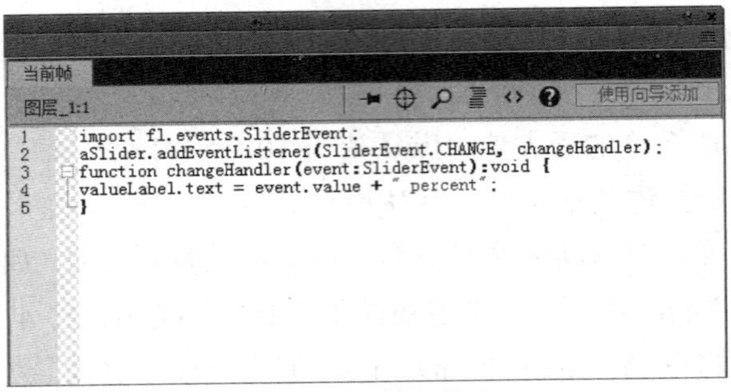

图 10-73 输入代码

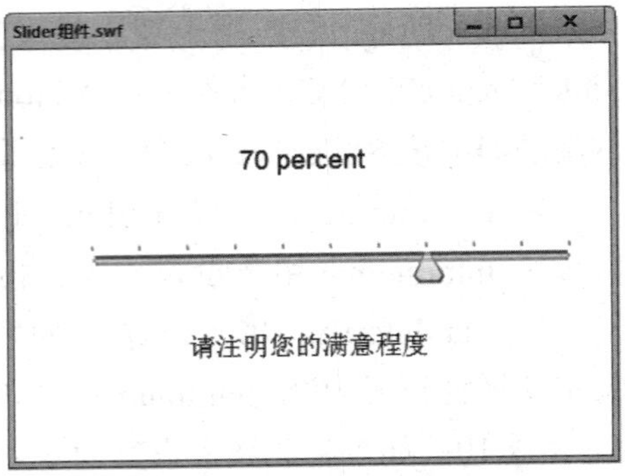

图 10-74 测试效果

10.2.9 TextInput 组件

TextInput 组件是单行文本组件，该组件是 ActionScript TextField 对象的包装。在“属性”面板中，其组件参数如图 10-75 所示。

TextInput 组件各项参数的含义如下。

➢ displayAsPassword：用于获取或设置一个布尔值，该值指示当前创建的 TextInput 组件实例是用于包含密码文本还是用于包含正常文本。在 ActionScript 代码中，true 值指示组件实例为密码文本字段，false 值指示组件实例为正常文本字段。

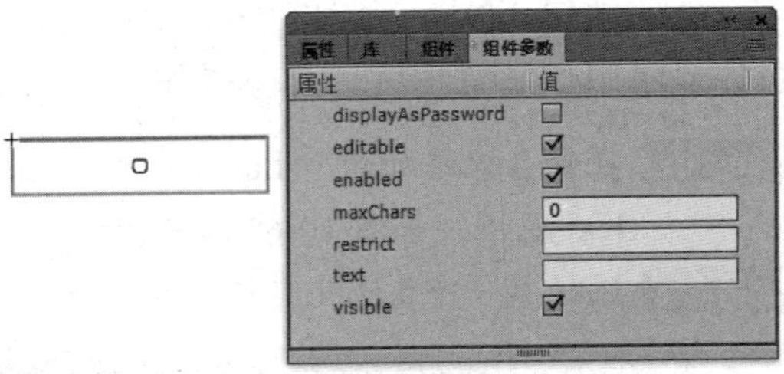

图 10-75 TextInput 组件参数

➢ editable：用于获取或设置一个布尔值，指示用户能否编辑文本字段。在 ActionScript 代码中，true 值指示用户可以编辑文本字段，false 值指示用户不能编辑文本字段。

➢ maxChars：用于获取或设置用户可以在文本字段中输入的最大字符数。

下面使用 TextInput 组件制作一个示例，通过在 TextInput 组件中输入字符来接收和确认密码，具体操作方法如下。

Step 01 在舞台中添加两个 Label 实例和两个 TextInput 实例(如图 10-76 所示)。

Step 02 选择 TextInput 实例，在“属性”面板中分别设置实例名称为“pwdTi”和“confirmTi”（如图 10-77 所示）。

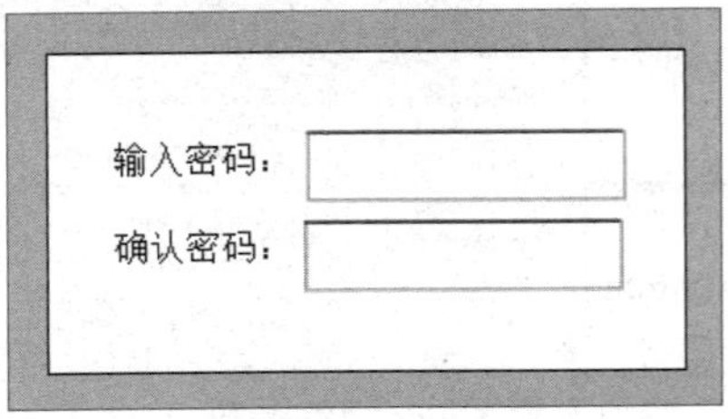

图 10-76 添加 TextInput 实例

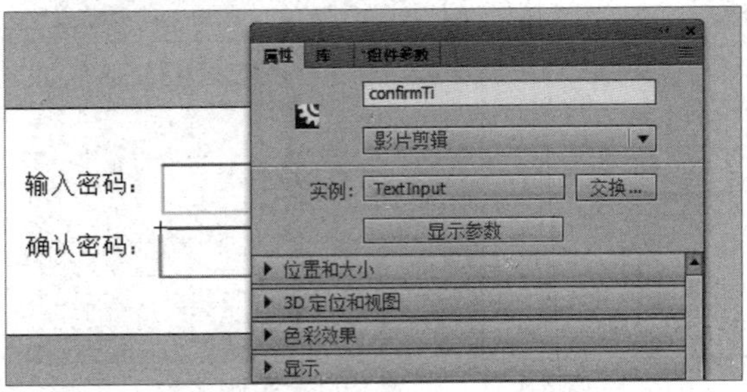

图 10-77 设置 TextInput 实例名称

Step 03 按【F9】键打开“动作”面板，输入代码，如图 10-78 所示。

Step 04 按【Ctrl+Enter】组合键测试效果，输入密码，然后确认密码，再按【Enter】键查看输出信息，如图 10-79 所示。

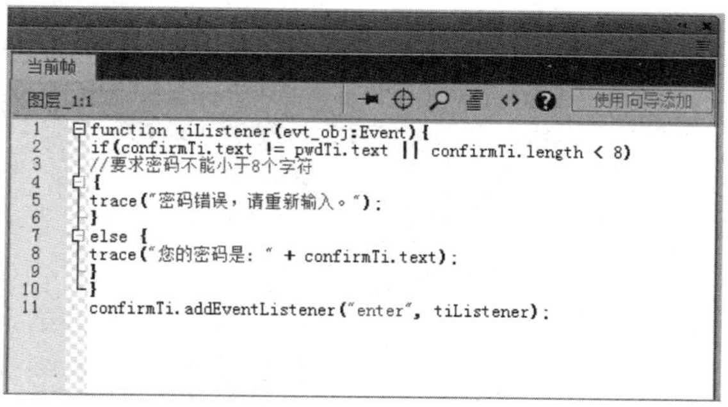

图 10-78　输入代码

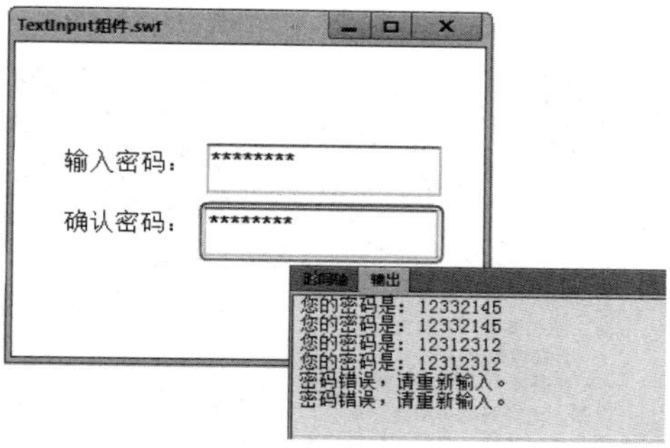

图 10-79　测试效果

10.2.10　UIScrollBar 组件

UIScrollBar 组件包括所有滚动条功能，它增加了 scrollTarget()方法，可以被附加到 TextField 组件实例中。在“属性”面板中，其组件参数如图 10-80 所示。

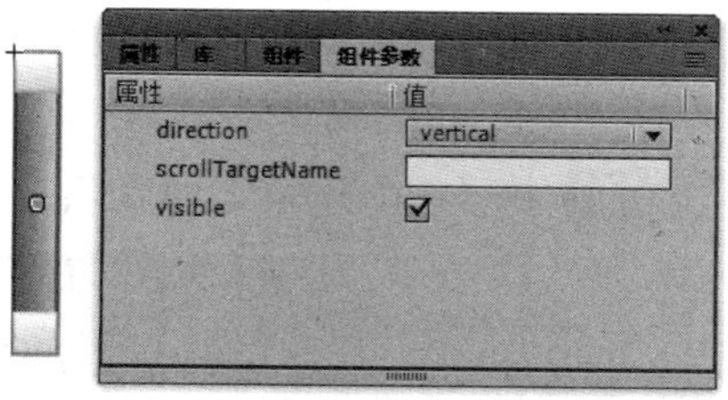

图 10-80　UIScrollBar 组件参数

UIScrollBar 组件各项参数的含义如下。

➢ direction：用于获取或设置一个值，该值指示滚动条是水平滚动还是垂直滚动。

➢ scrollTarget Name：用于将 TextField 组件实例注册到 ScrollBar 组件实例中。

当在文本框中输入的文字较多时，可以为文本添加滚动条。下面使用 UIScrollBar 组件制作带滚动条的滚动文字，具体操作方法如下。

Step 01 打开“素材文件\第 10 章\滚动文字.fla”，选择文本工具T，在“属性”面板中选择“动态文本”选项，并设置字符和段落属性，如图 10-81 所示。

Step 02 在舞台中拖动鼠标指针绘制文本框，右击文本框，在弹出的快捷菜单中选择“可滚动”命令，如图 10-82 所示。

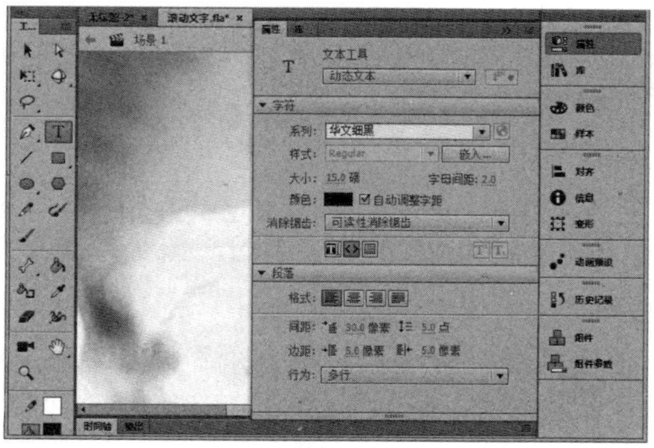

图 10-81　设置动态文本属性

图 10-82　选择“可滚动”命令

Step 03 在文本框中输入所需文本，并根据需要使用选择工具调整文本框的高度，如图 10-83 所示。

Step 04 选择“窗口”|“组件”命令，打开“组件”面板，在文件夹中将 UIScrollBar 组件拖至动态文本中，如图 10-84 所示。

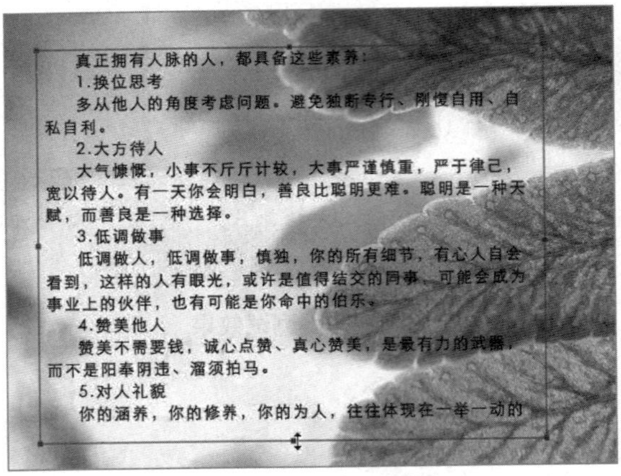

图 10-83　调整文本框的高度

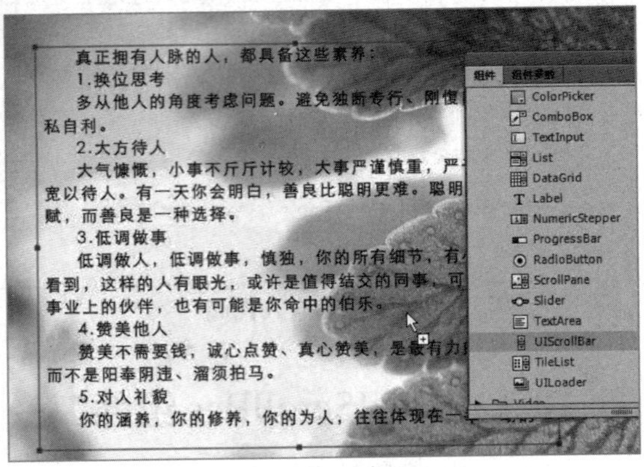

图 10-84　拖动 UIScrollBar 组件

Step 05 此时将自动在文本的右侧添加滚动条，使用任意变形工具可以调整滚动条的大小，如图 10-85 所示。

Step 06 按【Ctrl+Enter】组合键测试动画，查看滚动文本效果，如图 10-86 所示。

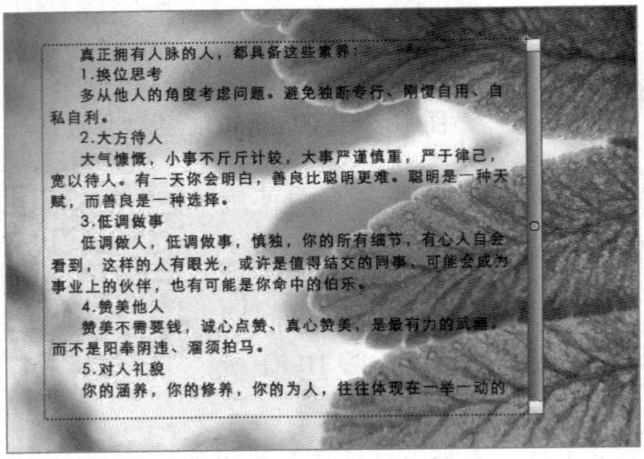

图 10-85　添加滚动条

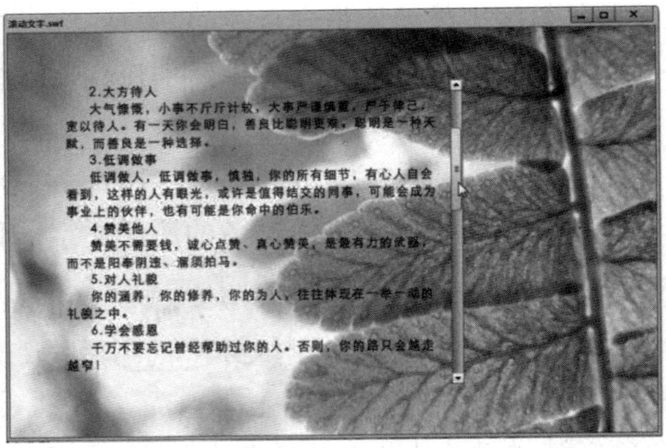

图 10-86　测试效果

| 本章小结 |

通过对本章的学习，读者应该掌握以下知识。

（1）每个 ActionScript 3.0 组件都是基于一个 ActionScript 3.0 类构建的，该类位于一个包中，其名称格式为 fl.packagename.classname。

（2）使用“组件”面板在创作时添加组件，使用 ActionScript 在运行时添加组件，在文档中删除组件。

（3）在“组件”面板中设置组件参数，在 ActionScript 中设置组件属性。

（4）调整组件的大小，使用组件处理事件。

（5）使用 User Interface 组件制作简单示例。

课后习题

一、选择题

1．Button 组件中的（　）属性指示组件是否接受用户交互。

A．emphasized　　B．enabled　　C．visible　　D．toggle

2．使用 UIScrollBar 组件不可以为下列哪种文本类型添加滚动条？（　）

A．传统文本　　B．输入文本　　C．动态文本

二、填空题

1．＿＿＿＿＿组件包含一个下拉列表，用户可以从该下拉列表中选择单个值。

2．在 ActionScript 代码中，使用＿＿＿＿＿调整组件的大小。

3．要从 Animate 文档中删除组件，需要从＿＿＿＿＿中删除组件资源文件夹。

三、实操题

1．通过单击按钮更改 ColorPicker 组件的状态，如图 10-87 所示。

2．利用 ActionScript 代码将外部记事本文件导入到滚动条文本框中，如图 10-88 所示。

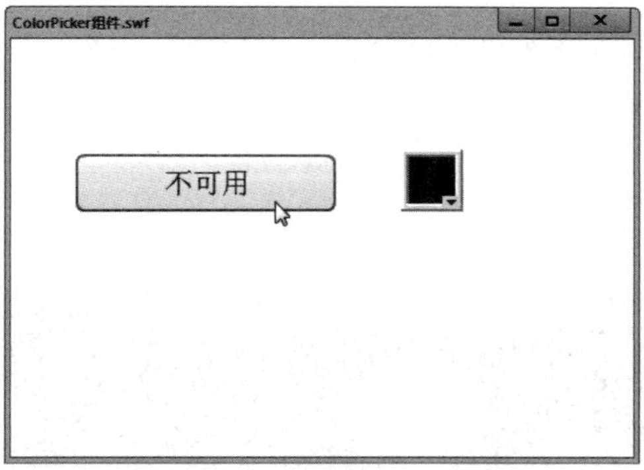

图 10-87　更改组件可用状态

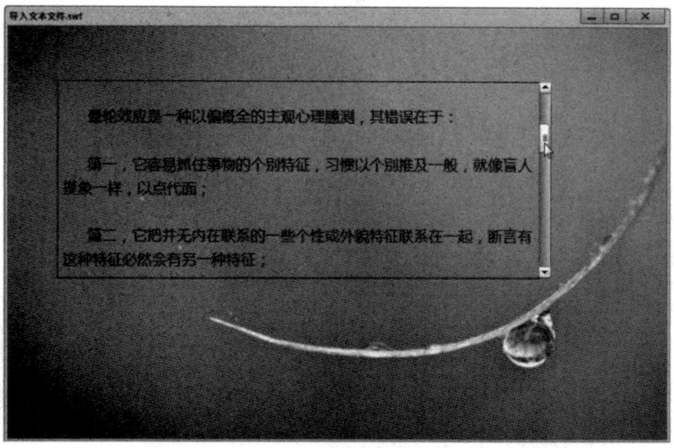

图 10-88　导入外部文本效果

第 11 章 导出与发布 Animate 动画

【学习目标】

- 掌握测试影片与场景的方法。
- 熟悉 SWF 文件和 HTML 文件的发布设置方法。
- 掌握设置发布放映文件的方法。
- 掌握发布 Animate 动画的方法。
- 掌握导出影片、图像和视频的方法。
- 熟悉优化动画的方法。

Animate 动画制作完成后，可以对其进行测试、导出与发布。在发布动画前，可以根据场合的需要对其进行优化处理，并设置发布格式，以保证与其他应用程序兼容。本章学习如何对 Animate 动画进行测试、导出、发布与优化。

11.1 测试影片与场景

在发布动画影片前，通常需要对其进行相应的测试，以查看影片是否符合要求。下面介绍如何测试影片及场景。

11.1.1 测试影片

要测试整个影片，可以按【Ctrl+Enter】组合键，或者选择“控制” | “测试”命令，如图 11-1 所示，此时即可对影片进行测试，如图 11-2 所示。

图 11-1 选择“测试”命令

图 11-2 测试影片

11.1.2 测试场景

在制作 Animate 动画的过程中，可能会创建多个场景，或在一个场景中创建多个影片剪辑动画效果。用户可以根据需要对场景或动画元件进行测试，具体操作方法如下。

若要测试当前场景，可以选择“控制”|“测试场景”命令或按【Ctrl+Alt+Enter】组合键，Animate CC 会自动导出当前场景的动画，如图 11-3 所示。

在完成对当前影片或场景的测试后，系统会自动在当前文件所在目录中生成测试文件（SWF 格式）。例如前面制作的多场景动画中的场景，用户可以将每个场景中的动画分别导出，从而生成每个场景的 SWF 文件，如图 11-4 所示。

图 11-3　选择“测试场景”命令

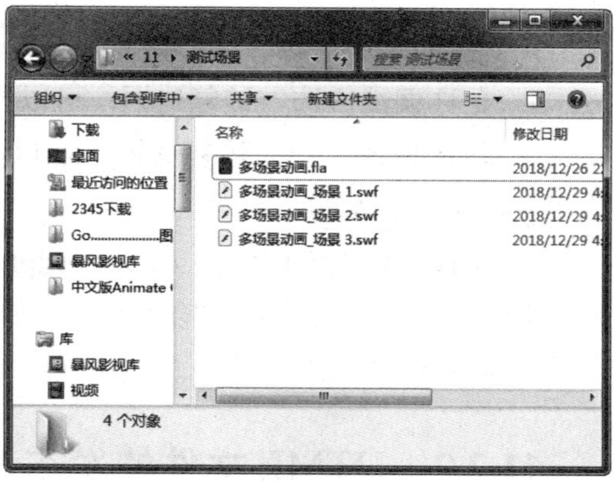

图 11-4　生成测试文件

11.2　发布与优化动画

默认情况下，在 Animate CC 中发布动画时会创建一个 SWF 动画文件和一个 HTML 文档，该 HTML 文档会将 SWF 文件插入浏览器窗口中。下面详细介绍如何进行发布设置，以及如何导出与优化动画。

11.2.1　SWF 文件的发布设置

选择“文件”|“发布设置”命令，弹出“发布设置”对话框，在左侧“发布”列表中选择“Flash (.swf)”选项，即可在右侧界面中进行 SWF 文件的发布设置，如图 11-5 所示。

其中，各选项的功能如下。

➢ **目标**：用于设置输出动画的 Flash Player 版本。

➢ **脚本**：用于设置导出动画影片的 ActionScript 版本。

➢ **JPEG 品质**：用于将动画中的所有位图保存为具有一定压缩率的 JPEG 文件。

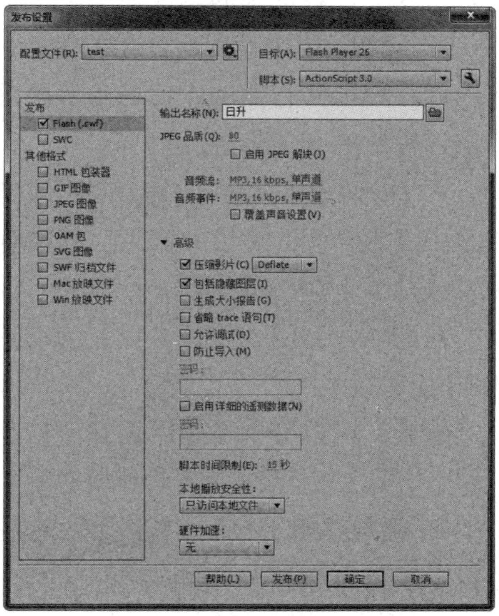

图 11-5　SWF 文件的发布设置

➢ **启用 JPEG 解块**：选中该复选框，可以使高度压缩的 JPEG 图像显得更加平滑，以减少由于 JPEG 图像压缩导致的典型失真，但一些 JPEG 图像可能会丢失少量细节。

➢ **音频流/音频事件**：用于设置动画中音频文件的采样率和压缩选项。

➢ **覆盖声音设置**：选中该复选框，可以覆盖在“属性”面板“声音”部分中为个别声音进行的设置。

➢ **压缩影片**：选中该复选框，可以对动画进行压缩处理，以减小动画所占用的空间。

➢ **包括隐藏图层**：选中该复选框，可以导出 Animate 文档中的所有隐藏图层。

➢ **生成大小报告**：选中该复选框，可以创建一个文本文件，记录最终导出动画的相关参数。

➢ **省略 trace 语句**：选中该复选框，可以忽略当前动画中的“跟踪”命令。

➢ **允许调试**：选中该复选框，可以激活调试器，并允许远程调试 Flash SWF 文件。

➢ **防止导入**：选中该复选框，可以防止发布的动画文件被他人下载后导入到 Animate 应用程序中进行编辑。

➢ **密码**：如果使用的是 ActionScript 2.0，并选中了“允许调试”或“防止导入”复选框，则需要在“密码”文本框中输入密码。如果添加了密码，则其他用户必须输入该密码后才能调试或导入 SWF 文件。

11.2.2 HTML 文件的发布设置

若要在互联网上浏览 Animate 动画，就必须创建含有动画的 HTML 文件，并设置好浏览器的属性。在“发布设置”对话框的“发布”列表中选中“HTML 包装器”复选框，即可在右侧界面中进行 HTML 的发布设置，如图 11-6 所示。其中，各选项的功能如下。

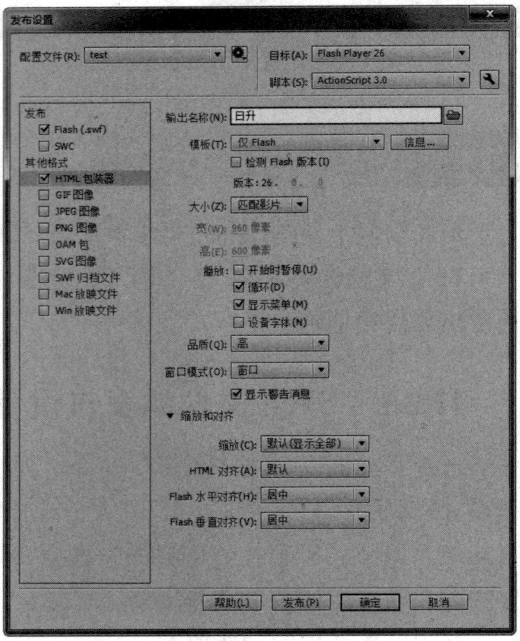

图 11-6 “发布设置”对话框

➢ **模板**：用于设置所使用的模板。当选定模板后，单击其右侧的“信息...”按钮，会显示出该模板的有关信息。

➢ **大小**：用于设置 OBJECT 或 EMBED 标签中嵌入动画的宽度和高度。其中有 3 个选项，分别如下。

匹配影片：用于将尺寸设置为动画的实际尺寸大小。

像素：可以分别设置所需宽度和高度的值。

百分比：用于设置该动画相对于浏览器窗口的尺寸大小。

➢ **播放**：用于控制 SWF 文件的播放功能，可以设置“开始时暂停”“循环”“显示菜单”“设备字体”参数。

➢ **品质**：用于设置品质的高低，以决定抗锯齿的性能水平。

➢ **窗口模式**：用于设置动画在 IE 浏览器中的透明显示、绝对定位及分层功能。

➢ **缩放**：用于设置影片的缩放参数，定义动画该如何放置到所设置的尺寸范围中。只有当输入的尺寸与动画的原始尺寸不同时，设置此选项才有意义。

➢ HTML 对齐：用于设置 ALIGN 属性，并决定动画窗口在浏览器窗口中的位置。

➢ Flash 水平对齐/Flash 垂直对齐：用于设置动画与 HTML 文档在“水平”和“垂直”方向的对齐形式，定义动画在动画窗口中的位置，以及在必要时如何裁剪动画的边缘。

11.2.3　设置发布放映文件

若要将 Animate 动画发布为 Windows 放映文件，可以在“发布设置”对话框的“发布”列表中选中“Win 放映文件”复选框，这样发布动画后会产生一个 EXE 放映文件，它可以进行独立播放，如图 11-7 所示。

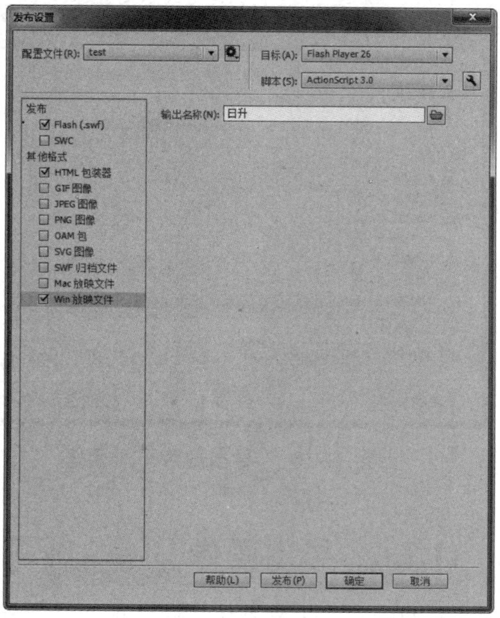

图 11-7　“发布设置”对话框

11.2.4　发布 Animate 动画

完成发布设置后，就可以发布 Animate 动画了。选择“文件”|“发布”命令或按【Shift+Alt+F12】组合键，即可发布动画，如图 11-8 所示。发布成功后，在 Animate 文件所在位置将生成如图 11-9 所示的 3 个文件。

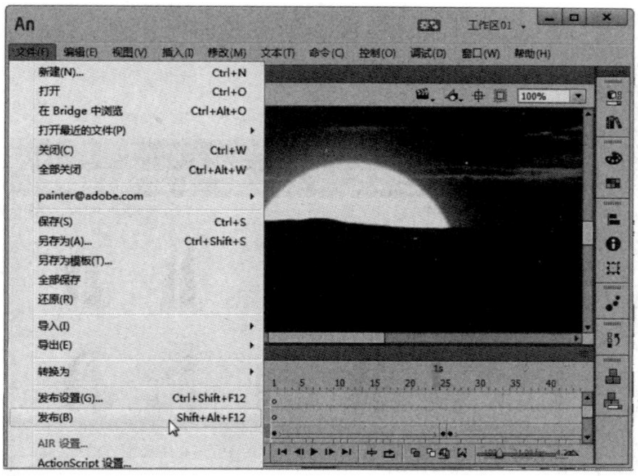

图 11-8　选择“发布”命令

图 11-9　生成发布文件

11.2.5　导出影片

导出动画影片时，无需对背景音乐、图形格式及颜色等进行单独设置，通过导出影片可以将当前 Animate 动画的全部内容导出为 Animate 支持的文件格式。

若要导出影片，可以选择“文件”|“导出”|“导出影片”命令，弹出“导出影片”对话框，选择保存类型和保存位置，如图 11-10 所示，然后单击“保存”按钮，此时会弹出“导出 GIF”对话框，设置“宽”“高”“分辨率”“颜色”参数，如图 11-11 所示，然后单击“确定”按钮。

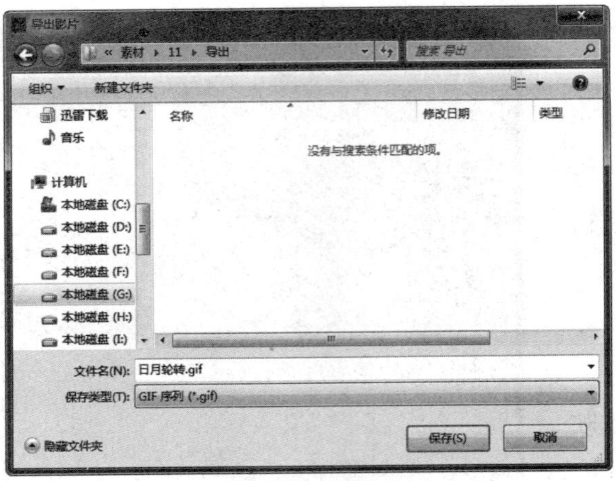

图 11-10 “导出影片”对话框

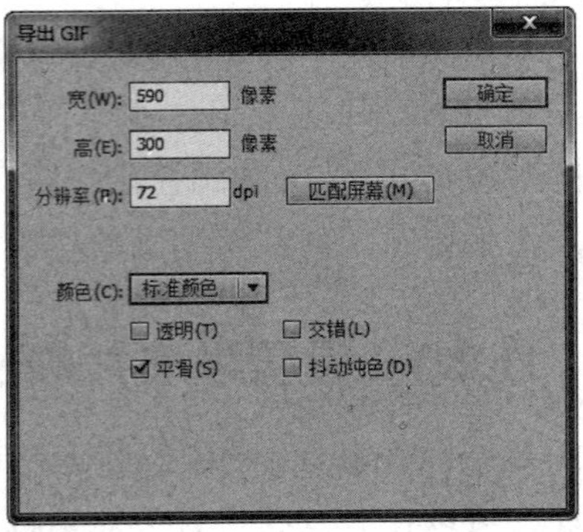

图 11-11 “导出 GIF”对话框

11.2.6 导出图像

用户可以根据需要从“库”面板中或舞台中的各个影片剪辑、按钮或图形元件中导出图像。选择“文件”|“导出”|“导出图像”命令，弹出“导出图像”对话框，在右侧界面中选择所需的图像类型（包括 GIF、JPEG、PNG 等），并设置其相关参数，如图 11-12 所示，单击“保存”按钮，此时会弹出“另存为”对话框，选择保存位置，如图 11-13 所示，然后单击“保存”按钮。

图 11-12 “导出图像”对话框

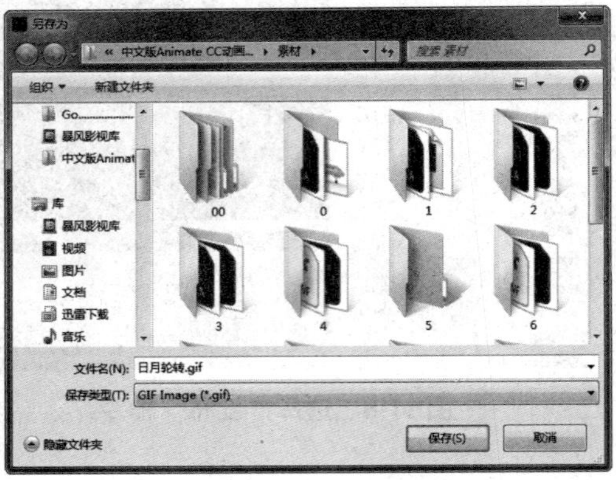

图 11-13 “另存为”对话框

11.2.7 导出视频

使用 Animate CC 不仅可以导出影片和图像，还可以导出单独的视频。选择“文件”|“导出”|“导出视频”命令，弹出“导出视频”对话框，设置渲染选项及导出位置，如图 11-14 所示，然后单击“导出”按钮。

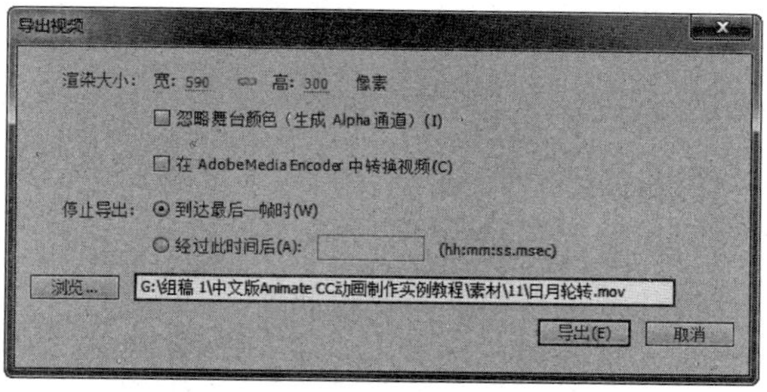

图 11-14 “导出视频”对话框

11.2.8 优化动画

当 Animate 动画在互联网上进行展示时，其质量与数量会直接影响动画的播放速度和时间。动画影片的质量越高，文档越大，下载时间就会越长，从而导致动画播放的速度越慢，所以对动画影片的优化是非常必要的。

1. 影片整体优化

从整体上来说，优化动画影片时可以从以下几个方面入手。

（1）在制作动画时，对于需要多次使用的对象，应将其转换为元件，这样既可减少工作量，提高工作效率，也可减小动画文件的大小。

（2）在制作动画时，应尽可能少地使用关键帧，以减小文件的大小。

（3）在制作大动画时，可以将其分解为多个小动画来实现。

（4）若用到外部位图图像，应尽可能将其作为背景或静态元素来使用。

（5）向动画中添加声音时，应尽量使用 MP3 格式的声音文件。

2. 对象和线条优化

（1）不同的对象应放置在不同的图层中，以便于制作动画。

（2）使用“优化”命令对线条进行优化处理，尽可能减少描述形状的分割线条数量。

（3）尽量使用实线，避免使用虚线、点状线、锯齿状线等特殊线条。

3. 优化文字

尽可能少地使用嵌入字体，以减小文件的大小。当必须使用嵌入字体时，应在“嵌入字体”选项中设置需要的字符，而不要包括全部字体。

4. 优化动作脚本

在 ActionScript 脚本中尽量少地使用全局变量，并将多次用到的代码块设置为函数。在动画“发布设置”对话框中选中“省略 trace 语句”复选框，在发布影片时不使用 trace 动作。

本章小结

通过对本章的学习，读者应该掌握以下知识。

（1）在发布动画前进行测试影片和测试场景操作。

（2）对 Animate 文件进行发布设置，并发布动画。

（3）将动画导出为图像和视频格式。

（4）对动画进行优化设置。

课后习题

一、选择题

1．Animate CC 不能导出下列哪种格式的图像？（　）

A．GIF　　B．JPG　　C．PNG　　D．AI

2．关于优化动画，下列说法错误的是（　）。

A．在制作动画时，应尽可能少地使用关键帧，以减小文件的大小

B．若用到外部位图图像，应尽可能将其作为背景或静态元素使用

C．对于需要多次使用的对象，应将其转化为元件

D．在 ActionScript 脚本中使用全局变量，并将多次用到的代码块设置为函数

二、填空题

1．要测试当前场景，可以按_________组合键自动导出当前场景的动画。

2．在发布动画时，选中__________复选框，可以将其发布为 EXE 放映文件。

三、实操题

1．导出补间动画图片序列。

操作提示：

从“库”面板中或舞台中的各个影片剪辑、按钮或图形元件中导出一系列图像文件。方法为：在“库”面板中选择一个元件并右击（如一个包含补间的影片剪辑元件），在弹出的快捷菜单中选择“导出 PNG 序列”命令。

2．调试影片。

操作提示：

选择“调试”|“调试影片”|“在 Animate 中”命令，在调试环境下打开 SWF 文件进行调试。